国家出版基金项目
NATIONAL PUBLICATION FOUNDATION

"十三五"
国家重点出版物出版规划项目

高效毁伤系统丛书·智能弹药理论与应用

灵巧引信设计
基础理论与应用

The Basic Design Theory and
Application of Smart Fuze

张合 李长生 著

北京理工大学出版社
BEIJING INSTITUTE OF TECHNOLOGY PRESS

内 容 简 介

灵巧引信是在机械、机电、近炸引信发展基本成熟之后，正在逐步完善设计理论的一类新引信，它具有可装定、可探测、可处理、可控制四种特点与性能。作者在带领国防科技创新团队开展灵巧引信设计理论与方法研究三十多年技术积累的基础上，在完成多个灵巧引信型号后，分别获得两项国家科学技术进步奖和多项国防科学技术进步与发明奖成果的支撑上，系统总结了多种弹药用灵巧引信的设计基础理论和方法，为灵巧引信的发展奠定了坚实基础。

本书填补了国内外在灵巧引信领域的空白，可作为指导研究院所、工厂技术人员的灵巧引信设计用书，也可作为高等院校兵器科学与技术学科研究生的教材与参考用书。

图书在版编目（CIP）数据

灵巧引信设计基础理论与应用 / 张合，李长生著. —北京：北京理工大学出版社，2019.11（2021.3 重印）
ISBN 978-7-5682-6651-2

Ⅰ. ①灵… 　Ⅱ. ①张… ②李… 　Ⅲ. ①引信–设计 　Ⅳ. ①TJ430.2

中国版本图书馆 CIP 数据核字（2019）第 009809 号

出　　版 / 北京理工大学出版社有限责任公司
社　　址 / 北京市海淀区中关村南大街 5 号
邮　　编 / 100081
电　　话 / （010）68914775（总编室）
　　　　　 （010）82562903（教材售后服务热线）
　　　　　 （010）68944723（其他图书服务热线）
网　　址 / http://www.bitpress.com.cn
经　　销 / 全国各地新华书店
印　　刷 / 北京虎彩文化传播有限公司
开　　本 / 710 毫米×1000 毫米　1/16
印　　张 / 26.25
彩　　插 / 1　　　　　　　　　　　　　　　　　　责任编辑 / 梁铜华
字　　数 / 460 千字　　　　　　　　　　　　　　文案编辑 / 梁铜华
版　　次 / 2019 年 11 月第 1 版　2021 年 3 月第 2 次印刷　责任校对 / 杜　枝
定　　价 / 112.00 元　　　　　　　　　　　　　　责任印制 / 李志强

专家委员会委员（按姓氏笔画排列）：

于　全　中国工程院院士

王　越　中国科学院院士、中国工程院院士

王小谟　中国工程院院士

王少萍　"长江学者奖励计划"特聘教授

王建民　清华大学软件学院院长

王哲荣　中国工程院院士

尤肖虎　"长江学者奖励计划"特聘教授

邓玉林　国际宇航科学院院士

邓宗全　中国工程院院士

甘晓华　中国工程院院士

叶培建　人民科学家、中国科学院院士

朱英富　中国工程院院士

朵英贤　中国工程院院士

邬贺铨　中国工程院院士

刘大响　中国工程院院士

刘辛军　"长江学者奖励计划"特聘教授

刘怡昕　中国工程院院士

刘韵洁　中国工程院院士

孙逢春　中国工程院院士

苏东林　中国工程院院士

苏彦庆　"长江学者奖励计划"特聘教授

苏哲子　中国工程院院士

李寿平　国际宇航科学院院士

李伯虎　中国工程院院士

李应红　中国科学院院士

李春明　中国兵器工业集团首席专家

李莹辉　国际宇航科学院院士

李得天　国际宇航科学院院士

李新亚　国家制造强国建设战略咨询委员会委员、
　　　　中国机械工业联合会副会长

杨绍卿　中国工程院院士

杨德森　中国工程院院士

吴伟仁　中国工程院院士

宋爱国　国家杰出青年科学基金获得者

张　彦　电气电子工程师学会会士、英国工程技术
　　　　学会会士

张宏科　北京交通大学下一代互联网互联设备国家
　　　　工程实验室主任

陆　军　中国工程院院士

陆建勋　中国工程院院士

陆燕荪　国家制造强国建设战略咨询委员会委员、
　　　　原机械工业部副部长

陈　谋　国家杰出青年科学基金获得者

陈一坚　中国工程院院士

陈懋章　中国工程院院士

金东寒　中国工程院院士

周立伟　中国工程院院士

郑纬民　中国工程院院士

郑建华　中国科学院院士

屈贤明　国家制造强国建设战略咨询委员会委员、工业和信息化部智能制造专家咨询委员会副主任

项昌乐　中国工程院院士

赵沁平　中国工程院院士

郝　跃　中国科学院院士

柳百成　中国工程院院士

段海滨　"长江学者奖励计划"特聘教授

侯增广　国家杰出青年科学基金获得者

闻雪友　中国工程院院士

姜会林　中国工程院院士

徐德民　中国工程院院士

唐长红　中国工程院院士

黄　维　中国科学院院士

黄卫东　"长江学者奖励计划"特聘教授

黄先祥　中国工程院院士

康　锐　"长江学者奖励计划"特聘教授

董景辰　工业和信息化部智能制造专家咨询委员会委员

焦宗夏　"长江学者奖励计划"特聘教授

谭春林　航天系统开发总师

《高效毁伤系统丛书·智能弹药理论与应用》编写委员会

名誉主编：杨绍卿　朵英贤

主　　编：张　合　何　勇　徐豫新　高　敏

编　　委：（按姓氏笔画排序）

丛书序

　　智能弹药被称为"有大脑的武器"，其以弹体为运载平台，采用精确制导系统精准毁伤目标，在武器装备进入信息发展时代的过程中发挥着最隐秘、最重要的作用，具有模块结构、远程作战、智能控制、精确打击、高效毁伤等突出特点，是武器装备现代化的直接体现。

　　智能弹药中的探测与目标方位识别、武器系统信息交联、多功能含能材料等内容作为武器终端毁伤的共性核心技术，起着引领尖端武器研发、推动装备升级换代的关键作用。近年来，我国逐步加快传统弹药向智能化、信息化、精确制导、高能毁伤等低成本智能化弹药领域的转型升级，从事武器装备和弹药战斗部研发的高等院校、科研院所迫切需要一系列兼具科学性、先进性，全面阐述智能弹药领域核心技术和最新前沿动态的学术著作。基于智能弹药技术前沿理论总结和发展、国防科研队伍与高层次高素质人才培养、高质量图书引领出版等方面的需求，《高效毁伤系统丛书·智能弹药理论与应用》应运而生。

　　北京理工大学出版社联合北京理工大学、南京理工大学和陆军工程大学等单位一线的科研和工程领域专家及其团队，依托爆炸科学与技术国家重点实验室、智能弹药国防重点学科实验室、机电动态控制国家级重点实验室、近程高速目标探测技术国防重点实验室以及高维信息智能感知与系统教育部重点实验室等多家单位，策划出版了本套反映我国智能弹药技术综合发展水平的高端学术著作。本套丛书以智能弹药的探测、毁伤、效能评估为主线，涵盖智能弹药目标近程智能探测技术、智能毁伤战斗部技术和智能弹药试验与效能评估等内容，凝聚了我国在这一前沿国防科技领域取得的原创性、引领性和颠覆性研究成果，这些成果拥有高度自主知识产权，具有国际领先水平，充分践行了国家创新驱动发展战略。

经出版社与我国智能弹药研究领域领军科学家、教授学者们的多次研讨，《高效毁伤系统丛书·智能弹药理论与应用》最终确定为 12 册，具体分册名称如下：《智能弹药系统工程与相关技术》《灵巧引信设计基础理论与应用》《引信与武器系统信息交联理论与技术》《现代引信系统分析理论与方法》《现代引信地磁探测理论与应用》《新型破甲战斗部技术》《含能破片战斗部理论与应用》《智能弹药动力装置设计》《智能弹药动力装置实验系统设计与测试技术》《常规弹药智能化改造》《破片毁伤效应与防护技术》《毁伤效能精确评估技术》。

《高效毁伤系统丛书·智能弹药理论与应用》的内容依托多个国家重大专项，汇聚我国在弹药工程领域取得的卓越成果，入选"国家出版基金"项目、"'十三五'国家重点出版物出版规划"项目和工业和信息化部"国之重器出版工程"项目。这套丛书承载着众多兵器科学技术工作者孜孜探索的累累硕果，相信本套丛书的出版，必定可以帮助读者更加系统、全面地了解我国智能弹药的发展现状和研究前沿，为推动我国国防和军队现代化、武器装备现代化做出贡献。

《高效毁伤系统丛书·智能弹药理论与应用》
编写委员会

序 一

引信是利用目标、环境、平台和网络等信息，按预定策略起爆或引燃战斗部装药，并可选择起爆点、给出续航或增程发动机点火指令以及毁伤效果信息的控制系统，广泛用于兵器、船舶、航空、航天等领域的炮弹、火箭弹、枪榴弹、水中兵器、导弹、飞行器和航天器的点火、分离等起爆控制。引信是所有弹药、导弹的安全控制者，贯穿了设计、试验、生产、装备、储存、发射、飞行、击中目标或处理失效危险哑弹等整个全寿命周期过程，作为武器装备对抗最前沿，在控制战斗部安全、实现各种毁伤功能、提高效能方面，是最关键一环，有着不可替代的核心作用，是武器装备重要战略资源中能左右作战能力的核心资源之一。

引信学科涉及机械、力学、信息、控制、通信等多技术领域，是多学科交叉融合产物，是一个国家科学技术的结晶，在未来军事斗争准备中具有不可替代的核心地位。我国引信技术的发展经历了三个阶段，即 1949 年后从苏联引进阶段、80 年代末从美俄引进产品的仿研阶段、2010 年以后的自主开发阶段。引信的发展经历了机械引信、机电引信、近炸引信，用于配合战斗部主要对付单一目标，目前正朝着灵巧化、智能化、网络化引信方向发展，可对付多种或复合目标。灵巧弹药介于常规弹药与制导弹药之间，是智能弹药的初级产品，灵巧引信配用于灵巧弹药，通过发射前或发射过程装定信息，采用单一或复合探测手段获取环境与目标信息，通过单片机、可编程控制器或 DSP 处理器等方式进行起爆控制（可装定、可探测、可处理、可控制）。国外灵巧引信的发展已到一定水平，制定了相应的设计规范和要求，智能化引信正在发展中。我国研制的某些灵巧引信，如本书中涉及的硬目标侵彻灵巧引信，总体性能与国外相当、部分指标领先。

本书是南京理工大学张合教授在引信领域辛勤耕耘 30 余年的智慧结晶，源于张合教授主持研制的多项灵巧引信型号项目和国防预研课题，相关技术成果获国家科学技术进步二等奖 2 项，省部级科技发明与进步二等奖以上 6 项，已应用于海军舰炮、陆军远火、坦克炮、单兵武器弹药等多项重点型号，正推广应用于反坦克弹药、海军制导/侵彻弹药、轻装甲灵巧弹药等多个型号项目。

本书的主要贡献体现在以下三方面：

（1）为解决机械、机电与近炸引信配用于各类新型弹药时，难以发挥战斗部最大毁伤威力、精准毁伤性差，亟待提高的问题，创新提出了灵巧引信的设计概念，指出引信是多约束与多任务条件下的动态开环控制系统，建立了引信与武器系统平台非接触、快速能量与信息一体化交联理论，发展了灵巧引信信息交联多途径设计实现方法，并提出了网络化引信空间组网与自定位设计理论和方法，阐明了高旋/非旋弹药自测初速精确定距方法，该理论体系的建立对实现对目标的高效毁伤意义重大。

（2）现在与未来战争中地面与地下坚固工事是打击的重点目标，远程精确打击侵彻弹药是对付该类目标的有效手段，是各军事强国竞相发展的方向，其核心技术之一为硬目标侵彻灵巧引信。因此本书针对多类变厚度硬目标高效毁伤军事需求，建立了灵巧引信在侵彻过程中时空识别与过程控制起爆设计理论与试验评估方法，提出的侵彻引信设计三要素成为各类侵彻引信设计规范，引领了我国侵彻引信的安全性和作用可靠性设计。

（3）完善了复杂环境下目标和环境信息探测方法，提出了激光、磁探测与复合探测用于火炮发射弹药上，建立了目标探测与识别基础理论，抗高过载、窄脉冲激光近场目标探测理论，解决了激光在低伸弹道下抗复杂环境干扰与高速激波散射的难题，是国内激光、磁复合探测技术在兵器领域的开拓者，成果对大幅提升弹药毁伤效能具有重要理论意义和工程实践价值。

本书的出版填补了我国灵巧引信领域著作的空白，对进一步推动我国现代引信技术发展具有重要意义。

2018 年 10 月 2 日于南京

序 二

　　引信是控制弹药起爆的"大脑"，控制弹药在相对目标最佳位置实施高能、高效、自主可控毁伤，在武器装备终端毁伤中起着"一票否决"的作用。性能良好的引信是毁伤敌人的倍增器，而性能不好特别是安全性能薄弱的引信，则会成为伤害自己的灾难源。因此引信技术是各军事大国深入研究的重点领域，是国家需求的基础能力，是必须保护的国家战略资源。美国曾将 20 世纪 40 年代研制成功的近炸引信与原子弹、雷达并列为第二次世界大战武器装备的三大发明。引信技术的自主创新是国家发展的必由之路，在武器装备研发中军事意义重大。

　　南京理工大学机械电子工程系张合教授，30 余年来一直从事武器弹药用引信设计的基础理论与技术研究以及装备研制，在引信经典设计理论基础上，结合国防预研、型号研制的研究与实践，取得了系统性原创成果，首次建立了引信从武器系统获取信息及自主获取信息相融合的动态开环控制理论与方法，丰富了复杂环境下目标和环境信息近程复合探测方法，构建了引信机电耦合结构时空识别与过程动态开环控制设计理论，填补了多类新型弹药用引信的实验室强冲击等效模拟试验与评估技术空白。研究成果已应用于海军舰炮、陆军远程多管火箭炮、坦克炮等武器弹药，以及空军航空炸弹、单兵武器弹药等多项引信重点型号的研制，并已装备部队，获国家科学技术进步二等奖 2 项，省部级科技发明与进步二等奖以上 6 项(排名均第 1)，在我国引信界具有重要影响力。该书是张合教授带领研究团队在完成多个灵巧引信型号研制基础上，对多种弹药用灵巧引信的设计基础理论和方法的总结，在理论与工程实践的结合下，建立了灵巧引信的设计基础理论、试验方法与技术体系，实现了引信与武器平台信息交联、对目标近程探测、在小尺度空间内快速处理信息、对各类目标精准控制毁伤，引领了我国灵巧引信的发展。

该书内容共分9章：第1章论述了灵巧引信发展过程中存在的问题，提出了灵巧引信的可装定性、可探测性、可处理性与可控制性（"四可"）的研究和发展方向，为引信灵巧化奠定了基础；第2章论述了灵巧引信设计的理论基础；后续各章分别针对单兵火箭弹、小口径弹药、中大口径弹药、硬目标侵彻弹药、反坦克弹药、雷弹以及水下武器用灵巧引信的"四可"功能，详细阐述了灵巧引信设计的基本理论，结合各弹种的作战使命和约束条件，给出了灵巧引信关键模块设计方法和设计实例。该书可为相关领域研究人员，特别是从事弹药工程和引信技术的科技工作者、工程技术人员和高校师生提供基础理论和技术参考。

该书的成稿，是张合教授多年创新性研究成果，也是他带领的国防科技创新团队以及合作单位集体智慧的结晶。该书的出版填补了国内在灵巧引信领域的空白，对推动我国灵巧引信技术与装备的研究和发展、大幅度提高弹药毁伤效能具有重要意义。

马宝华

2018 年 10 月 8 日于北京

序 三

  引信是武器装备体系毁伤链中最末端的信息化控制装备,是各类弹药末段毁伤效能控制的核心,一直是各军事大国重点研究的热点之一。

  本书是国内首部介绍灵巧引信基础理论与设计方法的专业书籍,它的问世填补了国内灵巧引信专著的空白。本书也是张合教授带领的智能弹药与灵巧引信国防科技创新团队在引信领域多年的技术积累,是对已完成的多个武器型号装备研制的理论积累和技术创新的总结。

  本书给出了灵巧化与智能化弹药、引信的定义,提出了灵巧引信的可装定性、可探测性、可处理性与可控制性的发展和研究方向,为未来引信的灵巧化与智能化发展奠定了基础。内容包括单兵火箭、小口径弹药、中大口径弹药、远程火箭侵彻弹药、反坦克弹药、智能雷弹、水中弹药用灵巧引信的基础设计理论与应用。本书涉及的专业方向有信号处理、传感器应用、电磁学、冲击防护、控制理论、信息交联等;涉及的探测技术主要有弹药发射后的初始速度探测、旋转弹药的转速探测、目标方位探测、近程激光探测、水中目标蓝绿激光探测、战斗部侵彻硬目标时的加速度探测等。

  随着微电子技术、信息技术以及光电探测技术在引信技术中的大量应用,引信在灵巧化与智能化过程中,必然伴随着众多学科的交融,涉及的专业知识复杂而广泛,其所应用的专业技术中不乏现阶段的科学研究的最前沿。本书作为国内灵巧化引信方向首开先河的著作,倾注了作者大量的心血,详述了

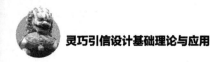

各类弹药引信灵巧化与智能化的技术特点，系统总结了灵巧引信的基本概念、关键技术、设计理论与验证方法，为我国灵巧化引信的发展指出了方向、探索了道路。

2018 年 10 月 10 日于北京

前　言

　　灵巧引信是在机械、机电、近炸引信发展基本成熟之后，正在逐步完善设计理论的一类新引信，它具有可装定、可探测、可处理、可控制四种特点与性能。作者在带领团队开展灵巧引信设计理论与方法研究三十多年技术积累的基础上，完成多个灵巧引信型号，获得两项国家技术进步奖和多项国防科学技术进步与发明奖。本书系统地总结了多种弹药用灵巧引信的设计基础理论和方法，为灵巧引信的发展奠定了坚实基础。

　　本书共分9个章节。第1章介绍灵巧引信的基本概念、关键技术、存在的问题及发展方向；第2章论述灵巧引信设计理论基础；第3章论述单兵火箭弹灵巧引信精确定距空炸和激光半主动目标方位探测理论与应用；第4章重点介绍小口径灵巧引信非接触信息交联、计转数定距基础理论与方法；第5章介绍中大口径弹药灵巧引信设计理论与方法，主要包括总体设计、共线信息交联、探测与控制等内容；第6章介绍硬目标侵彻灵巧引信设计规范、冲击防护、侵彻过载信号探测与过程控制、试验考核等相关理论和方法；第7章介绍反坦克弹药灵巧引信设计理论与方法；第8章介绍智能雷弹自组网、自定位及声探测相关理论与应用；第9章介绍水下蓝绿激光探测与控制相关理论和方法。

　　中国工程院院士刘怡昕教授，北京理工大学马宝华教授、崔占忠教授审阅了本书，提出了宝贵修改意见，并作序。参加本书编写的还有洪黎、张伟、丁立波、杨伟涛、李炜昕、廖翔、张建新、满晓飞、姚宗辰、朱海洋、查冰婷等，在此一并表示感谢。

　　本书填补了国内在灵巧引信领域著作的空白，可作为指导研究院所、工厂技术人员的灵巧引信设计用书，也可作为高等院校兵器科学与技术学科研究生

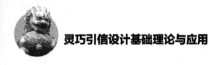
的教材与参考用书。

　　本书由于涉及知识面广、时间紧迫、作者水平有限，所以一定有疏漏和不当之处，欢迎广大读者多提宝贵意见，在此致谢。

张合

2018 年 9 月 25 日于南京

目　录

灵巧引信设计基础理论与应用

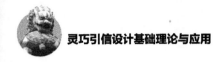

第 1 章

绪　论

　　引信属于兵器科学与技术学科的范畴，涉及环境与目标的探测和识别，当弹药需分离、开仓、点火与起爆时完成适时控制。其主要特点是针对武器所处的特殊环境，完成对环境与目标的近程探测、环境与目标信息的获取与处理、炸点的精确起爆控制。对复杂环境信息的获取用于支撑安全系统的正常工作，预定解除保险程序开始前，意外解除和作用概率小于百万分之一，出炮口前意外解除保险概率小于万分之一，意外作用概率小于百万分之一。复杂环境场通常有：力场、电磁场、温度场、气候场等。而引信经历的环境有：勤务处理环境、发射环境、飞行环境、终点环境、气候环境。可用于引信探测的环境变量或控制参数有：温度、压力、加速度、姿态角、空间坐标、电磁波、密度、风速、水压、发射后坐力与离心力、弹道诸元、飞行速度、高度、云雾浓度、烟尘、静电、地海杂波、雨雪、雷电等。引信面对的目标域有：地面、地下、空中、空间、水面、水下各种目标。目标信息的获取能够确保引信作用的可靠性，达到弹药最佳引战配合效能，实现弹药的精准毁伤。而目标的性能可分为：尺度与材料、运动、电磁辐射、光学、隐身、干扰与抗干扰、目标背景等。可用于探测目标的信息量有：几何尺寸、结构、强度、速度、机动性、反射率、辐射强度、噪声级、电磁波级等。引信赋予的主要功能为：在保证安全性的基础上，完成环境与目标信息获取、时空识别，实现起爆精确过程控制。因此，引信技术需解决的主要基础问题为：瞬态高能冲击过程的系统参数实时装定技术，高速接近或穿越目标实时探测技术，高动态下特殊环境与复杂目标信息的实时获取与快速处理技术，瞬态时空识别与单周期、无反馈、多约束动态高精度开环控制技术。引信作为武器系统的核心部件，其技术是国防科技关键技术之一，是多学科领域技术的结晶。引信从机械式、机电式、近炸式正在朝灵巧化方向发展，在此背景下，作者基于多年对灵巧引信系统的研究，以研制的几个型号的灵巧引信为典型实例，系统总结了灵巧引信的基本概念、关键技术、设计理论与验证方法，致力于推进灵巧引信技术的发展，为未来智能引信的发展铺平道路。

1.1 灵巧化与智能化弹药、引信的定义

灵巧弹药指的是介于常规弹药与制导弹药之间的智能弹药的初级产品，具有通过弹上接收系统或引信进行信息交联功能、对目标的探测功能、对自身弹道修正功能或对不同目标选择不同起爆方式的功能。

与其对应的灵巧引信为：通过发射前或发射过程中装定信息，采用单一或复合探测手段获取环境与目标信息，通过单片机、可编程控制器或 DSP 处理器等方式进行起爆控制的引信（可装定、可探测、可处理、可控制）。

智能弹药指的是发射后，通过弹上探测系统获取弹道信息或通过网络获取信息，进行弹道辨识与修正，同时探测系统或网络接收系统能获取目标信息，识别目标、跟踪目标、选择目标薄弱部位进行攻击，直至在一定的区域内毁伤目标。

与其对应的智能引信为：通过发射前或发射后自动装定，在飞行过程中也可从网络获取信息，并能自动近程探测、跟踪、识别目标，具有自主分析、双向沟通能力，能配合战斗部自主区分、优选攻击目标，在最佳位置起爆战斗部的引信（自动装定、探测识别、自主选择、最佳起爆四种能力）。

目前，我国灵巧弹药与引信发展突飞猛进，已有 30 mm 和 35 mm 定时与定距空炸灵巧弹药、各型末敏灵巧弹药、硬目标侵彻灵巧弹药等装备，也配置有相应的灵巧引信，其他各类灵巧弹药与引信正在发展中。

1.2 灵巧化与智能化弹药的发展

随着战争的不断演进和高新技术的迅猛发展，特别是大规模集成电路、超

高速集成电路以及计算机控制系统在弹药中的广泛应用，弹药领域正在悄然孕育一场新的革命，一大批机理独特、威力强大、有灵性的初级智能化弹药脱颖而出。

长"眼睛"、有"思维"的子弹传统意义上是一种灵巧与智能子弹，例如美国研制的出膛后能自动跟踪目标的子弹。这种由枪管发射的自适应子弹，是通过以下两种装置控制发射的：一是制导系统，采用的是激光半主动制导；二是压电陶瓷制动器，可使子弹产生飞行偏角，从而控制弹头的飞行方向。具备这两种装置的智能子弹，能从几千米外以几倍声速的速度毫厘不差地击中敌方人员或武器装备上的薄弱环节。

灵巧与智能滑翔炸弹，是美军目前积极研制的一种新型灵巧与智能武器，它集风能、太阳能、动力、探测、制导、控制装置于一体。作战时可由飞机或其他装置从空中抛出，尔后利用太阳能、风能和自身的能量在空中游弋，发现目标后迅速攻击。据称，美国研制的 GBU – 15 型激光制导滑翔炸弹最长可在空中游弋 60 min，并且具有识别敌我与自毁功能。在海湾战争中，美国用 GBU – 15 型激光制导滑翔炸弹攻击伊拉克重点目标（图 1.1），命中精度达 90%以上。

灵巧与智能地雷是一种运用声传感技术、红外传感技术及爆炸成型弹丸技术研制的新型地雷。目前比较成型的主要有两种：一种是攻击坦克顶装甲的反坦克地雷；另一种是攻击直升机的反直升机地雷。反坦克灵巧与智能地雷布设后，对目标的探测、识别、确认与击毁均自动进行。反直升机地雷布设后处于休眠状态，只有声探测系统在"值班"。探测到直升机声音后，迅速进行判断。当"值班员"一旦确认是敌方直升机，就立即唤醒地雷。在敌机进入威力区时，地雷会迅速腾至 100 m 左右的高度起爆，如图 1.2 所示。

图 1.1　美国 GBU – 15 型激光制导滑翔炸弹　　图 1.2　美国的 XM93 反装甲智能广域地雷

末敏弹是一种灵巧弹药，也是一种初级智能弹药，它可采用不同载体投射，是一种"发射后不用管"的特种子母弹药，它一般由弹体、抛射机构、时间引信、发射装药、分离装置、敏感子弹等组成。敏感子弹由弹丸战斗部、复合敏感器系统、减速减旋与稳态扫描系统、中央控制器等组成。末敏弹可由炮弹、远程火箭、航空火箭、飞机布撒器等发射或投射。末敏弹多采用子母结构，母弹内可装多个子弹，具有很强的杀伤力。末敏弹既具有常规炮弹间瞄射击的优点，又具有自动探测和识别目标的能力，能专门攻击集群坦克的"天灵盖"——顶装甲，被誉为"反坦克武器新星"。

典型的末敏弹有美国"萨达姆"和改进型 PI"萨达姆"末敏弹、俄罗斯的 SPBE 末敏弹、德国 SMART 末敏弹、瑞典和法国联合研制的"博纳斯"末敏弹等。美国"萨达姆"末敏弹，其子弹采用复合敏感探测器，由多元线阵红外敏感器、主动波雷达、被动毫米波辐射计、磁力计等组成。俄罗斯的 SPBE 末敏弹是一种子母炸弹，该弹母弹内装有 15 枚子弹，每枚子弹均由 3 个降落伞减速。母弹由作战飞机投放，双波段红外探测器可确保空心装药战斗部准确无误地攻击坦克顶装甲。据称，1 枚 SPBE 末敏弹可同时攻击 6 个装甲目标，如图 1.3 所示。

图 1.3 俄空军 RBK – 500 末敏弹 SPBE 子弹药

弹道修正弹（Trajectory correction projectile）是在 20 世纪 80 年代中期发展起来的新型灵巧化弹药，其基本概念是：能够在弹丸飞行过程中实时测量弹道诸元或目标信息、解算弹道偏差并控制相应的修正执行机构、对飞行弹道进行一次或多次修正，从而减小弹道偏差、提高射击精度的精确打击弹药。弹道修正弹不同于普通炮弹，它可以在弹丸出炮口后一段弹道范围内对由一些随机因素影响造成的弹道偏差实施连续或若干次的控制修正，从而大幅度地减少散布，提高命中率。弹道修正弹不同于导弹，其根本区别是，导弹是通过连续地闭环修正，飞向目标；弹道修正弹是通过有限的几次开环修正，以修正弹丸飞行的误差或（和）因目标机动带来的弹目交汇点偏差，从而减小散布误差或提高单发命中率。正是这些基本差别奠定了弹道修正弹和导弹属于两个不同的精确打击弹药范畴，也决定了它们的造价相差悬殊。

弹道修正弹是一种典型的灵巧弹药，其系统一般由弹体、战斗部、弹道偏差探测装置或 GPS 接收机、弹道修正指令处理器及简易控制执行机构、引信等组成，通过对飞行中的弹丸实时测量弹道诸元以获得弹道偏差信息，进行弹道解算、逻辑推断，并实时地发出修正指令，矢量发动机或可变翼片（舵片）依指令采用一维、二维或多维修正飞行弹道，进而大大提高弹丸的命中精度。目前，已经研制成功的弹道修正弹主要包括一维弹道修正弹、二维弹道修正弹和多维弹道修正弹，例如美国 XM982，其工作过程如图 1.4 所示。

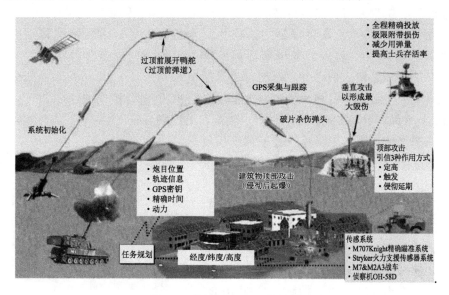

图 1.4　美国 XM982 工作过程

弹道修正弹的主要代表有，以色列 AMA 公司的 160 mm 阿库火箭弹，采用 GPS 弹道修正装置；俄罗斯的 9M55 式 300 mm 火箭弹（图 1.5），由"旋风"远程多管火箭炮发射，采用简易控制技术进行距离和方向修正，大大提高了该弹的地面打击密集度。除此之外，美国研制的"神剑"多维弹道修正弹最为典型。"神剑"多维弹道修正弹利用惯性导航与全球定位系统组合技术，采用鸭式气动布局结构，利用滑翔、火箭增程和组合制导与飞行控制技术，实现弹药的低成本化、超远程飞行和精确打击。"神剑"多维弹道修正弹可携载 3 种不同的有效载荷：一是多枚双用途子弹药，主要用于摧毁地面有生力量、轻型装甲、火炮阵地等集群目标；二是 2 枚"萨达姆"反坦克子弹药，主要用于摧毁重型装甲、自行火炮等集群目标；三是单一战斗部，主要用于摧毁指挥中心、通信枢纽等高价值点目标。据报道，在 2005 年美军清剿伊拉克反美武装的费卢杰战斗中，"神剑"多维弹道修正弹被首次使用，如图 1.6 所示。

智能导弹是一种具有自主识别敌我、自主分析判断和决策，能主动攻击目标，并能在找不到攻击目标的情况下自动返航回收的新型导弹。美国曾把智能试验装置安装在"黄蜂"型反坦克导弹上，该导弹从距离很远的飞机上发射，从树顶的高度爬升至约几千米的高度，然后自动俯瞰战场，利用其计算机中存储的敌我坦克特征的信息，在没有任何地面帮助的情况下，搜寻并攻击敌方坦克。给弹药装上大脑和眼睛就是智能弹药，它是人工智能与弹药结合的精准打

图 1.5　俄制 300 mm 火箭弹

图 1.6　"神剑"XM982 制导炮弹

击装备，也可叫制导弹药。按不同工作原理分为激光制导、电视制导、红外制导、微米波制导、卫星制导、复合制导等。当前最佳的灵巧与智能弹药是采用复合制导的导弹，它被广泛用于地地、地空、空地、空舰、舰空、空空打击方面。俄罗斯花岗岩反舰导弹被认为是最早具备智能化特征的导弹之一，服役后随着基础技术改进，智能化水平有所提升，具备轨迹在线重规划、自动目标捕获、多目标分配打击、自主锁定和攻击等智能化特征，并最早引入"领弹"的概念，如图 1.7 所示。业内认为，俄罗斯发展的白杨－M 和亚尔斯导弹有望采用一套数字化自动控制系统，使导弹发射后可以实时控制或修改攻击任务，大幅提高突防能力，如图 1.8 所示。

图 1.7　俄罗斯 SS－N－19 反舰导弹

图 1.8　俄罗斯白杨－M 弹道导弹

智能弹药系统（IMS）即未来战斗系统（Future Combat Systems，FCS）内的一种无人值守弹药，是首批要整合进入未来战斗系统共同作战环境的系统之一。它也是美国首批计划作为未来战斗系统螺旋式发展计划 1 期的发展装备之一。智能弹药系统在任何地形、气候以及其他条件下，赋予部队指挥官在其需要的时间和地点以行动自由，提供保证的机动性，对目标的快速毁伤起到关键的作用。智能弹药系统是一个由弹药、传感器和通信设备构成的系统，该系统能自主地或者以人工控制的方式，执行障碍布设并攻击目标。部署使用以后，它将发现敌军并予以压制，保护己方固定设施，警戒侧翼，方便友邻机动，并保证即刻进行有选择性地截击。这种全面联网的弹药系统可以按比例缩放的方式做出反应，并具有很大的灵活性，可以在动态的战场上手工布设或遥控布设。由于智能弹药系统综合产品组（IPT）是一个权威性的机构，它的成员由美国陆军、预研系统、智能弹药系统等整合机构（LSI）和工业厂商组成。在未来 10年内，该机构将为美国士兵提供先进的作战技术和无可匹敌的灵巧与智能弹药系统，如图 1.9 所示。智能弹药系统能够发现选定的目标并对其进行分类、识别、跟踪和截击，这符合未来战斗系统发展趋势。

图 1.9　美国陆军未来战斗系统 FCS

　　综上所述，灵巧化与智能化弹药的核心关键技术是可装定、可探测、可处理与可控制，火控与引信的适时信息交联已发展有有线、无线装定方法，对目标可探测与识别，目前发展的声、光、电、磁以及复合探测方法已在不同的弹药中得到应用，快速信息处理有各类单片机、DSP、FPGA 与嵌入式芯片等，分离、开仓、点火与起爆控制的时间精度可达纳秒级。为推动我国弹药灵巧化与智能化的快速发展，特撰写一本系统介绍各种弹药灵巧化与智能化需采用的灵巧引信设计理论与方法，为加速发展我国灵巧化与智能化弹药奠定基础。

1.3 引信与灵巧引信发展概述

引信是一种一次使用的特殊产品，它定义为能够利用目标、环境、平台和网络等信息，按预定策略起爆或引燃战斗部装药，并可选择起爆点、给出续航或增程发动机点火指令以及毁伤效果信息的控制系统。引信是武器装备的核心部件，广泛用于兵器、船舶、二炮、航空、航天等领域的炮弹、火箭弹、枪榴弹、鱼雷、水雷、导弹等的起爆控制以及飞行器和航天器的点火、分离等控制。引信经历了机械引信、机电引信和近炸引信的发展历程，目前我国正在积极探索灵巧引信的发展途径，为智能化引信的发展奠定基础。

引信技术是引信产品涉及的相关技术，传统引信技术一般包括安全系统设计技术、环境识别与目标探测技术、发火控制技术、爆炸序列隔爆与传爆技术等。引信技术的发展并不是严格按照年代进行的，而是互相交融并随着科技的发展和战争的需求发展的，如机械引信发展的同时，随着电池的发展和战场需要长时间定时而出现了机电时间引信，随着晶体管和半导体工业的发展而出现了近炸引信（典型的有无线电近炸与激光近炸引信），随着科学技术的进步和新型弹药的需求出现了各种灵巧引信。四类引信在成本、可生产性、长贮性、抗干扰、信息交联、发挥弹药威力等方面的主要优缺点见表 1.1。

表 1.1　几种典型引信性能对比

引信类别	可生产性	成本	长贮性	抗干扰	适配性	信息交联	多功能	发挥弹药威力
机械	容易	低	好	强	差	差	差	差
机电	容易	中	较好	较强	中	中	中	中
近炸	难	高	较好	差	中	中	中	好
灵巧	难	高	较好	较强	好	好	好	最好

目前，由于科学技术的进步，机械式、机电式、近炸式引信在提高安全性、抗环境干扰、小型化、多功能方面仍有发展的空间，而灵巧化与智能化引信是中长期追求的目标。随着现代战争与武器系统的发展，现代引信主要涉及的技术内涵逐步扩展，包括与武器系统的无缝信息交联技术、飞行过程中从网络获取信息技术、精确探测与识别目标技术、环境敏感与安全控制技术、适应极端/

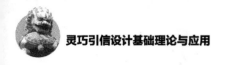

复杂环境能力技术、先进引战配合技术、引信性能验证与试验测试技术等。

中华人民共和国成立初期，苏联对我国军事工业进行了大量的援建，建立了小口径弹、中大口径弹、迫弹、破甲弹等系列引信生产厂家，原来的引信构造学和引信设计原理主要是以苏制引信（如榴1，榴5等）为基础进行编写的，环境试验是以苏联标准为依据建立的，有些试验设备一直沿用至今，如马希特冲击试验。1985年以后，美国出于某些战略需要，给中国提供了M739、M577、PF-1（M732）等引信生产线，相应的试验方法与相应的设计标准同时引起国内同行的关注和研究，产生的研究成果极大地推进了引信技术的发展并使该技术跃上一个新的台阶，其主要表现在安全性的设计方面，通过吸收消化形成了自己的标准GJB373A-1998与环境试验标准GJB573A-1998。通过近十几年的发展，从机械引信、机电引信的性能提升，到发展了各类近炸引信，引信产品出现了质的飞跃。近几年，随着信息化战争的发展需要，第四类灵巧化引信已得到了一定的助推发展，与其关联的信息交联技术使引信在内涵发展的同时，外延到战斗部、武器平台与网络间的协调发展，扩展了引信原有的定义，真正把引信与武器平台联系到一起。20世纪90年代，马宝华教授等人提出引信发展的技术途径，在二十多年的时间中为引信技术的发展指明了发展方向，识别目标易损部位与最佳起爆部位控制是引信技术追求的目标，这一目标在第四类引信的技术发展中有望实现。

引信的发展经历了机械引信、机电引信、近炸引信，用于配合战斗部主要对付单一目标，目前正朝着灵巧化与智能化引信方向发展，可对付多种或复合目标。国外灵巧化引信的发展已到一定水平，制定了相应的设计规范和要求，智能化引信正在发展中。国外如M782、MK419、M888多选择引信是灵巧化引信发展的实例，国内也有不同类型的灵巧化引信应用于装备，如DRN001、H/DRW13等。智能化引信是具有近程自动探测与目标识别能力、同平台双向沟通和自主分析能力、配合战斗部自主区分和优选攻击目标能力以及在最佳位置起爆战斗部能力的引信，它的发展标志着引信自主化和信息化进步到更高的水平。

1.4 目前灵巧化与智能化引信发展过程中存在的问题

国内灵巧引信的发展在技术层面上已不存在问题，主要生产单位和研究部门能够完成"四可"功能的设计，可装定的功能无论是有线装定还是无线装定已形成基本理论和设计方法，存在的问题主要在基础统筹与规划层面，如接口与协议的规范性、传输信息的调制方式、引信信息交联电路和软件协议的统一设计要求等需要标准去约束，这是进一步提高引信性能设计的必然途径。可探测的功能根据不同平台和毁伤的要求已基本可实现，光电磁等传感器技术的广泛使用奠定了外部环境信息可靠获取的基础，引信专用复合传感器的发展仍显缓慢，各类传感器与控制器的接口设计五花八门，没有统一的基本设计理论支撑。可处理和可控制的功能在近十年高速发展，利用弹载处理器对装定信息、探测信息等综合判断处理，适时完成点火或起爆等动作控制，存在的问题是，控制芯片使用的是工业级的通用产品，专用的控制芯片开发得较少，导致设计的灵巧引信内部控制器件与软件繁多，抗复杂环境的能力偏弱，单片机复位造成引信出现问题的事件时有发生。

近几年国内在智能化引信技术方面的发展进步迅速，武器系统信息交联技术（或称装定技术）已在多个产品中得到应用，非接触厘米级的近程快速信息交联技术已经成熟，正在广泛推广使用；非接触的米级大间隙信息交联技术有望突破复杂电磁环境干扰问题，应用于对空防御弹药。引信近程自动探测与识别目标能力有一定的进步，无线电技术、激光面阵技术、声阵列技术、红外面阵技术等在目标探测与识别方面的关键技术已有报道，复合探测和仿生探测技术正在开展基础研究，目标识别的器件除成本高外，在引信使用时的环境适应性仍需进一步试验验证。引信同平台双向沟通和自主分析能力近几年发展很快，由于弹药精确打击的弹道修正和制导化改造需求的推动，引战配合的关系要求更加紧密，电路部件的小型化和处理能力获得提升，正在开展平台与引信一体化设计，传统上只有在平台完善后，考虑配用多功能弹药时才意识到平台火控同引信的信息交联。双向沟通的能力在设计初期加以考虑是武器系统应重视的问题。引信配合战斗部自主区分和优选攻击目标能力对定向战斗部和子母战斗部的高效毁伤起到重要作用，引信定向探测的多种手段，已有大量文献报道；子弹空中动态优选攻击目标正在开展研究，地面封控子弹药优选攻击目标的研究也已积极开展，存在的主要问题为子弹间的信息加密和抗战场电磁环境干扰。具有在最佳位置起爆战斗部能力一直是引信技术努力的方向，原有的一维探测与目标识别只能实现一维的弹药起爆控制，轴向起爆精度受弹道环境和系统影响只能控制在 $3\sim10$ m，纵向起爆精度受到战斗部修正和引战配合水平的限制，多维坐标引信的发展有助最佳位置起爆战斗部毁伤能力的提高。

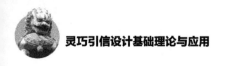

|1.5　灵巧引信的发展方向 |

1.5.1　引战配合

引信与战斗部配合实现高效毁伤控制可分三个发展台阶：

第一，根据装定信息选择作用方式和起爆时机的灵巧化引信——按设定选择起爆方式，依据打击目标的要求，设定不同起爆方式的优先级别，选择有利于毁伤目标的战斗部功能，控制起爆时机和毁伤目标的位置起爆战斗部的多选择引信。例如：具有装定前选择杀爆、破甲和攻坚功能的战斗部配用的引信。

第二，根据自动装定的信息和探测的目标易损特征进行自主选择作用方式、时机和方位角二维起爆控制的初步智能化引信——以实时探测的典型目标特征和交汇特征为依据，自适应选择起爆时机和起爆模式的引信。例如：具有装定后自主选择杀爆、破甲和攻坚功能的战斗部配用的引信。

第三，根据探测到的目标信息和毁伤要求，自主选择作用方式和战斗部能量释放水平、起爆点自适应调整的智能化引信——以起爆点精准调整、能够对战斗部多次多点起爆和高效毁伤控制的引信。例如：具有装定后自主选择战斗部起爆模式和最佳炸点起爆的多维坐标引信。

目前我国引信整体水平处于第一台阶的灵巧化阶段，美国等发达国家技术已处于第二台阶的初步智能化阶段，正在朝第三阶段发展。随着武器平台与网络平台的发展，武器系统的整体毁伤能力将与引战配合的水平相关。

1.5.2　灵巧引信的设计基础理论与规范

现有的引信设计理论，已不能满足信息化武器平台和弹药对灵巧化引信发展的需要，目前各军种对毁伤的要求主要集中在弹药的威力设计上，对引战配合的毁伤要求没有一定的规范约束，弹药型号产品指标只注重战斗部的杀伤半径，对引信没有毁伤能力的要求。灵巧引信技术的需求只体现在战技指标上，如起爆精度指标、延期起爆时间、穿深与层数等要求，没有灵巧引信同战斗部配合的毁伤能力设计理论和规范，具体应包括：战斗部与引信的接口设计、平台与引信信息交联的方式、根据战斗部的毁伤需求设计引信探测目标能力与信息处理的时序和接口、引信与战斗部配合的作用方式以及起爆时机与杀伤能力等。

例如：当目标高速运动时，不同弹目交汇条件（姿态、交会角）对应的有效毁伤区不同，要求引信根据交汇条件自适应地将起爆位置调整到有效毁伤区；对小尺寸目标，有效毁伤区极窄，要求引信起爆时机控制精确化；当目标为来袭的炸弹、迫弹或导弹等高速目标，且毁伤要求为击爆目标时，引信需根据交汇条件不仅要选择最佳起爆时机，还要选择起爆方位，将战斗部能量聚集后集中释放，实现精细的多维起爆控制等。当打击硬目标、地下工事和大型舰船使用侵彻引信时，要求引信在大侵彻过载下，选择定深、计层等作用方式，并要求在特定的深度和层次精确起爆。

1.5.3 引信的可装定性

引信作为武器系统的终端控制系统，在武器系统的信息化作战中不再是一个孤立的系统。现代战争中需要引信与武器系统平台进行信息、能量等的交互传输（即可装定性），以便进行作战状态、作战时机、作战模式的调整与控制。传统的引信装定功能就是对引信起爆输出方式的一种调整，如多选择引信作战模式装定、时间引信的作战时间装定等，一般在作战前准备过程中完成。

现代战场状态瞬息万变，目标种类多样，同时多样化的武器系统平台已基本实现信息化，具有很强的战场态势感知能力。引信与武器平台的信息接口可为引信进行作战模式等的调整提供硬件平台与传输通道，是灵巧化必须具有的功能模块。引信与武器平台的信息交联是其技术外延的表现，也是其灵巧化与智能化发展过程中的必经之路。现代武器系统通过雷达或各种探测设备获取目标的信息不是难事，为追求最大的毁伤效能，要求引信在正确的时间与空间起爆弹药或战斗部，火控系统能及时地把目标信息或起爆时机信息传输给引信是武器系统或平台的关键所在，在火控中增加与引信的接口是武器系统的设计选项。目前，引信与武器平台的信息交联已经广泛采用有线与无线信息交联方式，在不采用近炸原理的情况下，采用信息交联方式实现空炸已在多个项目中得到应用，这样的引信成本可大幅度降低，并可节省更多的空间提升战斗部的性能。通过信息交联、弹引系统可获得更多的弹道信息，为弹药或战斗部的修正提供有用数据。引信进一步的发展，与武器系统信息交联的接口将成为引信设计的新常态，是灵巧引信的主要功能之一。

1.5.4 引信的可探测性

目前单体制探测有多种类型，例如声、光、电、磁、热等，对应的传感器已发展到一定水平，但各自存在固有的缺陷，例如：激光探测技术抗烟尘的能力差、无线电探测技术抗强电磁干扰的能力差、电容探测技术探测距离偏近、地磁探测技术易受环境干扰、声探测速度偏慢等缺点，单体制探测的技术潜力已挖掘到极限，复合探测的技术优势是可对抗战场环境干扰和人为干扰，如激光与毫米波复合探测、声磁复合探测、激光与磁复合探测等，复合探测是灵巧化与智能化引信发展的必取技术途径。

1.5.5　引信的可处理性

可处理性是指对探测的环境信息与目标信息进行可靠处理，前者用于安全系统控制和时空识别，后者用于目标识别和过程控制。由于引信是一次性使用产品，动态探测具有不可逆和不可重复的固有特性，因此引信对环境与目标探测获取的信息处理要求快速与准确。目前的处理方法常采用单片机、DSP、FPGA、ARM 等。

近程目标识别获取信息依赖两种探测方式：一种是通过自身的面阵探测实现目标识别；另一种是利用制导信息进行目标识别。对复合探测和目标快速识别的信息处理涉及的图像大数据目标特征提取、多源信息快速融合决策和深度卷积神经网络等技术仍在发展中。

1.5.6　引信的可控制性

可控制性指的是引信用于武器系统与弹药的开仓、分离、点火与起爆等动作的控制。机械、机电、近炸引信以经典设计理论为依据，对付单一目标为主完成起爆控制，如破甲弹配用引信主要对付装甲目标，杀爆弹配用引信主要对付人员等。而灵巧引信可对多种或复合目标完成起爆控制，如硬目标侵彻灵巧化引信可毁伤桥梁、机库、楼房指定层、舰船内部等，多功能或多选择灵巧引信对地面人员以杀爆形式杀伤、对装甲车辆以破甲形式毁伤、对空中目标以预置破片毁伤等。未来自行火炮大量装备部队，载弹量有一定的限制，多功能弹药是必然的发展趋势，具有多功能特点的灵巧引信对多目标炸点控制与设计理论是发展的关键。引信炸点控制发展如图 1.10 所示。

常规弹药引信灵巧化发展的一个重要方向是引信利用探测或接收到的信号实现时空识别与过程控制。时空识别指的是利用时间与空间信息辨识自身轨迹、目标特征、规划下一步动作。过程控制指的是接近目标或贯穿目标时，引信控制弹药起爆与发挥高效毁伤的最佳时机。引信除发展传感器、集成芯片、电池等硬件外，由于引信探测技术属于近程探测，从决策到控制动作过程无修正时间支撑，需一套在小样本信息条件下的控制策略，因此与控制策略相关的软件也是发展的方向。目前，时空识别与过程控制技术正在发展中。

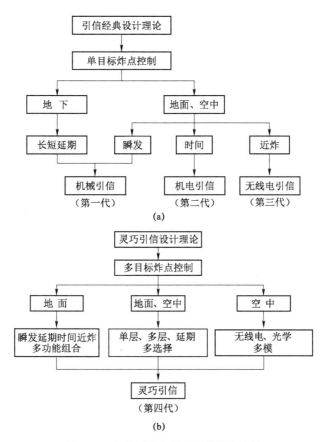

图 1.10 经典引信与灵巧引信炸点控制

（a）经典引信炸点控制；（b）灵巧引信炸点控制

|1.6 本书的内容安排|

　　本书的绪论部分在第四类灵巧化引信定义的基础上，论述了灵巧引信发展过程中存在的问题，提出了灵巧引信的可装定性、可探测性、可处理性与可控制性的发展和研究方向，为未来引信的灵巧化发展奠定了基础。本书以常规弹药引信的灵巧化发展为目标，分别论述了单兵火箭、小口径弹药、中大口径弹药、远程火箭侵彻弹药、反坦克弹药、智能雷弹、水中弹药用引信的灵巧化理论与应用，其涉及的探测技术主要有：弹药发射后的初始速度探测、旋转弹药的转速探测、目标方位探测、近程激光探测、水中目标运行时的蓝绿激光探测、战斗部侵彻硬目标时的加速度探测等。引信与火控系统的信息交联，为弹道修正、精确打击和侵彻多目标炸点控制弹药提供了各种初始数据以及信息处理与起爆控制方法等。

本书的第 1 章介绍了灵巧引信的基本概念、关键技术、存在的问题及发展方向；第 2 章论述了灵巧引信设计理论基础，包括引信信息交联设计理论、引信环境与目标探测理论、引信信号快速处理理论、引信起爆控制理论的基本概念及各自涉及的基本内容；第 3 章论述了单兵火箭弹灵巧引信设计理论与方法；第 4 章论述了小口径弹药灵巧引信设计理论与方法；第 5 章论述了中大口径弹药灵巧引信设计理论与方法；第 6 章论述了硬目标侵彻灵巧引信设计理论与方法；第 7 章论述了反坦克弹药灵巧引信设计理论与方法；第 8 章论述了智能雷弹灵巧引信设计理论与方法；第 9 章论述了水中弹药灵巧引信设计理论与方法。本书撰写的指导思想是为加速我国灵巧引信的快速发展提出设计的基本理论与方法。本书是几个型号灵巧引信设计的归纳与总结，必定存在诸多不足之处，仍需各家批评与指正，以期进一步完善。

第 2 章

灵巧引信设计理论基础

引信是陆、海、空和火箭军弹药导弹对敌目标实施高效毁伤的"大脑"，是利用目标、环境、武器系统、制导系统和战术网络等多源信息，保障弹药导弹生产、运输、储存、作战使用和销毁处理等全寿命周期安全，并按最佳策略控制战斗部实施高效毁伤的多任务与多约束条件下的高可靠开环控制系统。它是弹药的重要组成部分，用于控制弹药战斗部在预定条件下相对目标的最佳位置、时机或者方向上开仓、分离、点火与起爆。其中，预定条件是指既要保证引信自身使用安全，又能使战斗部充分发挥预定功能，特别是对目标发挥最大毁伤效能的相关条件，包括弹药正常发射使用的各种条件环境，战斗部与目标各种交会条件，目标特征及引信作用方式、引信启动区、引信作用时间等。

引信的数学模型为：

$$y = R\big(S(\boldsymbol{m},\boldsymbol{e},\boldsymbol{o},\boldsymbol{l}_{\mathrm{s}}),D(\boldsymbol{e},\boldsymbol{o},\boldsymbol{l}_{\mathrm{d}},\boldsymbol{u}_{\mathrm{s}}),\boldsymbol{l}_{\mathrm{r}},\boldsymbol{t}\big) \tag{2.1}$$

式中，y 为引信输出结果；$R(\cdot)$ 为过程控制函数；$S(\cdot)$ 为信息交联函数；$D(\cdot)$ 为探测与识别函数；$\boldsymbol{m}$ 为任务信息；$\boldsymbol{e}$ 为环境信息；$\boldsymbol{o}$ 为目标信息；$\boldsymbol{u}_{\mathrm{s}}=S(\cdot)$ 为装定信息；$\boldsymbol{l}_{\mathrm{s}}$、$\boldsymbol{l}_{\mathrm{d}}$ 和 $\boldsymbol{l}_{\mathrm{r}}$ 分别为信息交联、探测与识别和过程控制中存在的约束信息；$\boldsymbol{t}$ 为过程控制中的时间信息，所有的信息均为时变量。对不同的引信，由于任务不同、约束条件不同、控制方式不同，其函数的表达式也不同。

本章主要论述灵巧引信设计的基本理论，涉及引信信息交联设计理论、引信环境与目标探测理论、引信信号快速处理理论、引信过程控制理论。

|2.1　引信信息交联设计理论|

2.1.1　概述

　　弹药使用过程中，对引信作用时间、作用方式和技术参数等预定条件进行选择和调整的技术，称为引信装定技术；通常从火控获得相关信息，又称引信信息交联技术。引信作为武器系统终端威力系统的信息和控制单元，能否在瞬息万变的战场环境中从不同维度适时获得最佳起爆信息，是弹药能否获得精准毁伤的重要条件。根据实际战场环境和作战目标，通过装定器灵活并适时地对每发弹药进行单独装定，选择最佳的引信作用方式和控制信息，可实现精确打击、提高弹药作战威力、大幅度提高武器毁伤概率和实现武器系统自动化。例如，早期高炮在实战中击落一架飞机，据统计平均需要发射 500～800 发炮弹，而瑞士双 35 mm 高炮采用了 AHEAD（Advance Hit Efficiency and Destruction）弹药，增加了炮口测速和快速装定系统，由于引信能够获得以最新目标数据为基础的起爆预定条件，提高了弹药命中概率和毁伤效能，从而提高了小口径火炮的防空能力。试验表明，在 1 000 m 射距上，18 发炮弹基本可以拦截一个小型飞行物。引信信息交联技术不仅提高了引信的战技性能，而且赋予引信新的扩展功能，是发展新概念、新原理引信的一项关键技术。例如，灵巧引信具有智能处理能力，是目前第四代引信的发展方向，是各国竞相发展智能引信的初级产品。灵巧引信的工作原理是基于引信预先装定环境与目标参数，在发射前根据作战任务确定发射模式，由装定器适时装定作战方式和诸元，使弹药满足作战要求。发射后，还可在弹道接收空中平台传递的目标信息，通过智能终端的处理，实现精确起爆，而且具有多种起爆模式。由此可见，与传统的引信相比，信息交联和精确起爆控制是灵巧引信的两个基本特征。

　　装定技术由来已久，内容和方式也随引信技术的发展而不断丰富，装定内容已从单一的引信作用时间发展到多选择引信的作用方式、定高引信的炸高以及弹道修正弹自适应电子引信所需的射击信息等，装定方式由简单的手工装定发展到自动装定，装定时机由发射前装定发展到在弹药使用全过程中进行装定，包括发射前、发射过程中和发射后（弹道）。可以说，引信技术的发展赋予了信息交联技术更广泛的含义，而信息交联技术也已成为引信的一项基本支撑技术，

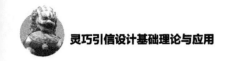

可装定或可交联是灵巧引信一项不可缺少的基本功能。

2.1.2　引信信息交联的基本方式

按工作方式不同，引信信息交联可分为接触装定和非接触装定。接触装定是指引信装定器与引信之间存在物理接触的装定方式，有手工装定和使用装定器的装定两种。

手工装定是操作人员直接用手操作引信上的装定装置（装定按钮或装定环等）进行装定，主要使用对象为机械引信。为了提高可靠性，引信应该能在所有野外作战条件下进行准确手工装定。如美军 M577A1 机械时间引信，使用装定扳手旋转引信头部的螺丝刀槽进行装定，选择触发方式或者作用时间，通过一个机械计数器显示装定数据。

使用装定器的接触装定又可分为有线和无线两种，主要应用于机电引信或多选择引信。M36E1 引信装定器是一种典型的接触式电子引信装定器，装定时，通过五个弹簧插针与引信前端的中心触点和两个同心装定环接触。为保证引信的安全性，引信电源不允许激活，必须实现能量供给控制电路和信息的适时传输，它适用于美军 M587/M724 电子时间引信。接触装定存在装定时间长，在雨雪天气、沙尘环境等恶劣条件下装定器和引信电接触可靠性差等缺点。虽然诸多引信均已具备采用非接触装定器进行装定的功能，但是还应尽可能地具有备用的手工装定方式，以应对各种作战条件，包括装定器放错地方或者丢失等意外情况。如美军典型电子时间引信 M762 既可以手动旋转头锥进行装定，并从液晶显示器上读出装定时间，也可在发射前，通过便携式感应装定器进行装定。手工装定通常只能作为一种备用的装定方式。

非接触装定是指装定系统和引信不发生物理接触的装定方式，它可以提高武器系统的射速、简化操作程序、减少反应时间，使武器系统的灵活性得到充分发挥，从而提高武器系统的战斗力和生存力。按工作原理不同，非接触装定技术主要有电磁感应装定、射频遥控装定和光学装定等。其中，射频遥控装定器一般由微波发射器和天线组成，引信装定模块由天线、微波接收器、数字电路、电源等组成。发射后，离炮口一定距离时，装定器与引信间开始通信，传送装定信息。射频遥控装定具有响应速度快、能够根据实际的弹丸速度进行装定、不需对武器系统进行大的改动等优点，但它的抗电磁干扰能力较差，从 20 世纪 80 年代以来，射频遥控装定已经被研究，但是成熟的应用还未见相关报道。光学装定存在能量转换效率低、小型化困难、装定速度慢等缺点，主要应用于航空弹药引信。

2.1.3　引信信息交联设计理论

引信信息交联可在发射前、发射中或发射后将能量和信息由装定器传输至引信，也可只进行信息装定（如炮口装定）。根据需要，引信可将接收到的装定数据反馈至装定器，以判断交联结果正误。如上所述，交联通道根据技术实现手段又可分为有线和无线方式，系统框图如图 2.1 所示。引信信息交联设计理论主要涉及约束条件、交联方式、传输信息量、传输时间、引战配合方式（弹头、弹底）、基本电路、试验验证方法设计等内容。

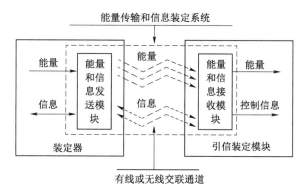

图 2.1　信息交联系统模型

引信与不同武器平台的信息交联受平台能力、安全性与尺度的约束，设计理论应给出上下限的阈值或取值范围。目前武器平台交联的方式可分为底火交联、弹链交联、炮口交联、外弹道飞行时交联等。

引信信息交联的数学模型为：

$$u_s = S(m,e,o,l_s) = S(P_s(m,e,o), l_s) = \mathrm{DIS}(\sqrt{P_{lmt}}\, h_s(t) * s_{in}(t) + w_s(t)) \quad （2.2）$$

式中，u_s 为引信接收到的装定信息；$P_s(\cdot)$ 为装定信息处理函数（信息处理问题将在后续章节中具体讨论）；DIS 为离散化运算；P_{lmt} 为安全性和尺度约束造成的功率限制；s_{in} 为处理后的装定信号；$h_s(t)$ 和 $w_s(t)$ 为环境约束造成的信道衰落和噪声影响。装定函数的意义为：在满足约束的前提下，将装定信息处理结果不失真地传输到引信中，则装定要满足如下条件：

$$P_p \leqslant a\,|\,h_s\,|^2\, P_{lmt} + P_b$$
$$R_d \leqslant \log_2\left(1 + \frac{(1-a)\,|\,h_s\,|^2\, P_{lmt}}{\sigma_s^2}\right) \quad （2.3）$$

式中，P_p 为引信信息交联过程中的瞬时功率消耗；a 为装定过程中用于能量传输的功率比例；P_b 为装定过程中引信储备能源输入功率；R_d 为装定速率下限，

σ_s 为噪声功率方差。该式意为：装定系统需要在满足功率平衡的基础上，尽可能提高信息传输速率。

2.1.4　引信信息交联的技术体系

经过近二十多年的发展，引信信息交联已发展成相对完整的技术体系，建立了发射前（手工装定、底火装定、弹链装定）、发射中（炮口装定）、发射后（飞行时装定、网络化装定）各阶段的交联方式，并随着军事需求的牵引和技术发展推动，正在研究有线–无线复合装定、非线性磁共振耦合装定等一些新原理装定技术。引信信息交联的技术体系见表 2.1。

表 2.1　引信信息交联的技术体系

武器平台与弹种装定方式	手工装定（有线与无线）	底火装定	弹链装定	炮口装定	飞行时装定	网络化装定
小口径高炮弹药			●	●		
单兵火箭弹药	●	●				
中大口径火炮弹药	●			●		
坦克炮弹药		●				
舰炮弹药		●	●			
远程火炮弹药	●	●			●	
导弹类					●	
地面布设弹药	●					●

2.1.5　引信信息交联实例

单兵火箭弹空炸引信：单兵火箭弹由于体积小、重量轻、携带方便，在局部战争和反恐战争中发挥着重要作用。发射前利用激光测距机和其他探测设备获取目标距离信息和战场海拔高度、环境温度、风速等环境信息，通过引信信息交联技术对引信电路进行发射前能量供给和信息初始化装定，弹丸发射后，利用弹载探测设备获取弹丸初速或目标位置信息，从而对弹丸作用时间或弹道空间轨迹进行修正，提高弹药对目标的毁伤效能。具体分析详见第 3 章。

小口径弹药空炸引信：目前小口径弹药研制和改进的主要方向是通过配备可编程空炸引信，使弹药具备精确定点起爆能力以及与系统协调、快速反应的能力。小口径弹药射速快，可达 4 000 发/min 以上射速，并且随着技术发展和战术指标提高，射速还在提升，对于该小口径高射速弹药，可用弹链或炮口无线交联方式，弹链交联是弹丸由弹链拖动进膛前的毫秒级时间内完成能量供给和信息装定，炮口装定是在弹丸发射出膛口的数十微秒时间内完成信息装定，炮口装定方式要求弹丸飞经炮口前弹载电源可靠激活，引信装定电路正常工作，以便接收炮口装定信息。具体详见第 4 章分析。

坦克炮弹药空炸引信底火交联：坦克炮弹药存在首发命中需求，通过火控计算机、底火和弹药引信进行信息交联，可完成膛内弹药的发射前信息传输，实现引信起爆方式和弹道修正弹药初始信息加载，具有重要军事应用和实用价值。具体详见第 5 章分析。

2.2　引信环境与目标探测理论

2.2.1　概述

引信经历的环境从全寿命过程可分为四大类：勤务处理环境与发射环境，主要涉及引信的安全性；飞行环境与终点目标环境，涉及引信的可靠性，也与引信的安全性有关。各种武器平台可提供的环境信息见表 2.2。

表 2.2　各种武器平台可提供的环境信息

武器平台	环境 1	环境 2	环境 3	环境 4
单兵火箭	后坐力 2 000～8 000 g	弱离心力	空气动力	
迫击炮	后坐力 800～4 000 g		空气动力	
子母弹子弹		开仓力	空气动力	
单兵榴弹发射器	后坐力 6 000～8 000 g	弱离心力		
小口径高炮	后坐力 30 000～70 000 g	离心力 20 000～70 000 r/m		
中大口径榴弹炮	后坐力 10 000～20 000 g	离心力 10 000～30 000 r/m		
火箭炮	后坐力 2 000～8 000 g	火箭点火气压	空气动力	
远程火箭炮	后坐力 30～50 g，时间 ms 级			制导目标信息
武直机多管火箭	后坐力 2 000～8 000 g		空气动力	

续表

武器平台	环境1	环境2	环境3	环境4
坦克炮	后坐力 20 000~ 50 000 g	章动力 50~800 g		
飞机布撒器	脱机力	开仓力 10 000~ 20 000 g	空气动力	
飞机空投航弹	脱机力		空气动力	
近程防护火箭系统	后坐力 2 000~ 10 000 g	火箭点火气压		

引信用在不同平台上时，随弹药或战斗部所经受的后坐力从几十克到几万克，受力的跨度很大；旋转弹药受到的离心力从几百转到几万转；章动力一般在几十克到几百克；常规火箭弹常采用弹底引信，并把火箭气体作为一个环境力；空气动力与弹速相关；制导弹药的制导系统可提供临近目标的解保信息，作为一个环境力。

引信探测可分为环境探测和目标探测两部分：

$$D(e,o,l_d,u_s) = [D_e(e,l_e), D_o(o,l_o,u_s)] \qquad (2.4)$$

式中，$D_e(\cdot)$ 为环境探测函数；$D_o(\cdot)$ 为目标探测函数；l_e 为环境探测约束条件；l_o 为目标探测约束条件。

引信中常用探测方式及参数见表 2.3。

表 2.3　引信中常用探测方式及参数

探测方式\参数	类别	尺寸	距离	精度	功耗	适用弹种	抗冲击能力	抗干扰能力	环境适应能力
激光	红外光	发射 $\phi18$ mm× 40 mm；接收 $\phi20$ mm× 40 mm	≥12 m	±2 m	9 V	破甲弹	30 000 g	抗阳光、中雨雪	
	蓝绿	$\phi100$ mm ~ 324 mm	≥10 m	距离分辨率 0.3 m；角度分辨率 12°	27 V	鱼雷		抗低浓度悬浮粒子干扰	适用于远海较清洁海水
红外	非成像		近距	一般	低	反坦克导弹、近距空空导弹	几百克到上万克	易受背景辐射（云、雾、烟和太阳背景等）干扰	隐蔽性好

续表

参数 探测 方式	类别	尺寸	距离	精度	功耗	适用弹种	抗冲击 能力	抗干扰 能力	环境适 应能力
红外	成像		10 km	高	较低	巡航导 弹、空地 导弹等	几十克	可抗一定 人工干扰	全天候 作战能 力受限
磁	被动（三 轴地磁 姿态 测量）	φ32 mm× 20 mm		±3°	300 mW	火箭弹、 中大口径 榴弹	30 000 g	强	安装阶 段不能 屏蔽地 磁场
声	大气声	边长1 m 的4元 方阵	垂直高 度80 m； 水平距 离220 m	俯仰角 均方差 1.5°；方 位角均方 差2°	15 V	地面布设 雷弹			除大雾、 大雨、 大风
	水声		被动： >1 km； 主动： <50 m	被动： ±50 m； 主动： ±5 m；	被动：几 百毫瓦 到几瓦 主动：几 十瓦到 几百瓦	鱼雷		强	
无线电	米波	φ42 mm× 45 mm	1～12 m		24 V， 50 mA	多用途破 甲弹、 榴弹		易受到杂 波干扰、 人工干扰	
	分米波	φ180 mm× 300 mm	≮6 m	距离分辨 率0.5 m	≮25 W	反坦克导 弹、反舰 导弹		抗地海杂 波（不受 地海杂波 影响）	
	厘米波	φ30 mm× 45 mm	2.5～ 15 m	20%	20 V， 60 mA		50 000		
		φ150 mm× 180 mm	9 m	±2 m	≤4 W	火箭弹		良好	
	毫米波 （3 mm）	φ80 mm× 30 mm	0.3～ 4 m	20%				良好	
		φ130 mm× 50 mm	主动 120 m； 被动 100 m	±0.5 m		末敏弹		良好	
	毫米波 （5 mm）	3 mm× 10 mm× 20 mm	3～8 m	±1 m	4 W	火箭弹		良好	

续表

参数 探测 方式	类别	尺寸	距离	精度	功耗	适用弹种	抗冲击 能力	抗干扰 能力	环境适 应能力
无 线 电	毫米波 （8 mm）	20 mm× 20 mm	3～8 m, 8～14 m		2 W	坦克炮, 中大口 径弹		良好	
		40 mm× 40 mm× 10 mm	3～8 m	±1 m	4 W	火箭弹		良好	
电容	鉴频式 或直接 耦合式	ϕ(50～ 60）mm× 30 mm	0～3 m	±15%		常规弹药		良好	
静电	静电场	天线 ϕ30 mm× 10 mm； 处理机 30 mm× 15 mm× 8 mm	≥12 m	方位 精度≤ 10°	5 W	防空导弹		抗电磁、 地海杂波 干扰	全天候 （雷暴天 气除外）

2.2.2 引信环境探测理论基础

引信在发射环境下主要经历的物理环境是力学环境。可探测力学量的传感器有多种，如压电式、压阻式、电容式等，发射过程持续的时间在几毫秒到几十毫秒，常规火箭弹主动段在几百毫秒或秒级。环境探测的数学表达式为：

$$D_e(e,l_e)=\begin{cases} 0, & |A_e \cdot e|<|e_1|, t<t_{es}, t>t_{ee} \\ H_e(t)*(A_e \cdot e), & |e_1|\leq|A_e \cdot e|\leq|e_u|, t_{es}\leq t\leq t_{ee} \\ H_e(t)*A_u, & |A_e \cdot e|\geq|e_u|, t_{es}\leq t\leq t_{ee} \end{cases} \quad (2.5)$$

式中，A_e 为传感器放置位置约束造成的信号增益或衰减；$H_e(t)$ 为环境探测的响应函数，由传感器和放置位置约束决定；e_1 为传感器灵敏度下限；e_u 为传感器探测范围上限；t_{es} 为探测开始时刻；t_{ee} 为探测结束时刻。上述参数均为环境探测约束条件。

2.2.3 引信目标探测理论基础

弹药发展的初期，仅采用一种弹药对付一种目标，配一种引信完成特定毁伤任务。随着技术的发展，要求一种功能弹药对付多种目标，多功能弹药对付多种目标，从而配用的引信要求多功能化，实现引信多功能化的前提是必须首先保证引信对目标可探测。由于目标的种类繁多，选择的引信探测和起爆控制方式也不同，常用方式见表 2.4。

表 2.4　目标种类与引信作用方式

目标种类/毁伤特性	杀伤（触发与近炸）	爆炸与燃烧（触发与延期）	破甲（触发与近炸）	攻坚（自调延期与多选择）
人员与集群	●	●		
工事与地堡				●
装甲与舰船			●	●
桥梁与楼房				●
天线与雷达车	●	●		
贮油罐		●		
飞行体	●			
地下工事				●
水中运动体	●		●	

目标探测的数学表达式为：

$$D_o(o, l_o, u_s) = \begin{cases} 0, & |A_o \cdot o| < |o_1| \\ H_d(t) * H_o(t) * (A_o W_o \cdot o), & |o_1| \leqslant |A_o \cdot o| \leqslant |o_u| \\ H_d(t) * H_o(t) * (W_o \cdot o_u), & |A_o \cdot o| \geqslant |o_u| \end{cases} \quad (2.6)$$

式中，A_o 为目标的特性约束造成的信号增益或衰减；$H_d(t)$ 为探测器的响应函数，由探测器性能和放置位置约束决定；$H_o(t)$ 为目标的响应函数；W_o 为工作方式开关矩阵，由装定信息决定；o_1 为探测器灵敏度下限；o_u 为探测范围上限；W_o 为对角阵：

$$W_o = \begin{cases} W_1 & \cdots & 0 \\ \vdots & \ddots & \vdots \\ 0 & \cdots & W_N \end{cases} \quad (2.7)$$

式中，W_1，$\cdots$，W_N 为目标探测开关，其值为 0 或 1，具体取值受装定信息中的工作方式和探测开始及结束时间约束。

　　灵巧引信能够实现一种引信完成多项任务，需根据目标的特性，如反射性能、强度性能、尺度大小等，在弹药的约束条件下设计出合理的引信探测系统。

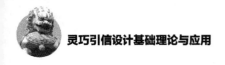

|2.3　引信信号快速处理理论|

2.3.1　引信信号处理系统的组成和特征

　　传统上完整的信号处理系统由七部分组成：信号转换、低通滤波、模数转换（A–D 变换）、数字信号处理、数模转换（D–A 变换）、低通滤波、信号转换，如图 2.2 所示。数字信号处理的信号大部分是物理变化信号，如声音、光，它们经信号转换才能变成电信号；这种信号是模拟信号，计算机不能直接处理，要变成数字信号。模数转换（A–D 变换）速度有限，而且模拟信号可能包含快变成分，所以要先低通滤波，消除没用的快变部分，确保模数（A–D）转换的正确。模拟信号变成数字信号后就可进行数字信号处理，如通信的编码、调制。对于不可编程的处理器，信号经过电路即可完成处理；对于可编程的处理器，信号经过处理器计算才能完成处理。处理后的数字信号往往要变回物理状态才能使用，如通信的无线电。数字信号经数模转换才能变成连续时间信号，这种信号有很多突变的地方，要经过低通滤波才会光滑。

| 信号转换 | → | 低通滤波 | → | 模数转换 | → | 数字信号处理 | → | 数模转换 | → | 低通滤波 | → | 信号转换 |

图 2.2　传统信号处理系统框图

　　引信信号处理系统为一种特殊的信号处理系统，其特征为：信号转换和低通滤波过程由探测系统或装定系统完成，且存在装定信号处理、探测信号处理和控制信号处理三个信号处理过程，如图 2.3 所示。对装定信号进行处理的意义为从接收到的装定信号中识别出引信需要的工作方式、任务状态等信息。对探测信号进行处理的意义为从探测信号中识别出弹丸状态和目标状态等信息。只有经过处理获得有效信息，并将这些信息实时输入控制算法中，才能得到正确的控制结果。对控制信号进行处理的意义为将控制信息转换为能够被硬件系统接受的控制信号。

图 2.3　引信信号处理系统框图

引信信号处理存在的主要约束包括：处理实时性约束、处理精准度约束、处理可靠度约束、硬件使用环境约束和硬件成本约束等。这些约束决定了引信信号处理算法和处理硬件的选择。

2.3.2　引信信号处理器的选择

引信信号处理器主要包括 FPGA、DSP、32 位通用处理器（ARM）和 8/16 位通用处理器（51 系列）等类型。其中，FPGA 是在 PAL、GAL、CPLD 等可编程逻辑器件的基础上进一步发展的产物，它是作为专用集成电路领域中的一种半定制电路而出现的，既解决了全定制电路的不足，又克服了原有可编程逻辑器件门电路数有限的缺点。DSP 是一种专用于（通常为实时的）数字信号处理的微处理器，其主要特点为分开的程序存储器和数据存储器（哈佛结构），用于单指令流多数据流（SIMD）作业的特殊指令集，可进行并发处理，但不支持多任务，用于宿主环境时可作为直接存储器访问（DMA）设备运作，从模拟数字转换器（ADC）获得数据，最终输出的是由数字模拟转换器（DAC）转换为模拟信号的数据。ARM 架构是一个 32 位精简指令集（RISC）处理器架构，其广泛地使用在许多嵌入式系统设计。51 系列是一种 8 位的单片微控制器，这类系统将计算机或其他电子系统集成单一芯片，它集成了许多外围的器件，为执行更复杂的任务、更复杂的应用提供了强大的支持。上述处理器的主要性能对比见表 2.5。

表 2.5　处理器类型及特点

处理器类型	运算速度	并行度	外设丰富程度	抗过载能力	功耗	成本
FPGA	较高	高	低	视时钟源而定	最高	高
DSP	高	低	低	视时钟源而定	较高	较高
ARM	视成本而定	无	高	视时钟源而定	较低	型号差异很大
51 系列	较低	无	高	视时钟源而定	最低	较低

| 2.4　引信过程控制理论 |

灵巧引信是一种动态选择对象观测时机和控制输入时机的开环控制系统，

其结构如图 2.4 所示。这类系统的主要特征是：在系统的整个演变过程中，观测和控制仅在某一时刻或某一时间段进行，即观测/控制输入和观测/控制时机分别存在边界约束，因此，控制算法除了需要解算观测/控制输入外，还需要选择观测/控制时机。单纯与基于控制模型的开环控制系统相比，动态开环控制系统能够利用观测信息对控制模型进行修正，通过合理的观测时机和控制时机选择，在总工作时长较短时，能够实现与模型预测控制相似的控制效果，且由于观测系统和控制输出系统均只在观测时机出现时工作，动态开环控制系统具有较高的能量利用率和较低的算法复杂度。

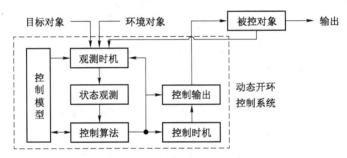

图 2.4　动态开环控制系统结构

引信过程控制系统的整个工作过程可分为如下四个阶段：发射准备阶段、膛内运动阶段、环境和弹丸观测与控制阶段、起爆控制阶段，每个阶段可以观测和控制的对象均不相同，观测信息来源也各不相同，因此，每个信息观测对象和信息来源均有不同的观测时机约束，其中，起爆输出只能在起爆控制阶段出现，因此，控制时机被约束在起爆控制阶段。综上所述，引信过程控制系统是一种动态开环控制系统。

引信过程控制系统的最终目标为实现最佳毁伤控制，即控制弹丸完全按照任务设定的位置和状态起爆。在理想状态下，最佳毁伤控制模型为一个多输入单输出的二阶系统：

$$
\begin{aligned}
\ddot{\boldsymbol{X}}_f &= \boldsymbol{A}_{f1}\boldsymbol{X}_f + \boldsymbol{A}_{f2}\dot{\boldsymbol{X}}_f + \boldsymbol{B}_{t2}\boldsymbol{U}_{t2} \\
y_f &= \delta(|\,\boldsymbol{X}_f - \boldsymbol{B}_{t1}\boldsymbol{U}_{t1}\,|)
\end{aligned}
\tag{2.8}
$$

式中，$\boldsymbol{X}_f$ 为弹丸状态；$\boldsymbol{A}_{f1}$ 为二次积分位置反馈参数；$\boldsymbol{A}_{f2}$ 为一次积分位置反馈参数；$\boldsymbol{B}_{t1}$ 为任务输入参数；$\boldsymbol{B}_{t2}$ 为环境输入参数；$\boldsymbol{U}_{t1}$ 为目标状态输入；$\boldsymbol{U}_{t2}$ 为环境状态输入；y_f 为起爆输出；输出函数 $\delta(\cdot)$ 为一狄拉克函数。式（2.8）的含义为，弹丸的飞行状态由状态方程控制，当弹丸状态与任务状态完全一致时，$y_f = 1$ 输出控制信号，否则 $y_f = 0$ 不输出控制信号，其控制系统结构如图 2.5 所示。

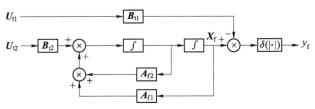

图 2.5　最佳毁伤控制系统框图

引信动态开环控制在特定时刻或特定时间段内观测 X_f 及其一阶和二阶导数、U_{t1} 和 U_{t2} 的瞬态值，修正控制模型，并通过控制模型和控制算法计算合适的控制时机，当引信到达控制时机时，输出控制信息。动态开环控制系统的工作目标为：通过合理地选择各状态的探测时机，并设计控制模型和控制算法，使得控制信息 $y_f=1$ 出现时刻 t_d 的 $|X_f(t_d)-B_{t1}U_{t1}(t_d)|$ 尽量小。

引信动态开环控制模型如图 2.6 所示，系统分为动态开环控制系统和被控对象两部分，动态开环控制系统无法对弹丸飞行进行控制。从图中可以看出，动态开环控制在观测时机 $t_{o0} \sim t_{o4}$ 观测被控对象的各个参数，并将其输入控制状态演变算法和控制模型修正算法中，通过比较两个算法的输出结果确定控制时机 t_d 和控制输出 y_f，控制时机 t_d 决定了最终的控制误差 y_{d1}，图中 U_{m0} 为模型修正的基准输入。其动态开环控制模型为：

$$\dot{T}_f = [\boldsymbol{B}_t, 0, \boldsymbol{B}_r] \begin{bmatrix} \boldsymbol{U}_{t0} \\ \boldsymbol{U}_m \\ \boldsymbol{U}_r \end{bmatrix}$$

$$y_f = \bigcup_{i=1}^{n} \theta \left(T_{fi} - [\boldsymbol{D}_{ti}, \boldsymbol{D}_{mi}, \boldsymbol{D}_{ri}] \begin{bmatrix} \boldsymbol{U}_{t0} \\ \boldsymbol{U}_m \\ \boldsymbol{U}_r \end{bmatrix} \right)$$

（2.9）

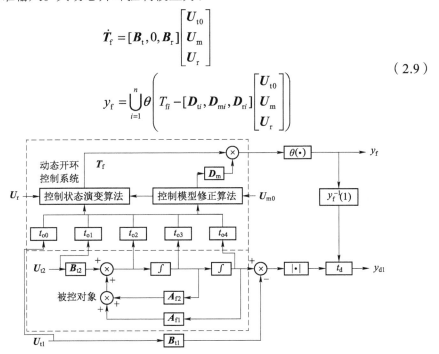

图 2.6　引信动态开环控制模型

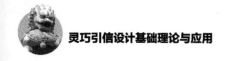
动态开环控制精准度由 y_f 出现时刻 X_f 和 U_t 的距离决定：

$$t_d = \min(y_f^{-1}(1))$$
$$y_{d1} = \mid \boldsymbol{B}_{t1} \boldsymbol{U}_t(t_d) - \boldsymbol{X}_f(t_d) \mid \qquad (2.10)$$

式中，$\boldsymbol{T}_f$ 为控制状态；n 为控制状态数量；$\boldsymbol{B}_r$ 为基准输入对控制状态的影响参数；$\boldsymbol{B}_t$ 为任务状态输入对控制状态的影响参数；$\boldsymbol{U}_{t0}=f_t(\boldsymbol{U}_{t1}(t_{o0}),\boldsymbol{U}_{t2}(t_{o1}))$ 为任务状态输入；$\boldsymbol{U}_m$ 为模型输入：

$$\boldsymbol{U}_m = f_m(\boldsymbol{U}_{t1}(t_{o0}), \boldsymbol{U}_{t2}(t_{o1}), \ddot{\boldsymbol{X}}_f(t_{o2}), \dot{\boldsymbol{X}}_f(t_{o3}), \boldsymbol{X}_f(t_{o4})) \qquad (2.11)$$

$\boldsymbol{U}_r$ 为基准输入；$\boldsymbol{D}_t$ 为任务状态输入对输出状态的影响参数；$\boldsymbol{D}_m$ 为模型输入对输出状态的影响参数；$\boldsymbol{D}_r$ 为基准输入对输出状态的影响参数，对于多功能引信，其每个功能均有自己的 $\boldsymbol{D}_t$、$\boldsymbol{D}_m$、$\boldsymbol{D}_r$，因此，用下标 i 代表不同功能所对应的模型参数；$\theta(\cdot)$ 为单位阶跃函数；y_{d1} 为控制执行时刻弹丸与任务的状态差；t_d 为弹丸控制执行时刻。

第 3 章

单兵火箭弹灵巧引信设计理论与应用

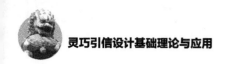

单兵火箭作为一种陆军部队携带使用的步兵近战武器，目前已成为步兵分队的主要装备火力。单兵火箭弹引信是单兵火箭武器的炸点控制系统，是单兵火箭弹的"大脑"，既能保证引信自身使用过程中的安全，又能使弹药根据预定策略决定起爆时刻、作用位置以及作用模式。本章从单兵火箭弹灵巧引信的任务、约束条件以及时空识别与过程分析开始，建立信息交联基础理论，并提出引信自主测速及激光目标方位探测等环境探测理论，由此对引信作用时间以及弹道进行修正，最后给出单兵火箭弹灵巧引信的设计实例。

3.1 任务、约束、时空识别与过程控制分析

从最近几十年世界各地发生的战争形势来看，现代战场已经发生了深刻的变化，局部战争和反恐战争已经成为目前主要的战争形态并将长期存在，这对武器系统的精确性和便利性提出了新的要求。在局部战争和反恐战争中，很多情况下作战形式以城市巷战为主，武器系统主要用来对付运输车辆、堡垒或工事、城市的建筑甚至某些指定的恐怖分子等小型目标。单兵火箭弹由于体积小、重量轻、携带方便，非常适合这些作战模式。单兵火箭弹发射初速一般低于200 m/s，绕弹体纵轴微旋，有效射程在 400 m 以内，火箭增程条件下可达到

2 000 m。

单兵火箭弹配备高精度炸点控制的灵巧引信，可从以前单纯的杀伤有生点目标发展成为以杀伤有生面目标为主，能够在目标上空或者侧面起爆，依靠横向飞散的弹丸破片和钢珠杀伤隐蔽在工事内部或建筑物后面的目标，可大大提高单兵火箭弹的作战效能与毁伤威力。单兵火箭弹引信灵巧化和智能化设计，要求其具有可编程功能，能够自主式弹载测速，并根据所测速度修正后的作用信息在目标位置处引爆弹丸，实现定点空炸功能，并能够与激光瞄具协调、快速反应，同时又具有碰炸、延期炸、自毁等多种作用模式。通过对引信装定目标信息，发射后弹载测速模块对作用信息修正，使引信能够进行工作模式选择以及精确起爆控制，对目标产生最大毁伤概率。引信装定技术和精确起爆控制是空炸引信灵巧化的两个基本特征。

为了实现对目标方位的探测，单兵火箭弹灵巧引信主要采用激光半主动目标探测技术，该技术是一种较成熟的光学制导目标探测体制，具有抗电磁干扰能力强、目标定位精度高、成本低、结构简单、速度快的优点，在各种激光制导导弹、炮弹、炸弹等中大口径飞行器上得到了广泛的应用。所以，将激光半主动目标探测技术应用到单兵火箭弹上，是解决无控低速飞行器制导化改造的成本与弹道修正精度之间矛盾的一种可行途径。但是，单兵火箭弹的一些自身条件和使用环境等因素与导弹的不同，主要有以下几点：一是飞行时不是通过连续不断的推力作用，而是在发射后通过一次加速做被动飞行，发射过载较大，具有数千 g 的加速度，同时考虑到弹丸口径较小，因此使用以往导弹上成熟的框架式激光半主动目标探测系统结构具有一定局限性；二是末段弹道飞行时，弹丸自身摆动较为明显，严重影响弹上激光半主动目标探测系统的目标方位探测准确度；三是末段弹道飞行距离只有几百米，飞行时间只有几秒，同时考虑到低速飞行器弹道修正能力较弱，所以不可能像导弹一样能够对弹道进行连续修正动作，而只能进行一次或两次极其有限的弹道修正动作；四是不同于导弹在高空中进行目标探测的特点，火箭弹目标探测过程一般在地面附近，容易被近地面复杂大气环境所影响。因此，单兵火箭弹并不能直接照搬成熟的导弹制导用激光半主动目标方位探测技术。

单兵火箭弹引信需要准确识别时空信息，并做出相应的过程控制。例如对于空炸功能，需要精确控制空炸炸点的时间与位置；对于瞬发功能，需要准确控制瞬发的时间以及穿过甲板的距离。时空识别的前提是对所处环境以及目标特征等信息进行获取，这些信息一部分可以通过武器系统与引信信息交联技术获得，即在发射前由装定器输入，例如：温度、风速、地理位置、引信作用方式等；还有一部分信息可由引信自主获取，比如在弹丸飞行时，对弹丸速度的测量、对目标方位的探测等。引信过程控制主要完成引信起爆控制，其中包括对弹道进行实时修正以及对引信作用时间进行修正等。

| 3.2 信息交联基础理论 |

3.2.1 引信信息交联工作原理

　　引信信息交联是数据的传输，装定系统就是通信系统。引信有线装定技术通过装定器与引信间导线连接实现能量与信息的高效、快速传输，具有装定结构简单、适于火控系统与弹药引信间实时信息交联的显著特点，并具有抵抗战场复杂电磁干扰的能力。引信有线装定系统的构成如图 3.1 所示。由于火箭弹灵巧引信采用发射前静态装定方式，且发射前弹载电源未激活，因此信息装定前需对引信电路中能量存储单元中的储能电容充电，以供信息双向传输及弹丸发射后的弹道飞行初始段，甚至全弹道工作使用。

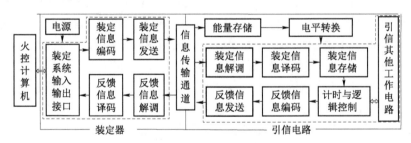

图 3.1　有线装定原理框图

　　火控计算机将雷达捕获的来袭目标或激光测距机获取的目标信息快速解算后把作用时间、作用方式等信息通过装定系统的输入输出接口传递给装定器，装定信息编码后经信息发送单元通过信息传输通道传输至引信电路；引信电路将接收到的信息解码、译码后存储起来，待装定器发送完指定的信息后，引信电路将接收到的装定信息编码并通过反馈信息发送单元经信息传输通道反馈给装定器，装定器对反馈信息解调、译码后通过装定系统的输入输出接口发送给火控计算机，火控计算机对比装定信息与反馈信息以判断装定过程的成功与否。弹丸发射后，引信计时与逻辑控制单元利用所存储的装定信息控制引信其他工作电路的工作，如对发火通道充电、引爆电雷管等。信息编码技术、信息双向传输技术是有线装定中的关键技术。

3.2.2　信息编码设计

引信有线装定属于近距离通信，可直接采用基带传输的方式，该方式不需调制解调器，电路实现简单，具有速率高、误码率低等优点。信息传输首先必须对要传输的信息进行编码，基带编码的设计主要考虑如何方便地从基带信号中提取定时信息。系统选用装定技术中常用的占空比编码方式。占空比 50% 的脉冲波形表示"0"，而占空比 75% 的脉冲波形表示"1"。目前，该编码方式已经成为北约标准的、唯一的和强制性的大口径电子引信感应装定信息的编码方式，在北约大口径电子引信中得到广泛应用。

装定技术中用到的编码方式主要有数值编码和字符编码两种。数值编码根据最大和最小装定时间及装定精度确定采用多少位编码来代表所需装定时间；字符编码是直接根据装定时间的精度对每一位十进制数用四位二进制码进行编码的方式，如美国 XM773 引信即采用此种编码。单兵火箭弹灵巧引信采用数值编码方式，装定时间范围为 0.2～4 s，装定精度为 1 ms，因此装定时间编码需 12 位；另外，若需要作用方式（空炸、碰炸、延期）装定，可采用两位编码，信息传输时不同帧数据应采用同步位区分开，采用起始位同步方式（一低位，如图 3.2 所示），因此一帧数据共需 15 位码。一帧数据构成如图 3.3 所示。

图 3.2　编码方式　　　　　　　图 3.3　一帧数据构成

3.2.3　信息双向传输技术

有线装定技术采用半双工通信方式，即装定与反馈信息分时共用传输导线，如果采用引信电路直接向装定器发送编码信息的方式，对引信电路来说是一个巨大的能量消耗过程，且电路结构复杂。若信息反馈阶段，装定器持续向引信电路发送不编码的能量载波，利用负载调制的办法将接收到的装定信息反馈给装定器，那么不仅引信电路消耗的能量会得到动态补偿，而且电路设计简单。

3.2.3.1　有线装定负载调制反馈模型

有线装定系统等效电路如图 3.4（a）所示。其中 V_s 为装定器直流供电电源，R_0、R_1 为装定器回路负载电阻，Z_L 为引信电路等效负载（$Z_L = R_L + jX_L$）。图 3.4（b）为基于负载调制的反馈模型，R_2 为反馈调制电阻，S_1 为反馈信号控制开关。信息反馈时开关 S_0 始终处于闭合状态。

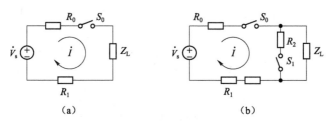

图 3.4　电路等效模型
（a）有线装定系统等效模型；（b）基于负载调制的反馈模型

由图 3.4（b），根据基尔霍夫定律可写出开关 S_1 断开、闭合阶段回路电流表达式：

$$\dot{I} = \frac{\dot{V}_s}{R_0 + R_1 + Z_L} \tag{3.1}$$

$$\dot{I}' = \frac{\dot{V}_s}{R_0 + R_1 + \dfrac{R_2 Z_L}{R_2 + Z_L}} \tag{3.2}$$

由式（3.1）、式（3.2）可看出：回路电流随开关 S_1 通断状态而变化。反应在电阻 R_1 上，则表现为电压值的增大或减少，R_1 上电压值的变化量为：

$$\Delta U_1 = R_1 \times \left(\left| \dot{I}' \right| - \left| \dot{I} \right| \right) \tag{3.3}$$

因此，可通过检测电阻 R_1 上电压变化的办法实现信息由引信电路到装定器的反馈。通过合理的电路设计使引信电路等效负载的虚部为零，即 $X_L = 0$ 时，R_1 上电压值变化最明显。

3.2.3.2　信息双向传输设计方案

装定器与引信电路信息双向传输主要分为能量传输、装定信息传输和装定信息反馈三个阶段。通信模型如图 3.5 所示。具体工作过程为：装定器首先向引信电路发送一段能量载波（即 S_0 处于闭合状态），引信电路将接收到的能量存储在储能单元中，为引信电路提供工作电能；装定器将来自火控的装定信息按占空比方式编码后控制 S_0 的通断，引信电路从整流桥上提取信号经装定信息解调电路处理后输出装定信息，该解调后的装定信息存储在引信电路中用于控制弹丸的精确起爆；待装定器发送完设定的装定信息后，改为持续为引信电路发送能量载波，引信电路将接收到的信息编码后控制 S_1 的通断以引起电流检测电阻 R_1 上电压值的微小变化，该微小电压信号需经放大器放大后再送至反馈信息解调电路，装定器对反馈信息译码后与装定数据比较，以确定装定过程是否成功。V_s 为装定器直流供电电源，R_0 为装定器负载电阻，R_2 为反馈调制电阻。

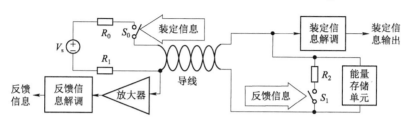

图 3.5　信息双向传输通信模型

|3.3　环境探测基础理论|

3.3.1　引信自主测速理论

3.3.1.1　已有的炮口测速方法

目前，弹丸速度的测量采用三种方法：第一种速度测量方法是区载装置测速法，是指测量弹丸飞行一段已知距离的时间，然后用距离除以时间求得已知距离的平均速度，因此速度的测量精度取决于距离测量的精度和时间测量的精度；第二种速度测量方法是应用多普勒雷达技术，多普勒雷达测速方法是利用波传播中的多普勒效应进行测速的方法；第三种方法是采用加速度传感器实时测得弹丸加速度，再对加速度进行积分，从而得到弹丸速度的方法。

（1）区载装置测速法

1）线圈靶。在炮口安装 2 个固定距离的测速线圈，当磁化弹丸依次通过线圈时产生 2 个脉冲信号：一个产生启动信号，启动计时仪；另一个产生停止信号，停止计时仪。记录 2 个脉冲信号产生的时间差，即可求得炮口实际初速，如图 3.6 所示。

2）纸靶。纸靶是用沉积有导电涂料的纸制作而成。弹丸穿过纸靶时电路断开启动或停止计时仪。这种靶主要用来对轻武器和破片模拟，它的主要缺点

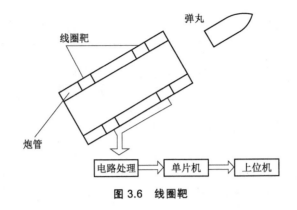

图 3.6　线圈靶

是每打一发必须换一张纸靶。这就限制了它在特定靶场上的试验。

3）光电靶。光电靶是接收光信号并将光信号转换为电信号的一类装置。光电靶的基本结构通常有两部分：第一部分是光学系统，其作用是产生并传输光信号；第二部分是光电转换系统，其作用是将光学系统传输来的光信号经放大、整形后输出。

① 天幕靶。天幕靶系统由天幕靶和计时仪组成，如图 3.7 所示。其工作原理是：利用自然光在空中形成一个尖劈形的光幕，当有弹丸穿过天幕靶的第一个光幕时，光幕面中的光通量发生变化，由于光电效应，天幕靶中的光电管上便会产生电流变化，经过信号变换器将此电流信号放大整形后，即产生第一个脉冲信号，它触发计数器，开始计数；当弹丸穿过天幕靶的第二个光幕面时，又产生一个脉冲信号，计数器接收该脉冲信号，并停止计数；然后记录或存储数据，再令计数器复位，复位后的计数器才能进行下一发弹的测试。这样，就可以测出弹丸飞过两个光幕之间的时间间隔 t，而两个天幕靶之间的距离 L 是提前测量好的，于是就可以计算出弹丸在这两点之间飞行的速度 $v_a=L/t$。

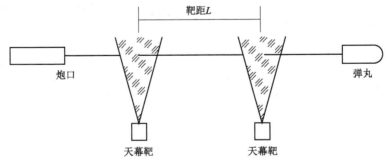

图 3.7　天幕靶

② 光幕靶。弹丸速度难以用简单的方法进行直接测量，常用间接测量方

法获得，如在枪炮口前方一定距离设置两靶，两靶间距离为 L，武器射击时用测时仪测量弹丸经过 L 距离的时间 t，从而间接获得弹丸在此区间内的平均速度，如图 3.8 所示。光幕靶以此基本测速原理，以无形的光幕作为靶面，当弹丸穿过光幕靶时，光幕接收部分的光线变化，经过光电转换，发出区截信号。用两道光幕靶配合后续处理电路构成测速系统。

③ 激光靶。现在国内研究的激光靶实时测速系统方案如图 3.9（a）所示。测量系统是以激光器作信号光源、用激光在膛口处的调制器来实现光强度的调制；记录仪用来采集处理经光电二极管转换后的调制信号；为了提高光耦合效率，设置了准直镜和耦合器。

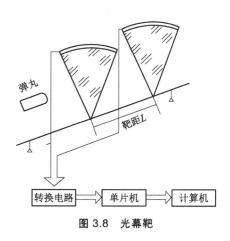

图 3.8　光幕靶

激光发出的光耦合进入入射光纤，带有 Y 形接头的入射光纤分两路入射到炮口调制器，与两条接收光纤组成两条光路［图 3.9（b）］，光经过接收光纤和光电转换器把电信号输出到记录处理系统。当弹丸出炮口时，首先遮断第一对入射与接收光纤间的光路，记录系统接收到一个电脉冲。当弹丸遮断第二条光路时，记录系统接收到另一个电脉冲。设两个脉冲的时间差为 Δt，两条光路间距离为 l，则可得到弹丸在两条光路间的平均速度 $v_{\mathrm{a}}=l/\Delta t$。

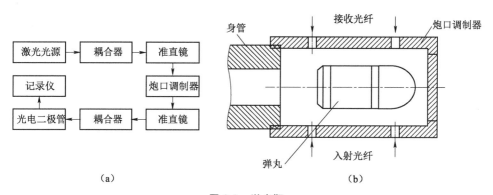

（a）　　　　　　　　　　　　　　（b）

图 3.9　激光靶

④ 计转数弹载测速。南京理工大学何振才提出一种新型弹载计转数测速方法，如图 3.10 所示。基于线膛炮弹丸出炮口时每旋转一周其前进的距离是一定的，与弹丸的飞行速度无关；后效期很短，当弹丸出炮口过后效期后，由计

转数传感器输出信号，启动引信中的计时器，开始计时。当再转过 N 圈后，停止计时，得到转过 N 圈的时间 t。转过 N 圈弹丸的行程 S 可以由这 N 圈中弹丸飞行中的平均导程 L 近似求出，即有：$S = L \times N$。

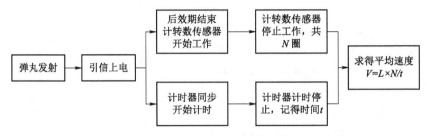

图 3.10　新型计转数弹载测速

（2）多普勒雷达测速法

多普勒雷达测速法的基本原理是雷达向着飞行弹丸发射电磁波，同时接收弹丸的反射回波。由于弹丸在运动，所以发射波和接收波之间有频差，这一频差与弹丸（或其他运动目标）的速度成正比，其关系式为：

$$f_\mathrm{d} = \frac{2v}{\lambda} \tag{3.4}$$

式中，λ 为发射电磁波波长。

式（3.4）表明，弹丸的运动速度 v 与频率差 f_d 成正比。若雷达测得频率差，则可得到弹丸的运行速度。

（3）加速度传感器测速法

所选用的加速度传感器放在引信或弹丸上，引信利用加速度的信息即可测得弹丸速度。假定传感器放在弹轴上，并认为弹轴与速度轴重合。

设 t 时刻传感器输出为 $a(t)$，弹丸速度为 $v(t)$，速度方向与地面系 X 轴夹角为 $\theta(t)$，则

$$\frac{\mathrm{d}v(t)}{\mathrm{d}t} = a(t) - g\sin\theta(t) \tag{3.5}$$

$$v(t) = \int_0^t [a(\tau) - g\sin\theta(\tau)]\mathrm{d}\tau \tag{3.6}$$

如果利用采样方式得到 $a(t)$，则将上式离散化为

$$v(t) = \sum_{t=0}^{n} a_t \Delta t - \sum_{t=0}^{n} g\sin\theta_t \Delta t \tag{3.7}$$

式中，$\Delta t = \dfrac{t}{n}$。

将式（3.7）变为递推形式

$$v_k = v_{k-1} + a_k \cdot \Delta t - g \sin \theta_k \cdot \Delta t \qquad （3.8）$$

式中，v_{k-1} 为 $k-1$ 采样点时记录的速度；a_k 为第 k 个采样点时传感器输出值；θ_k 为第 k 个采样点时速度方向与地面坐标系 X 轴的夹角。

利用式（3.8）的递推公式可节省存贮空间。

如果 θ 为常数，则式（3.8）变为

$$v_k = v_{k-1} + a_{1k} \cdot \Delta t \qquad （3.9）$$

式中，$a_{1k} = a_k - g \sin \theta$。

3.3.1.2　矩形磁铁测速技术

（1）测速原理

在已有的炮口速度方法基础上，本小节提出一种新型自主测速方法，此测速方法属于一种区截装置测速法，弹丸及火箭筒示意如图 3.11 所示，1 表示弹丸，2 表示火箭炮筒，5 表示感应线圈，3、4、6、7 表示 4 块嵌入在炮管中的小磁铁，利用感应线圈切割磁力线产生感应电动势来测得速度。

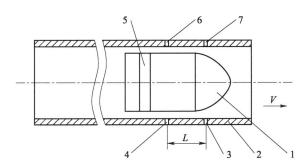

图 3.11　弹丸及火箭筒示意

测速原理：发射时首先给引信供电，使电路处于待机状态。当弹丸飞经第一组磁铁时，弹丸切割磁力线在感应线圈闭合回路中产生第一个脉冲信号，该信号用于触发计时器开始计时；当弹丸经过第二组磁铁时，感应线圈闭合回路中产生第二个脉冲信号，此信号用于控制计时器停止计时，理想脉冲波形如图 3.12 所示。由两组磁铁之间的距离 L 及计时器测得的时间 Δt，根据式（3.10）可计算出弹丸出炮口的初速 V，此初速值作为弹道参数，用于修正已经装定好的作用时间。

$$V = L / \Delta t \qquad （3.10）$$

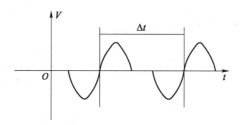

图 3.12　感应线圈理想脉冲波形

（2）信号处理

1）信号调理。由于线圈经过磁铁产生的波形是正弦波形，有正有负，不能直接进单片机，所以要作进一步的信号处理。如图 3.13 所示，信号从 AD0 进入，经过 C9 隔直电容，通过 R11 及 R12 组成的抬高电路，使信号基准变为 1.65 V，信号在其上下波动，同时该调理电路通过 D3 防止信号过大和信号为负值，使信号控制在 0～3.3 V，以达到保护主控芯片的作用；最后通过 R13 和 C10 组成的初级滤波电路将高频杂波滤除。

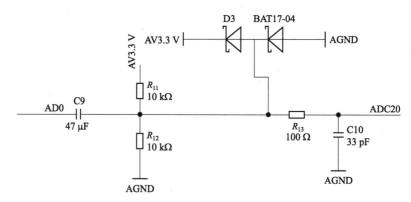

图 3.13　信号调理电路

2）去噪声处理。信号去噪声处理电路如图 3.14（a）所示，去噪声工作原理如图 3.14（b）所示。通道 1 为比较器输出信号，就是经过处理后进入主控芯片的信号；通道 2 为比较器基准信号，通道 3 为信号调理后的采集信号。采集信号由比较器负端输入，当采集信号电压上升沿超过 2.2 V 时，比较器的输出由高变低，比较器正端电压变为 1.1 V；当采集信号电压下降沿低于 1.1 V 时，比较器输出由低变高，比较器正端电压变为 2.2 V，这样比较器的输出循环在上升沿的 2.2 V 和下降沿的 1.1 V 之间发生变化，从而有效地避免了在 1.65（基准电压）±0.55 V 以内的干扰。

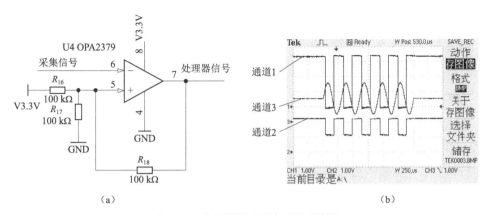

图 3.14　去噪声处理电路及处理波形
（a）去噪声处理电路；（b）去噪声处理波形

3.3.1.3　高精度测速定时技术

电子时间引信的计时精度主要取决于引信时基振荡器的稳定性。在各种原理的振荡器电路中，晶体振荡器的精度最高，频率一致性也很好，因此美国中大口径弹药的电子时间引信几乎全部采用晶体振荡器。但是晶体振荡器也存在明显的缺陷，就是耐冲击性能较差，因此在高过载条件下的时间精度以及高速数据传输一直是该引信技术领域的一个"瓶颈"。

单兵火箭弹灵巧引信采用高精度的装定器振荡器来对时间引信振荡器进行校正。引信采用单片机内部振荡器，装定器采用高精度的外部石英振荡器，装定器主频为 12 MHz，定时器为 12 分频，每位传输数据计时 200 次，每帧数据为 14 位，则 14 位数据总时间为

$$T_1 = (200 \times 12) \times 14/12 \tag{3.11}$$

设 T_1 对应的引信时间为 x（已知），T_2 对应的引信时间为 y，可列等式

$$\frac{(200 \times 12) \times 14/12}{x} = \frac{T_2 \times 1\,000}{y} \tag{3.12}$$

若 T_2 为 1 ms，那么

$$y = \frac{5}{14}x \tag{3.13}$$

y 就是 x ms 对应的校频后值。

3.3.2　激光半主动目标方位探测理论

为了应对新型现代战场的需求，针对常规单兵火箭弹这类无控低速飞行器

经过增程发射后落点散布大的问题，将原有的无控低速飞行器进行低成本制导化改造。其方式是把导弹中的弹道修正技术经过改造应用到单兵火箭弹等低速飞行器中，通过在飞行弹道上的一次或两次修正，减少无控低速飞行器的落点偏差，提高战场效费比。但是考虑到低速飞行器发射时需承受一定发射过载的特点，并考虑到低速飞行器口径较小，以及末段弹道不稳定的特性，因此不能直接照搬较成熟的导弹制导技术。另外，激光半主动目标方位探测技术具有抗电磁干扰能力强、目标定位精度高、成本低、速度快等优点，是解决无控低速飞行器制导化改造的成本与制导精度之间矛盾的一种可行途径。所以，研究低速飞行器用的激光半主动目标方位探测技术，对于加快常规低速飞行器低成本制导化的改造进程和新型制导低速飞行器的研制进程等具有重要的现实意义。

3.3.2.1　目标方位探测基本原理

利用激光目标指示器向目标发射一定频率的激光脉冲信号，经过目标反射的激光回波信号被低速飞行器上的激光接收光学系统捕获，并通过光学离焦的方法在四象限探测器光敏面上形成空间均匀分布光斑。由于飞行器与目标之间的距离远远大于飞行器上接收光学系统的孔径，因此光学系统捕获的激光回波被认为是平行光。四象限探测器光敏面分别将四个象限所覆盖的激光脉冲信号转换成电流脉冲信号。经过跨阻放大器将电流脉冲信号转换成电压脉冲信号并放大，再由后续信号处理模块计算各象限电路通道的电压信号峰值，按照一定算法计算出目标方位偏差角。

PIN 型四象限探测器（Quadrant Photodetector，QPD）本质上是一种 PIN 硅光电二极管形式的光伏探测器。它利用集成电路光刻技术将一个圆形或方形的光敏面窗口按直角坐标系划分为四个面积相等、形状相同、位置对称的区域，对应探测器的四个象限。

根据四象限探测器光敏面上光斑中心位置的坐标，计算飞行器上的捷联式激光目标探测系统纵轴（飞行器视线）与飞行器 – 目标连线之间的夹角 ε（目标位置偏差角），以及 ε 角所在的平面与 Oy 轴之间的夹角 α（目标方向偏差角），其分别如式（3.14）所示：

$$\begin{cases} \varepsilon = \arctan\dfrac{\sqrt{x_0^2 + y_0^2}}{f - \Delta z} = \arctan\dfrac{\rho_0}{f - \Delta z} \\ \alpha = \arctan\dfrac{x_0}{y_0} \end{cases} \quad (3.14)$$

式中，(x_0, y_0) 是光斑中心在 QPD 光敏面坐标系中的位置坐标，ρ_0 是极坐标系中的极径；f 为光学系统焦距；Δz 为 QPD 光敏面相对于光学系统焦平面的离焦量；ε 和 α 在空间内的示意如图 3.15 所示；$f-\Delta z$ 为光学系统等效聚焦透镜与 QPD 光敏面之间的距离。

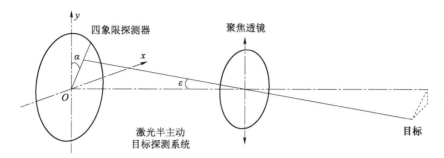

图 3.15　目标位置偏差角与目标方向偏差角示意

3.3.2.2　飞行器末段弹道的空间状态

低速飞行器在空间中飞行运动和飞行姿态的状态不会随着坐标系的选取而变化，但是坐标系选取的恰当与否对建立和计算飞行器外弹道方程有很大的影响，故对飞行器建立如下坐标系：

（1）地面坐标系 $A-xyz$ 与平动坐标系 $O-xyz$

地面坐标系 $A-xyz$ 也称为发射坐标系，用于确定飞行器相对发射点的位置。原点 A 位于发射点，以射击面（包含理想弹道初速矢量的铅直面）与弹道起点水平面的交线为 Ax 轴，指向发射方向，Ay 轴垂直向上，Axy 面为发射面，Az 轴由右手法则确定为垂直于发射面指向右方。飞行器在地面坐标系中的坐标值记为（Ax，Ay，Az）。平动坐标系 $O-xyz$ 的原点在飞行器的质心，各轴的方向与地面坐标系一致。

（2）弹道坐标系 $O-x_2y_2z_2$

对于轴对称的飞行器，弹道坐标系即为速度坐标系，原点在飞行器的质心，Ox_2 轴与速度矢量 v 一致，Oy_2 轴在铅直平面内并垂直于 Ox_2 轴，向上为正，Oz_2 轴按右手法则确定，如图 3.16 所示。Ox_2 轴与水平面的夹角为弹道倾角 θ_1，在 v 偏向 Oxz 平面上方为正，满足 $\theta_1=\theta_i+\psi_1$，ψ_1 为高低偏角。速度矢量 v 与 Oxy 平面的夹角 ψ_2 称为侧向偏角，偏向 Oxy 平面右方时为正。

（3）相对速度坐标系 $O-x_ry_rz_r$

在考虑有风影响的情况下，飞行器与空气之间的相对速度 v_r 并不等于飞行速度 v，它们间的相对关系依赖于风速 ω，且 $v_r=v-\omega$。相对速度坐标系原点在质心处，Ox_r 轴与相对速度方向一致；Oy_r 轴在铅直面内与轴垂直，向上为正；

Oz_r 轴依右手法则确定。

（4）第一弹轴坐标系 $O-\xi\eta\zeta$

第一弹轴坐标系用于表示飞行器弹轴的空间位置，如图 3.17 所示，可被视为由平动坐标系经两次绕轴旋转得到：先将平动坐标系 $O-xyz$ 绕 z 轴转动 φ_1 角，使 Ox、Oy 轴转到 Ox'、$O\eta$ 轴的位置，φ_1 称为弹轴高低角或俯仰角，当弹轴在 Oxz 平面上方时为正；然后再绕 $O\eta$ 轴顺时针方向转动 φ_2 角，使 Ox'、Oz 轴分别转至 $O\xi$、$O\zeta$ 轴的位置，φ_2 称为侧向摆动角或偏航角，转动方向逆时针时为正；ξ 与飞行器弹轴重合。

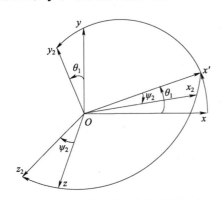

图 3.16　弹道坐标系与平动坐标系　　图 3.17　地面、弹体与第一弹轴坐标系间的关系

（5）第二弹轴坐标系 $O-\xi\eta_2\zeta_2$

该坐标系可被视为由弹道坐标系 $O-x_2y_2z_2$ 经两次绕轴旋转得到，如图 3.18 所示：先将 $O-x_2y_2z_2$ 绕 Oz_2 轴转动 δ_1 角，使 Ox_2、Oy_2 轴转到 Ox_2' 和 $O\eta_2$ 轴的位置，δ_1 称为高低攻角或攻角，当弹轴在 Ox_2z_2 平面上方时为正；然后再绕 $O\eta_2$ 轴顺时针方向转动 δ_2 角，使 Ox_2' 与 Oz_2 轴分别转至 $O\xi$ 和 $O\zeta_2$ 轴的位置，δ_2 称为侧向攻角或侧滑角，当弹轴在 Ox_2y_2 平面右侧时为正；$O\xi$ 与弹轴重合。两类弹轴坐标系的第一轴均与弹轴重合。

（6）弹体坐标系 $O-x_1y_1z_1$

弹体坐标系用于描述飞行器的姿态，原点位于飞行器质心处，Ox_1 轴沿飞行器弹轴指向头部方向，面 Oy_1z_1 为弹体截面，且 Oy_1 轴和 Oz_1 轴固连于飞行器并与飞行器一起绕 Ox_1 转动，如图 3.17 所示。弹体

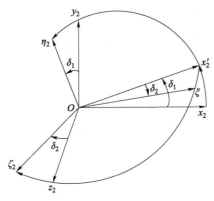

图 3.18　弹道坐标系与第二弹轴坐标系

坐标系可被视为第一弹轴系 $O-\xi\eta\zeta$ 绕 $O\xi$ 转动 γ 角而成，γ 角为滚转角，以 $O\eta$ 轴为零基准轴，从 Ox_1 反方向看逆时针方向为正，取值范围为 $\{\gamma\in[0,2\pi]$ rad$\}$。弹体坐标系可由第一弹轴坐标系绕 $O\xi$ 轴逆时针转动 γ 角而成。φ_1、φ_2 和 γ 三个角度决定了飞行器在空间的运动姿态。γ 可以直接通过飞行器姿态传感器测量。

捷联式激光半主动目标探测系统内的四象限探测器应固连于飞行器弹体坐标系安装，使 Oy_1 轴与四象限探测器光敏面坐标系的 Ox 轴重合，Oz_1 轴与 Oy 轴重合。实际应用中的目标方向偏差角 α_a 就是在弹体坐标系下的测量值。由式（3.14）计算的目标方向偏差角 α 的取值范围为 $\{\alpha\in[-\pi/2,\pi/2]\}$，而在实际应用中的目标方向偏差角 α_a 的取值空间应为 2π，所以规定 α_a 以 Oy_1 轴为起点，逆时针偏转方向为正，取值范围为 $\{\alpha_a\in[-\pi,\pi]$ rad$\}$。

分析该六自由度外弹道模型发现其中存在 $\ddot{\varphi}_2$ 与 $\ddot{\varphi}_1$ 这两个短周期项，这种高频运动的振幅很小，对质心运动的影响较小，可忽略不计，令 $\ddot{\varphi}_2=\ddot{\varphi}_1=0$。如 $\dot{\varphi}_2$、$\dot{\varphi}_1$ 和 $\dot{\varphi}_1^2$ 等高阶小量也可略去不计，则可实现弹道方程组的降阶。

假设低速飞行器在稳定飞行过程中的高低攻角 δ_1 最大能够达到 5°，则有如下关系：$\sin\delta_1=\sin5°\approx\sin(0.087\text{rad})\approx0.087$，$\cos\delta_1\approx0.996$，所以可近似认为 $\sin\delta_1\approx\delta_1$，$\cos\delta_1\approx1$；类似地可以认为 $\sin\delta_2\approx\delta_2$，$\sin\delta_r\approx\delta_r$，$\cos\delta_1\approx1$，$\cos\delta_1=\sin\delta_r\approx1$。在弹道模型中采取这种假设略去了方程中较多的非线性小量，同时再略去 δ_1^2、$\delta_1\delta_2$、δ_2^2 等二阶小量，则弹道模型可简化，并能够保持较高的精度。经过以上简化，有

$$\begin{cases}\delta_1=\varphi_1-\theta_1\\ \delta_2=\varphi_2-\psi_2\end{cases}\tag{3.15}$$

通过上述简化可得到一个降阶的线性化弹道模型，无风六自由度飞行器被动段外弹道简化模型用下面 12 个方程描述：

$$\begin{cases}m\dfrac{\mathrm{d}v}{\mathrm{d}t}=F_{x2};\quad mv\cos\psi_2\dfrac{\mathrm{d}\theta_1}{\mathrm{d}t}=F_{y2};\quad mv\dfrac{\mathrm{d}\psi_2}{\mathrm{d}t}=F_{z2};\\[2mm] \dfrac{\mathrm{d}Ax}{\mathrm{d}t}=v\cos\psi_2\cos\theta_1;\quad \dfrac{\mathrm{d}Ay}{\mathrm{d}t}=v\cos\psi_2\sin\theta_1;\quad \dfrac{\mathrm{d}Az}{\mathrm{d}t}=v\sin(-\psi_2);\\[2mm] C_a\dfrac{\mathrm{d}\omega_\xi}{\mathrm{d}t}=M_\xi;\\[2mm] A_a\dfrac{\mathrm{d}\omega_\eta}{\mathrm{d}t}=M_\eta-C_a\omega_\xi\omega_\zeta+A_a\omega_\zeta^2\tan\varphi_2;\\[2mm] A_a\dfrac{\mathrm{d}\omega_\zeta}{\mathrm{d}t}=M_\zeta+C_a\omega_\xi\omega_\eta-A_a\omega_\eta\omega_\zeta\tan\varphi_2;\\[2mm] \dfrac{\mathrm{d}\varphi_1}{\mathrm{d}t}=\dfrac{\omega_\zeta}{\cos\varphi_2};\quad \dfrac{\mathrm{d}\varphi_2}{\mathrm{d}t}=-\omega_\eta;\quad \dfrac{\mathrm{d}\gamma}{\mathrm{d}t}=\omega_\xi-\omega_\zeta\tan\varphi_2\end{cases}\tag{3.16}$$

式中，F_{x2}、F_{y2} 和 F_{z2} 表示作用在飞行器外力矢量在弹道坐标系三个轴上的投影分量；M_ξ、M_η 和 M_ζ 表示作用在飞行器外力矩矢量在第一弹轴坐标系三个轴上的投影分量；ω_ξ、ω_η 和 ω_ζ 表示飞行器摆动角速度在第一弹轴坐标系中三个轴上的投影分量；C_a 表示飞行器极转动惯量；A_a 表示飞行器的赤道转动惯量；m 表示飞行器的质量。给定初始条件，通过四阶龙格库塔法可以计算标准无风条件下飞行器的实时位置和实时姿态。

3.3.2.3 激光信号的近地面传输路径特性

低速飞行器上的激光接收光学系统捕获的激光信号随着激光目标指示器–目标、目标反射以及目标–飞行器等诸多近地面复杂环境场因素的不同而变化，这些过程涉及激光大气传输的复杂效应和目标的特殊反射特性等方面。第一，目标对激光信号的反射特性是影响激光探测系统接收激光信号功率的一个重要影响因素，类似于雷达系统，目标的特殊反射特性主要体现在目标表面反射截面。第二，近地面战场环境存在的各种噪声、太阳背景辐射、电磁干扰、气溶胶粒子等因素都对飞行器目标探测系统的性能造成影响。激光半主动目标探测系统工作在电磁波的高频段，虽然具有较强的抗电磁干扰能力，但是容易被大气气溶胶因素影响，比如烟尘、雾、霾、雨雪等对激光的吸收和散射衰减效应。第三，在近地面附近的大气湍流效应相比于高空中要强得多，而激光在强湍流中传输容易造成光强闪烁、光束偏折、到达角起伏等效应。本小节在对低速飞行器激光半主动目标方位探测系统中激光信号传输路径进行分析和建模的基础上，研究特殊近地面环境场对飞行器上激光目标探测系统捕获激光信号的影响程度。

进一步考虑飞行器上捷联式激光探测系统的特殊情况和近地面大气湍流的影响，则激光半主动目标探测系统中光学系统捕获的激光信号功率 P_S 为

$$P_S = \frac{P_D T_{DT} \eta_D}{\varphi_D^2 L_{DT}^2} \sigma_T \frac{T_{TS}}{4\pi L_{TS}^2} \frac{\pi D_S^2 \eta_S \cos\varepsilon}{4} T_T \tag{3.17}$$

式中，P_D 表示激光目标指示器发射的激光脉冲功率；T_{DT}、T_{TS} 分别表示激光信号在激光目标指示器–目标、目标–飞行器两个大气路径上的传输效率；η_S、η_D 分别表示激光发射光学系统效率、激光接收光学系统效率；L_{DT}、L_{TS} 分别表示激光目标指示器–目标、目标–飞行器之间的距离；ϕ_D 表示激光目标指示器发射的激光脉冲束散角；σ_T 表示激光半主动目标探测体制的目标反射截面；ε 表示目标位置偏差角；T_T 表示大气湍流效应引起的激光功率调制函数。

式（3.17）的第一项因子表示目标接收到的激光功率密度，单位为 W/m^2；第二项因子表示目标反射截面，具有面积（单位：m^2）的量纲，它是目标的等效面积，与激光入射方向和目标向飞行器的激光反射方向有关，其值一般与目

标的表面积不相等，前两项因子表示了目标向飞行器方向在 4π 空间上等效反射的所有激光功率；第三项因子表示假想球形表面积的倒数，这个假想球的半径为目标－飞行器连线的距离，前三项因子表示了飞行器上的激光接收光学系统孔径处的激光功率密度；第四项因子表示飞行器上的光学系统孔径等效面积，由于飞行器视线方向与飞行器上的激光接收光学系统捕获的平行激光回波信号之间存在目标位置偏差角 ε，而捷联式激光半主动目标探测系统的瞬时探测视场较大，所以一般情况下 ε 并不接近于 0，需要在 P_S 的表达式中考虑 ε 的影响，即对飞行器上的激光接收光学系统孔径面积乘以系数 $\cos\varepsilon$，前四项因子表示了进入飞行器上激光接收光学系统内的激光功率；第五项因子表示激光信号在大气湍流场的传输中光强闪烁效应引起的调制函数，由于地面表面附近的大气湍流强度较大，这一因素应该被考虑。目标的反射截面 σ_T 主要与目标的表面特性以及入射反射激光的方向相关，激光的传输效率 T_{DT}、T_{TS} 主要与近地面大气中复杂的分子、气溶胶等成分相关，T_T 则主要与近地面强大气湍流场相关。

3.3.2.4　捷联式激光目标方位探测技术

低速飞行器的典型代表是单兵火箭弹等小口径低速火箭弹，低速飞行器的弹道不同于炮弹、导弹的弹道，而具有弹道平直低伸、末段弹道时间短、自身摆动较大的特点，对捷联式激光半主动目标方位探测方面的技术研究带来难点与挑战。第一，低速飞行器弹道平直且低伸，对捷联式激光探测系统的视场设定和目标捕获带来局限性。第二，低速飞行器体积小，对捷联式激光接收光学系统的设计带来空间局限性。第三，低速飞行器在末段弹道自身的摆动较大，根据捷联式激光半主动目标方位探测系统直接单次测量的目标方位偏差结果不能反映真实的飞行器和目标之间相对方位偏差信息。第四，低速飞行器体积有限，弹道修正机构采用的脉冲发动机不能大量排布，同时末段弹道时间较短，所以低速飞行器的弹道修正能力较弱，只能进行一次或两次弹道修正动作，因此开始启动弹道修正的时机很重要。第五，由于激光半主动目标探测系统中的四象限探测器直接固连于飞行器上，并且随着飞行器的转动而转动，因此可能会造成单象限电路通道中电压信号饱和或达不到阈值，影响脉冲峰值信号的获取，导致测角功能失效。

低速飞行器弹道低伸，当飞行至末段弹道时，飞行器纵轴与水平线的夹角较小，对目标捕获域带来较大影响；另外，低速飞行器末段弹道时间较短，只能进行十几次或几十次目标探测、一次或两次弹道修正动作，因此不但要保证激光半主动目标探测系统能够尽早对目标进行捕获，而且在只考虑弱扰动弹道因素的情况下，还要保证起始探测时的目标捕获率达到 100%。

捷联式激光半主动目标探测系统地面目标捕获域示意如图 3.19 所示。

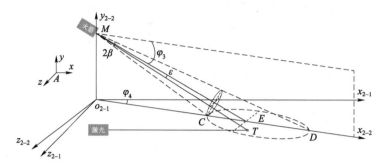

图 3.19　捷联式激光半主动目标探测系统地面目标捕获域示意

在图 3.19 中，M 点设为飞行器上四象限探测器的光敏面中心，T 点设为在地面内的目标点。飞行器上的激光探测系统的跟踪锥形视场与地面相交成圆锥曲线包围的区域，2β 为视场角，ME 为飞行器视线，与地面交点为 E。C 为地面近点，D 为地面远点。MT 为飞行器 – 目标连线，ε 为飞行器 – 目标连线与飞行器视线的夹角，是目标位置偏差角。$O_{2-1}M$ 为弹丸飞行高度，记作 h。φ_3 是飞行器中轴与 $O_{2-2}x_{2-2}$ 的夹角，在 $O_{2-2}x_{2-2}z_{2-2}$ 平面上方为正，所以在末段弹道，φ_3 一般是负值，并按下式确定：

$$\varphi_3 = \arctan\left(\frac{\tan\varphi_1}{\sqrt{1+\tan^2\varphi_1+\tan^2\varphi_1\tan^2\varphi_2}}\right) \qquad (3.18)$$

经目标反射的激光能量被小型低速飞行器前端的光学系统采集，并被会聚到四象限探测器光敏面上，这一过程的示意如图 3.20（a）所示。目标被看作一个非镜面反射的物体，由于目标与飞行器的距离远远大于飞行器上光学系统的通光孔径，因此认为经目标反射到达飞行器上光学系统前部的激光能量是平行的。对这一过程进行简化建模，采用不产生像差的理想透镜几何模型进行分析。

设理想透镜的通光孔径为 D，理想焦距为 f，四象限探测器光敏面为圆形，半径为 r_1。ω 定义为无限远轴外物点发出的进入光学系统的平行光线与光轴之间的夹角，在捷联式激光半主动目标探测系统中，ω 可以近似表示飞行器 – 目标连线与飞行器纵轴之间的目标位置偏差角 ε，即认为 $\omega = \varepsilon$。为了获得均匀的光斑，四象限探测器被放置于焦平面前 Δz 处，四象限探测器光敏面上的光斑示意如图 3.20（b）所示，激光回波能量经过理想光学系统聚焦在光敏面上形成的光斑半径为 r，由几何关系可以得出

$$r = \frac{D\Delta z}{2f} \qquad (3.19)$$

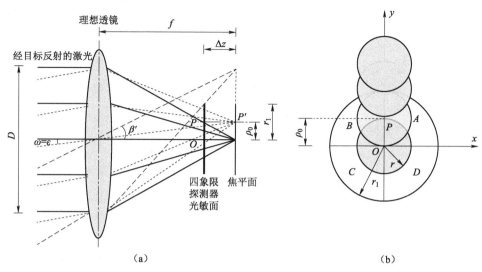

图 3.20　激光信号通过理想光学系统在光敏面上形成光斑的过程示意
（a）理想离焦光学系统模型；（b）四象限探测器光敏面上的光斑示意

当激光回波与光学系统的轴线平行时，经过光学系统形成的光斑中心位置在 O 点。当激光回波与光学系统的光轴存在一定角度时，形成的光斑中心位置将偏离 O 点，光斑中心位置为 (x_0, y_0)，如图 3.20（b）中的点 P，光斑中心离开原点 O 的距离在极坐标系 (ρ, θ) 极轴上表示为 ρ_0。

当轴外光线（ε 为逆时针旋转）的下边界与光敏面上边界相交时，光敏面能够探测临界情况下的光能量，在本书中称为激光探测系统的临界探测视场。设该视场角为 $2 \times \beta'$，对于该应用场景下的离焦光学探测系统，由图 3.20（a）中的几何关系得到临界探测半视场表达式

$$\tan \beta' = \frac{\Delta z D + 2 f r_1}{2 f (f - \Delta z)} \tag{3.20}$$

在光斑充满全部四象限探测器四个象限的情况下，认为目标方位探测是有效的；同时考虑四象限探测器光敏面的最大测量范围，则满足的光斑半径 r 取值为

$$r = \frac{r_1}{2} \tag{3.21}$$

当轴外光线（ε 为逆时针旋转）的上边界与光敏面上边界相交且轴外光线下边界与光敏面下边界相交时，光敏面能够探测临界情况下的有效光能量，即探测到目标位置偏差角等于激光探测系统最大有效探测视场。设该临界有效探测视场角为 2β，则有如下几何关系：

$$\tan \beta = \frac{r_1}{2(f - \Delta z)} \tag{3.22}$$

因此，目标位置偏差角ε的取值范围为$\{\varepsilon \in [-\beta, \beta]\}$。

根据式（3.19）、式（3.20）和式（3.21），得到光学系统的焦距

$$f = \frac{r_1 D}{2\tan\beta(D - r_1)} \tag{3.23}$$

临界探测半视场β'与临界有效探测半视场β的区别是，目标在$-\beta \sim \beta$覆盖的范围内可以精确计算出回波光斑中心在四象限探测器光敏面上的位置，其归一化的坐标值满足Δx，$\Delta y < 1$，可以得到精确的目标位置偏差角，适用于激光半主动目标探测体制的低速飞行器的末段弹道精确修正；而目标在$\beta \sim \beta'$和$-\beta \sim -\beta'$覆盖的范围内，回波光斑有可能不能全部覆盖四个象限，极限的情况是光斑只能覆盖四象限探测器光敏面的一个象限或两个象限，此时通过计算得到光斑中心在四象限探测器光敏面上的归一化坐标值为$\Delta x = 1$或$\Delta y = 1$，这只能表示目标方位偏差的方向，而不能得到精确的值，只能用于粗修正；目标在$|2\beta'|$视场覆盖范围之外时，激光回波不能会聚到探测器光敏面上，因而不能探测任何目标位置偏差角信息。

由式（3.22）可知，临界有效探测视场角与四象限探测器尺寸成正比例关系，采用有较大光敏面的 QPD，可获得较大的有效探测视场，使用的 QPD 光敏面直径设置为 10 mm。由激光回波功率方程可知，光学系统的通光孔径越大，能够捕获的激光回波能量越多。实际应用场合为小型低速飞行器，体积受限，为了兼顾较大通光孔径需求与受限制的光学系统总长，设定通光孔径 $D=30$ mm，光学系统总长 $L_L < 40$ mm。光学系统相对孔径（D/f）不宜过大，其数值应小于 1，同时考虑精跟踪视场越大越好的原则，f 的取值又要尽可能小。根据分析，确定理想临界有效探测半视场约为$\beta = 6°$。根据理想光学系统模型，并由式（3.22）和式（3.23）得到理想光学系统焦距 $f=28.5$ mm，理想临界探测半视场$\beta'=17.5°$，理想离焦值$\Delta z=4.7$ mm。

3.4　信息快速处理与起爆控制基础理论

3.4.1　引信作用时间修正技术

引信测得炮口速度后，要根据所测速度与理论速度的关系，对引信作用时间进行修正，而如何由弹目距离、射表以及测得的炮口速度得到实际定时时间

来达到理想炸点效果，则需对作用时间修正技术进行研究。

3.4.1.1　弹道描述

在弹道修正计算分析时，由于单兵火箭弹丸的射程误差远大于方向误差，故忽略弹丸方向误差，只考虑射程误差。假设弹道在射击平面内，S_0 为时间 t_0 时理想空炸炸点位置，由于弹丸的初速误差等因素的存在，实际弹道和理想弹道是不重合的，弹道示意如图 3.21 所示，名义弹道 0 即弹丸的理想轨迹，实际弹道 1 为初速 $v_1 > v_0$ 的实际弹道，实际弹道 2 为初速 $v_2 < v_0$ 的实际弹道。

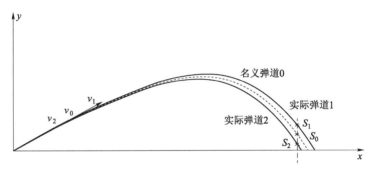

图 3.21　弹道示意

在初速误差不是很大时，由于其射击诸元是完全一致的，气象条件也完全一致，所以两条弹道的偏离也很小，那么名义弹道与实际弹道的唯一区别就是初速不同。由于在弹丸发射后，不可能把炸点 S 修正到目标位置 S_0 处，所以可根据目标的最优毁伤效果，选择等射距、等炸高、等射程三种修正原则对炸点进行修正。本书采用等射程的修正原则对炸点位置进行修正，以达到提高炸点精度的目的，S_1、S_2 分别为实际弹道修正后的空炸炸点位置。由于引信中不具备弹道方程中的所有初始条件，所以要解弹道方程是困难的，引信只能根据弹丸的理论速度 v_0、发射平台装定给引信的作用时间 t_0 和作用距离 X、引信测得的弹丸的实测速度 v 等参数计算引信的实际作用时间 t。

3.4.1.2　指数规律修正方法

根据弹道方程，若将质点弹道近似为平面弹道，并将弹丸受到的升力、马格纳斯力、科氏力取为 0，则：

$$m\frac{\mathrm{d}v}{\mathrm{d}t} = -mg\sin\theta_1\cos\psi_2 - \frac{1}{2}\rho S_m C_x v(v - v_{\parallel}) \qquad (3.24)$$

式中，S_m 表示弹丸最大横断面面积，本算例中取为 5.024×10^{-3} m²；ρ 表示空气密度，$\rho = 1.293 \ \text{kg/m}^3$；$C_x$ 表示阻力系数，取 0.45；m 表示弹丸质量，取 1.645 33 kg；θ_1 表示弹道倾角；ψ_2 表示弹道偏角；相对于弹速 v，风速 $v_{\parallel}$ 较小，可以忽略。故上式可转换为

$$m\frac{\mathrm{d}v}{\mathrm{d}t} = -mg\sin\theta_1\cos\psi_2 - \frac{1}{2}\rho S_m C_x v^2 \tag{3.25}$$

变换为以弹丸飞行距离 s 为自变量的质点弹道方程的切向方程：

$$\frac{\mathrm{d}v}{\mathrm{d}s} = -\frac{g\sin\theta_1\cos\psi_2}{v} - \frac{1}{2m}\rho S_m C_x v \tag{3.26}$$

由于单兵火箭弹运动弹道属于低伸弹道，且射程较短，所以可近似认为射程 X 与弹道弧度 s 相等，当 $\theta_1 < 10^0$ 时，得到射程 X 修正公式：

$$X = 1\ 125.7\ln(0.152\ 79t + 1) + d \tag{3.27}$$

式中，d 为附加的修正项，当理论初速 $v_0 = 172 \ \text{m/s}$ 时，拟合度为 95%，得到 $d = -4.975$，则修正后弹丸实际作用时间为：

$$t = \frac{1\ 125.7}{v_0}(\mathrm{e}^{\frac{X+4.975}{1\ 125.7}} - 1) \tag{3.28}$$

3.4.1.3 反比例修正方法

由于弹道具有相似性，可假设弹道上对应点速度的比值和方向不变，那么在射程一定时，其飞行时间和初速成反比，可用式（3.29）对引信作用时间修正。

$$t = \frac{v_0 t_0}{v'} - \Delta t \tag{3.29}$$

式（3.29）中，v_0 为弹丸理论初速；v' 为弹丸实测初速；t_0 为引信理论初速时弹丸飞行时间；t 为修正后弹丸飞行时间；Δt 为修正公式中引入的修正项。

在速度散布 155～180 m/s 范围内，$\theta_1 = 7.091°$，$D = 600 \ \text{m}$ 时，Δt 的取值范围为 0.000 2～0.000 5 s；$\theta_1 = 5.7°$，$D = 500 \ \text{m}$ 时，Δt 的取值范围为 0.000 1～0.000 9 s；$\theta_1 = 4.406°$，$D = 400 \ \text{m}$ 时，Δt 的取值范围为 0.000 2～0.000 8 s，因此 Δt 均在 ±1ms 以内，修正时可以忽略，即将修正公式改写为式（3.30），修正后的结果仍可达到很高的精度。

$$t = \frac{v_0 t_0}{v'} \tag{3.30}$$

3.4.1.4　平均速度修正方法

弹丸运动时的射程随时间几乎成线性变化，所以可近似认为弹丸的平均速度乘上飞行时间等于射程。当弹丸自测速系统测得弹丸实际速度时，根据射程相等的原则，用弹丸的飞行时间与平均速度的倒数成正比进行修正，修正公式为式（3.31）。引信根据修正后的飞行时间点爆弹丸，从而实现精确击中目标。

$$\frac{\overline{v'}}{\overline{v_0}} = \frac{t_0}{t} \tag{3.31}$$

式中，$\overline{v'}$ 表示实测平均速度；$\overline{v_0}$ 表示理论平均速度。

假设 X 表示射程，那么

$$X = \overline{v_0} \times t_0 \tag{3.32}$$

而

$$\overline{v'} = \overline{v_0} + v' - v_0 \tag{3.33}$$

将式（3.32）和式（3.33）带入式（3.31）可得

$$t = \frac{X}{\dfrac{X}{t_0} + v' - v_0} \tag{3.34}$$

3.4.1.5　修正方法的比较

弹丸射程的射角以插值的方式得到，火箭弹发射时的初速是设计初速，可得到一系列火箭弹的实际飞行轨迹，以三种修正方法对引信作用时间修正后的时间作为弹丸飞行时间的终止条件，从而得到弹丸经过作用时间修正后的实际炸点位置，与目标位置比较即可得到经过时间修正后的炸点误差。

图 3.22（a）所示为初速为 165 m/s 时三种修正方法修正精度随射程变化的拟合曲线，它表明以指数规律修正方法修正的精度曲线随着射程的增加而曲折变化，变化幅度较大，在 600 m 位置处误差达到 13.564 m，以反比例关系修正方法修正的精度曲线一直平缓地保持很小的值，以平均速度修正方法修正的精度随着射程的增加而近似呈线性比例增加，修正误差始终为正值，在 600 m 位置处误差达到 7.516 m；图 3.22（b）所示为初速为 175 m/s 时三种修正方法修正精度随射程变化的拟合曲线，它表明以指数规律修正方法修正的精度曲线随着射程的增加而曲折变化，在 600 m 位置处误差达到 13.623 m，以反比例关系修正方法修正的精度曲线一直平缓地保持很小的值，以平均速度修正方法修正的精度随着射程的增加而近乎呈线性比例增加，修正误差始终为负值，在 600 m

位置处误差达到 – 2.969 m。从仿真结果得出修正方法的修正精度由高到低依次为：反比例修正方法、平均速度修正方法、指数规律修正方法。

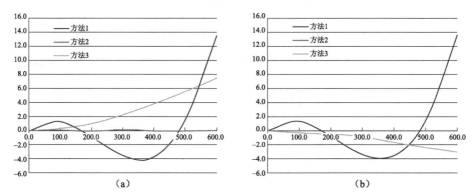

图 3.22　不同初速变化时以三种修正方法修正的误差随射程变化的曲线

（a）初速变化为 – 5 m/s 时修正误差随射程变化的曲线；

（b）初速变化为 +5 m/s 时修正误差随射程变化的曲线

3.4.2　低速飞行器弹道修正启动特性与激光四象限探测自适应增益控制

捷联式激光半主动目标探测系统没有稳定机构，而是被直接固连在飞行器上，随着飞行器的自旋而旋转；其直接测量的结果是目标位置偏差角和在弹体坐标系下的目标方向偏差角；结合飞行器上姿态检测器件测量的滚转姿态信息，可修正执行机构启动飞行器弹道修正任务。为了研究捷联式激光半主动体制低速飞行器在末段弹道上启动弹道修正的时机和修正脉冲的矢量方向，可以通过理论计算飞行器末段弹道诸元，反向计算得到捷联式激光探测系统测量的目标位置偏差角和目标方向偏差角，再根据理论测量的目标方位偏差角设计起控的时机和方向。

低速飞行器在飞向目标的过程中，捷联式激光探测系统的关键探测器件——四象限探测器整体捕获的光斑能量增大，可能会造成四象限探测器所有象限电路通道中脉冲电压过饱和。另外，四象限探测器被直接固连于飞行器的弹体坐标系上，它随着飞行器绕自身纵轴的转动而转动，随着飞行器绕质点的摆动而摆动，从而造成四象限探测器光敏面上的光斑中心在不同时刻位于不同的位置，导致四象限探测器单象限不同时刻捕获到的激光回波光斑能量产生较大变化；同时，在末段弹道的初、中期阶段，捷联式激光探测系统测量的目标位置偏差角较大，可以推断光斑中心远离四象限探测器光敏面中心，所以可能造成某单象限电路通道脉冲电压达不到探测阈值或者过饱和。这两种情况均不能使四象限探测器准确测量激光脉冲的峰值，导致四象限探测器的测角功能失效。

3.4.2.1　末段弹道条件下捷联式激光半主动目标方位偏差角的反向计算

在地面坐标系内，设飞行器的质点 M 坐标为（ Ax_M，Ay_M，Az_M ）、目标 T 坐标为（ Ax_T，Ay_T，Az_T ），末段弹道解算条件下的目标位置偏差角为 ε_t，在第一弹轴坐标系中的目标方向偏差角为 α_s，在弹体坐标系中的目标方向偏差角为 α_a，如图 3.23 所示。

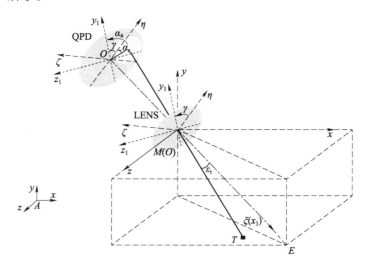

图 3.23　末段弹道上的目标方位偏差角几何关系

目标 T 在平动坐标系、第一弹轴坐标系和弹体坐标系内的坐标分别设为（ Ox_T，Oy_T，Oz_T ）、（ $O\xi_T$，$O\eta_T$，$O\zeta_T$ ）和（ Ox_{1T}，Oy_{1T}，Oz_{1T} ）。由图 3.23 可知，（ Ox_T，Oy_T，Oz_T ）与（ Ax_T，Ay_T，Az_T ）之间的关系为：

$$\begin{bmatrix} Ox_T \\ Oy_T \\ Oz_T \end{bmatrix} = \begin{bmatrix} Ax_T - Ax_M \\ Ay_T - Ay_M \\ Az_T - Az_M \end{bmatrix} \tag{3.35}$$

（ Ox_T，Oy_T，Oz_T ）与（ $O\xi_T$，$O\eta_T$，$O\zeta_T$ ）之间的关系为：

$$\begin{bmatrix} O\xi_T \\ O\eta_T \\ O\zeta_T \end{bmatrix} = \begin{bmatrix} \cos\varphi_1\cos\varphi_2 & \sin\varphi_1\cos\varphi_2 & \sin\varphi_2 \\ -\sin\varphi_1 & \cos\varphi_1 & 0 \\ -\cos\varphi_1\sin\varphi_2 & -\sin\varphi_1\sin\varphi_2 & \cos\varphi_2 \end{bmatrix} \begin{bmatrix} Ox_T \\ Oy_T \\ Oz_T \end{bmatrix} \tag{3.36}$$

（ $O\xi_T$，$O\eta_T$，$O\zeta_T$ ）与（ Ox_{1T}，Oy_{1T}，Oz_{1T} ）之间的关系为：

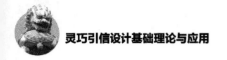

$$\begin{bmatrix} Ox_{1T} \\ Oy_{1T} \\ Oz_{1T} \end{bmatrix} = \begin{bmatrix} 1 & 0 & 0 \\ 0 & \cos\gamma & \sin\gamma \\ 0 & -\sin\gamma & \cos\gamma \end{bmatrix} \begin{bmatrix} O\xi_T \\ O\eta_T \\ O\zeta_T \end{bmatrix} \tag{3.37}$$

假设捷联式激光探测系统具有理想光学系统，设由目标反射的激光信号经过光学系统在四象限探测器上形成的光斑中心在第一弹轴坐标系 $O\eta\zeta$ 平面上的坐标为（$O\eta_q$，$O\zeta_q$）。由图 3.23 中的理想光学系统几何关系，得到（$O\eta_q$，$O\zeta_q$）与目标坐标（$O\eta_T$，$O\zeta_T$）之间的关系为：

$$\begin{bmatrix} O\eta_q \\ O\zeta_q \end{bmatrix} = -\frac{f - \Delta z}{O\xi_T} \begin{bmatrix} O\eta_T \\ O\zeta_T \end{bmatrix} \tag{3.38}$$

同样，光斑中心在弹体坐标系内的坐标（Ox_{1q}，Oz_{1q}）与目标坐标（Ox_{1T}，Oz_{1T}）之间的关系为：

$$\begin{bmatrix} Oy_{1q} \\ Oz_{1q} \end{bmatrix} = -\frac{f - \Delta z}{Ox_{1T}} \begin{bmatrix} Oy_{1T} \\ Oz_{1T} \end{bmatrix} \tag{3.39}$$

由图 3.23 可知，目标位置偏差角主要体现目标 – 飞行器的连线偏离飞行器纵轴的程度，当飞行器最后命中目标时，目标位置偏差角应为零。末段弹道条件下反向计算的目标位置偏差角为

$$\varepsilon_t = \arctan\left(\frac{\sqrt{O\eta_q{}^2 + O\zeta_q{}^2}}{f - \Delta z}\right) \tag{3.40}$$

末段弹道条件下，在第一弹轴坐标系中规定目标方向偏差角 α_s 的方向为以 $O\eta$ 轴为零基准轴，面向 $O\xi$ 轴逆时针旋转为正，取值范围为 $\{\alpha_s \in [-\pi, \pi]\text{rad}\}$，它能直接反映飞行器与目标之间偏离的方向，可以用于确定脉冲修正发动机作用的位置。当 $O\eta_q \neq 0$ 时，计算方法如下：

$$\alpha_s = \begin{cases} \arctan\left(\dfrac{O\zeta_q}{O\eta_q}\right), & (O\zeta_q \geqslant 0, O\eta_q > 0 \text{ 或 } O\zeta_q < 0, O\eta_q > 0) \\[2mm] \pi + \arctan\left(\dfrac{O\zeta_q}{O\eta_q}\right), & (O\zeta_q \geqslant 0, O\eta_q < 0) \\[2mm] -\pi + \arctan\left(\dfrac{O\zeta_q}{O\eta_q}\right), & (O\zeta_q \leqslant 0, O\eta_q < 0) \end{cases} \tag{3.41}$$

当 $O\eta_q = 0$ 时，如果 $O\zeta_q > 0$，$\alpha_s = \pi/2$；如果 $O\zeta_q < 0$，$\alpha_s = -\pi/2$；如果 $O\zeta_q = 0$，$\alpha_s = 0$。

在弹体坐标系下，目标方向偏差角 α_a 定义为以 Oy_1 轴为零基准轴，面向 Ox_1 轴逆时针旋转为正，取值范围为 $\{\alpha_s \in [-\pi, \pi]\}$ rad。由于激光探测系统与飞行器固连，因此由四象限探测器测量的目标方向偏差角 α 就是在此坐标系中，α_a 与 α_s 的关系为

$$\alpha_a = (\alpha_s - \gamma) \bmod 2\pi, \bmod \text{ 为取余数} \tag{3.42}$$

末段弹道条件下捷联式激光探测系统目标方位偏差角反向计算流程：首先根据目标位置设定飞行器发射参数，通过龙格库塔法对飞行器末段弹道进行解算，能够得到飞行器末段弹道诸元，然后根据式（3.35）和式（3.37）解算得到目标在第一弹轴坐标系内的坐标，并根据式（3.38）解算出光斑中心在 $O\eta\zeta$ 平面上的坐标，再根据式（3.40）和式（3.41）计算目标位置偏差角和第一弹轴坐标系中的目标方向偏差角。而在实际应用中，自旋角 γ 可以通过飞行器姿态传感器直接测量得到。

3.4.2.2　低速飞行器弹道修正的启控时机设计

制导飞行器弹道修正的启控时机是：当光学探测系统测量的目标位置偏差角与无偏角度（0°）相比超过一定阈值以后就启动弹道修正动作，通过不断进行探测－修正动作，使光轴能够一直指向目标方向，能够达到非常理想弹道修正效果。在低速飞行器捷联式激光探测系统进入探测区域以后，测量的目标位置偏差角较大，但是这不能说明这种情况下飞行器不能命中目标。如果此时启动弹道修正动作，则飞行器可能会修偏，在接下来的探测和弹道修正动作中，还需再修回。所以，这种修正策略适用于具有较强修正能力的、能够进行多次连续弹道修正动作的飞行器，不适用于仅能执行 1～2 次修正动作的小型低速飞行器。

考虑到小型低速飞行器的实际情况，捷联式激光半主动体制低速飞行器的探测－修正流程设计如下：

当飞行器进入起始探测弹道点以后，捷联式激光探测系统不断探测目标位置偏差角和弹体坐标系下的目标方向偏差角，并根据飞行器姿态检测器件的测量结果按照式（3.42）将其转换为第一弹轴坐标系下的目标方向偏差角。采用平滑滤波方法，可得到目标方位偏差角信息的变化趋势。最后根据目标位置偏差角的变化趋势，按照以下两种启控时机策略，结合目标方向偏差角所反映的弹道修正脉冲发动机点火位置信息，启动弹道修正控制动作：

1）当目标位置偏差角是不断减小的趋势，且与飞行器预先装定的目标位置偏差角理想值差值不大时，暂时不启动弹道修正的控制动作，但是随着测量的不断进行，当目标位置偏差角开始逐渐变大时，则说明飞行器要远离目标，应启动弹道修正的控制动作。

2）当目标位置偏差角与飞行器预先装定的目标位置偏差角理想值差值较大，或者目标位置偏差角是不断增大的趋势时，则说明飞行器已经在远离目标的弹道上，应立刻启动弹道修正的控制动作。

3.4.2.3　末段弹道条件下四象限探测器上光斑中心位置变化趋势

在末段弹道，由式（3.36）、式（3.37）可以反向计算得到飞行器弹体坐标系下目标的坐标值，再根据式（3.39）可以反向计算光斑中心在弹体坐标系下的坐标值。根据如下初始弹道计算条件：① 质量 1.64 kg，初速 171 m/s，$\varphi_1=10°$，$\varphi_2=0°$；② 质量 1.64 kg，初速 170 m/s，$\varphi_1=10°$，$\varphi_2=1°$；③ 质量 1.60 kg，初速 171 m/s，$\varphi_1=10.1°$，$\varphi_2=1°$。在理想光学系统的假设条件下，反向计算末段弹道条件下在弹体坐标系中光斑中心的坐标值随 Ax 的变化关系如图 3.24 所示，四象限探测器上光斑中心的坐标值如图 3.25 所示。

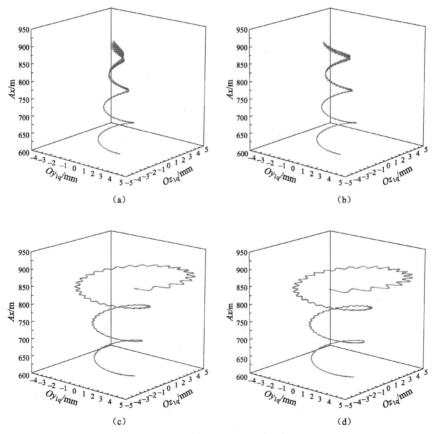

图 3.24　反向计算的弹体坐标系中光斑中心的坐标值随 Ax 的变化
（a）无初始扰动；（b）条件①；（c）条件②；（d）条件③

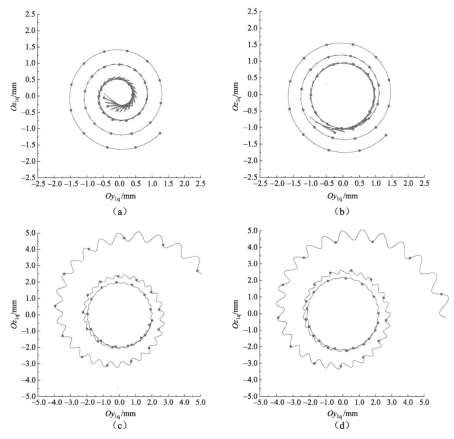

图 3.25　弹道坐标系下四象限探测器光敏面光斑中心坐标的反向计算值
（a）无初始扰动；（b）条件①；（c）条件②；（d）条件③

由图 3.24 和图 3.25 可知，在末段弹道，光斑中心在四象限探测器上的变化趋势是绕坐标轴中心的圆周运动，圆周运动周期近似为 0.6 s。当没有初始弹道扰动时，圆周运动的半径逐渐减小；当存在初始扰动时，圆周运动半径出现先逐渐减小后逐渐增大的趋势；特别是当存在强扰动时，圆周运动半径变大的趋势加快。当光斑中心在四象限探测器光敏面上移动时，四个象限被光斑覆盖的面积会发生变化。下面计算四象限探测器单象限被光斑覆盖的面积变化趋势。

只考虑理想光学系统，当光斑半径 $r = 2.5$ mm 时，总光斑面积为 19.63 mm²，忽略 $\rho_0 > r$ 时的情况，可以计算出在四象限探测器光敏面单象限被光斑所覆盖的面积。同样，按照上述四种弹道仿真初始条件进行计算，得到在末段弹道，四象限探测器光敏面第 A 象限被光斑所覆盖的面积随飞行时间的变化趋势，如图 3.26 所示。

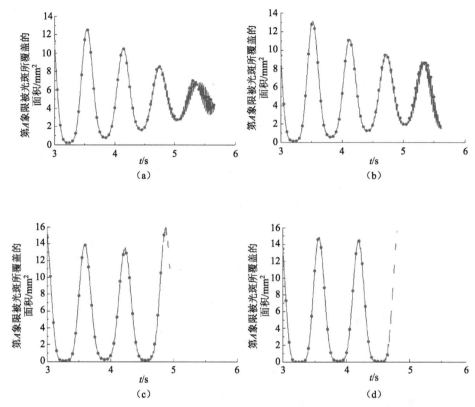

图 3.26　四象限探测器第 A 象限被光斑覆盖的面积随飞行时间的变化趋势（$\rho_0 \leqslant r$）
（a）无初始扰动；（b）条件①；（c）条件②；（d）条件③

由图 3.26 可知，飞行器开始启动目标探测以后，当只存在弱扰动时，四象限探测器第 A 象限被光斑所覆盖的面积最小只有 0.15 mm²，最大则有 14.70 mm²，相差约 10^2 倍；而存在强扰动时，该面积最小接近于 0，最大则是总光斑的面积。其他象限的情况类似。如果四象限探测器的四路光电放大通道具有相同的增益，则第 A 象限中光斑面积较大时，第 C 象限中的光斑面积可能比较小，造成 C 象限电路通道中的电压脉冲信号可能达不到探测阈值或者 A 象限电路通道中的电压脉冲信号可能已经达到饱和状态，从而不能准确获取电压脉冲峰值，使四象限探测器的测角功能失效。

所以，对四象限探测器四路光电放大通道分别采用不同的增益，使单象限电路通道根据上一时刻的电压脉冲峰值是否超过阈值或者是否饱和调整并确定下一时刻单象限电路通道的增益，则下一时刻光斑中心坐标的归一化和差算法如下：

$$\begin{cases} x_0 \approx k_q \Delta x = k_q \dfrac{\dfrac{V_{A\text{-}p}}{g_A} + \dfrac{V_{D\text{-}p}}{g_D} - \left(\dfrac{V_{B\text{-}p}}{g_B} + \dfrac{V_{C\text{-}p}}{g_C} \right)}{\dfrac{V_{A\text{-}p}}{g_A} + \dfrac{V_{B\text{-}p}}{g_B} + \dfrac{V_{C\text{-}p}}{g_C} + \dfrac{V_{D\text{-}p}}{g_D}} \\[4ex] y_0 \approx k_q \Delta y = k_q \dfrac{\dfrac{V_{A\text{-}p}}{g_A} + \dfrac{V_{B\text{-}p}}{g_B} - \left(\dfrac{V_{C\text{-}p}}{g_C} + \dfrac{V_{D\text{-}p}}{g_D} \right)}{\dfrac{V_{A\text{-}p}}{g_A} + \dfrac{V_{B\text{-}p}}{g_B} + \dfrac{V_{C\text{-}p}}{g_C} + \dfrac{V_{D\text{-}p}}{g_D}} \end{cases} \tag{3.43}$$

式中，g_i，i=A，B，C，D 分别表示下一时刻探测中的增益估值；$V_{i\text{-}p}$，i=A，B，C，D 在此分别表示测量的电压脉冲信号峰值。但是，由图 3.26 可知，在下一次探测时，单象限被光斑覆盖的面积可能增大，也可能减小，所以仅依靠本次探测的结果提高或减小单象限电路通道增益是不全面的。

3.4.2.4　基于预测的单象限电路通道自适应增益方法

提出基于对下一探测时刻光斑中心预测的方法，对四象限探测器的四路光电放大通道分别采用不同增益，使四路电压信号峰值处于可测状态。具体方法如下：

1）飞行器进入启动探测的弹道点以后，不断测量四象限探测器四路电路通道中的总电压信号。如果这个总电压信号峰值已达到饱和电压，则调小四个放大电路通道增益；如果总电压信号峰值达不到探测阈值，则调大四个放大电路通道增益。经过几次探测，当总电压信号峰值处于饱和电压和探测阈值之间时，再根据飞行器飞行速度的估计值，参考激光半主动功率方程预测计算下一个探测时刻近似的电路增益 g_n。

2）此时由于总电压信号峰值处于饱和电压和探测阈值之间，则单象限电路通道的电压信号一定处于饱和电压以内，但可能低于探测阈值。此时，可以根据归一化和差算法近似计算该时刻的光斑中心在四象限探测器光敏面上的坐标位置。虽然接下来光斑中心可能会逐渐靠近坐标系中心或者远离坐标系中心，但由前面的分析可知，这个过程较为缓慢，所以在下一个时刻仍然可以近似认为光斑中心与坐标系中心之间的距离不变。同时，由弹道仿真计算的结果可知，在末段弹道，低速飞行器绕自身纵轴的旋转角速度基本不变，所以可以只根据该角速度的估计值预测下一个探测时刻光斑中心的坐标位置，并预测各个象限被光斑覆盖的面积。

3）根据各个单象限被光斑覆盖的面积，可得最大面积的值，还可分别得到最大值与其余面积值的比值 g_1、g_2、g_3。在下一次探测时，将最大面积单象限的电路通道增益设置为 g_n，则其余单象限电路通道增益（g_i，i=A，B，C，D）设置为（$g_1×g_n$）、（$g_2×g_n$）、（$g_3×g_n$），从理论上使各单象限通道的电压脉冲峰值一致，并处于饱和电压和探测阈值之间。

4）下一时刻的脉冲峰值测量完成以后，按照式（3.43）计算光斑中心的坐标。

按照基于预测的单象限电路通道自适应增益方法排除使四象限探测器测量失效的因素，能够有效计算光斑中心坐标，进而得到有效的目标方位偏差信息。

| 3.5 单兵火箭弹灵巧引信设计实例 |

3.5.1 某单兵定距引信设计实例

3.5.1.1 原理样机的制作

某单兵火箭弹引信系统试验用原理样机的控制电路总体方案如图 3.27 所示。控制电路系统包括：主控芯片 MCU、电源模块、速度测量、解保执行电路、发火电路、存储器、装定电路、通信接口等几个部分。

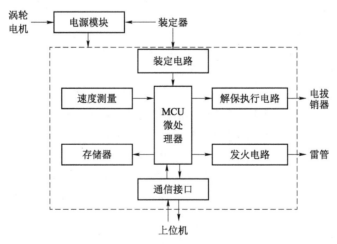

图 3.27 控制电路总体框图

根据本书介绍的某单兵火箭弹引信控制电路设计方法设计并加工了原理样机，图 3.28（a）为装配灌封好的引信，图 3.28（b）为装配好的装定器，图 3.28（c）和图 3.28（d）分别为引信和装定器加工并焊接好的电路（PCB）板。

（a）

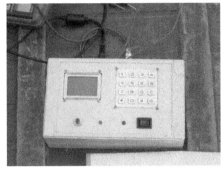

（b）

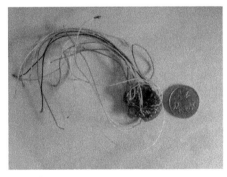

（c）

（d）

图 3.28　原理样机

（a）灌封后引信；（b）装定器；（c）引信电路板；（d）装定器电路板

3.5.1.2　引信模拟试验

（1）静态定时精度试验

　　为考察引信系统定时精度、电解保和电发火电压能否满足系统指标要求，对制作原理样机进行了定时精度试验。原理样机通过键盘输入装定数据，在噪声为 85 dB 的环境下试验，输入装定数据后进行手动拉拔断线模拟弹药发射动作，测得解保发火信号如图 3.29（a）、图 3.29（b）所示，解保电压达到 15.2 V，发火电压为 15.6 V。

（2）模拟定距空炸试验

　　由于单兵火箭弹试验成本高、引信加工地点与弹厂距离较远，引信生产好

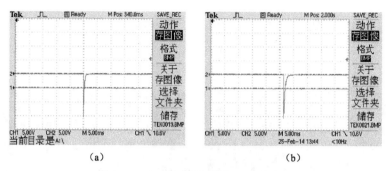

（a） （b）

图 3.29　定时精度试验解保及发火电压
（a）解保电压；（b）发火电压

再去弹厂做试验时间周期长，所以用枪榴弹（图 3.30）代替单兵火箭弹对装定系统和时间引信的空炸方案的可行性进行验证。

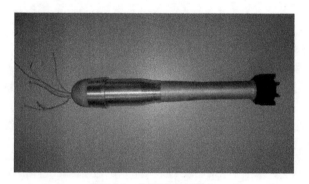

图 3.30　枪榴弹模拟弹丸

1）试验目的。验证空炸引信方案的可行性、信息有线装定的可靠性、引信电路工作状态的可靠性。

2）试验结果。表 3.1 为枪榴弹空炸试验结果：试验共进行 6 发弹丸，只有 2 发弹丸实现空炸功能，达到预想目标，而其他 4 发弹丸出现瞎火故障，试验结果十分不理想，需对试验现象查找原因，为此进行了引信锤击工作状态记录试验。

表 3.1　枪榴弹空炸试验结果

弹丸	装定时间/ms	空炸	瞎火
1	2 000	√	—
2	2 000	—	√
3	2 000	—	√
4	2 000	—	√

续表

弹丸	装定时间/ms	空炸	瞎火
5	2 000	—	√
6	2 000	√	—

（3）锤击记录试验

静态测试引信都很正常，动态试验结果不理想，为此进行了锤击记录试验。图 3.31 所示为马希特锤击试验台。具有记录引信状态功能的引信被固定在铁锤上，根据不同的加速度查表得到设置对应的齿数，然后放下铁锤，铁锤落下碰撞瞬间给引信带来所需的加速度过载，这一过程用来模拟枪榴弹发射过程。

图 3.31　马希特锤击试验台

对电容电压进行了锤击检测，对 5 发引信进行了检测电容电压变化的锤击试验。试验结果如图 3.32 所示，锤击 10 齿，过载为 10 000 g，5 发引信中有 3 发存在电容掉电现象，因此需解决电容掉电这一问题。

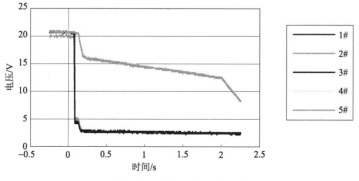

图 3.32　引信电容电压变化

从锤击记录试验和检测电容电压变化的锤击试验可知：电容在高过载条件下会瞬时掉电造成引信电源工作不正常，进而使引信主控芯片程序不能走全，从而导致主控芯片不能发出解保和发火执行指令，造成引信瞎火的事故。对此有以下解决办法：

1）引信电源电容需进行相互隔开保护，使其中的一块电容掉电而不影响其他电容工作。

2）将工业级电容改用严格筛选后的军品级电容。

将以上两种办法在引信上实施后，灌封了 3 发引信，再次进行锤击记录试验，试验结果如下：

第 1 发引信，依次进行了 2 次 10 齿锤击，1 次 16 齿锤击，1 次 10 齿锤击，1 次 18 齿锤击，1 次 10 齿锤击，经过反复锤击，引信均工作正常。

第 2 发引信，依次进行了 2 次 10 齿锤击，1 次 16 齿锤击，1 次 10 齿锤击，经过反复锤击，引信均工作正常。

第 3 发引信，依次进行了 2 次 10 齿锤击，1 次 16 齿锤击，1 次 10 齿锤击，经过反复锤击，引信均工作正常。

改进后的 3 发引信经过若干次锤击试验所测得的结果表明空炸试验的瞎火问题已经解决。

3.5.1.3　原理样机回收试验

试验流程和试验设备如图 3.33 所示。首先对引信电路板灌封，灌封好的引信如图 3.33（a）所示；然后将引信装配到单兵火箭弹上［图 3.33（b）］；弹丸经过装定器装定后发射，运动到激光测速靶［图 3.33（c）和图 3.33（d）］时，激光测速靶对其测速，进而弹丸运行钻入回收沙堆中［图 3.33（e）］；对钻入沙堆的弹丸回收［图 3.33（f）］，并解剖出引信电路板［图 3.33（g）］；最后从解剖出的引信电路板 FLASH 中读出引信所记录的数据。

引信将所需要的信息数据储存在引信主控芯片 MCU 内的 FLASH 中，引信记录的数据信息包括引信复位方式、装定信息、速度信息、测速修正信息、校频修正信息、解保信息、发火信息等。

通过软件回读回收弹丸引信单片机 FLASH 存储器中采集到的试验数据，试验结果见表 3.2：回收试验共进行了 5 发实弹试验，这 5 发引信的装定数据正常、接收数据正常，说明引信具备可靠装定的功能；这 5 发引信均可靠地测得了弹载速度，说明单兵火箭弹能够可靠地进行弹载自主式测速；复位方式均为上电复位，都进行了测速修正和校频修正，都发出了解保、发火执行指令，说明引信均在可靠地工作。

图 3.33　单兵火箭弹丸回收试验流程

（a）灌封好引信；（b）装配好弹丸；（c）激光靶测速；（d）激光靶计时器；
（e）回收沙堆；（f）回收弹丸；（g）解剖后引信电路板

表 3.2　回收试验数据

编号	装定数据	接收数据	激光靶测速/（m·s⁻¹）	弹载测速/（m·s⁻¹）	复位方式	测速修正	校频修正	开解保	关解保	发火
1	07d0	07d0	154.1	150.7	上电	√	√	√	√	√
2	07d0	07d0	169.6	166.5	上电	√	√	√	√	√
3	07d0	07d0	175.4	172.3	上电	√	√	√	√	√
4	07d0	07d0	167.1	163.3	上电	√	√	√	√	√
5	07d0	07d0	177.4	174.0	上电	√	√	√	√	√

3.5.1.4　原理样机靶场动态试验

为考察系统总体空炸效果好坏，炸点精度能否满足系统指标要求，测速修正方法是否有效，测速系统是否可靠测得速度，进行了原理样机靶场动态试验。

试验设备：图 3.34 为试验场景布置示意情况，火箭筒用于发射单兵火箭弹；测速雷达放置于沿着炮口横向方向 1 m 位置处，用于测量每一时刻弹丸速度；天幕靶放置于沿着弹道方向距离炮口 5 m 位置处，用于测量弹丸炮口速度；测风仪用于测量弹丸发射时刻对应的风速和风向，放置于沿着炮口横向方向 4 m 位置处；激光瞄具放置在火箭筒旁，与炮口齐平位置，用于瞄准目标并将目标信息传输给装定器，装定器将目标信息进行处理后输出给单兵火箭弹引信，装定器嵌入激光瞄具中；在 400 m 位置处，弹轴方向每隔 2 m 均匀布置 11 根标杆，横向位置每隔 2 m 均匀布置 10 根标杆，高速摄像放置于垂直弹轴方向距离轴向 80 m 位置处，用于录制弹丸运动轨迹，结合标杆可判断出弹丸炸点位置。图 3.35 所示为空炸试验设备实物图，图 3.35（a）为天幕靶实物图，图 3.35（b）为火箭筒实物图，图 3.35（c）为测风仪实物图，图 3.35（d）为激光瞄具实物图。

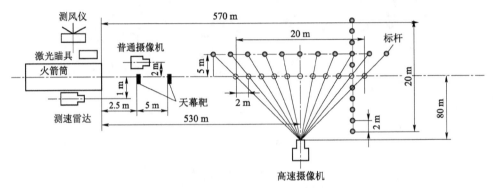

图 3.34　试验场景布置示意

（a）　　　　　　　　　　　（b）

（c）　　　　　　　　　　　（d）

图 3.35　空炸试验设备
（a）天幕靶；（b）火箭筒；（c）测风仪；（d）激光瞄具

试验过程：首先激光瞄具瞄准目标，将目标信息传输给装定器，装定器将目标信息经过处理后传输给待发射弹丸的引信，同时在传输信息之前将能量传输给引信电容存储起来。弹丸发射后,一方面,引信经过测速磁铁时进行弹载自主式测速,进而根据测得的速度和经过装定器处理后的目标信息,依照第 3.4.1 节选定的反比例修正方法对引信的作用时间进行修正,从而得到修正后的引信作用时间;另一方面,当弹丸经过天幕靶时,天幕靶将弹丸的炮口速度测量并且记录下来,最终引信根据修正后的作用时间点爆弹丸,从而命中目标。同时,测风仪将弹丸发射时刻的风速和风向记录下来,以便对引信炸点定距精度进行分析。

　　图 3.36 为引信炸点效果图,空炸试验结果见表 3.3 和表 3.4:由于风速风向变化不大,故在此不考虑风速对弹丸精度的影响。试验共发射 10 发火箭弹,10 发弹丸均定距在 400 m 位置处空炸,5 发加测速修正弹丸的结果见表 3.4,测速修正引信炸点均值为 399.48 m,标准差为 2.25,总体散布在 ±5 m 范围的概率为 0.97,说明使用测速修正引信后系统炸点精度得到了较大程度的提高,同时能够满足系统精度 ±10 m 的指标。5 发测速修正引信弹丸的炸点精度明显优于未测速修正引信弹丸的炸点精度,表明本书研究的测速修正方法是有效的,同时 5 发测速修正引信弹丸精度都较高,表明火箭弹引信能够可靠测得弹丸速度。10 发弹丸均实现空炸的效果,表明发射前电容储能和涡轮电机一体化电源能够可靠为引信工作提供能量,均没有由于引信电源的问题导致瞎火等事故。

（a）　　　　　　　　　　　　　　（b）

图 3.36　引信炸点效果

（a）爆炸前时刻飞行弹丸;（b）爆炸时刻弹丸

表 3.3　未测速修正弹丸的试验结果

编号	作用距离/m	激光靶初速/(m·s⁻¹)	风速/(m·s⁻¹)	风向/(°)	点爆	炸点/m
1	400	173.3	1.0	330	√	410.1
2	400	174.5	1.6	327	√	412.2
3	400	165.2	1.1	315	√	398.3

编号	作用距离/m	激光靶初速/(m·s⁻¹)	风速/(m·s⁻¹)	风向/(°)	点爆	炸点/m
4	400	164.4	2.1	336	√	382.8
5	400	167.5	1.6	300	√	391.4
$\vec{X}$	—	—	—	—	—	396.44
σ	—	—	—	—	—	12.34

表 3.4 测速修正弹丸的试验结果

编号	作用距离/m	激光靶初速/(m·s⁻¹)	风速/(m·s⁻¹)	风向/(°)	点爆	炸点/m
1	400	171.3	1.3	320	√	403.4
2	400	161.3	1.5	317	√	400.5
3	400	169.1	1.9	325	√	398.3
4	400	166.6	0.7	309	√	398.1
5	400	167.8	1.4	315	√	397.1
$\vec{X}$	—	—	—	—	—	399.48
σ	—	—	—	—	—	2.25

3.5.2 基于四象限探测器的激光脉冲探测系统设计

3.5.2.1 电路系统总体设计

激光脉冲发射脉宽为 20 ns，激光脉冲经过目标反射并被接收光学系统汇聚到四象限探测器光敏面，转换为电流信号。在这个过程中，脉冲信号的脉宽被展宽到 100 ns 左右，上升沿时间为 $t_r \approx 40\,\text{ns}$，此时可用下式计算激光回波脉冲信号的带宽

$$f_L = \frac{0.35}{t_r} = 8.75\,\text{MHz} \tag{3.44}$$

四象限探测器采用的型号是上海欧光 OSQ100 - PIN 型，光敏面直径为 10 mm，其特性参数见表 3.5。

表 3.5 PIN 型四象限探测器参数（探测激光波长：1 064 nm）

直径	结电容	响应时间	灵敏度	象限间串扰	光谱响应度
10 mm	38 pF	8 ns	90 μA	1%	0.3 A/W

信号处理子系统又可分为模拟式峰值提取和数字式峰值提取，本节主要是对模拟式峰值提取电路进行了设计，而数字式峰值提取的电路设计方法与其类似，只是需要额外采用高速模数转换器和高速处理器，所以本书中不再另行设计，而是使用宽带示波器完成数字信号采集。

在电路系统中，其总体包括激光脉冲探测电路子系统和信号采集处理电路子系统，如图 3.37 所示。对四象限探测器的四个象限电路通道采用相同的电路设计。

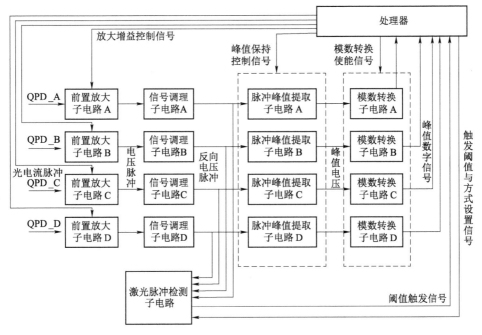

图 3.37　电路系统框图

激光脉冲探测电路子系统包括前置放大电路、信号调理电路以及激光脉冲检测电路等子电路模块，各个子电路的通带频宽需大于 f_L，以保证激光脉冲信号在电路中的通畅传递和脉冲波形形状上的不失真。前置放大子电路的主要功能是对从四象限探测器输出的电流脉冲信号进行放大，并转换成电压的形式，以便测量。信号调理子电路的主要功能是对电压脉冲信号进行二级放大并滤除信号中的低频噪声。激光脉冲检测子电路的主要功能是判别激光脉冲是否到达，并发送触发脉冲至处理器。

信号采集处理电路子系统主要包括脉冲峰值提取电路、模数转换电路和处理器子电路模块。窄脉冲信号峰值提取子电路主要分为模拟式和数字式。模拟式脉冲信号的峰值提取主要由峰值保持电路完成，即电路将脉冲的峰值保持一段时间，以供后续低速模数（A/D）转换模块使用，具有成本低、精度低的特点。数字式脉冲信号的峰值提取是由高速模数转换芯片和高速处理器完成，即高速模数转换芯片将整个脉冲转换为数字信号，再由高速处理器计算出脉冲峰值，具有精度高、成本高的特点。模数转换子电路的功能是完成对模拟式脉冲信号峰值的数字采样。处理器的功能是控制前置放大子电路的可编程增益控制、控制峰值保持电路的开始与闭合、使能模数转换功能、完成脉冲峰值数字提取以及计算四象限探测器测角值等。

3.5.2.2　目标方位偏差角测量试验

（1）测量试验平台搭建

经过加工制作的基于四象限探测器的目标方位探测电路板和光学系统如图 3.38 所示，电路板主要分为两部分，其中一部分是四象限探测器、前置放大电路和信号调理电路，另一部分是激光脉冲检测电路、窄脉冲峰值保持电路、模数转换电路和处理器。为了尽可能地滤除环境背景噪声，应在光学系统的镜片上加镀窄带通滤光膜，但考虑到镀膜的成本，在此仅在光学系统前端加一片可见光截止滤光片，这样既不影响光路，又能实现滤除 90% 以上可见光的功能。

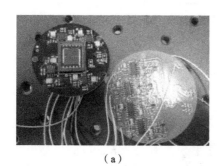 

（a）　　　　　　　　　　　　　（b）

图 3.38　经过加工制作的电路板和光学系统
（a）电路板；（b）光学系统

将目标方位探测系统电路板和光学系统装配完成以制成样机，并固定在光学稳定平台上的精密光学旋转台上，样机纵轴与水平面平行，初始位置在旋转平台上的 0° 位置。在样机纵轴方向安装一个红色激光指示笔，用于样机的初始对准，激光笔的出光中心距离样机光学系统中心的距离为 d_p。目标为倾斜角度可调的木靶板，距离样机约 8 m。图 3.39 所示为试验平台场景。

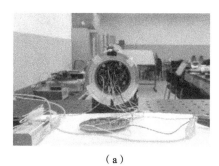
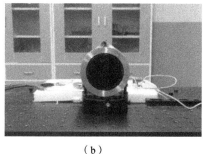

（a）　　　　　　　　　　　　（b）

图 3.39　试验平台场景

（a）后视场景；（b）前视场景

（2）目标方位偏差角模拟式测量试验

试验过程：首先，激光目标指示器照射在目标上的位置为样机上红色激光笔照亮位置下方 d_p 处，并利用红外成像仪进行人工辅助对准操作，使样机在旋转平台初始位置时，纵轴方向对准激光目标指示器照射点。激光目标指示器的参数设置为重复频率 5 000 Hz、激光脉冲平均功率 40 mW，而实际发出的激光脉冲平均功率为 20 mW。其次，微调光学旋转台，使样机侧向旋转，此时样机经过计算输出的目标位置偏差角即为微调的旋转角。

在试验过程中利用示波器存储记录波形，示波器型号为 Tektronix 公司的 TDS 2020，采样速度为 2 GS/s，带宽为 200 MHz。试验中的各象限电路通道的放大增益设置为相同，即 2×10^5。

在模拟式脉冲信号峰值采集方式下，在某次旋转平台旋转角为 4° 时，测量四象限探测器各象限通道的电压脉冲信号及峰值保持信号示波器采集如图 3.40 所示。

由图 3.40 可知，该电路中的噪声最大幅值在 ±30 mV 之内，表明该目标方位探测系统具有较好的抑噪能力；该电路对于峰值为 200 mV 的电压脉冲信号也能够完成较好的峰值保持。另外，在脉冲峰值较小时受噪声影响比较明显。

（3）目标方位偏差角数字式测量统计试验

数字式脉冲测量时的信号采集工作使用示波器完成。同样按照模拟式测量试验的过程，当旋转平台旋转角为 4° 时，四象限探测器 B 象限电路通道的 3 次电压脉冲波形采集如图 3.41 所示，同时已将波形数据点存储。

由图 3.41 可知，电路噪声基本符合高斯白噪声类型，对每次信号的峰值确实有轻微影响，当示波器采样频率为 2 GS/s 时，根据示波器存储的数据点，图中 3 次电压信号采样的峰值分别为 312 mV、308 mV、316 mV。

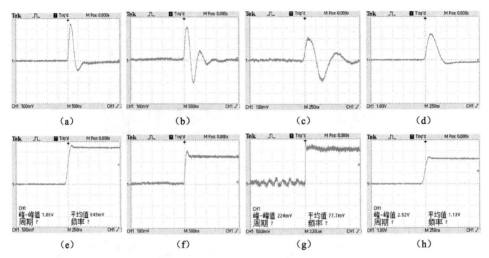

图 3.40 四象限探测器各象限通道的电压脉冲信号及峰值保持信号示波器采集

（a）象限 A；（b）象限 B；（c）象限 C；（d）象限 D；（e）象限 A 峰值保持；
（f）象限 B 峰值保持；（g）象限 C 峰值保持；（h）象限 D 峰值保持

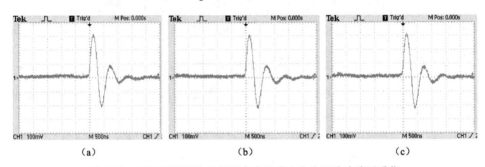

图 3.41 四象限探测器 B 象限电路通道 3 次电压脉冲波形采集

经过试验验证，上述系统能够满足功能要求，并对单兵火箭灵巧引信的设计提供理论支持。

第 4 章

小口径灵巧引信设计理论及应用

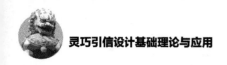

|4.1 概　　述|

本章涉及的小口径灵巧弹药为具有高射速的炸点可控弹药，采用预制作破片或子母弹，通过引信控制弹丸在空中适当位置和时间起爆，形成破片或钨珠弹幕，可用于近程防空和反导，拦截来袭目标。

发火的时空精度直接决定了小口径弹药的毁伤效能。传统小口径引信定距体制主要采用直接计时方式实现，定距精度低。现代精确定距体制采用信息交联技术、传感器探测技术提高定距精度，从而提高小口径弹药的空中拦截和毁伤效能。另外，小口径弹药具有高射速、高机动性的特点，对于来袭目标需要做出快速反应和持续火力攻击，因此无法采用手工装定的方式对引信进行装定。为了保证引信能够高速可靠地进行装定，必须通过信息交联技术实现引信快速自动无线装定。

本章以实现小口径灵巧引信可装定、可探测、可处理、可控制为出发点，详细阐述了适用于小口径弹药灵巧引信的电磁能量和信息交联理论以及灵巧引信定距理论。

|4.2　小口径弹药任务、约束与时空识别分析|

随着现代作战飞机和制导弹药隐形技术、电子对抗及红外干扰等技术的飞速发展和应用，地形匹配制导导弹、低空巡航导弹、掠海飞行反舰导弹的出现，以及飞行高度不超过 30 m 的高性能武装直升机的使用，使得敌方攻击武器容易逃避雷达监视，容易突破外层防御。而外层防御一旦突破，因反击距离太近、反应时间太短，从而降低了导弹反击来袭目标的可靠性，这时只有利用小口径火力系统反应快、无射击死区、抗干扰能力强、火力密度大、机动性能好的特点，对逼近的敌方各种攻击武器进行有效拦截。另外，地貌复杂、城市防空任务艰巨的国家，为了低空近程防空的需要，必须装备足够数量的小口径高炮。因此，性能优良的小口径火力系统通常是作为多层次防空反导系统中的最后一道防御屏障，也是极其关键和必要的一种防御手段，在较近距离上有着导弹等其他防御方式不可替代的作用。

小口径弹药包括 23 mm、25 mm、30 mm、35 mm、37 mm 等口径，发射方式包括单管发射、多管转管发射、转膛发射、双管联动等，瞬时射速可达几百到几万发每分钟。现代小口径火炮通过加长身管、采用新型弹药和增加发射药量提高初速，现有小口径火炮初速一般大于 850 m/s，弹丸转速超过 60 000 r/min，弹丸过载 50 000～70 000 g，膛内运动时间为 7 ms 左右。因此，小口径弹药具有高射速、高初速、高旋、高过载的发射特点，恶劣的发射环境无疑对引信的安全性和可靠性提出了更高要求。

为适应未来高新技术战争的需求，提高小口径火力系统的作战效能，国内外在改进和研制小口径弹药方面作了大量工作，其中包括空炸引信技术和无线装定技术。

空炸引信能使弹丸在空间某一位置定点起爆，由于弹丸在空中起爆，而且具有炸点精确、破片飞散方向可控的特点，因此其杀伤面积和毁伤效能都远远大于相同口径的其他弹药。空炸引信能够通过感知或探测环境信息（如后坐过载、离心力、大气压力、地磁场等）或者外部控制信息（如时间信息、遥控指令等）来控制弹丸在空中预定位置起爆。小口径引信由于体积相对较小，所以为实现空炸功能，可通过武器平台或弹丸自身传感器感知弹丸初速或运动姿态。目前，空炸引信主要以可编程电子引信为主，根据引信的作用原理不同，又可

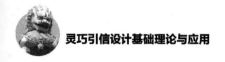

以分为可编程电子时间引信和可编程电子定距引信。

地形匹配制导导弹和低空巡航导弹的问世，使突破外层防御变得容易。外层防御一旦突破，近距离防御反应时间通常很短，只有 2～5 s 左右，这就无法在发射前预先对引信进行手工装定。为了保证有效地对付这些来袭目标，必须建立快速反应的自动化武器系统，通过火控系统及弹药引信的快速信息交联技术实现引信的快速自动无线装定。目前，基于电磁感应和磁耦合谐振装定原理，适用于小口径引信的无线装定技术，按照装定时机可分为炮口装定和弹链装定。炮口装定具有装定信息完整的优点，但小口径弹药初速快、装定时间极短，导致装定可靠性相对较差。弹链装定是在炮弹入膛前通过装定器将火控信息部分或完全装定给引信，弹丸出炮口后可根据自身传感器对装定信息进行修正，保证炸点的精确性，具有装定可靠性高的优点。

|4.3　小口径灵巧引信信息交联基础理论|

对于小口径弹药，需要对每一发引信设定特定的炸点控制信息，如引信的作用方式、作用距离或作用时间等技术参数。瞬息万变的战场使得弹药在发射前不可能预先装定引信，而必须根据实际的战场环境和作战目标，通过装定器为每发弹药引信进行单独编程设定合适的引信作用方式和炸点控制信息，实现精准打击，提高弹药作战威力，从而大幅提高武器的毁伤效率，实现武器系统全自动化。小口径引信全自动装定按照发射时机的不同可分为发射过程中装定，如炮口感应装定；以及发射前装定，如弹链装定。

炮口感应装定主要用于以防空反导为目的的中小口径速射高炮上。早在1987 年，为实现速射炮用引信的自动装定，Schmidt J Q 提出了一种在出炮口自动装定引信延迟时间的设计思想，并对其进行了完善。火控计算机根据实际环境和理论参数计算出引信理论作用时间，并将其储存于装定系统的存储器中。当弹丸通过炮口时，测速装置测得其实际速度，装定系统将修正后的时间信息装定到引信中。

瑞士厄利空—康特拉斯公司研制的"空中卫士"高炮系统配用的"AHEAD"弹就是采用此类技术实现引信自动感应装定。弹丸初速测量与时间引信装定装置为安装在炮口的 3 个感应线圈。前两个为测速线圈，后一个是时间引信装定线圈。测速线圈用来测定弹丸通过的时间，系统可以据此计算出弹丸的初速；

装定线圈的作用是当弹丸底部的可编程电子时间引信通过时，以编码脉冲信号的方式将引爆时间装定到引信的时间定时器中。"AHEAD"弹工作过程如图 4.1 所示，作战时，弹丸依次经过两个测速线圈，装定系统记录下弹丸经过这两个线圈的时间间隔，并据此计算出弹丸初速；然后，与标准初速进行对比，得出初速误差。火控计算机迅速解算出该发弹丸的飞行时间误差，并在该发弹丸飞经炮口装定线圈时，将正确的飞行时间装定到"AHEAD"弹弹底可编程引信。当弹丸飞至目标前方时，引信点燃抛射药，弹内的子弹丸以倒锥形散布飞向目标。

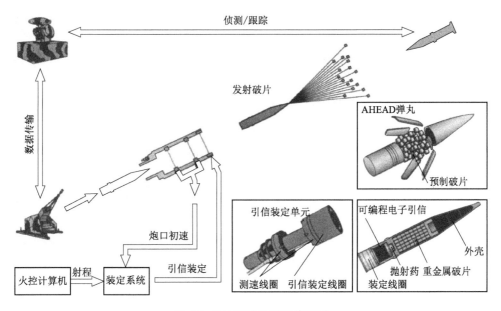

图 4.1　"AHEAD"弹工作过程

　　"AHEAD"弹药的原理虽然并不复杂，但由于弹丸经过测速、装定装置的时间短（只有几十微秒），因此对引信装定系统的要求很高，有许多技术难点需要解决。主要包括：

　　1）必须能够高精度地测出弹丸速度。考虑炮口装置的体积和重量对火炮自身射击精度的影响，炮口装置上两个测速线圈的距离很近，容易导致互相干扰。

　　2）必须能够在弹丸飞经装定线圈的极短时间内，将装定信息可靠地装定到引信上。

　　3）高温高压燃烧气体在炮口处容易形成一个等离子体屏蔽层，干扰引信感应装定。

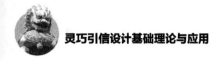

4）要求能够在弹丸经过第二个测速线圈后至装定线圈前的极短时间内，引信装定系统必须从火控计算机获得正确的弹丸飞行时间。

5）引信电源必须在极短的膛内运动时间（7 ms 左右）内被激活，使引信到达炮口时能够正常接收装定信号。

对于某些在发射前便可以确定所要装定信息的引信，为降低装定的技术难度，可以根据武器平台的特点，在弹链上或者弹丸进膛后进行装定。这种装定系统还适用于不便于在炮口添加装定装置的武器平台，如转管武器等。由于弹丸在弹链或进膛后的运动速度远远低于弹丸出炮口的速度，用于信息传输的装定时间窗口较宽，因而比较容易实现。但是，弹丸在发射之前电源是不可能激活的，因此要进行感应装定必须首先解决能量传输的问题。解决这一问题的有效途径是采用能量与信息一体化传输技术，首先通过感应装定的方式给引信电路传输能量，当能量积累到一定程度后，引信电路启动，装定器再发送装定信息，从而完成装定。阿连特（ATK）公司研制的 30 mm 高爆空炸弹药采用的就是发射前装定技术。该系统的装定系统如图 4.2 所示。

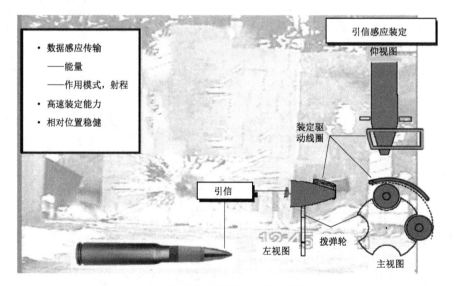

图 4.2　发射前感应装定系统

4.3.1　电磁感应交联理论

电磁感应装定是通过近距离发射线圈和接收线圈之间的电磁变换来实现能量与信息的传递。装定器与引信体之间没有机械触点，工作稳定、可靠性高，并具有较好的抗干扰性能，是最常用、综合性能最优的一种装定方式。

4.3.1.1　感应装定系统的形式及工作原理

按照装定时发送线圈与感应线圈之间的相对位置关系，小口径空炸引信中的感应装定可以分为以下三种形式。

（1）高速动态感应装定

高速动态感应装定是指在炮口外部增加装定器，在弹丸发射后飞经炮口装定器的瞬间进行装定。由于装定的位置在炮口外部，可以在装定器的前面增加测速装置以测出弹丸的实际出炮口的速度，从而实现速度修正定时体制引信的装定。当然，高速动态装定方式也可以用于计转数作用体制的引信，因而是一种适应性比较好的装定体制。

实现高速动态装定所要求的性能指标较为苛刻：首先，由于弹丸穿过装定器时的速度很高，炮口动态装定的装定时间很短，一般只有几十微秒，因此要求装定的数据传输速度很高；其次，要求引信控制电路在弹丸出炮口前必须启动并稳定工作，这就给引信电池的快速激活性能提出了更高的要求；另外，此装定方式必须在炮管上增加装定器，附加的质量会对火炮的整体结构和性能造成影响。

（2）低速动态感应装定

低速动态感应装定是指弹丸在低速运动过程中完成装定的方式，一般是在弹链上或者在弹丸进膛处安装感应装定器，在供弹或者弹丸进膛的过程中完成装定。由于弹丸运动速度较低（线速度一般不超过 5 m/s），装定过程时间相对较长，可达十几毫秒，因此对数据传输速率的要求较低，比较容易实现。低速感应装定中的一个主要问题是装定用电源的问题，因为不论是在弹链上还是在进膛过程中装定，引信的电源都还没有激活。解决这一问题的关键技术是能量与信息一体化传输技术，该技术是在感应装定系统的基础上，在引信电路中增加桥式整流电路和储能电容，将感应线圈中接收到的载波信号转换为电能储存到电容中，当电能积累到一定程度时引信电路启动，接收并存储装定信息，从而在主电池没有激活的情况下完成装定过程。

由于装定信息对载波的调制会影响能量的传输效率，因此发送线圈的驱动电路会在调制装定信息前首先发送一段没有装定信息的载波信号，以缩短装定周期，尽快达到引信电路启动所需的能量。由于装定的全过程只有十几毫秒，要通过此种方式获得引信全弹道工作的能量难度很大，因此引信还必须有某种形式的主电池在弹丸发射后驱动引信电路工作，而感应能量只用来驱动引信完成装定即可。

应该指出的是，这种感应供能加主电池的供电方式不同于复合电池。复合电池内部两种不同时间激活的两种电池必须保证电池放电的连续性，即先激活的电池放电时间必须维持到主电池激活以后，这样才能保证引信电路的正常工作。而低速动态感应装定中使用的感应电源和主电源是分开工作的，感应电源供引信电路接收装定信息使用，主电池能量供引信电路执行炸点控制功能使用，两种电源的功能和激活时间是完全独立的，没有连续性的要求，引信电路在完成装定后可以停止工作，等主电池激活后再重新启动。

（3）静态感应装定

静态感应装定是指在弹丸静止的状态下进行装定的一种方式，装定时发送线圈与接收线圈间的相对位置是固定的，是最容易实现的一种装定。静态感应装定一般用于单发或低射速武器系统，装定形式可以是弹丸进膛后装定或者是进膛前采用手持式的装定器进行装定。

对于单发射击或低射速弹药来说，每发引信的装定时间比较充足，可能达到上百毫秒甚至更长。在这种情况下，储能电容就可以获得足够的能量供引信全弹道使用，从而省去主电池，简化引信设计并降低成本。

以炮口快速感应装定系统为例，其主要由装定器、信号发送线圈、接收线圈、引信电路四部分组成，其结构如图 4.3 所示。线圈 A、C 分别是接收线圈和发送线圈，B 为引信电路，D 为发送线圈与装定器的接口。发送线圈固定在炮口装置上，通过接口 D 和装定器相连。发送线圈一般绕成螺线管的形状，以增加与接收线圈的耦合时间。接收线圈绕在弹体上，位置可以根据引信的位置进行调整，当采用弹底引信时，接收线圈位于弹丸底部。接收线圈感应到的信号由引信电路进行处理，从而获取装定信息。

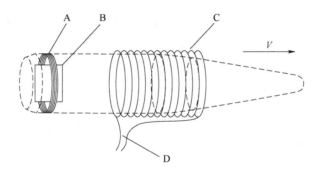

图 4.3 炮口快速感应装定系统构成

系统的工作原理如下：当弹丸发射后运动至发送线圈附近时，火控系统将该发弹丸的装定数据发送给装定器；装定器对装定数据进行处理后，通过驱动电路给发送线圈输入一个交变激励电流，该电流会在线圈内部形成沿轴线方向的磁场。由毕奥－萨伐尔定律可知，该磁场的磁感应强度的大小和方向将随线圈内激励电流的变化而变化。由于引信在穿过发送线圈的过程中，接收线圈平面始终保持与磁感应强度方向垂直，因此接收线圈平面上的磁通量也按照与激励电流同样的规律变化。由法拉第电磁感应定律可知，在接收线圈两端将会感应出与发送线圈内部激励电流同样变化规律的感生电动势，即装定器发送的信号。引信电路对接收到的信号进行相应的处理即可重现装定数据，从而完成从装定器到引信的数据传输。

由此看出，感应装定实际上是位于发射平台上的装定器与引信之间的一个非接触通信过程，其中信息传输通道是发送线圈内部空间，而火控系统相当于信源，装定器是发送设备，引信是接收设备。因此，感应装定系统可以被看作一个特殊的通信系统，其各部分构成如图 4.4 所示。

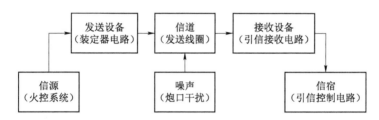

图 4.4 感应装定数据通信系统框图

4.3.1.2 感应装定系统的信道特征

（1）感应装定信道的时间窗口特性

感应装定系统的发送线圈与接收线圈之间是通过磁场耦合实现数据传输的，由于发送线圈产生的磁感应强度较强的区域主要集中在螺线管内部及端面附近有限的区域内，而弹丸又是高速穿过这一区域的，因此发送线圈和接收线圈之间能够有效地进行数据传输的时间非常短，一般为微秒级。这是感应装定系统最突出的一个特征。

感应装定系统中，发送线圈和接收线圈之间能够有效地进行数据传输的时间段称为装定时间窗口（简称装定窗口）。全部装定数据传输都必须在装定窗口内完成，窗口越小，要求数据传输的频率越高，系统实现的难度就越大。因此，装定窗口的大小直接决定了感应装定系统的最低工作频率，是进行感应装定系统设计的一个重要参数。显然，加长发送线圈螺线管长度，可以增大装定窗口，降低系统设计的难度，但是在实际应用中，发送线圈要通过一定的装置固定在炮口，其长度和重量均要受到炮口装置的限制，太长太重都会影响火炮的性能。一般的，对于小口径高炮，发送线圈螺线管的长度取 1～2 倍口径比较合适。

装定窗口的大小可以根据发送线圈磁场的范围和弹丸的速度计算出来，图 4.5 是载流直螺线管轴线上任意点磁感应强度的示意情况。

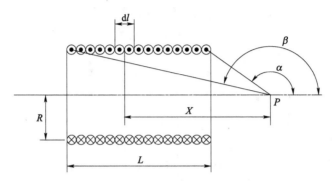

图 4.5　载流直螺线管轴线上任意点磁感应强度的示意

图 4.5 所示螺线管的半径为 R，长度为 L，单位长度上绕有 n 匝线圈，通有电流强度 I。在螺线管轴线方向上任取一小段 $\mathrm{d}l$，则该段线圈的匝数为 $n\mathrm{d}l$，它的电流强度为 $\mathrm{d}I=nI\mathrm{d}l$，则 $\mathrm{d}l$ 在轴线上任意一点 P 处产生的磁感应强度为：

$$\mathrm{d}B=\frac{\mu_0 R^2\mathrm{d}I}{2r^3}=\frac{\mu_0}{2}\cdot\frac{R^2 In\mathrm{d}l}{(R^2+x^2)^{3/2}} \tag{4.1}$$

式中，r 是 P 点到 $\mathrm{d}l$ 边缘的距离；x 是 P 点到 $\mathrm{d}l$ 圆心的距离；u_0 是真空磁导率。由于各小段在 P 点所产生的磁感应强度的方向相同，所以整个线圈在 P 处所产生的总磁感应强度为上式的积分。为了便于积分可引入参变量 α、β，由图 4.5 可知，$R=r\sin\beta$，$x=R\mathrm{ctg}\beta$，从而得到

$$\mathrm{d}l=-R\csc^2\beta\mathrm{d}\beta \tag{4.2}$$

$$R^2+x^2=R^2\csc^2\beta \tag{4.3}$$

所以

$$B=\int\mathrm{d}B=\int_{\beta_1}^{\beta_2}-\frac{\mu_0}{2}nI\sin\beta\mathrm{d}\beta \tag{4.4}$$

即：

$$B=\frac{\mu_0 nI}{2}(\cos\beta_2-\cos\beta_1) \tag{4.5}$$

磁感应强度的方向与电流流向间的关系遵从右手螺旋定则，图示状态时为水平向右。

以上推导的是真空中载流直螺线管轴线上任意点磁感应强度，实际接收线圈内部的磁感应强度的计算公式应将上式中的真空磁导率 μ_0 置换为弹体上接收线圈截面上的磁导率 μ_{r}。在这里，我们关心的主要是磁感应强度在轴线方向

上的变化趋势，因此仍可按照上式计算，只需将结果归一化。取螺线管的长度为 1.5 倍口径（$L=3R$）时的计算结果，如图 4.6 所示，图中 B、C 点为螺线管两端面圆心，A、D 点位于螺线管外侧轴线上且到端面的距离为 R。

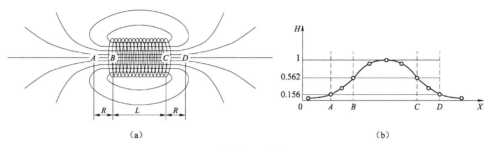

$$（a）\qquad\qquad\qquad\qquad（b）$$

图 4.6　发送线圈形成的磁场

从图 4.6 中可以看出，螺线管中心部位的磁感应强度最大，越靠近两端磁感应强度越小，两端面圆心（B、C 两点）处的磁感应强度已经衰减为中心部位磁感应强度的 0.562 T，而端面以外 R 处的磁感应强度仅为 0.156 T。由于接收线圈中感生电动势的大小与磁感应强度成正比，因此弹丸穿过相应的接收线圈随弹丸穿过螺线管过程中产生的感生电动势也按同样的规律变化。可见，BC 段内接收信号的信噪比最大，信号传输可靠性最高；BA、CD 段内信号强度加快衰减，信噪比快速降低；A、D 点以外区域信噪比已经恶化，信号无法传输。为了保证装定的可靠性，引信电路在 BC 段内对接收信号进行处理比较合适，因此可以选择接收线圈在 B、C 点处的信号强度作为阈值，当接收信号强度高于阈值时再启动解码电路读取装定信息。以某口径为 37 mm 高炮为例，其弹丸初速为 $v=1\,000$ m/s，取发送线圈直径为 40 mm，绕制长度 L 为 60 mm（约 1.5 倍口径），则其装定窗口为：

$$\Delta t = \frac{L}{v} = \frac{60 \times 10^{-3}}{1\,000} = 60 \ (\mu s) \tag{4.6}$$

（2）感应装定信道的耦合特性

由于装定时接收线圈位于发送线圈内部，且接收线圈与发送线圈的直径相差不大，发送线圈产生的大部分磁力线穿过接收线圈，因此两线圈耦合程度较高，接收信号强度可以达到百毫伏级，属于紧耦合系统。

（3）感应装定信道的噪声特性

信道是通信系统噪声的主要来源。对于感应装定系统来讲，信道噪声主要来自装定系统外部战场环境噪声和火炮发射炮口干扰区噪声两个方面。由于感应装定信道范围很小，数据传输持续时间非常短，因此外界干扰窜入引信接收电路的概率较小，再加上发送线圈外部屏蔽罩的保护作用，使得战场上的环境噪声对数据传输的影响较小。因此，感应装定系统的信道噪声主要来源是弹丸发射时火药燃烧产生的高温高速气流冲刷及弹丸与炮口装置接触而形成的复杂电磁环境。

炮口干扰区的噪声频带较宽，能量较高，引信电路不容易滤除。在计转数电路中，由于转数信号非常微弱，必须采用高增益的放大电路，所以在炮口干扰区内有效的转数信号完全被噪声淹没，只能采取时间补偿的方法避开这一区域。而在感应装定系统中，数据的传输只能在装定窗口中进行，所以只有提高信噪比才能够实现装定。提高发送线圈的驱动功率和改善发送线圈和接收线圈之间的耦合性能都可以提高信号强度，但由于发射平台的限制，信号强度的提高是有限的；降低噪声的主要措施是设计合理的炮口装置，实践证明，在炮口装置上开泄气孔可以有效减轻气流对信道的冲刷，降低噪声电平，明显提高信噪比。

4.3.1.3　感应装定数据调制方式的选择

要实现感应装定器和引信接收电路模块的通用化，除了装定信息的数据格式一致以外，数据的调制方式也必须统一。但是这种统一不是绝对的，而是在保证感应装定的可靠性和有效性的基础上尽量采用统一的调试方式。对高速动态感应装定而言，其重点是保证数据在高传输速率下的可靠性，关键技术是高效率的数据传输和差错控制技术，因此可以选用二进制相移键控（BPSK）方法进行调制；对低速动态感应装定和静态感应装定而言，保证在尽量短的时间内传输足够的能量是其技术难点，因此调制方式的选择应优先考虑对感应供能效率的影响。二进制幅移键控（BASK）方法具有恒载波频率的特性，这种单一载波频率的调制方式有利于在发送线圈的驱动电路中采用谐振功率放大器，可以大大提高能量传输效率并降低装定器的功耗，是低速动态感应装定和静态感应装定的首选调制方式。

综上所述，小口径灵巧引信的感应装定系统可以归结为两种设计方案：一种是只装定信息不传输能量的方案，该方案采用 BPSK 方式对载波进行调制，调制效率高，可实现高速数据传输，主要用于引信内部电源供电情况下高速或低速感应装定。另外一种是既装定信息又传输能量的方案，该方案采用 BASK 方式调制载波，发送线圈由谐振功率放大器驱动，输出功率大，可以用于内部电源未激活情况下的发射前动态和静态装定。两种方案都采用相同的数据帧格式，在应用到具体武器平台上时还需要根据具体的战技指标和性能要求进行详细的设计，如确定装定器安装位置，设计发送线圈与感应线圈的耦合结构，根据引信作用体制确定装定信息的长度等。

4.3.1.4　感应装定系统的数据传输技术方案

（1）感应装定信息传输方法的选择

所谓感应装定信息的传输方法，是指通过某种合适的方式将装定信息加载到装定器发送线圈的激励信号上，从而通过装定器与引信之间的感应耦合将信息传递给引信。感应装定的数据传输方式可以分为计数法和编码法两类，基本的传输方式有三种，即脉冲计数法、内脉冲计数法和二进制编码法。

1）脉冲计数法。脉冲计数法是用脉冲个数表示装定数据的一种方法，一般用一个脉冲表示一个装定分度。在装定分度为 1 ms 时，装定 3 s 作用时间可以通过在装定窗口内向引信发送 3 000 个脉冲来表示。当时间窗口为 60 μs 时，发送脉冲的频率至少为 50 MHz。这种脉冲计数方法的优点是编码解码简单，而且装定过程中丢失少数几个脉冲对装定信息的影响很小，因而具有较高的可靠性。但其缺点是随着装定分度的减小和定时时间的增加，所需的信号频率也越来越高，因此限制了这种方法的应用。

2）内脉冲计数法。内脉冲计数法是一种由装定器对装定时间信息按一定比例进行压缩后传输，再由引信电路对此压缩时间进行还原的一种方法。其工作过程如下：引信内部电路有 f_1、f_2 两个时钟频率，其中 f_2 由 f_1 分频得来，且分频系数为 n。设引信作用时间为 T，则装定器向引信发送一个脉冲宽度为 T/n 的脉冲信号，引信内部以高频 f_1 对此脉冲宽度进行计数，计数值 $N=f_1T/n$。装定结束后，引信以低频时钟 f_2 对 N 进行减计数，当 N 减为零时给出起爆信号。此时引信的计时为：

$$T' = N/f_2 = f_1T/n(f_1/n) = T \tag{4.7}$$

由式（4.7）可见，引信的计时正好为装定的作用时间，而与引信内部时钟频率 f_1、f_2 无关，这是内脉冲编码方法最为突出的优点。引信的计时误差主要来源于脉冲宽度 T/n 及计数值 N 的量化误差，因此，该方法与脉冲计数法有同样的缺点，即待装定的作用时间较长且装定分度较小时，为保证装定精度需要较高的时钟频率。

3）二进制编码法。二进制编码法是三种基本数据传输方式中传输效率最高的一种方式，这种方法直接将待发送的作用时间数据用二进制表示。用二进制表示的引信装定信息一般不超过两个字节，即 16 b 二进制数。当采用 16 b 二进制数表示引信作用时间时，在装定时间间隔为 1 ms 的情况下，最大可以表示的装定作用时间为 65.536 s；而当用于表示装定转数时，以半圈为装定间隔可以表示的最大作用圈数为 32 768 圈，这对目前的小口径武器来讲是足够的。具体每种引信采用二进制编码法的位数不必局限于整数字节，而应该是在保证满足编码精度要求的前提下采用尽量少的编码位数，必要的时候可以附加引信的作用模式等其他信息。

除了上述三种基本的数据传输方法外，还有分组脉冲计数法和校频二进制编码法两种新的数据传输方法。其中前者是将装定数据按照其十进制表示，数的每一位分别传送，是对脉冲计数法的扩充和推广；而后者则是在二进制编码的基础上引入了内脉冲编码中由平台（装定器）提供标准时间基的思想，使得引信的计时精度与其内部时基的频率误差没有关系。

由于二进制编码传输方法具有码长短、信息量大、容易扩充、抗噪声性能好的优点，而且还可以参考数字通信系统中的相关技术进行系统优化设计，因此选择二进制编码作为感应装定系统中的信息传输方式。

（2）数字信号的基带传输与频带传输

二进制编码的传输在通信系统中有基带传输和频带传输两种方式。基带传输是指将二进制编码信号经过放大、滤波后直接送入信道的传输方式。由于二进制数字信号波形是一个脉冲序列，其数据的任意性导致该脉冲序列的频谱具有低通特性，不利于信道传输，因此传输前一般还要进行码型变换。基带传输的优点是发送、接收设备简单，系统复杂度低，缺点是信道利用率低。基带传输方式广泛应用于有线通信系统中，而且在很多无线通信系统的终端机和发射机、终端机和接收机之间也是以基带传输方式进行通信的。

频带传输是指将基带信号通过一定方式调制到高频载波上再进行传输的方式。无线通信系统中必须采用频带传输，这是因为频带传输具有如下优点：

1）频带信号容易向空间辐射。为了有效地将信号能量辐射到空间，要求天线的长度和信号的波长可以比拟（一般为 1/4 波长），这样才能充分发挥天线的辐射能力。基带信号频率较低，直接发送所需的天线长度往往为千米以上，显然是无法实现的。采用频带信号后，信号频率显著提高，大大方便了天线的设计和制造。

2）频带信号可以有效利用信道带宽。对于通带较宽的信道，可以利用多路复用技术提高信道的利用率。例如，将信道带宽划分为多个频带，将多路基带信号分别调制到相应的频带上就可以实现信号的频分复用；若将多路信号按照不同时刻依次调制到信道上传输则构成时分复用。

采用频带传输时，发送端除了放大器、滤波器外还需要高频振荡器和调制器，接收端要有解调器等设备，因此系统复杂度比基带传输系统高得多。

由以上分析可以看出，频带传输的诸多优点主要体现在远距离的传输能力、信道容量大、利用率高等方面，而这些方面正是无线通信系统追求的目标，因此在无线通信领域得到了广泛的应用。对传输数据量很小、信道专用的感应装定系统来讲，频带传输的这些特性无关紧要，而基带传输在系统复杂度上的优势是至关重要的，因此选用基带传输作为二进制编码装定信息的传输方式。与采用频带传输的方案相比，基带传输不用高频振荡器，降低了系统工作频率，省去了调制解调等复杂电路，电路简单，稳定性、可靠性高。

（3）数据传输的差错控制技术

引起感应装定数据传输差错的干扰主要来自外界的强脉冲干扰，这种脉冲干扰强度大、持续时间长，因此会引起连续的误码；另外，来自发射药燃烧的噪声虽然可以通过增大发射功率和增加泄气通道来抑制，但仍然存在引起随机误码的可能性，因此从差错控制角度来讲，感应装定系统的信道属于既存在突发干扰又存在随机干扰的混合信道。由于感应装定数据传输的时间窗口很小，而且引信电路的体积和功耗也不允许引信与装定器之间建立双向通信，因此，要提高感应装定的可靠性，必须采用信道编码技术，通过前向纠错方式对可能或已经出现的差错进行控制。

目前常用的纠错编码有很多种，每种编码的纠错能力和使用场合各不相同，需要根据具体应用的信道特征、干扰类型进行选择。一般来说，对突发性、连续性的误码进行纠错可以采用交织编码来实现。交织编码的基本思想是通过交织的方法改变码元发送的先后顺序，使得在信道中连续出现的误码在接收端解交织后变成离散误码，从而可以利用其他纠正随机差错的编码来纠正，因此交错编码总是和其他编码结合使用，一种交织分组码的实现过程如下：

首先，在发送端对原始码元序列进行某种分组编码，假设分为 6 组，编码后每组有 4 个码元，在发送前首先将该码元序列交织排列成如下码阵：

$$\begin{bmatrix} a_{23} & a_{19} & a_{15} & a_{11} & a_7 & a_3 \\ a_{22} & a_{18} & a_{14} & a_{10} & a_6 & a_2 \\ a_{21} & a_{17} & a_{13} & a_9 & a_5 & a_1 \\ a_{20} & a_{16} & a_{12} & a_8 & a_4 & a_0 \end{bmatrix}$$

其中每一列恰好是分组编码的一个组，因此均具有一位纠错能力。发送时，将此码阵按照行的顺序依次送入信道传输，接收端收到序列后，再将其恢复成码阵排列方式。如果传输中受到突发干扰，则引起的误码将沿码阵的行方向连续出现，如果连续出现误码的个数不大于分组数，则可以保证码阵中每一列最多仅有一位误码，因此可以利用分组编码进行纠正。

根据交织编码的思想，结合感应装定系统数据传输量小、可靠性要求高的特点，采取了如下编码对装定数据进行纠错：首先，对原始装定数据（a_{15}

a_{14} … a_1 a_0)进行奇偶校验编码，形成 17 位的奇偶校验码（a_{15} a_{14} … a_1 a_0 a_r）；然后，在奇偶校验码的每个码元后面增加 2 位重复监督码元，形成 17 组、每组 3 个码元的分组编码；最后，对分组编码进行交织，构成如下交织码阵：

$$\begin{bmatrix} a_{15} & a_{14} & a_{13} & \cdots & \cdots & a_2 & a_1 & a_0 & a_r \\ a_{15} & a_{14} & a_{13} & \cdots & \cdots & a_2 & a_1 & a_0 & a_r \\ a_{15} & a_{14} & a_{13} & \cdots & \cdots & a_2 & a_1 & a_0 & a_r \end{bmatrix}$$

将此码阵按行依次发送，接收端收到后首先将数据恢复成交织码阵，然后在每一列内按照最大似然译码准则进行判决，再对此判决结果进行奇偶校验。如果校验成功，则可认为接收到的数据即为装定器发出的原始数据；如果校验失败，则说明接收数据有误。当接收数据有误时，引信丢弃接收数据，而用引信内部预置的缺省时间设定控制电路作用时间。

当信道中只出现突发干扰时，该编码可以纠正最多 17 位的连续误码；当信道中发生随机干扰或同时出现突发干扰时，该编码可以纠正任意不在同一列上的误码。因此该编码可以很好地纠正信道中的强脉冲干扰引起的误码，对随机产生的离散误码也有很好的纠正能力，可以大大提高数字数据传输的可靠性。即相当于将奇偶校验码连续发送 3 遍，在实际应用中，可以根据具体情况将此编码作为一帧发送，也可以直接将原始编码连续发送 3 遍来实现。根据数据少的特点，在交织编码的基础上增加了行方向的奇偶校验，增强了交织编码的检错能力。在信道容量限度内适当增加信息冗余度，获得较好的纠错检错效果，提高装定数据传输可靠性。

当然，采用上述编码也不能保证接收数据完全正确，比如当码阵中出现两位误码的列有偶数列时，最大似然译码结果将出现错误而奇偶校验也不能发现这一错误。因此，为了保证引信作用的安全性，除了纠错编码外，还必须对接收的数据进行有效性验证。例如，设引信的有效作用时间是 0.5～5 s，装定分辨率为 1 ms，则装定数据的有效范围是 500～5 000，因此，如果接收数据通过了奇偶校验，但不在有效范围之内，也要判断为无效数据，而用缺省时间设定控制电路作用时间。

该差错控制方式具有较强的自动纠错能力和双重检错能力，具有较高的可靠性，而且编码解码简单，容易实现，适合在引信上采用。

（4）数据传输协议

数据的波特率可以根据装定时间窗口及所需传输的码元个数计算得到，当装定数据为 16 b 时，进行交织编码的长度为 48 b，设帧同步长度为 2 b，则传输数据至少为 50 b。但在实际应用中，由于弹丸进入装定窗口的时间是一个随机值，此时装定器发送的码元的位置也是随机的，不一定就是同步字符，因此要保证引信接收到一帧数据必须保证时间窗口内至少传输两帧数据。在这种情况下，采用较短的帧或者采用可以从任意位置开始接收数据的解码方法可以减少码元传输的个数。

当采用 16 b 的短帧结构时，为实现交织编码纠错时，必须保证完整接收了 3 帧以上，此时的最小传输帧数为 4 帧，即 72 b，比采用长帧结构少 28 b，对波特率的要求有所降低。

此时所需的波特率为 72/60=1.2 Mb/s，考虑到现有技术水平和系统的性能的扩展，可选择 1.5 Mb/s 作为数据传输的码元速率。

4.3.2　磁耦合谐振无线能量传输技术

磁耦合谐振无线能量传输技术是指两个或多个具有相同谐振频率的振荡电路通过近场瞬逝波耦合实现能量从一个物体高效地传输到另一个物体，摆脱了对耦合系数的依赖，可实现中远距离无线能量传输，为无线能量传输技术带来了新的突破。该技术属于近场无损非辐射谐振耦合，虽然发射和接收端之间的谐振耦合随两者距离有所衰减，但从理论上说，未被负载吸收的能量会返回发射端，因此具有传输距离远、传输效率高等特点。

与电磁感应技术相比，磁耦合谐振无线能量传输技术具有大距离条件下能量高效率、高质量传输的显著优势，在航空航天、机器人、电动车辆、人工器官以及日常生活电器等诸多方面有广泛的应用前景，并且可为新一代武器系统的信息交联设计提供一定的理论和技术支持。

4.3.2.1　磁耦合谐振装定技术原理

根据装定系统定义，磁耦合谐振能量和信息非接触传输技术是小口径弹药引信发射前装定的一种技术途径，不仅适用于小口径弹药引信，而且可以应用于大口径常规弹药引信，本小节主要研究较为复杂的小口径弹药引信磁耦合谐振装定系统（以下简称为磁耦合谐振装定系统）。

磁耦合谐振装定系统包括外设模块子系统、初级发射模块子系统、磁耦合谐振传输通道子系统、次级接收模块子系统和引信控制电路五部分，具体组成如图 4.7 所示。其中初级发射模块主要由振荡器、微处理器 MCU、调制电路、驱动电路、功率放大电路及磁耦合谐振传输通道的初级发射线圈组成；次级接收模块由磁耦合谐振传输通道的次级接收线圈、能量处理单元和信号处理单元构成，其中能量处理单元由整流电路、储能电容、电压转换电路组成，信号处理单元由调制解调电路和微处理器 MCU 构成。

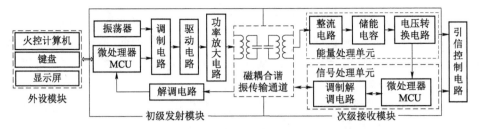

图 4.7　磁耦合谐振装定系统

初级发射模块通过输入输出接口接收来自火控计算机或键盘输入的装定信息，经内部程序处理后写入微处理器内存，并控制微处理器以规定的编码方式重复发送装定信息，与来自振荡器的高频载波信号经调制电路调制后驱动功率放大电路在初级发送线圈上产生具有装定信息的正弦交流信号。通过磁耦合谐振传输通道，次级接收线圈两端得到相应的正弦电压信号，实现能量的非接触传输。次级线圈接收来的能量经能量处理单元和信号处理单元处理后完成能量接收和装定信息的识别。能量处理单元工作过程：次级接收线圈两端得到的正弦交流信号通过整流电路整流后成为直流信号，为储能电容充电，经电压变换电路处理后为接下来的信号处理过程和维持一定时间的引信工作电路提供能量；信号处理单元工作过程：待引信电路激活后，装定信息通过调制解调电路处理后输入微处理器 MCU，译码后的装定信息用于控制引信的作用时机。这里可以根据实际工程需求，将引信电路的基本信息（装定信息、耦合电压和工作状态等）通过信息反向传输通道反馈给初级发射模块，通过对反向传输信息

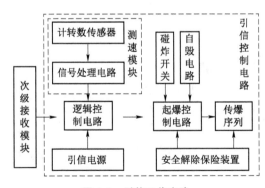

图 4.8　引信工作电路

的解调、译码完成引信工作状态的监测。

小口径弹药灵巧引信工作电路如图 4.8 所示，包括次级接收模块、测速模块、逻辑控制电路、自毁电路。逻辑控制实际弹道信息，修正从火控获取的装定信息，从而控制战斗部实现精确起爆。从实用性、安全性和引信的需要出发，引信控制电路和装定过程中使用的供电电源是相互独立的，引信工作电源一般采用独立的化学电源，装定电源一般采用封装较小的储能电容。

磁耦合谐振无线能量传输系统利用近场耦合模式和共振技术实现能量的非接触传输，具有如下特点：无推迟效应；仅有能量相互转换，能量不向外辐

射，没有波的传播；能穿透非金属材料进行能量传输；可以在中远距离进行高效传输。

　　磁耦合谐振装定系统采用非辐射性近场耦合模式，典型的磁耦合谐振传输通道工作原理如图 4.9 所示，包括发射模块和接收模块。其中，发射模块包括驱动电路、驱动线圈 A 和发射线圈 S，接收模块包括接收线圈 D、拾取线圈 B 和负载电路。发射线圈 S 和接收线圈 D 通过磁耦合谐振完成能量或信息（信息建立在能量传输的基础上）的传输。其工作原理是：驱动电路产生高频交流信号输入驱动线圈 A 中，发射线圈 S 利用电磁感应从 A 中获取能量，接收线圈 D 与发射线圈 S 具有相同的频率而发生谐振，从而实现能量传输，拾取线圈 B 通过电磁感应从 D 中获取能量。随着能量不断聚集，经过后续电路即可供给引信电路。对于发射线圈 S 和接收线圈 D 的工作频率，可以通过接入外部电容调节到合适的谐振频率。

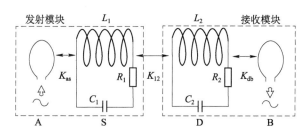

图 4.9　磁耦合谐振传输通道

4.3.2.2　铁磁环境磁耦合谐振能量传输技术

　　由于小口径弹药武器平台的各部件多数为金属材料，磁耦合谐振装定方式的传输通道必然受到复杂环境的影响。为了探究复杂环境下磁耦合谐振装定系统的传输特性，实现磁耦合谐振装定系统的工程化应用，需要基于小口径弹药武器平台对传输通道进行理论建模分析。

　　（1）铁磁环境传输通道数学模型

　　在发射和接收模块产生交变磁场的过程中，武器平台电磁环境、金属材料、导磁材料等铁磁环境以感应方式感生出反作用磁场（也称为涡流磁场），而涡电流的反作用磁场又使系统传输参数发生改变。由于弹链传输通道狭小，周围存在封闭金属材料，本小节仅考虑复杂铁磁环境的影响。假设系统传输通道周围的金属材料及弹体材料是均质和各向同性的。根据 H. R. Loos 提出的电涡流松耦合变压器 Loos 模型，电涡流环的电涡流径向分布规律可由下式表示：

$$J_{or} = \begin{cases} J_{ob}\left(\dfrac{r}{r_b}\right)^4 e^{-4(1-r/r_b)}, & (0 \leqslant r \leqslant r_b) \\[3mm] J_{ob}\left(\dfrac{r}{r_b}\right)^{14} e^{14(1-r/r_b)}, & (r_b < r) \end{cases} \tag{4.8}$$

式中，r_b 为线圈外半径；r 为离线圈中心轴的距离；J_{ob} 为导体表面上 $r=r_b$ 处电流密度值。电涡流环的径向宽度和中心半径满足下列等式：

$$\begin{cases} \displaystyle\int_0^{r_b} J_{or}\mathrm{d}r = J_{ob}a_1 \\[3mm] \displaystyle\int_{r_b}^{\infty} J_{or}\mathrm{d}r = J_{ob}a_2 \end{cases} \tag{4.9}$$

则电涡流径向扩散宽度为 a_1+a_2，中心半径为 $r_o = r_b + 0.5(a_2 - a_1)$，轴向厚度等于集肤深度。根据上述分析，可以把金属导体等效为具有一定内阻的电涡流计算环，电感 L_o 表征涡电流产生磁场对耦合磁场的影响，电阻 R_o 表征涡电流引起的涡流损耗。由于输出容性储能电路中大电容的存在，忽略了谐波电压和谐波电流，为了简化分析，将次级接收模块整流储能电路及负载 R_o 等效为一个交流电阻 $R_L = 8R/\pi^2$。由于整个共振系统最优工作频率一般在 $1\sim10$ MHz，辐射损耗对系统影响较小，可忽略。另外，装定系统工作距离较远且存在较为复杂的铁磁环境，可以忽略交叉耦合的较小影响。

基于铁磁环境影响的磁耦合谐振装定系统等效电路模型采用互感耦合等效电路模型来表示，如图 4.10 所示。其中，L_a，L_s，L_d，L_b 分别为驱动、发送、接收、拾取线圈的自感；C_s，C_d 为发送线圈和接收线圈的共振补偿电容；R_s，R_d 为发送、接收线圈回路考虑趋附效应后的交流电阻与辐射电阻之和；R_a 为驱动电路中功率放大电路输出电阻与驱动线圈电阻之和；$\dot{V}_{ac}$ 为正弦驱动激励电压源；K_{ij} 为回路 i 和 j 之间的耦合系数。

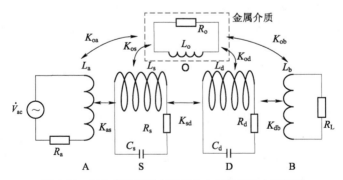

图 4.10　复杂环境磁耦合谐振装定系统等效电路模型

（2）铁磁环境传输通道理论分析

为简化系统模型的复杂计算，采用映射阻抗分析方法对传输通道电路模型进行分析。磁耦合谐振传输通道发射、接收模块属于弱耦合，可以忽略电路中二次映射对各线圈回路的影响。电涡流环 O 各参量在系统线圈回路中的反映阻抗：

$$Z'_{if} = \frac{(\omega M_{io})^2}{R_o + j\omega L_o} = \frac{(\omega M_{io})^2}{R_o^2 + (\omega L_o)^2}R_o - j\frac{(\omega M_{io})^2}{R_o^2 + (\omega L_o)^2}\omega L_o = R'_{if} - j\frac{1}{\omega C'_{if}} = R'_{if} - jX'_{if} \quad (4.10)$$

式中，i＝a，s，d，b；实部 R'_{if} 为电涡流环 O 对系统线圈回路的反映电阻；虚部 X'_{if} 为电涡流环 O 对系统线圈回路的反映阻抗；ω 为电源角频率；M_{io} 为各线圈与电涡流环 O 的互感。

由式（4.10）可知，电涡流环 O 中的感性电抗反映到系统线圈回路中的反映电抗为容性，记：

$$R'_{if} = \frac{(\omega M_{io})^2}{R_o^2 + (\omega L_o)^2}R_o, \quad C'_{if} = \frac{R_o^2 + (\omega L_o)^2}{L_o(\omega^2 M_{io})^2}$$

因此，可得到复杂环境四线圈等效电路参数，如图 4.11 所示，其中

$$C'_s = \frac{C'_{af}C_s}{C'_{af} + C_s}, \quad C'_d = \frac{C'_{df}C_d}{C'_{df} + C_d}, \quad R'_i = R_i + R'_{if}, \quad R'_L = R_L + R'_{bf},$$

$$Z_{11} = R'_a + j\left(\omega L_a - \frac{1}{\omega C'_{af}}\right) = R'_a + jX_{11}, \quad Z_{22} = R'_s + j\left(\omega L_s - \frac{1}{\omega C'_s}\right) = R'_s + jX_{22},$$

$$Z_{33} = R'_d + j\left(\omega L_d - \frac{1}{\omega C'_d}\right) = R'_d + jX_{33},$$

$$Z_{44} = R_L + R'_{bf} + j\left(\omega L_b - \frac{1}{\omega C'_{bf}}\right) = R_L + R'_{bf} + jX_{44},$$

$$K_{xy} = M_{xy}/\sqrt{L_x L_y}$$

式中，K_{xy} 为两线圈间的磁路耦合系数；M_{xy} 为两线圈间的互感系数。

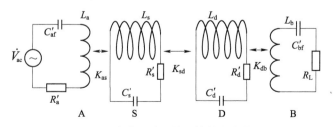

图 4.11　复杂环境四线圈等效电路模型

同理，将驱动线圈和拾取线圈回路中电参量映射到两共振线圈回路中，将

原系统复杂的多回路分析等效转化为考虑各线圈回路影响下的共振回路分析。驱动线圈回路电参量映射到发射共振线圈回路中，有如下关系：

$$Z'_{as} = \frac{(\omega M_{as})^2}{Z_{11}} = \frac{(\omega M_{as})^2}{R'_a + jX_{11}} = \frac{(\omega M_{as})^2}{R'^2_a + X^2_{11}}R'_a - j\frac{(\omega M_{as})^2}{R'^2_a + X^2_{11}}X_{11} = R'_{as} - j\frac{1}{\omega C'_{af}} \quad (4.11)$$

$$\dot{V}_s = \frac{(j\omega M_{as})\dot{V}_{ac}}{Z_{11}} = \frac{(j\omega M_{as})\dot{V}_{ac}}{R'_a + jX_{11}} \quad (4.12)$$

拾取线圈回路映射至接收线圈回路：

$$Z'_{bd} = \frac{(\omega M_{bd})^2}{Z_{44}} = \frac{(\omega M_{bd})^2}{R'_L + jX_{44}} = \frac{(\omega M_{bd})^2}{R'^2_L + X^2_{44}}R'_a - j\frac{(\omega M_{bd})^2}{R'^2_L + X^2_{44}}X_{44} = R'_{bd} + j\left(\omega L'_{bf} - \frac{1}{\omega C'_{bf}}\right)$$
$$(4.13)$$

由式（4.12）和式（4.13）可知驱动线圈和拾取线圈中的电路参数映射到发射线圈、接收线圈回路中的反映阻抗为：

$$R'_{22} = \frac{(\omega M_{as})^2}{R'^2_a + X^2_{11}}R'_a , \quad L'_{22} = \frac{M^2_{as}}{C'_{af}(R'^2_a + X^2_{11})} , \quad C'_{22} = \frac{R'^2_a + X^2_{11}}{\omega^4 M^2_{as}L_a} ,$$

$$R'_{33} = \frac{(\omega M_{bd})^2}{R'^2_L + X^2_{44}}R'_L , \quad L'_{33} = \frac{M^2_{bd}}{C'_{bf}(R'^2_b + X^2_{44})} , \quad C'_{33} = \frac{R'^2_b + X^2_{44}}{\omega^4 M^2_{bd}L_b}$$

由上述分析可得到复杂环境双线圈等效电路模型，如图 4.12 所示。

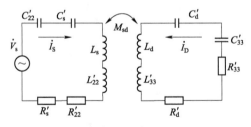

图 4.12　复杂环境双线圈等效电路模型

根据基尔霍夫定律可列出两回路的电压方程：

$$\begin{cases} (R'_s + R'_{22} + jX''_{22})\dot{I}_S - j\omega M_{sd}\dot{I}_D = \dot{V}_s \\ (R'_d + R'_{33} + jX''_{33})\dot{I}_D - j\omega M_{sd}\dot{I}_S = 0 \end{cases} \quad (4.14)$$

由方程组（4.14）可解得：

$$\begin{cases} \dot{I}_S = \dfrac{(R'_d + R'_{33} + jX''_{33})\dot{V}_s}{(R'_d + R'_{33} + jX''_{33})(R'_s + R'_{22} + jX''_{22}) + (\omega M_{sd})^2} \\ \dot{I}_D = \dfrac{\dot{V}_d}{(R'_s + R'_{22} + jX''_{22}) + (\omega M_{sd})^2 / (R'_d + R'_{33} + jX''_{33})} \end{cases} \quad (4.15)$$

其中,

$$X''_{22} = \omega(L_s + L'_{22}) - \frac{C'_{22} + C'_s}{\omega C'_s C'_{22}}, \quad X''_{33} = \omega(L_d + L'_{33}) - \frac{C'_{33} + C'_d}{\omega C'_d C'_{33}}, \quad V_d = \frac{j\omega M_{sd} V_s}{R'_d + R'_{33} + jX''_{33}}$$

由式（4.15）可得到发射线圈 S 的电流大小:

$$I_{Sm} = \frac{V_{acm}\omega M_{as}}{\sqrt{\left[(R'_s + R'_{22})^2 + X''^2_{22}\right](R'^2_a + X^2_{11})}} \qquad (4.16)$$

拾取线圈负载回路在发射线圈回路中的反映阻抗为:

$$R''_L = \frac{(\omega M_{sd})^2 R'_{33}}{(R'_d + R'_{33})^2 + X''^2_{33}} \times \frac{R_L}{R'_L} \qquad (4.17)$$

负载接收功率:

$$P_o = 0.5 I^2_{Sm} R''_L \qquad (4.18)$$

由于:

$$\dot{V}_d = \frac{-(\omega M_{sd})^2 \dot{V}_{ac}}{(R'_a + R'_{22} + jX''_{22})(R'_a + jX_{11})} \qquad (4.19)$$

可得:

$$I_{dm} = \frac{\omega^2 M_{sd} M_{as} V_{acm}}{\sqrt{\left[(R'_s + R'_{22})^2 + X''^2_{22}\right]\left[(R'_s + R'_{22})^2 + X^2_{11}\right](R'^2_a + X^2_{11})}} \qquad (4.20)$$

同理可得拾取线圈的电流幅值:

$$I_{bm} = \frac{\omega^2 M_{sd} M_{as} V_{acm} \sqrt{(\omega M_{sd})^2 R'_{33}}}{\sqrt{\left[(R'_s + R'_{22})^2 + X''^2_{22}\right]\left[(R'_s + R'_{22})^2 + X^2_{11}\right](R'^2_a + X^2_{11})\left[(R'_d + R'_{33})^2 + X''^2_{33}\right]R'_L}}$$

$$(4.21)$$

根据磁耦合谐振等效电路模型,通过变换可计算驱动回路的传输参数。首先将接收回路电参数向发射回路进行等效转换,如图 4.13 所示。

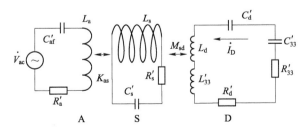

图 4.13　磁耦合谐振等效转换电路

$$Z'_{dsf} = \frac{(\omega M_{sd})^2}{R'_d + R'_{33} + jX''_{33}} = \frac{(\omega M_{sd})^2(R'_d + R'_{33})}{(R'_d + R'_{33})^2 + X''^2_{33}} - \frac{jX''_{33}(\omega M_{sd})^2}{(R'_d + R'_{33})^2 + X''^2_{33}}$$

$$= \frac{(\omega M_{sd})^2(R'_d + R'_{33})}{(R'_d + R'_{33})^2 + X''^2_{33}} + \frac{j(\omega M_{sd})^2}{(R'_d + R'_{33})^2 + X''^2_{33}}\left[\frac{C'_{33} + C'_d}{\omega C'_d C'_{33}} - \omega(L_d + L'_{33})\right] \quad (4.22)$$

发射回路映射电参数如下：

$$L_{dsf} = \frac{(\omega M_{sd})^2(C'_{33} + C'_d)}{[(R'_d + R'_{33})^2 + X''^2_{33}]\omega^2 C'_d C'_{33}}, \quad C_{dsf} = \frac{(R'_d + R'_{33})^2 + X''^2_{33}}{(\omega M_{sd})^2 \omega^2(L_d + L'_{33})},$$

$$R_{dsf} = \frac{(\omega M_{sd})^2(R'_d + R'_{33})}{(R'_d + R'_{33})^2 + X''^2_{33}} \circ$$

发射回路电参数向驱动回路进行等效转换：

$$Z'_{saf} = \frac{(\omega M_{as})^2}{R'_s + R_{dsf} + jX'''_{22}} = \frac{(\omega M_{as})^2(R'_s + R_{dsf})}{(R'_s + R_{dsf})^2 + X'''^2_{22}} - \frac{jX'''_{22}(\omega M_{as})^2}{(R'_s + R_{dsf})^2 + X'''^2_{22}}$$

$$= \frac{(\omega M_{as})^2(R'_s + R_{dsf})}{(R'_s + R_{dsf})^2 + X'''^2_{22}} + \frac{j(\omega M_{as})^2}{(R'_s + R_{dsf})^2 + X'''^2_{22}}\left[\frac{C_{dsf} + C'_s}{\omega C'_s C_{dsf}} - \omega(L_s + L_{dsf})\right] \quad (4.23)$$

其中，

$$X'''_{22} = \omega(L_s + L_{dsf}) - \frac{C_{dsf} + C'_s}{\omega C'_s C_{dsf}}, \quad L_{saf} = \frac{(\omega M_{as})^2(C_{dsf} + C'_s)}{[(R'_s + R_{dsf})^2 + X'''^2_{22}]\omega^2 C'_s C_{dsf}},$$

$$C_{saf} = \frac{(R'_s + R_{dsf})^2 + X'''^2_{22}}{(\omega M_{as})^2 \omega^2(L_s + L_{dsf})}, \quad R_{saf} = \frac{(\omega M_{as})^2(R'_s + R_{dsf})}{(R'_s + R_{dsf})^2 + X'''^2_{22}} \circ$$

经过上述分析可以计算得到驱动回路电流幅值表达式：

$$I_{am} = \frac{V_{acm}}{\sqrt{(R'_a + R_{asf})^2 + \left(\omega(L_a + L_{saf}) - \dfrac{C_{saf} + C'_s}{\omega C'_s C_{saf}}\right)^2}} \quad (4.24)$$

由于电涡流环回路电阻经接收模块对发射模块有一定的影响，所以可得该传输过程中驱动回路的映射涡流阻抗：

$$R_{bdsaf}' = \frac{(\omega^4 M_{as} M_{sd} M_{bd} M_{bo})^2 R_o}{[(R'_s + R_{dsf})^2 + X'''^2_{22}][(R'_d + R'_{33})^2 + X''^2_{33}](R'^2_L + X^2_{44})[R^2_o + (\omega L_o)^2]} \quad (4.25)$$

综上所述，可以得到磁耦合谐振能量传输系统的发射功率 R_{in}，涡流损耗功率 R_r 以及传输效率 η：

$$P_{in} = 0.5 V_{acm} I_{am} \cos\left(\arctan\left(\frac{\omega(L_a + L_{saf}) - \dfrac{C_{saf} + C'_s}{\omega C'_s C_{saf}}}{R'_a + R_{asf}}\right)\right) \quad (4.26)$$

$$P_{\mathrm{r}} = I_{\mathrm{am}}^2 \left[R_{\mathrm{bdsaf}}{}' + \frac{(\omega M_{\mathrm{ao}})^2}{R_{\mathrm{o}}^2 + (\omega L_{\mathrm{o}})^2} R_{\mathrm{o}} \right] \qquad （4.27）$$

$$\eta = \frac{P_{\mathrm{o}}}{P_{\mathrm{in}}} \times 100\% \qquad （4.28）$$

4.3.2.3　磁耦合谐振信息双向传输技术

引信磁耦合谐振装定系统为实现装定信息的可靠性，采用半双工传输方式进行信息的双向传输。装定器不断地向引信发送能量，在开始的一定时间内次级储能电容接收到电能并将电路激活，随后装定信息加载在初级电路的高频载波上通过能量的形式传递给引信电路，该系统信息的传输是一个分时系统，装定信息的传输和引信接收信息的反向传输是按既定协议交替进行的。

根据上述分析，建立如图 4.14 所示的磁耦合谐振装定系统通信模型。能量与信息发射模块包括驱动电路、调制与解调电路和发射线圈 S，能量和信息接收模块包括接收线圈 D、拾取线圈 B、负载电路、负载调制和解调电路。装定信息的正向传输采用频率调制（2FSK）、幅移键控（2ASK）或相移键控（2PSK），引信电路将接收的信息进行解调，检测信号的可靠度和储存；信息的反向传输采用负载调制技术（LSK），发射模块通过检测电阻的电压对反馈信号进行解调并与发送信息进行对比，从而完成整个装定过程。

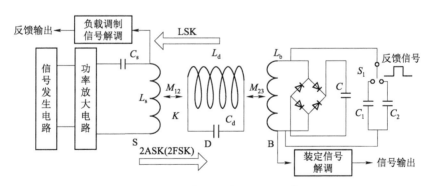

图 4.14　磁耦合谐振装定系统通信模型

（1）基于磁耦合谐振频率的调制与解调技术

基于磁耦合谐振频率的调制方式是二进制键控频率调制（2FSK）原理的一种扩展形式，同时也是幅度调制的一种特殊方式，其正弦载波的频率和幅度均随二进制数字基带信号而改变。根据磁耦合谐振装定系统的传输特性可知，驱动线圈和谐振线圈工作在谐振频率时，接收端可以接收到较大的电压 V_{max}。如果驱动线圈的工作频率偏离系统工作频率即与系统的功率放大器工作频率和谐

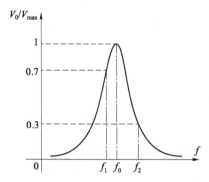

图 4.15   不同谐振频率的次级接收电压比值

振线圈的工作频率不一致时，接收端得到的电压会降低（随着偏移量的大小而改变）。假设谐振频率为 f_0 时，根据负载接受电压特性可以得到耦合系数较小时负载接收电压比值，拾取线圈获得的电压为 10 V；谐振频率为 f_1 时，拾取线圈感应电压为 7 V，如图 4.15 所示。引信电路通过电压幅值判断传输的信息，并将解调得到的信息写入微处理器。

2FSK 利用两个频率的正弦波信号来传送符号 1 和 0，其实现电路可以是简单的电子开关，在第 n 时隙上，2FSK 信号可以表述为：

$$e(t) = \left[\sum_n a_n g(t - nT_b)\right] \cos(\omega_1 t + \theta_1) + \left[\sum_n \overline{a}_n g(t - nT_b)\right] \cos(\omega_2 t + \theta_2) \qquad (4.29)$$

式中，T_b 为二元基带信号间隔；$g(t)$ 为调制信号的时间波形；ω 为载波频率；a_n 为二进制数字，$\omega_1 = 2\pi f_1$，$\omega_2 = 2\pi f_2$，$\overline{a}_n$ 是 a_n 的反码，有

$$a_n = \begin{cases} 0, & \text{概率为} P \\ 1, & \text{概率为} 1 - P \end{cases} \qquad (4.30)$$

2FSK 信号的时域波形及其互补 OOK 信号的产生方法如图 4.16 所示，利用受矩形脉冲序列控制的开关电路对独立频率源 f_0 和 f_1 进行选通，具有频率稳定性高、无过度频率、转换速度快、波形好等特点。不同频率下负载接收电路得到的电压差为 ΔV，可根据实际工程设计准则通过改变非谐振频率 f_1 调节。频率键控转换的瞬间，两个高频振荡的输出电压通常不可能相等，于是次级电路得到的耦合电压

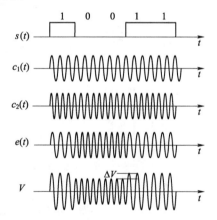

图 4.16   相位连续的 2FSK 信号的产生及波形

在 $e(t)$ 信号变换时会发生跳变，正弦波的连接处可能出现间断。产生相位连续的 FSK 信号的一种方法是合理地选择码元间隔和谐振频率 f_0 与 f_1。

数字信号的解调有相干解调法和非相干解调法两种基本方法。非相干解调法可以较少地考虑信道估计甚至略去，处理复杂性降低，实现较为简单。为简化设计、降低成本，2FSK 最常用的解调方法是包络检波法和过零检测法，这

两种法不需要任何载波信息，因而都是非相干解调法。包络检波法实际上是工作在 f_0 与 f_1 上的两个互补 OOK 接收系统的组合，包络检波器的输出信号通过抽样判决器提取输出正确通信信息。过零点检测本质上是一种检频方法，主要通过放大限幅、微分与整流、脉冲展宽与直流提取和数字电路等技术来完成信号的解调，简便实用，易于集成。基于磁耦合谐振的信息双向传输技术，由于存在负载接收电压随工作频率改变的特性，可综合利用包络检波和过零检测法通过数字电路技术判断引信电路所接收到的能量信息。

（2）信息的编码技术

信息的编码是为了达到某种目的（信源、信道和保密）而对信号进行的一种变换，其逆变换称为解码或译码。为了在短时间内将装定数据正确传输到引信中，采用合适的信源编码方法是非常重要的。引信常用的信源编码方法有：脉冲计数编码、内脉冲计数编码、二进制数字编码、分组脉冲计数编码和校频二进制编码。其中校频二进制编码具有速度快、码长短、信息量大、精度高、易扩充、抗干扰性强等优点，可以参考数字通信系统的相关计数进行系统优化设计，因此本系统采用该方法作为信源编码方式。

为了提高引信装定系统的抗干扰能力，通常要人为地增加一些冗余度，使其具有自动检错或纠错能力，这种功能由信道编码完成。由于信道编码对能量传输效率没有影响，收发模块耦合过程是在较为封闭的空间里完成，无须对信号进行保密等再变换，因此这里主要研究信源编码技术。

编码是磁耦合谐振装定系统的一项重要工作，二进制编码是用不同形式的代码来表示二进制的"0"和"1"。通信系统的基带信号编码通常使用的码型有反向不归零码、曼彻斯特码、单极性归零码、差分双向码、米勒码、差分码、占空比编码和脉冲－间歇码等。由于信息装定过程中引信电路是无源的，因此装定系统的信息传输和能量传输是同步进行的，且在引信次级电路有能量的情况下才能正常工作及传输信息。弹药装定过程速度快，引信次级电路充电及接收信息的总时间很短。综合考虑上述原因，引信电路的信息传输编码必须具备简单、带宽利用率高、速度快、码型变换易于实现、利于功率传输及可靠性高等特点。

占空比编码技术是脉冲宽度调制的一种变形，用脉冲占空比来表示数字信息的编码方式，脉冲周期和脉冲幅值固定不变，该编码方式已经成为北约标准的、唯一的和强制性的大口径电子引信感应装定信息的编码方式，在北约大口径电子引信中得到广泛应用。磁耦合谐振装定系统采用占空比编码方式，其中占空比 60% 的脉冲波形表示"0"，而占空比 80% 的脉冲波形表示"1"。另外，在一些特殊的场合，装定时间窗口较短，需要提高系统能量平均传输功率时，可以通过调节占空比以及不同频率下负载的电压差 ΔV 来实现。但是考虑到信息编码抗干扰性、解调信息的准确性及误码率，编码占空比和电压差 ΔV 不能随意改变，仅能通过提高引信工作电路储能电容充电速度和共振系统起振速度来提高能量平均传输功率。

（3）信息反向传输技术

根据图 4.14 磁耦合谐振装定系统通信模型，为了提高信息传输的可靠性，引信工作电路在获得装定信息后，通过信息反向传输技术实现装定信息由引信电路到系统发射电路的反向传输，从而达到装定信息校验的目的。下面研究基于负载调制和反射调制的信息反向传输技术。

1）负载调制技术。在 4.3.2.2 节引信磁耦合谐振传输通道数学模型建立过程中，引信工作电路等效为一个负载电阻 R_L，因此可以通过负载差异进行引信信息反向传输，即负载调制技术。常用的负载调制为电阻负载调制和电容负载调制（图 4.14 只给出了电容负载调制模型）。

根据所建磁耦合谐振传输通道数学模型，可以得到发射线圈 S 的电流大小，其中，表达式中各参数的意义与 4.3.2.2 节中一致。

$$I_{Sm} = \frac{V_{acm}\omega M_{as}}{\sqrt{\left[(R'_s + R'_{22})^2 + X''^2_{22}\right](R'^2_a + X^2_{11})}} \qquad (4.31)$$

信息正向传输时，开关 S_1 处于断开状态；在信息反向传输阶段，开关 S_1 用于控制负载调制电阻或电容，由引信接收电路微处理器控制开关 S_1 的状态。当 S_1 与不同的共振电阻接触时，系统等效负载为 R_L 与 R_{mod} 的并联值；当 S_1 与不同的谐振电容接触时，系统等效负载即为：

$$R_{LL} = \frac{R_L}{1 + j\omega C_{mod} R_L} \qquad (4.32)$$

利用确定二进制编码的驱动信号控制开关 S_1 的闭合或断开，将引起系统等效负载阻抗的变化，通过回路耦合作用在发射线圈回路中获得不同反射阻抗和发射线圈电流值；然后，通过对回路特征信号进行提取和处理可得到引信电路控制开关 S_1 的驱动信号，即实现了信息的反向传输。电容负载调制会使发射线圈两端电压产生相位调制的影响，但该相位调制只要能保持在很小的情况下，不会对数据的正确传输产生影响。在实际电路中，发射线圈回路电流的变化反映为线圈两端可测电阻的电压变化。

2）反射调制技术。根据传输线基本理论，当入射波在传播过程中遇到不同于原先传播的另一种媒介时，部分入射波会被反射形成反射波。根据电磁场方程和大多数射频二端口网络的特性，反射波的幅值是与入射波的幅值呈线性关系的。

引信电路根据存储单元的数据产生调制基带数字信号，用于控制开关 S_1，使其输出端口的匹配负载发生改变，形成两种不同的反射状态。反射调制方式可以是幅移键控、频移键控和相移键控等。

在 2ASK 调制的工作模式下，反射系数之间的关系为

$$\begin{cases} |\Gamma_1| \to 0, \quad |\Gamma_2| \to 1 \\ \arg \Gamma_1 - \arg \Gamma_2 = 0° \end{cases} \tag{4.33}$$

利用二进制反向传输数据控制输出端口的匹配状态，控制开关可以是场效应管等器件，产生不同的反射状态代表"0"和"1"，形成数字反射调制信号。当接收模块与前端发射模块之间实现匹配时，引信工作电路处于吸收状态可获得初级发射的大部分能量；当接收模块与前端发射模块之间失谐，反射调制标签处于近似全反射状态，初级发射的大部分能量被次级接收模块反射。

|4.4　小口径灵巧引信探测理论|

4.4.1　小口径灵巧引信实现空炸的作用体制

一般来说，灵巧引信的炸点控制主要通过近炸和定距两种方式来实现。近炸方式依靠目标物理场的特性感知到目标的存在并探测相对目标的速度、距离和（或）方向，在靠近目标最有利的距离上控制弹药爆炸的作用方式。按其激励信号物理场的不同，近炸引信可分为无线电引信、光引信、静电引信、磁引信、电容引信、声引信等。不同近炸引信的起爆距离、控制精度和抗干扰性能大不相同，精度较高、抗干扰性能好的引信，如毫米波引信、激光近炸引信等，一般结构复杂，体积大，成本高，只能用于中大口径弹药。定距方式是通过某种方式感知弹丸飞行的距离，在弹丸与发射平台之间的距离达到预定值时引爆弹丸的作用方式。这种方式由火控系统测出目标的方位和距离，然后解算出引信的最佳起爆距离并传输给引信，最后由引信控制弹丸在预定炸点起爆。定距方式不依靠目标的物理场工作，炸点控制更灵活，在拦截空中目标的防空反导弹药和杀伤地面有生力量的轻武器弹药上都能很好地发挥战斗部的威力，而且抗干扰能力强，控制电路的小型化相对容易，因此是小口径灵巧引信的理想作用方式。

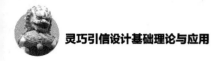
（1）速度修正计时体制

时间引信是最基本的引信之一，也是至今应用最广泛的引信之一，特别是可编程电子时间引信，具有作用时间长、精度高、装定快速、便于标准化等优点，在防空反导的高射炮弹药中得到了广泛的应用。但由于火炮发射时弹丸的初速存在误差，弹丸定时起爆的炸点在斜射距上会产生较大的散布，降低了弹药的毁伤效率。速度修正定时体制是一种根据弹丸的实际初速设定引信作用时间的高精度电子时间引信作用体制，采用该体制的时间引信可以显著减小弹丸的炸点散布，从而提高弹药对目标的毁伤效果。

发射平台的雷达系统探测到目标后，根据弹丸的平均初速计算出火炮的射击诸元和引信的作用时间，并把它们分别赋予火控系统和引信的装定装置。当弹丸出炮口时，首先通过测速装置精确地测量弹丸的速度，并根据速度对引信的作用时间进行修正，然后将此作用时间装定给引信，引信在弹丸飞行过程中精确计时，当达到装定的作用时间时引爆弹丸。由于每发弹丸的作用时间都根据弹丸的实际初速进行了修正，因此可以很好地弥补弹丸初速差异引起的炸点散布，使每发弹丸都能在最佳炸点上起爆，充分发挥每一发弹丸的威力，从而可以用较少的弹药消耗获得较高的毁伤概率。

（2）计转数体制

根据外弹道理论，对于线膛炮发射的旋转弹丸，若不考虑阻尼，弹丸在发射出炮口后每自转一周，就沿速度方向前进一个缠距。弹丸转过 n 转则沿速度方向飞行的距离为 n 倍缠距，而与弹丸的实际初速几乎无关。因此，可以将弹丸的飞行距离与旋转圈数的关系编辑成射表，在射击前或射击时根据目标的距离按射表对引信进行转数装定，引信在弹丸转到装定的圈数时起爆弹丸就可以实现定距控制，而不需要再对每发弹丸的初速进行测量。

实现弹丸计转数的关键是根据弹丸飞行过程所经受的物理环境或弹道特征来获取弹丸的转动信息，目前可用的方法主要有光电法、离心法、章动法和地磁法。

光电法使用光电传感器，测量弹丸转数的基本原理是利用光敏器件感应弹丸旋转时自然光强弱的变化。由于自然光强存在随机性，并且有杂散光存在，因此，应该利用旋转时的相对光强的变化，而不能利用绝对光强的变化。又由于自然光有一定的方向性，因此自然光强弱变化一次，表明弹丸旋转一周。光电计转数法的特点为：安装方便，但需要在弹截面上对称位置开感光孔；转速变化部分测量较粗略；对不同天气的适应能力差，易受很强的杂散光干扰。

离心法采用加速度传感器，测量弹丸转速的基本原理是感应弹丸旋转时离心加速度的变化，将此离心加速度积分，得到转速的信息。但是在实际测量中，弹上加速度传感器所感应到的是离心加速度和重力加速度的合加速度，它们均为矢量，如何消除重力加速度对离心加速度的影响是转速能否精确测量的关键。离心法的特点为：安装需校准，转速变化部分测量比较精细，但该方法需要精确测量离心加速度的值，再经过积分计算得到转数，并且在外弹道易受弹丸的进动和章动的影响，引起较大的测量误差，难以满足精度要求。

章动法利用了绕心加速度的周期与自转相关而与初速基本无关的特性，从中提取出弹丸飞行中的旋转信息。由于切向加速度信号对传感器的安装位置不敏感，且不含直流分量，是作为计转数引信计数信号的最佳选择。章动法的特点为：绕心运动不仅提供了自转周期的脉冲信号，而且其交流分量的峰值也可作为最大章动角的检测依据。但是，当章动角 δ 较大，δ^2 及以上项不可忽略，考虑非线性关系时，章动角不再与起始章动角速度成正比，而呈非线性关系。

地磁法利用与引信固联的磁场传感器感应地磁场方向变化，传感器输出正弦波信号的一个周期对应弹丸旋转一周。地磁传感器的特点为：转速波形相位关系明确，安装方便，但是易受弹壳、发射器等铁磁物质的磁屏蔽及外界磁场变化的影响。

在以上几种计转数方法中，地磁法最适合用于小口径灵巧引信。原因是地磁法测量精度高，使用方便，特别是地磁法具有测量方便、信号较强、易于处理等特点。虽然铁磁性弹壳对信号的幅值有一定的影响，但只要经过适当处理，完全能够满足计转数的要求。有关地磁法计转数的原理及其实现方法将在下一小节中详细介绍。

（3）计转数 – 计时复合体制

计时体制的定距误差在弹道前段较大，后段较小，而计转数体制恰好相反，定距误差在弹道前段很小，后段较大。显然，如果计转数 – 计时复合体制，在弹道前段首先使用计转数体制而在后段再切换为计时体制工作，就可以保持在全弹道上都有较小的定距误差，从而达到单独使用计转数体制或计时体制都无法达到的定距精度，这就是提出复合体制的理论依据。

要采用计转数 – 计时复合体制，需要解决两个问题：

1）两种体制切换时机的确定。复合体制中两种体制的切换时机应以保证全弹道的定距误差最小为原则，因此，选择两种体制的定距误差增长曲线的交点作为切换点。在切换点以前，引信以计转数体制工作，定距误差小于计时体制；在切换点之后，引信改用计时体制工作，该段的定距误差也是两种体制中最小的，从而保证了全弹道上的定距误差最小。

每发弹丸的最佳切换点实际上是与发射平台的射击诸元、气象条件、弹丸参数等因素有关的，但是差别不大，因此用弹道计算机解算出每发弹丸的最佳切换点是没有必要的。在实际应用中，可以用弹丸的典型射击参数计算出一个统一的切换点，并将该点表示为切换作用体制前弹丸飞行中转过的圈数，作为该弹的一个系统参数固化在引信中。这样，当引信以复合体制工作时，总是首先按计转数体制工作固定的圈数，然后再按装定的延时时间计时工作，从而既减轻了弹道计算机解算切换点的工作负担，又缩短了装定信息的长度，是一种简单可行的解决办法。

2）引信的装定问题。引信的装定问题涉及引信的装定内容、数据格式以及计时体制的工作时间问题。由于弹丸的射击距离有可能小于切换点的距离，因此引信的装定数据中必须有工作模式一项，当攻击近处目标时，引信装定为计转数模式，装定数据的另一部分是到达目标前弹丸的旋转圈数；当攻击远程目标时，引信应装定为复合模式，装定数据的另一部分则是切换到计时体制后定时电路工作的时间。

确定计时电路工作时间的一种方法是在炮口测出弹丸的实际初速，由弹道计算机解算出弹丸到达切换点的时间 t_1 和到达目标点的时间 t_2，$t_2 - t_1$ 即计时电路需要的工作时间。这种方法是可行的，但需要炮口测速和实时解算作用时间，对弹道计算机和装定系统的要求较高。

另一种方法如图 4.17 所示，图中虚线为标准初速 v_0 的理想弹道，M_1 和 M_2 分别是切换点和目标点，t_{01} 和 t_{02} 分别表示弹丸到达切换点和目标点的标准时间；实线表示的是实际速度 v 的弹道，t_1 和 t_2 分别表示弹丸到达切换点和目标点的实际时间。根据弹道相似原理可知，t_{01} 和 t_{02}、t_1 和 t_2 之间存在如下关系：

$$\frac{v_0}{v} = \frac{t_1}{t_{01}} = \frac{t_2}{t_{02}} \tag{4.34}$$

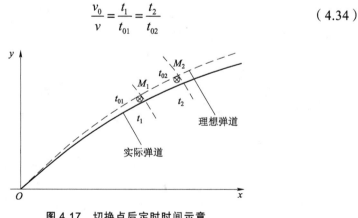

图 4.17 切换点后定时时间示意

因此，定时时间为：

$$t_2 - t_1 = \frac{t_{02}}{t_{01}} t_1 - t_1 = \frac{t_{02} - t_{01}}{t_{01}} t_1 = k_t t_1 \qquad (4.35)$$

其中，弹丸飞到切换点所用的实际时间 t_1 可以由引信电路直接测出，而系数 k_t 可以根据目标距离和弹丸的标准初速解算得到。因此，这种方式不需要知道弹丸出炮口的实际速度，而装定信息也简化为一个系数 k_t，不但省去了测速环节，降低了对弹道计算机的要求，而且简化了装定信息，大大降低了系统成本。

4.4.2 地磁计转数探测基础理论

在地磁、章动、离心三种计转数原理中，地磁原理以其传感器设计简单、信号周期特征明显、对传感器安装精度和信号调理电路漂移等不敏感、电路易于实现的特点成为小口径定距引信计转数的首选。本小节从地磁计转数原理入手，首先分析了地磁计转数盲区的成因和特点，并给出了克服盲区的技术途径。在此基础上，详细讨论了引信精确计转数的实现方法及抗干扰技术，并提出了计转数体制用于高速目标进行实时跟踪拦截时的自适应炸点控制方法，拓展了计转数体制的应用范围。

4.4.2.1 弹丸飞行距离与弹丸转数之间的关系

根据弹丸在外弹道飞行的相关规律，从弹丸自转角速度和轴向速度的变化规律推导出弹丸飞行距离和自转圈数的对应关系，得知计转数定距体制与弹丸初速无关的特性。下面讨论其过程。

（1）弹丸外弹道的转速衰减规律

描述弹丸外弹道的转速衰减规律，一般认为修正后的斯列斯金公式较为准确。但是斯列斯金公式无解析表达式。在此，我们选用比较直观、简单同时又有一定准确度的指数公式和幂数公式，其中，指数公式为：

$$\omega = \omega_0 \mathrm{e}^{-\frac{0.001}{D} t} \qquad (4.36)$$

式中，ω 为对应时间 t 的弹丸自转角速度，单位为 rad/s；ω_0 为弹丸膛口自转角速度，单位为 rad/s；D 为弹径，单位为 m。

设弹丸在 t 时刻转过角度为 $N(\mathrm{rad})$，初始条件 $t = 0$ 时，$N = 0$，则由式（4.36）可得：

$$N = \int_0^t \omega \mathrm{d}t = 1\,000 D \omega_0 \left(1 - \mathrm{e}^{-\frac{0.001}{D} t}\right) \qquad (4.37)$$

故：

$$t = -1\,000D\ln\left(1 - \frac{0.001N}{D\omega_0}\right) \tag{4.38}$$

而幂数公式为：

$$\omega = \frac{\omega_0}{1 + 5.9\times10^{-6}\omega_0 t} \tag{4.39}$$

积分后可得：

$$N = 1.7\times10^5\ln(1 + 5.9\times10^{-6}\omega_0 t) \tag{4.40}$$

$$t = 1.7\times10^5\frac{1}{\omega_0}(1 - e^{5.9\times10^{-6}N}) \tag{4.41}$$

（2）弹丸飞行距离与飞行时间的解析表达式

对于现代火炮而言，弹丸飞行的速度范围为 400～1 400 m/s。对应于这一速度范围，有 1943 年阻力定律的阻力函数经验公式：

$$F_{43}(v_\tau) = 6.394\times10^{-8}v_\tau^3 - 6.325\times10^{-5}v_\tau^2 + 0.1548v_\tau - 26.63 \tag{4.42}$$

式中，v_τ 为速度，其最大相对误差只有 0.63%。

以此经验公式为前提，超声速段低伸弹道情况下的弹丸飞行距离 x 与飞行时间 t 的解析表达式如下：

$$x = 183.202\,2t + 7.243\,07(v_g - 183.202\,2)\frac{1}{c_{43}}\left(1 - e^{-\frac{c_{43}t}{7.243\,07}}\right) \tag{4.43}$$

式中，c_{43} 为对应 1943 年阻力定律的弹道系数。

在轻兵器技术领域，由身管发射的榴弹的外形更接近于西亚切阻力定律的标准弹形。按西亚切阻力定律，当 $v_\tau \leqslant 230$ m/s 时，有阻力系数 $c_{x0n} = 0.259$。而按标准大气，地面空气密度 $\gamma_{0n} = 1.225\,0$ kg/m³，故西亚切阻力定律的阻力函数为：

$$F_c(v_\tau) = \frac{\pi}{8}\gamma_{0n}10^{-3}\times0.259v_\tau^2 = 1.246\times10^{-4}v_\tau^2 \tag{4.44}$$

在低伸弹道情况下，$y \approx 0$，$\pi(y) \approx 1$，$v \approx \dfrac{\mathrm{d}x}{\mathrm{d}t}$，$\theta_0 \approx 0$，$\sin\theta_0 \approx 0$，$\tau \approx \tau_{0n}$，$v \approx v_\tau$，则由自然坐标系下弹丸质心运动方程组的第一个方程可得：

$$\frac{\mathrm{d}v}{\mathrm{d}t} = -c_c F_c(v) = -1.246\times10^{-4}c_c v^2 \tag{4.45}$$

式中，c_c 为对应西亚切阻力定律的弹道系数。

对方程（4.45）求解并考虑初始条件 $t = 0$ 时 $v = v_0$，$x = 0$，则可得出低速

（230 m/s 以下）低伸弹道情况下的弹丸飞行距离 x 与飞行时间 t 的解析表达式：

$$x = \frac{1}{1.246 \times 10^{-4} c_c} \ln(1.246 \times 10^{-4} c_c v_0 t + 1) \qquad (4.46)$$

在跨声速段工作的弹丸外形也比较接近于西亚切阻力定律的标准弹形。在 200～500 m/s 的范围内，通过回归可得出西亚切阻力定律的阻力函数经验公式：

$$F_c(v_\tau) = 146.095\,2 - 1.467\,209 v_\tau + 4.597\,474 \times 10^{-3} v_\tau^2 - 3.806\,447 \times 10^{-6} v_\tau^3 \qquad (4.47)$$

其相对误差绝对值平均为 4.73%。

以式（4.47）为前提，同样可得出跨声速段低伸弹道情况下的弹丸飞行速度与飞行时间的解析关系式：

$$c_c t = 0.084\,078 \ln \frac{773.76 - v}{773.76 - v_0} + 0.042\,039 \ln \frac{v^2 - 434.05 v + 49\,603}{v_0^2 - 434.05 v_0 + 49\,603} +$$
$$0.935\,52[\text{arctg}(0.019\,985 v - 4.337\,4) - \text{arctg}(0.019\,985 v_0 - 4.337\,4)] \qquad (4.48)$$

（3）弹丸飞行距离与弹丸转数之间的关系

对应于 1943 年阻力定律，当 400 m/s $\leqslant v \leqslant$ 1 400 m/s 时，将式（4.48）代入式（4.43），就有：

$$x = \frac{7.243\,07(v_0 - 183.202\,2)}{c_{43}}\left[1 - \left(1 - \frac{0.001N}{D\omega_0}\right)^{-\frac{1\,000 c_{43} D}{7.243\,07}}\right] -$$
$$183.202\,2 \times 1\,000 D \ln\left(1 - \frac{0.001N}{D\omega_0}\right) \qquad (4.49)$$

由于 $\dfrac{0.001N}{D\omega_0} < 1$，则由幂级数展开可得：

$$x \approx \frac{v_0 N}{\omega_0} \qquad (4.50)$$

而由于 $\omega_0 = \dfrac{2\pi v_0}{\eta D}$，$\text{tg}\alpha = \dfrac{\pi}{\eta}$，式中 η 为膛口缠度，α 为膛口处缠角，所以：

$$x \approx \frac{\eta D}{2\pi} N = \frac{DN}{2\text{tg}\alpha} \qquad (4.51)$$

对应于西亚切阻力定律，当 $v \leqslant$ 230 m/s 时，将式（4.41）代入式（4.46），则有：

$$x = \frac{1}{1.246 \times 10^{-4} c_c} \ln\left[1.246 \times 10^{-4} c_c v_0 \frac{1.7 \times 10^5}{\omega_0}(1 - e^{5.9 \times 10^{-6} N}) + 1\right] \qquad (4.52)$$
$$= \frac{1}{1.246 \times 10^{-4} c_c} \ln[3.37 c_c \eta D(1 - e^{5.9 \times 10^{-6} N}) + 1]$$

可以看出 x 与 v_0 和 ω_0 均无关。

由于 $\dfrac{\omega_0}{\omega}<2$ ，所以 $\dfrac{\omega_0}{\omega}-1<1$ ，代入式（4.32）可得 $5.9\times10^{-6}\omega_0 t<1$ 。而 $N<\omega_0 t$ ，故 $5.9\times10^{-6}N<5.9\times10^{-6}\omega_0 t<1$ 。则式（4.52）变为：

$$x=\frac{1}{1.246\times10^{-4}c_c}\ln\left(1.246\times10^{-4}c_c v_0\frac{N}{\omega_0}+1\right) \tag{4.53}$$

又由于在引信工作时间范围内有 $1.246\times10^{-4}c_c\dfrac{v_0 N}{\omega_0}<1$ ，故由幂级数展开可得：

$$x\approx\frac{v_0 N}{\omega_0}=\frac{\eta D}{2\pi}N \tag{4.54}$$

此式与式（4.51）完全相同。

对于介于上述两种情况的跨声速段，尚未找出飞行距离 x 以时间 t 为自变量的解析表达式，故未能证明在跨声速段以计转数方式确定的弹丸飞行距离与弹丸膛口速度、弹丸膛口自转角速度无关。但从式（4.47）和式（4.38）或式（4.41）分析，对于给定的 N，x 不可能与 v_0 或 ω_0 无关。

由以上分析可以看出，在超声速和亚声速段，弹丸的飞行距离与旋转圈数之间具有独立于弹丸初速的对应关系。要控制弹丸在某一预定距离起爆，只需要通过弹道解算或直接从射表中查出弹丸在该预定距离内旋转的圈数，然后由引信电路控制弹丸在转过相应圈数后起爆即可。因此，采用计转数定距体制进行炸点控制，就摆脱了定距精度对于炮口参数散布和弹丸飞行时间的依赖，可以有效地提高空炸引信的定距精度。

4.4.2.2 地磁计转数的原理及其实现方法

（1）地磁计转数原理

地磁计转数方法利用地磁传感器感知弹丸的自转运动，常用的传感器有磁阻传感器和线圈传感器两种。

如图 4.18 所示，地磁法采用线圈等作为地磁传感器，利用地磁场感应线圈感应地磁场方向变化，即设地磁场强度为 $\boldsymbol{B}$，线圈匝数为 N，线圈平面的面积为 S，法向单位矢量是 $\boldsymbol{n}$，当闭合线圈平面法线与地磁线成一角度 θ，并以 ω 绕平面轴线旋转时，在线圈内将产生感应电动势 ε，且满足关系式：

$$\varepsilon=-N\frac{\mathrm{d}\boldsymbol{B}\cdot\boldsymbol{Sn}}{\mathrm{d}t} \tag{4.55}$$

$$\varepsilon = -N\frac{\mathrm{d}\boldsymbol{B}\cdot\boldsymbol{Sn}}{\mathrm{d}t} = -NBS\frac{\mathrm{d}\cos\theta}{\mathrm{d}t} = NBS\sin\theta\frac{\mathrm{d}\theta}{\mathrm{d}t} = NBS\omega\sin\theta \qquad（4.56）$$

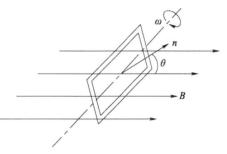

由此可见，弹丸旋转一周对应着地
磁传感器输出信号正弦波的一个周期。
因此可以根据此正弦信号的周期数获得
弹丸转过的圈数。

（2）计转数的实现方法

由于小口径引信的空间非常有限，
传感器线圈的面积和匝数都不可能做得
很大，而且地磁场本身是弱磁场，对感

图 4.18　地磁法计转数原理

应电动势有贡献的分量还受射击角度的影响，因此计转数传感器的输出信号非
常微弱，一般只有数百微伏。为了从此信号中提取弹丸的旋转信息，必须首先
对其进行放大。

由于地磁计转数测量的有效信息是感应信号的频率或周期，而非幅值，所
以在实际应用中，可以通过信号调理电路尽可能地放大信号。这样，在信号强
的情况下，由于采用的是无源测量，信号受探测电路抑制自动限幅，不会影响
引信的安全性和可靠性，在信号弱的情况下，只要信噪比达到足以识别的程度，
同样不会影响计转数技术的实现。

计转数的实现过程如图 4.19 所示：传感器的输出信号经高增益放大电路放
大后，得到与弹丸旋转频率相同的正弦信号，该信号经过比较电路整形后作为
计数器的驱动信号，驱动计数器工作。当计数值与预先装定的转数相同时，计
数器给出起爆信号，从而实现计转数起爆控制。

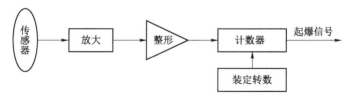

图 4.19　地磁计转数实现方法框图

整形用比较电路的参考电压将会影响整形后方波信号的占空比，如图 4.20
所示。在图 4.20（a）中，参考电压为零时，占空比恰好为 1:1，此时方波电平
的一次跳变正好对应弹丸旋转半圈，因此，如果对方波的跳变次数进行计数，
则可以得到 1/2 圈的计数分辨率。

若要得到更高的计数分辨率，则可以采用"软硬结合"的方法来实现。比
如要计数 10.25 转，可以先按上述方法计方波的跳变次数，同时不断测量并更

新方波的周期 T_n，计完 10 圈后，启动计时电路，延时 $T_n/4$ 后即给出起爆信号，从而实现 10.25 圈的计数。由于相邻两圈的旋转周期相差很小，因此用这种方法进行小于一圈的计数有足够高的精度。

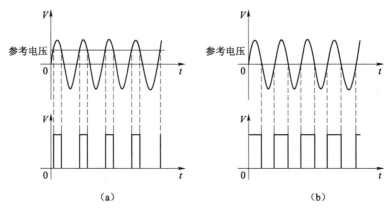

图 4.20　整形电路参考电压与占空比的关系

　　虽然"软硬结合"的计转数方法可以得到很高的计数分辨率，但由于其他误差因素的存在，一味提高计转数的精度并不能使系统的定距精度得到提高，一般来说 1/2 圈的定距分辨率已经足够了。

4.4.2.3　地磁计转数盲区分析

　　（1）地磁计转数盲区的成因

　　当采用感应线圈作为地磁计转数传感器来计测弹丸转数时，由式（4.56）可以得出以下结论：当感应线圈端面法向矢量 **n** 与弹丸旋转轴 **ω** 垂直时，传感器输出信号幅值 **E** 最大，同时，地磁计转数传感器输出信号的幅值随着感应线圈端面法向矢量 **n** 与地磁场磁感应强度矢量 **B** 的夹角的增加而减小，如果传感器线圈的截面法向矢量 **n**、弹丸旋转轴 **ω** 和地磁场磁感应强度矢量 **B** 中有两个处于同一平面，就不会有输出信号。事实上，在实际应用中，为了使信号输出幅值尽量大，都设计成感应线圈端面法矢量 **S** 与弹丸旋转轴 **ω** 垂直，因此只需要考虑弹丸旋转轴 **ω** 也即弹丸发射方向与地磁场磁感应强度矢量 **B** 的夹角。当弹丸旋转轴 **ω** 与地磁场磁感应强度矢量 **B** 的夹角为 0° 时，理论上输出信号为 0，信号调理电路不能够正确提取弹丸的旋转信息，导致计转数电路失效。实际上，当弹丸旋转轴 **ω** 与地磁场磁感应强度矢量 **B** 的夹角接近 0° 时，传感器输出的信号就已经非常微弱了，由于信号调理电路的放大倍数是有限的，加上噪声的影响，这种微弱信号很难被有效利用，计转数电路同样会失效。因此，这种由于信号过于微弱引起计转数电路失效的区域就是地磁计转数"盲区"。

上述结论是在假设弹丸做理想的绕轴自转时得出的，但是由外弹道理论可知，弹丸在飞行过程中除了自转外，还存在着章动和进动运动，因此，必须首先研究弹丸的实际飞行姿态对传感器感应信号的影响，才能够清楚盲区存在的形式，并进一步找出克服盲区影响的有效措施。

为分析弹丸的章动和进动对传感器信号的影响，可以利用弹丸的自转、章动和进动的周期性从弹道上截取包含若干章动和进动周期的一小段进行分析。由于小口径空炸弹药的有效作用距离都在弹道的直线段内，弹丸飞行过程中速度矢量的方向变化很小，因此可以认为在任意小段内弹丸速度的矢量是不变的，于是可以建立如下坐标系：以弹丸质心为原点，地磁场磁感应强度方向与弹道切线方向所确定的平面为 xOz 平面，且以弹道切线方向为 x 轴正向。坐标系中 OA 为弹轴方向，OA_{xOy} 为 OA 在平面 xOy 上的投影，OA_{xOz} 为 OA 在平面 xOz 上的投影；$\angle\delta$ 为章动角，$\angle\sigma$ 为阻力面与 xOy 平面间的夹角，与进动角相差一常数，如图 4.21 所示。

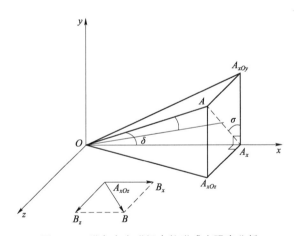

图 4.21　弹丸在电磁场中的磁感应强度分析

为了便于分析，将地磁场磁感应强度 $\boldsymbol{B}$ 沿 x 轴和 z 轴分解，B_x 为地磁感应强度在 x 向的分量，B_z 为地磁感应强度在 z 向的分量。假设弹丸的旋转角速度为 ω_a，进动角速度为 ω_x，章动角频率为 ω_δ，θ_x 为线圈法向与 x 轴的夹角，θ_y 为线圈法向与 y 轴的夹角，根据式（4.55）有：

$$\varepsilon_x = -N\frac{\mathrm{d}\boldsymbol{B}_x \cdot \boldsymbol{S}_{yOz}}{\mathrm{d}t} = -NB_x S \sin\delta\frac{\mathrm{d}\cos\theta_x}{\mathrm{d}t} = NB_x S \sin\delta\cos\theta_x\frac{\mathrm{d}\theta_x}{\mathrm{d}t} = NB_x S \sin\delta\omega_a\cos\theta_x$$

$$(4.57)$$

$$\varepsilon_z = -N\frac{\mathrm{d}\boldsymbol{B}_y \cdot \boldsymbol{S}_{xOy}}{\mathrm{d}t} = -NB_y S\sqrt{(\cos\delta)^2 + (\sin\delta\sin\sigma)^2}\,\frac{\mathrm{d}\cos\theta_y}{\mathrm{d}t}$$

$$= NB_y S\sqrt{(\cos\delta)^2 + (\sin\delta\sin\sigma)^2}\,\sin\delta\cos\theta_y \frac{\mathrm{d}\theta_y}{\mathrm{d}t} \tag{4.58}$$

$$= NB_y S\sqrt{(\cos\delta)^2 + (\sin\delta\sin\sigma)^2}\,\omega_a\cos\theta_y$$

$$= NB_y S\sqrt{1 - \sin^2\delta\cos^2\sigma}\,\omega_a\cos\theta_y$$

式中，

$$\delta = \delta_{\max}\sin\omega_\delta t \tag{4.59}$$

$$\sigma = \omega_x t \tag{4.60}$$

由于地磁场磁感应强度分量在线圈内产生的感生电动势总是反向的，因此它们在线圈内产生的总的电动势为：

$$\varepsilon = \boldsymbol{\varepsilon}_x + \boldsymbol{\varepsilon}_y = \varepsilon_x - \varepsilon_y \tag{4.61}$$

当只考虑进动运动时，章动角 δ 不变，因此感生电动势的 x 分量幅值 $NB_x S\sin\delta$ 保持不变，仍为恒包络的正弦曲线，而 z 分量则是一条以 $NB_z S\sqrt{1-\sin^2\delta\cos^2\omega_x t}$ 为包络的正弦信号，包络的周期为进动周期，如图 4.22（b）所示。同样，在只考虑章动运动时，进动角 σ 不变，感生电动势的 x 分量是以 $NB_x S\sin(\delta_{\max}-\xi\sin\omega_\delta t)$ 为包络的正弦信号，而 z 分量则也是一条具有周期性包络的正弦信号，包络的周期为章动周期，如图 4.22（a）所示。

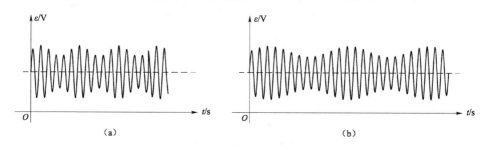

图 4.22　弹丸进动、章动对感生电动势的影响示意

由以上分析可以得出，综合考虑弹丸的进动和章动时，线圈内的感生电动势为两个分运动产生的感生电动势的和，也是一条具有周期性包络的正弦信号。而且，当 $\boldsymbol{B}$ 与 x 轴的夹角越小时，信号的幅度就越小，包络越明显；当 $\boldsymbol{B}$ 与 x 轴夹角接近章动角 δ 时，信号包络的最小值降至电路的阈值电压以下，开始出现盲区。此时，如果信号包络的最大值仍在参考电压之上，则盲区的出现是断续的，每个进动周期中仅会在部分时间内位于盲区以内；如果信号包络的最大值也低于参考电压，则盲区连续出现。

（2）周期补偿算法

根据前面的分析可以看出，计转数盲区是地磁计转数原理固有的一个缺陷，无论采用什么传感器，采用何种安装形式，都不可避免，而只能通过计转数控制电路的软硬件设计来进行弥补。在硬件方面，通过改进电路设计，尤其是信号调理电路的性能，提高放大倍数，在信噪比允许的范围内尽量降低整形电路的阈值电压，有利于减小盲区的范围；在软件方面，可以通过周期补偿算法自动对引信盲区进行补偿计数。周期补偿算法的基本思想是用定时器对传感器信号的周期进行监测，一旦盲区引起计转数信号缺失，程序便可以马上检测到，并采取相应措施自动进行补偿，其流程如图 4.23 所示。

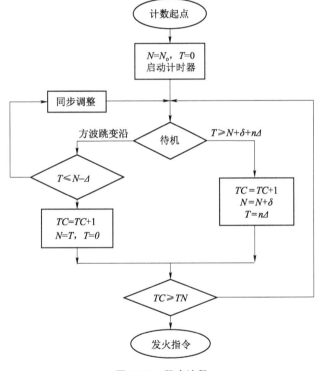

图 4.23　程序流程

该算法以弹丸出炮口为计数起点，在起点处将旋转周期寄存器（N）预置为弹丸出炮口后第一圈的周期（N_0），清零计时值（T）并启动计时器，然后进入低功耗待机状态。当有方波的跳变沿出现时，读取计时值（T）并与旋转周期寄存器（N）进行比较，若 T 与 N 相当（差值小于 Δ），则认为是有效转数信号，于是转数寄存器（TC）加 1，并用 T 作为最新的旋转周期存入旋转周期寄存器（N），同时清零计时值（T）重新开始计时；若 T 远小于 N（差值大于 Δ），则进行同步调整后返回待机状态等待。若待机时间超过预计的下一圈的周期（$N+\delta+n\Delta$），则进入补偿模式，将转数寄存器（TC）加1，并用（$N+\delta$）作为新的旋转周期存入旋转周期寄存器（N），同时将计时值（T）置为（$n\Delta$）重新开始计时。每次转数寄存器（TC）加1后都与装定值（TN）比较，若$TC \geq TN$，则认为达到预定转数，给出发火指令。

可见，周期补偿算法可以消除盲区引起的引信瞎火问题，大大提高了引信的作用可靠性。从补偿计数的精度上来讲，对于断续出现的盲区，周期补偿算法可以精确地进行补偿，不影响计数和定距的精度；而对于连续出现的盲区，由于弹丸旋转速度的衰减，会引起补偿计数的误差，对定距精度有一定的影响。因此，在硬件电路的设计过程中，应尽量保证盲区的出现是断续的。

4.4.2.4　抗干扰技术

（1）炮口区域的抗干扰技术

对计转数定距来讲，理想的计数起点应该是弹丸飞出炮口的瞬间，但是实际上计转数传感器在弹丸飞出炮口的过程中以及出膛后的一段距离内，要受到炮口内外地磁场的突变、炮口火焰高温高速气流冲刷等复杂因素的干扰，导致传感器输出的有效信息被干扰引起的杂波所淹没，无法用于计数，如图4.24中BC段所示，该波形是用弹内存储器实测的计转数传感器出炮口过程的信号。

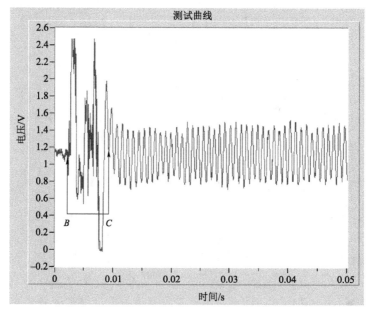

图4.24　计转数传感器出炮口过程的信号

炮口附近的干扰虽然会影响计转数传感器的输出，导致计转数失效，但并不会影响计时的精度，因此可以采用"定时补偿"方法避开炮口干扰的影响。所谓"定时补偿"是指弹丸出炮口后，首先采用计时模式工作一定时间，当弹丸飞出干扰区后，再采用计转数模式继续工作。"定时补偿"的时间与炮口干扰区的范围以及弹丸初速有关，应确保计转数传感器的输出在定时结束前已经恢复正常。考虑到每门火炮、每批弹药的状态各不相同，射击条件也存在差异，因此干扰区域的大小也会有一定差异，定时的长短与图中 BC 段的时间相比应有较大的余量。

　　"定时补偿"方法可以弥补炮口干扰区不能正常计数带来的影响，但由于采用的是计时模式，自然会引入由于弹丸初速散布引起的定距误差。虽然计时模式的工作时间不长，但这一误差也能达到几倍导程，因此有必要对其进行修正。

　　由计转数定距的原理可知，弹丸的飞行距离与转过的圈数具有一定的对应关系，且几乎不受弹丸速度的影响。在一定时间内，当弹丸速度偏高时，飞行的距离偏远，转过的圈数偏多，转速偏高；反之，则飞行距离偏近，转过的圈数偏少，转速偏低。也就是说，弹丸实际速度的变化会引起弹丸转速的变化，而由此引起的定距误差会在计时期间弹丸转过的圈数上反映出来。因此，只要测出每发弹丸的实际转速，并推算出计时期间弹丸实际转过的圈数，就可以对"定时补偿"进行速度修正，从而实现对定时期间弹丸飞行距离比较精确的补偿。为了表述方便，将定时期间弹丸转过的圈数称为补偿圈数。

　　在不考虑弹丸转速衰减的情况下，补偿的圈数可以由下式得出：

$$N_t = \frac{T_d}{T_n} \qquad (4.62)$$

式中，T_d 为计时时间，是一个固定值；T_n 为弹丸的旋转周期，也就是计转数传感器输出的正弦信号的周期。由于引信电路延时值 T_d 和测量值 T_n 都是以引信内部振荡为时基基准，因此补偿圈数可以表示为 T_d 和 T_n 内引信振荡器的周期数之比，而与引信振荡频率的精度无关。所以，采用有速度修正功能的定时补偿，不但可以修正弹丸初速散布引起的误差，而且可以使补偿圈数的计算不受引信内部时基精度的影响。

　　因此，具有速度修正功能的"定时补偿"实现方法如下：

　　1）从弹丸出炮口时刻开始计时，时间为 T_d。

　　2）定时结束后，测出传感器信号连续 n 个周期的时间，取其平均值 T_n。

　　3）根据式（4.62）算出补偿圈数 N_t。

　　4）将引信的装定圈数减去修正量（$N_t + n$）。

5）进入计转数控制模式。

式（4.62）是在忽略弹丸转速衰减的前提下得出的，而实际上每发弹丸的旋转速度都是有衰减的，也就是说测得的旋转周期大于这段时间内的平均旋转周期，因此按式（4.62）计算的补偿圈数会略小于弹丸实际转过的圈数。为了便于考察弹丸转速衰减情况下的补偿圈数，我们假定弹丸的转速衰减是均匀的，且衰减率为 δ，测得的旋转周期为 T_n，N'_t 是考虑转速衰减时的补偿圈数，Δ_n 为补偿圈数误差，则有：

$$\Delta_n = N'_t - N_t = \frac{T_d}{\left((1-\delta)T_n + T_n\right)/2} - \frac{T_d}{T_n} = \frac{2}{2-\delta} \cdot \frac{T_d}{T_n} - \frac{T_d}{T_n} = \frac{\delta}{2-\delta} \cdot \frac{T_d}{T_n} = k\frac{T_d}{T_n} \quad (4.63)$$

式中，
$$k = \frac{\delta}{2-\delta} \quad (4.64)$$

引起定距误差的大小与计时时间长短、速度衰减率有关。

式（4.62）与式（4.63）相比多了一个转速衰减系数 k，且该系数只与弹丸的转速衰减率 δ 有关。对某弹丸的外弹道计算和动态试验测试结果表明，其转速在 50 ms 内有接近 1% 的衰减，带入式（4.64）可以算出 $k = 100.5\%$，即忽略转速衰减引起的误差仅为 0.5%，因此完全可以忽略不计。

另外，时间 T_d 和周期 T_n 也会引起补偿圈数的误差，但是由于 T_d 和 T_n 都在毫秒级，用现有技术将它们的测量误差控制在 0.5% 以内是很容易实现的，因此可以忽略不计。

下面以某火炮为例，分析其修正效果。

初速：900 m/s；初速偏差：±2.5%；导程：0.7 m；计时时间：50 ms

1）当弹丸实际速度为下偏差速度时，弹丸的飞行距离为：

$$S = 900 \times (1-0.025) \times 0.050 = 43.875 \ (\text{m}) \quad (4.65)$$

进行测速修正后的补偿圈数为：

$$N_t = \frac{V_n \times T_d}{D} = \frac{900 \times (1-0.025) \times 0.050}{0.7} = 62.68 \approx 62.5 \ (\text{圈}) \quad (4.66)$$

补偿距离与实际距离的差值为：

$$\Delta S = N_t \times D - S = 62.5 \times 0.7 - 43.875 = -0.125 \ (\text{m}) \quad (4.67)$$

2）当弹丸实际速度为上偏差速度时，弹丸的飞行距离为：

$$S = 900 \times (1+0.025) \times 0.050 = 46.125 \ (\text{m}) \quad (4.68)$$

进行测速修正后的修正圈数为：

$$N_t = \frac{V_n \times T_d}{D} = \frac{900 \times (1+0.025) \times 0.050}{0.7} = 65.89 \approx 66 \text{（圈）} \quad (4.69)$$

补偿距离与实际距离的差值为：

$$\Delta S = N_t \times D - S = 66 \times 0.7 - 46.125 = 0.075 \text{（m）} \quad (4.70)$$

3）若不进行测速修正，则补偿圈数为：

$$N_t = \frac{V_n \times T_d}{D} = \frac{900 \times 0.050}{0.7} = 64.29 \approx 64.5 \text{（圈）} \quad (4.71)$$

补偿圈数对应的距离为：

$$S' = 64.5 \times 0.7 = 45.15 \text{（m）} \quad (4.72)$$

补偿距离与实际距离的偏差如下：

实际速度为下偏差速度时：

$$\Delta S = S' - S = 45.15 - 43.875 = 1.275 \text{（m）} \quad (4.73)$$

实际速度为上偏差速度时：

$$\Delta S = S' - S = 45.15 - 46.125 = -0.975 \text{（m）} \quad (4.74)$$

由上述计算实例可以看出，测速修正可以明显提高补偿圈数的计算精度。

（2）窄带滤波技术

由于战场上的电磁环境十分恶劣，各种频段的电磁信号以及电磁脉冲干扰时有发生。为了防止这些干扰信号影响引信正常的计转数功能，除了在传感器信号调理电路中设计带通滤波器外，还特别在软件中增加了窄带滤波功能以对整形后的旋转信号进行频率控制。

对一种特定的弹丸而言，其自转的频率是按照一定规律逐渐衰减的。窄带滤波功能就是利用这一规律，对信号调理电路输出的计数信号的频率进行监控，一旦出现频率不在有效范围内的脉冲干扰信号，窄带滤波程序就可以自动将其消除，避免引起计数电路的误计数。

窄带滤波的效果取决于滤波通频带的带宽和中心频率是否与信号吻合，根据滤波器通带的中心频率是否可调将窄带滤波器分为以下两种：

1）固定中心频率窄带滤波器。固定中心频率窄带滤波器的优点是设计简单、容易实现。但是由于弹丸的旋转信号本身是一个频率逐渐衰减的信号，采用固定中心频率时，必然会导致滤波器的通带较宽，因此滤波效果不好，容易把干扰信号误认为有效信号而导致误计数。

2）中心频率自适应窄带滤波器。中心频率自适应窄带滤波器是一种性能优异的滤波器，其通带的中心频率能够自动按照与旋转信号相同的规律衰减，所以通频带的带宽可以做得较小，从而可以达到很好的滤波效果。中心频率的自适应调整一般可以通过曲线拟合或者查表的方式实现。

|4.5 信息快速处理与起爆控制基础理论|

4.5.1 引信自测速时间修正技术

引信自测速时间修正思想是装定器给引信装定的、未经修正的作用时间。弹丸发射后，引信自动测量弹丸的速度，并对装定的飞行时间进行修正。如图 4.25 所示，虚线表示的是弹丸以标准初速 v_0 发射时的理想弹道，M_0 为 t_0 作用时间的炸点，即理想炸点。实线表示的是弹丸以实际初速 v_1 发射时的实际弹道，由于初速的偏差导致两条弹道之间产生偏离，当 $v_1 < v_0$ 时，实际弹道位于理想弹道下方。在弹丸实际飞行时间为 t_0 时，炸点为 M，实际炸点斜距离小于理想炸点的斜距离。由于弹丸发射后，各种射击诸元已不可能进行改变，因此实际弹道与理想弹道的偏离是不可避免的，也就是说，不可能将实际炸点 M 修正到理想炸点 M_0 的位置。对于防空反导弹药来讲，炸点修正的原则应该是等斜距离修正，即将炸点修正到与离炮位的距离与理想炸点相等的 M_1 点，以利于对低空飞机、巡航导弹等目标的拦截。

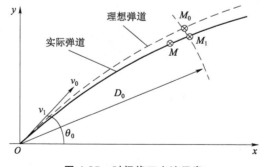

图 4.25 时间修正方法示意

在基本假设条件下，当 c、v_0、θ_0 给定时，弹丸的质心在空中的运动轨迹只有一条，且唯一地由初始条件和下列方程完全确定：

$$\begin{cases} \dfrac{\mathrm{d}v}{\mathrm{d}t} = -cH(y)F(v) - g\sin\theta \\[2mm] \dfrac{\mathrm{d}\theta}{\mathrm{d}t} = -g\cos\theta c \\[2mm] \dfrac{\mathrm{d}y}{\mathrm{d}t} = v\sin\theta \\[2mm] \dfrac{\mathrm{d}x}{\mathrm{d}t} = v\cos\theta \end{cases} \qquad (4.75)$$

由于 $H(y)$ 和 $F(v)$ 是用数值表或经验公式表示的复杂函数，所以对上述方程进行积分时得不到精确的解析式，故只能用数值积分的方法求其数值解。

但是，引信中不具备上述方程中的所有初始条件，如 θ_0 和气象条件等，所以求解这一方程是困难的。在初速误差不是很大时，由于其射击诸元是完全一致的，其气象条件也完全一样，所以两条弹道的偏离很小。可假设两弹道的 $H(y)$ 和 $F(v)$ 近似相等，因此两弹道的唯一差别是初速不同，弹道具有相似性，可假设两条弹道上对应点的速度的比值和方向保持不变：

$$\frac{v(t)}{v_0(t)} = \frac{v}{v_0} = k_v \qquad (4.76)$$

这样，在斜射距一定时，其飞行时间和初速成反比，所以可按下式对作用时间进行修正：

$$t = \frac{v_0}{v}t_0 \qquad (4.77)$$

式中，t 为修正后的弹丸飞行到 M_1 点所需的飞行时间；v 是弹丸的实际初速，在弹丸出炮口时由装定器或引信自身测得；t_0 是弹丸以标准初速 v_0 飞行到理想炸点所需的时间，可以从弹道计算机获得。

4.5.2　地磁计转数引信自适应炸点控制技术

计转数体制本身"定距不定时"，飞行时间因初速的不同而不同，用于实时跟踪拦截方式的防空反导弹药中会使弹药的毁伤效果有所下降。因此，有必要研究计转数引信的炸点修正方法，实现自适应炸点控制，提高计转数引信对高速运动目标的拦截和毁伤效果。

4.5.2.1　炸点修正的基本思想

计转数体制作用时间修正的基本思想是在保持计转数弹引系统配置不变（即不增加炮口测速装置）的条件下，通过计转数引信在工作的末端（弹目交会段）自动对起爆时机做适当的调整，达到使起爆点与目标间的距离尽量接近最佳起爆距离的目的。

由于修正主要在弹目交会段进行，因此需要首先了解弹目交会段的特点。所谓弹目交会是指在弹丸对目标的射击中，弹和目标相遇阶段弹相对目标的运动过程。弹目交会过程中，在直接命中点前后有一段弹目交会参数接近不变的运动轨迹称为弹目交会段。弹目交会段的主要特征如下：

1）弹和目标的速度矢量变化很小，在分析时可近似认为弹和目标均做匀速直线运动。

2）弹和目标姿态参数变化很小，分析时可认为保持不变。

3）持续时间短，一般为毫秒级。

4）弹目速度夹角接近 180°，即弹目迎面交会。

4.5.2.2　弹目交汇模型及起爆时机调整

1）对于弹丸实际速度 v 大于标准初速 v_0 的情况，作用时间修正示意图如图 4.26 所示。其中，虚线所示为理想弹道，A 点是按照标准初速解算出的最佳炸点，引信的装定值 N 是弹丸飞到 A 点需要旋转的圈数。标准初速弹丸到达 A 点的时间是 t_0，t_0 时刻导弹所在的位置为 B 点，AB 间的距离 D_z 为最佳起爆距离。实线所示为实际弹道，弹丸的实际初速为 v，实际到达 A 点的时间为 t_1，此刻导弹的位置在 B'，与 A 点相距 D'_z。

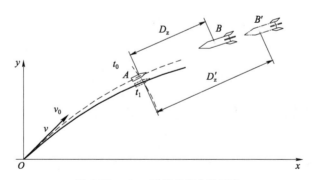

图 4.26　$v > v_0$ 时弹目交会段示意

在这种情况下，有 $t_1 < t_0$，且 $D'_z = D_z + v_m(t_0 - t_1)$，其中，$v_m$ 是导弹的速度。显然，当弹丸到达预期炸点时，弹目间距 $D'_z > D_z$。

设经过延时 t_δ 后，弹目间距达到最佳起爆距离 D_z，则有：

$$D'_z - t_\delta(v(t_1) + v_m) = D_z \tag{4.78}$$

$$\Rightarrow t_{\delta} = \frac{D'_z - D_z}{v(t_1) + v_m} = \frac{v_m}{v(t_1) + v_m}(t_0 - t_1) \quad (4.79)$$

由弹目交会段的特点可知，弹丸在 t_1 到 t_0 时间段内可以认为是匀速直线运动，因此有：

$$v(t_1) = v(t_0) \quad (4.80)$$

根据弹道相似原理可知：

$$\frac{v(t_0)}{v_0(t_0)} = \frac{v}{v_0} = \frac{t_0}{t_1} \quad (4.81)$$

$$\Rightarrow v(t_0) = \frac{t_0}{t_1}v_0(t_0) \quad (4.82)$$

代入式（4.79），得到：

$$\begin{aligned}
t_{\delta} &= \frac{v_m}{v(t_1) + v_m}(t_0 - t_1) = \frac{v_m}{v(t_0) + v_m}(t_0 - t_1) \\
&= \frac{v_m}{\dfrac{t_0}{t_1}v_0(t_0) + v_m}(t_0 - t_1) = \frac{t_1}{\dfrac{v_0(t_0)}{v_m}t_0 + t_1}(t_0 - t_1) \\
&= \frac{t_1}{k_v t_0 + t_1}(t_0 - t_1)
\end{aligned} \quad (4.83)$$

式中，t_0 是与引信的装定圈数 N 一一对应的，可以用表格的形式固化在引信内部，引信可以根据发射时的装定圈数自动获得 t_0 值；t_1 是弹丸旋转到装定圈数所用的时间，可由引信内部计数器测得；而系数 k_v 是理想弹道上 A 点的弹丸存速 $v_0(t_0)$ 与目标速度 v_m 的比值，可由弹道计算机计算得到，并通过装定传给引信。

2）对于弹丸实际初速 v 小于标准初速 v_0 的情况，作用时间修正示意图如图 4.27 所示。采用上述步骤进行分析可以得到时间修正量为：

$$\begin{aligned}
t_{\delta} &= \frac{v(t_0)}{v(t_1) + v_m}(t_1 - t_0) = \frac{v(t_0)}{v(t_0) + v_m}(t_0 - t_1) \\
&= \frac{\dfrac{t_0}{t_1}v_0(t_0)}{\dfrac{t_0}{t_1}v_0(t_0) + v_m}(t_1 - t_0) = \frac{t_0}{t_0 + t_1\dfrac{v_m}{v_0(t_0)}}(t_0 - t_1) \\
&= \frac{t_0}{t_0 + \dfrac{t_1}{k_v}}(t_0 - t_1)
\end{aligned} \quad (4.84)$$

式（4.84）中各参数与式（4.83）完全一致。

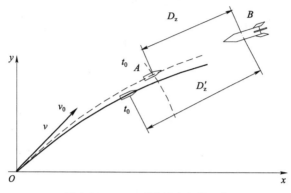

图 4.27　$v < v_0$ 时弹目交会段示意

4.5.2.3　自适应炸点控制实现过程

1）雷达发现目标，测出其飞行方向和速度，按照弹丸的标准初速解算出火控系统的射击诸元和计转数引信的装定信息，包括装定圈数 N 和系数 k_v。

2）装定信息并发射。

3）引信电源激活引信控制电路取出装定圈数 N，启动计转数电路；同时计时电路从出炮口时刻开始计时，并根据装定圈数 N 查询得到标准初速下的飞行时间 t_0。

4）在弹丸飞行过程中，引信控制电路同时监视弹丸旋转的圈数 n 和飞行时间 t，一旦 $n \geqslant N$ 或者 $t \geqslant t_0$ 中的任何一个关系成立，则立即转入修正延时程序。

5）如果关系 $n \geqslant N$ 首先成立，即弹丸的实际速度高于标准速度，则修正延时程序的延时时间按照式（4.83）计算；如果关系 $t \geqslant t_0$ 首先成立，即弹丸的实际速度低于标准速度，则修正延时程序的延时时间按照式（4.84）计算。

6）延时程序结束时给出起爆信号，引爆战斗部。

| 4.6　小口径灵巧引信设计实例 |

本小节以 30 mm 口径火炮为例，对其灵巧引信进行设计。根据小口径空炸引信设计的战术技术指标要求，引信电路所要完成的功能有：感应装定，定距/定时起爆控制，碰炸优先发火和自毁发火控制。由于小口径引信自身体积的限制，引信电路板的面积很小，大约为 2 cm²，所以要在如此小的电路板上实现上述各项功能，就必须提高电路的集成度，进行小型化设计。在目前不具备采用专用集成电路（ASIC）条件的情况下，电路的小型化只能通过合理的设计与选型，使尽可能多的功能集成到一个模块中，从而提高局部电路的集成度来实现。

4.6.1　以 MCU 为核心的控制电路方案

随着半导体技术的发展，功能更强、速度更快的新型微控制器不断涌现，给电子产品的设计开发提供了各具特色的解决方案。新型的高性能微控制器（MCU）逐步向模拟–数字混合电路单芯片系统（SOC）的方向发展，不但可以实现复杂的控制算法和实时的事务处理，还可以进行一些模拟信号的处理，如A/D 转换、模拟电压比较等，而且几乎不需要外围器件，上电就能工作，做到了真正意义上的"单片机"。单片机在系统中完成的主要功能有信号整形、计数以及基带信号解码、装定信息存储。采用合理的软、硬件功能划分，充分利用了单片机内部的模拟和数字电路资源，有效地缩小了硬件电路规模并获得了很低的功耗，满足了系统的设计要求。

该方案的功能框图如图 4.28 所示，主要包括微控制器、转数信号调理、感应信号调理、感应供能及电源变换、发火电路五个功能模块。其中微控制器是整个电路的控制核心，它接收感应装定模块的基带信号并进行解码，获取装定信息；弹丸出膛后对来自计转数传感器信号调理模块的信号进行整形并计数，在计数值达到装定值的时候控制发火电路引爆电雷管。

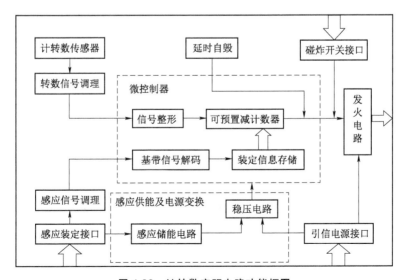

图 4.28　计转数定距电路功能框图

以 MCU 为核心的定距控制电路适用于采用低速动态感应装定的引信，如弹链装定和进膛装定的引信。这类引信装定时间窗口较长，可达数百微秒或几个毫秒，若时间窗口为 100 μs，则将 16b 二进制的装定信息连续发送三遍，所需的数据传输速率最高为 480 Kb/s，完全可以用单片机通过软件进行解码，实现感应装定信息。

本方案的微控制器采用一款专为小体积应用而设计的高性能 SOC（System on Chip）单片机。该单片机内部资源丰富，自带频率可编程的振荡电路，无须外加晶振就可以工作，内置 FLASH 数据存储器，处理能力可达 25 MIPS（Million Instructions per Second），因此可以完成装定信号的软件解码功能。更重要的是，由于采用了先进的"Cross Bar"技术，拥有如此丰富功能的 MCU 芯片面积只有 3 mm×3 mm，可以满足 25 mm 以上口径引信的使用要求。该控制器在系统中完成的主要功能有转数信号整形、计数以及基带信号解码、装定信息存储。整形功能由单片机内部的模拟比较器来完成，整形后的转数信号变为同频率的方波信号，可以直接驱动单片机内部计数器进行计数。

4.6.2　计转数模块设计

4.6.2.1　计转数传感器设计

对于计转数传感器的设计，可采用地磁感应传感器的结构形式，这种地磁感应传感器是利用某些高导磁率的磁性材料做磁芯，以其在交直流磁场作用下的磁饱和特性及法拉第电磁感应原理而研制成。该地磁感应传感器由铁芯、线圈、放大整形电路和计数电路等部分组成，感应线圈是在一定形状的铁芯上绕固定匝数的线圈，采用漆包线绕制。形状、尺寸根据被测磁场的形态和分布选定。线圈匝数 N 由试验确定，或根据地磁感应电动势 E 的最大幅值求出。在该设计中，为了提高测量精度及频率响应速度，要求铁芯材料应选择软磁性材料（如坡莫合金）。其特点是：高导磁率 μ、低矫顽力、高饱和磁化强度。另外，还应提高铁芯抗高过载能力，可以选锰钢或钛钢。也可采用包括一个整体式铝合金骨架和线圈的地磁传感器，骨架主要用来安装和固定传感器，放置于引信体中心，将传感器信号处理电路和引信安全与起爆控制电路模块置于骨架中间。用一定直径的漆包线绕制在截面积一定的铝合金骨架上，形成具有一定内阻的地磁感应线圈。为了减小骨架对信号的影响，在试验中以塑料作为测量线圈的骨架。

以上两种方法在原理上都是可行的。为了尽可能真实地反映地磁信号对于感应线圈的作用，在进行原理试验时，我们主要采用了以"H"形塑料为线圈骨架的方式，也选用了铝和钢作为骨架的材料与之进行对比，还尝试采用柔性的塑料薄膜印制板作为测量线圈，均获取了大量的试验数据。考虑到对于小口径火炮而言，由于其弹径小，引信体内的空间非常有限，使用铁芯或非铁磁性骨架都大大增加了地磁传感器的体积，在小口径引信中难以实现。因此，本方案提出一种最大可能利用引信空间增大地磁线圈有效面积而又仅占用很小体积的方法，即在电路模块的印制电路板的侧周加工一个"U"形槽，把漆包线直接绕制在印制电路板上。通过采取这种方法，不仅解决了传感器占用引信体体积的难题，而且结构简单、安装方便、连接可靠。通过计转数试验，证实了这一方案的可行性。

由于引信空间很小，电池、电路板和碰炸开关几乎占据了全部空间，给计转数传感线圈的安装带来了困难。为解决这一问题，计转数传感线圈采用了嵌入式的结构，如图 4.29 所示。根据传感器设计计算得到的线径和匝数确定出电路板侧面线圈槽的尺寸，线圈绕好后两端直接焊在板上，与电路板合为一体，不但节省了空间，而且方便了电子头的装配及灌封。

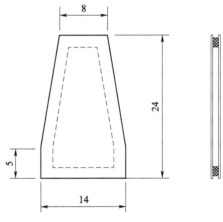

图 4.29　电路板结构

4.6.2.2　信号调理电路设计

（1）放大电路

信号调理电路是由运算放大器构成的一个高增益、带通放大电路。根据计转数传感器的设计计算，传感器输出的信号是幅值为 0～4 mV 的双极性交流信号。由于信号是交流的而系统采用单一正电压供电，所以放大电路中要采取措施将信号的中点抬高至电源电压的中值处，否则将不能放大出完整的计转数信号。

图 4.30 所示为计转数传感器的信号放大电路，信号在输入端通过电容 C_6 耦合进入，该电容隔断了直流信号的放大，保持了输出信号的直流偏置在电源电压的中值。反相输入端与地之间的电容使得电路对直流信号没有放大作用，因此信号支流分量的偏移很小。

由于后续的计转数电路只利用传感器信号的频率信息，对于幅值超过一定的阈值的信号均可以计数，信号的削峰失真不影响后续电路的工作，因此调理电路的放大倍数可以尽量大，以缩小计转数盲区的范围。另外，通过合理选择 C_6

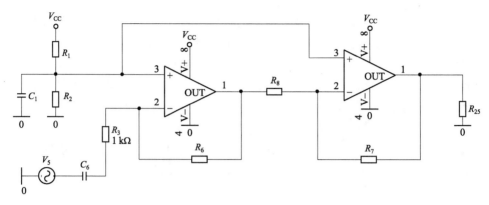

图 4.30　放大电路

和 R_3 的值可以控制放大电路通带的下限频率，从而得到合适的通频带。电路幅频特性的 PSPICE 仿真曲线如图 4.31 所示。

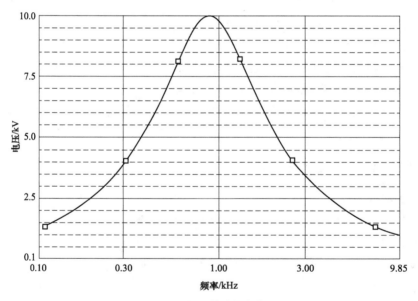

图 4.31　幅频特性仿真曲线

（2）整形电路

为了减小系统体积，整形电路应尽可能利用单片机的内部资源进行设计。单片机上可用于信号整形的资源有施密特触发器和模拟电压比较器。施密特触发器位于每个 I/O 口内部，可以通过初始化程序开启此功能。用施密特触发器整形的优点是使用简便、响应速度快、不耗费软件资源；缺点是触发器的回差电压较大（＞1.2 V），会降低电路计转数的灵敏度，导致盲区范围变大。例如，

当整形电路的阈值为 1.2 V 时，根据传感器的灵敏度可以估算出盲区的角度为
4.3°，大于弹丸的章动角（一般为 2°～3°），因此在弹丸的速度方向与地磁场
的方向接近时，引信可能会连续位于盲区以内，从而导致定距误差。

　　而用模拟电压比较器整形，不但要占用一定的软件资源，而且为避免信号
中的噪声引起比较器振荡，还需要外加正反馈元件构成滞回比较器，电路较施
密特触发器复杂。但是，比较器的使用非常灵活，其参考电压和回差电压都是
可调的，因此可以根据信号噪声的大小设置合适的回差电压，在保证噪声电压
不会引起振荡的前提下尽可能提高计转数的灵敏度。由于放大电路输出信号的
噪声幅度为 ±20 mV，因此可以设置回差电压为 50 mV，此时盲区的角度为
0.358°，远小于弹丸的章动角，即使弹丸的速度方向与地磁场的方向完全一致，
此传感器的盲区也只是在每个章动周期短暂出现一次，采用周期补偿算法可以
精确地进行补偿，不会影响定距精度。

　　具有正反馈回路的比较器电路如图 4.32 所示。

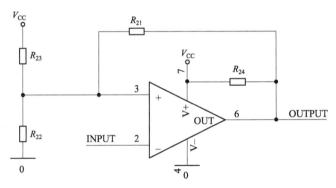

图 4.32　比较器电路

　　调理后的转数信号有比较器负端输入，正输入端由两电阻分压产生参考电
平，参考电平取为信号的直流分量。比较器输出与正输入端之间接反馈电阻，
形成正反馈，回差电压的大小可以通过分压电阻和反馈电阻进行调整。

4.6.3　感应装定数据基带传输系统设计

4.6.3.1　数字基带传输系统的典型结构

　　图 4.33 所示为一个典型的数字基带信号传输系统的方框图，系统的输入通
常是二进制的脉冲序列，该序列用信号的高低电平表示数据的"0"和"1"，具
有较高的直流分量，不适合基带信道直接传输。脉冲形成器的任务就是变换二

进制的数据"0"和"1"的表示方法，使其适合信道的传输，因此脉冲形成器又叫作码型变换器。脉冲形成器输出的各种码型仍是以矩形脉冲为基础的，高频分量比较丰富，占用频带较宽，而用于信号传输的信道带宽是有限的，因此需要形成更适合信道传输的信号波形，这一任务由发送滤波器完成。可见，在发送端，脉冲形成器和发送滤波器共同完成了二进制脉冲序列向适合信道传输的发送波形的转换，因而又统称为波形形成网络。

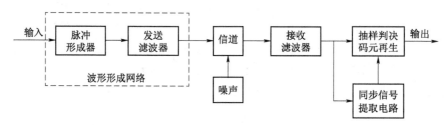

图 4.33　数字基带传输系统结构

发送端输出的信号波形经信道传输到接收端，首先要经过接收滤波器，以滤除传输过程中窜入信道的噪声，同时也可以对失真的波形进行均衡，从而得到较好的波形，减少出现错码的概率。为了从滤波器输出的波形中还原出发送端输入的二进制序列，需要根据收发两端的同步信号对接收波形进行抽样判决，然后经过码元再生来实现。同步信号是一个与发送端二进制码传送速率相同的定时信号，由同步信号提取电路从接收滤波器输出的波形中得到。

4.6.3.2　基带信号码型的选择及波形设计

数字通信系统中的码型主要有单极性码和双极性码、归零码和不归零码、绝对码和相对码、二进制码和多进制码、双相码等几类，不同的码型有不同的信道传输特性和不同的接收方法。对于感应装定系统数据基带传输码型的选择，从同步信号的提取方面考虑，双相码具有双极性归零码的自同步的特性；从信道的交流耦合特性方面考虑，双相码具有比其他双极性码更小的直流分量；从传输带宽方面考虑，由于感应装定的码元速率不是很高，信道本身以及发送、接收电路放大器的带宽都容易满足双相码的传输要求，而且感应装定信号独占信道，不存在利用率低的问题。因此，综合以上三方面的分析，双相码是感应装定系统数据基带传输码型的最优选择。

以上涉及的各种码型都是以矩形脉冲为基础的，矩形脉冲由于上升和下降是突变的，高频成分比较丰富，当这种信号通过带宽有限的信道传输时，波形会在时域中扩展，从而引起码间串扰，严重的时候就会导致误码。因此，矩形脉冲不适合直接进行信道传输，实际系统中应采用更适合于信道传输的波形。传统的数字基带传输系统中是用发送滤波器实现波形变换的，但是随着数字技术的不断发展，已经出现了很多成熟的数字波形合成技术，如 PLL，DDS 等。数字波形合成技术具有波形精度高、控制灵活方便等优点，因此采用数字合成技术可以获得比滤波器输出更适合信道传输的波形，使波形的大部分频率成分都位于信道的通带内，从而减小码间串扰的影响。

　　图 4.34 列出了三种不同的双相码波形，波形（a）表示的是以矩形脉冲为码元波形的双相码，称为矩形双相码；而波形（b）和波形（c）都是以正弦波作为码元波形的双相码，它们是感应装定系统中实际采用的两种波形。从图 4.34 中可以看出，波形（b）中用一个周期的正弦波表示一个码元，0 相位表示数字"0"，π 相位表示数字"1"，该波形具有比矩形双相码更集中的频谱特性，高频成分大大减少。由于在码元切换的时候，波形的相位有 $180°$ 的突变，因此称之为相位突变双相码。波形（c）与波形（b）的不同之处在于：码元切换用一个周期为 2 倍码元周期的半个正弦波来实现，其相位是连续的，因而称为相位连续双相码。相位连续双相码不但进一步减小了信号的带宽，更重要的是保持了波形相位的连续性，使得发送端功率放大电路的设计更为方便，而相位突变信号经过低通滤波后幅度会发生明显变化，变成非恒定包络的信号，只能是用较低效率的线性功率放大器进行放大，因而限制了高效率非线性功率放大器的使用。

　　上述相位突变双相码和相位连续双相码两种波形用传统的滤波方式获得是难以实现的，因此在感应装定系统中采用了直接数字频率合成（DDS）技术。相位突变双相码的波形比较简单，只需要在每个码元切换的时刻在相位累加器上增加 $180°$ 即可。下面重点讨论相位连续双相码的合成方法。

　　从波形图 4.34（c）可以看出，相位连续双相码每个码元的波形与其本身及前后相邻的码元的取值有关，根据前后相邻码元取值的不同，码元"0"和码元"1"分别有四种不同的波形，而且前半周期和后半周期的频率可能不一样，因此一个码元周期内需要两次更新 DDS 的控制参数，过程比较复杂。通过对波

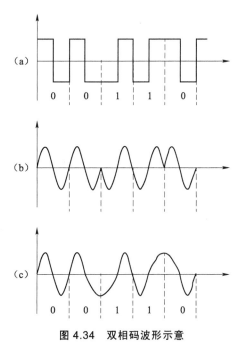

图 4.34　双相码波形示意

形的进一步分析可以发现，虽然每个码元的前半周期和后半周期的频率有可能不一样，但是在任意两个相邻码元的前一码元的后半个周期和后一码元的前半个周期内，波形的频率、相位都是保持不变的，而且波形仅与相邻两个码元的取值组合有关。因此，为了控制方便，我们对二进制序列进行码元重组，将两个相邻码元中前一码元的后半个周期和后一码元的前半个周期组成一个新的码元，并用这两个相邻码元取值组合作为新码元的取值，如图 4.35 所示。码元重组后的序列的码元个数和周期都与原二进制序列一样，只是变成了一个四进制序列，其四个码元 00、01、11、10 分别对应一个周期和相位都保持不变的码元波形，如图 4.35 所示。因此，根据重组后的四进制码元序列控制 DDS 产生相位连续双相码的波形是一种比较简便的方法。

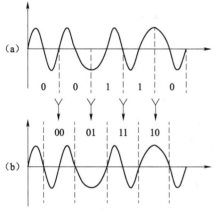

图 4.35　相位连续双相码的码元重组

4.6.3.3　编码及解码的实现方法

　　无论是相位突变双相码还是相位连续双相码，经信道传输后放大、整形后都会得到图 4.34（a）所示的矩形双相码，因此解码的方法可以在矩形双相码的基础上讨论。

　　由于双相码的每个码元中都必有一次电平跳变，因此可以提取此信号作为位同步信号。采样时钟提取过程是，首先对原始波形进行微分运算，取得波形的跳变沿，该跳变沿的间隔为 Tb 或 Tb/2，然后对此信号进行滤波，即可获得周期为 Tb 的位同步信号。

　　观察整形后的矩形双相码波形可以知道，正常波形中高低电平持续时间最长是一个码元周期 Tb，因此可以设计一个不同于"0""1"码的特殊波形，使其电平持续时间大于 Tb，从而可以区别 0、1 码而作为帧同步字符。系统中我们采用图示两种波形分别作为相位突变双相码波形和连续双相码波形的帧同步字符。每种波形的周期都是 2 Tb，当帧末位是 0 相码元时，同步字符为 3/2 Tb 高电平 +1/2 Tb 低电平；当帧末位为 π 相码元时，同步字符为 2 Tb 高电平 + 1/2 Tb 低电平，均可以明显地区别 0、1 码元波形。

　　当采用上述方式提取位同步信号时，如果接收波形开头是一段连续的"1"码或"0"码，则可能出现同步信号错相的情况，导致取样结果完全相反，错相将持续到波形中的第一个码元跳变或帧同步字符出现时才会得以纠正。因此上述解码方法显然在第一个帧同步字符到达之前也有解码输出，但由于可能出现局部反相工作的现象，因而返回一个不完整帧的解码结果不可信。由于感应装定的数据传输时间窗口非常有限，有效利用第一个不完整帧的解码结果可以降低数据可靠传输所需的最低波特率，因而克服"反相"的编解码方法将会进一步提高数据传输的有效性。

4.6.4　发火电路设计

4.6.4.1　发火回路设计

发火执行电路如图 4.36 所示。发射后电池经过限流电阻 R_1 对储能电容 C_1 充电，当闸流管 X_1 导通时，C_1 储存的能量通过电雷管释放，引爆电雷管。C_1 的取值由电雷管起爆能量和发火电压决定，限流电阻的取值要控制 C_1 充电的时间常数，以保证在安全距离内储能电容的电压不高于电雷管的最低发火电压。限流电阻的另一功能是使充电电流小于电雷管的安全电流，并且在解除保险前电雷管短路开关是闭合的，因而保证了充电过程中电雷管的安全性。

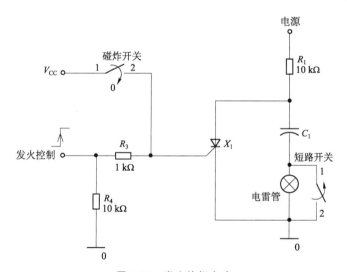

图 4.36　发火执行电路

发火信号来自单片机引脚输出发火控制信号或碰炸开关信号。正常发火和自毁发火信号由单片机输出口提供，由于单片机复位后的缺省状态是开漏输出，因此配置了下拉电阻 R_4 以将该引脚电位拉低，确保安全。由于引信要求碰炸优先发火，因而闸流管的控制端经碰炸开关接至高电平。一旦开关闭合，闸流管将立即导通。由于单片机的输出脚在输出发火信号前是低电平，因此需在碰炸开关和单片机输出引脚间配置隔离电阻 R_3，以保证碰炸开关的可靠作用。

4.6.4.2　碰炸开关结构设计

在小口径空炸弹药中，一般都要求具有碰炸优先发火和自毁功能。碰炸开关位于引信头部的风帽中，风帽设计顶部为双层结构，中间通过绝缘环起保护作用。碰炸开关的作用通过引信碰目标后的变形得到，碰炸开关的两极通过下部接线引入发火控制回路。引信碰炸开关结构原理如图 4.37 所示。为了提高电路作用的可靠性，自毁一般用单独的一路 RC 电路来实现。

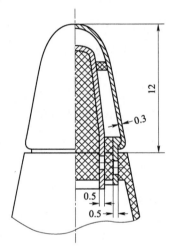

图 4.37　位于风帽内部的双层结构碰炸开关

第 5 章

中大口径弹药灵巧引信设计基础
理论及应用

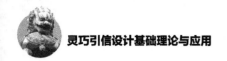

| 5.1 中大口径弹药引信设计基础理论 |

5.1.1 中大口径弹药引信的基本特征

5.1.1.1 多功能特征

现代中大口径弹药引信需要具有根据目标特性在合适的时机以合适的方式起爆弹丸的功能。在作用方式控制方面，美军 XM1069 型 120 mm 视距内多功能弹药所配用 XM1157 型引信能够根据土木工事、混凝土墙、坦克、人员和车辆等不同的目标类型，按照不同的作用方式起爆弹丸，从而实现最佳毁伤效果，如图 5.1 所示。以色列国防公司研发了 XM329 型反人员/反器材多功能弹药，其除了具有空炸、碰炸和延期等毁伤模式以外，还能抛洒出六枚子战斗部，对直升机目标进行毁伤。美军装备研究发展工程中心提出了先进多功能弹药发展计划，预计将集成钢筋混凝土工事清除、破障、反轻装甲、反人员等应对未来战场混合威胁的功能。这一类多功能弹药改变了传统弹药毁伤功能单一且难以在各种复杂环境下对敌对目标进行打击的缺陷，同时，减少了中大口径火炮的携弹种类和发现目标后的弹种选择操作复杂度，有效地提高了火炮的快速反应能力。

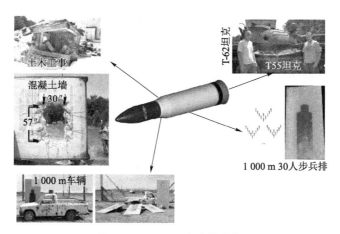

图 5.1　XM1069 多功能弹药

5.1.1.2　环境信息获取特征

对于中大口径火炮，其供弹过程相对缓慢，且弹药入膛后还需等待发射时机，若在供弹过程中装定，则无法保证其信息实时性。弹药入膛后，身管金属环境对近场和射频信号有很强的屏蔽作用，无法采用近场耦合或射频耦合的方法直接从膛外向膛内发送信息，发射过程中装定技术无法使用。弹丸发射后会在炮口处产生等离子场和烟尘场，对射频信号和光信号产生强干扰，发射后装定只能等待等离子场和烟尘场散去后才能进行，当目标距离较近（目标处于视距内）时，无法采用发射后无线装定技术，而只能采用膛内装定技术。

5.1.2　膛内共线装定技术基础理论

膛内装定技术是一种介于发射前装定和发射过程中装定之间的新型装定技术。相比于弹链装定和手工感应装定等其他发射前装定技术，膛内装定技术的信息实时性更好，能够对膛内已有弹药进行装定，相比于发射过程中装定技术和发射后装定技术，其具有不受环境干扰、能够为引信提供能源等优势。该技术根据是否对火炮炮闩进行改造，可以分为分线式膛内装定和底火共线式膛内装定两种。

分线式膛内装定技术最早出现于德国莱茵金属公司与美军合作对 M256 型滑膛炮的信息化改造项目，该火炮主要配用于西方主战坦克，如 M1 系列和豹 2 系列等。莱茵金属在 2001 年提出了坦克炮对空炸弹药的需求，并设计了坦克炮膛内信息传输方案，如图 5.2 所示。图 5.2 中，装定器通过坦克控制系统获取激光瞄具和火控计算机的信息，并通过炮闩装定给引信。

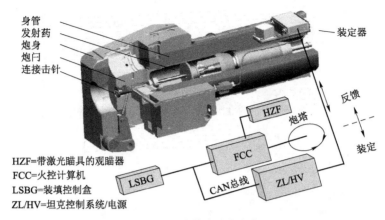

身管
发射药
炮身
炮闩
连接击针

装定器

反馈

装定

HZF

炮塔

FCC

LSBG

CAN总线

ZL/HV

HZF=带激光瞄具的观瞄器
FCC=火控计算机
LSBG=装填控制盒
ZL/HV=坦克控制系统/电源

图 5.2　膛内装定技术方案

为了保证弹丸在装定过程中不被击发，莱茵金属和美军对炮闩进行了改造，其中，莱茵金属公司设计了单向导通开关，如图 5.3（a）所示。单向导通开关的一端连接底火发射击针，另一端连接信息装定接口，即图 5.3（b）中北

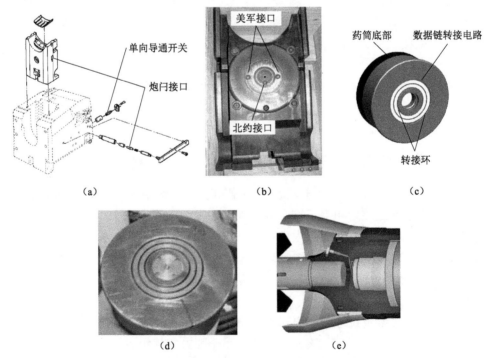

单向导通开关

炮闩接口

美军接口

北约接口

药筒底部　数据链转接电路

转接环

（a）　　　　　　　　（b）　　　　　　　（c）

（d）　　　　　　　　（e）

图 5.3　分线式膛内装定炮闩和弹药改造结构
（a）炮闩改造示意；（b）炮闩改造实物；（c）药筒改造示意；
（d）药筒改造实物；（e）弹药内电气连接结构

约接口。美军认为，莱茵金属所设计的方案存在信息传输速率限制等问题，所以重新对炮闩接口和通信协议进行了设计，在炮闩处增加了两个专门用于通信的触点，最终设计完成的炮闩同时兼容美军和德军两种协议，如图 5.3（b）所示。美军还提供了信息化药筒的标准改造方案，在药筒底部嵌入数据转接电路板，通过电路板上的转接环与炮闩接口接触实现信息传输，如图 5.3（c）和图 5.3（d）所示。在弹药内部，信号通过缠绕在底火传火管上的软线和弹丸底部的插针传输进引信中，如图 5.3（e）所示。

2008 年美国通用动力公司提出针对 105 mm 坦克炮的底火共线式膛内装定方案，其主要特点是对炮闩和药筒不做改造，信息直接通过原有火炮击发线传输，只需改造火控系统、底火和弹丸。装定系统从底火触点引出一根导线，接入弹头引信中，如图 5.4(a)和图 5.4(b)所示。以色列军工集团的 APAM 120 mm 坦克炮弹药同样采用了底火共线式膛内装定方案，其弹药头部和底部分别有一个引信，通过底火中的切换开关单元选择引信或击发弹丸。

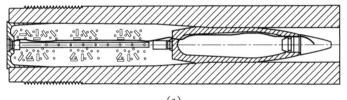

（a）　　　　　　　　　　　　　（b）

图 5.4　底火共线式膛内装定结构

（a）底火共线式膛内装定示意；（b）火炮击发线

膛内共线装定系统的能量流和信息流包括：能量源到引信的能量储存能量流、信息源到引信信息接收的下行信息流和引信信息发送到装定器的上行信息流。因此需要建立装定系统的能量传输模型、下行信息传输模型和上行信息传输模型。装定系统所用信道可分为低通信道和带通信道，本节分别对低通信道和带通信道进行建模。

5.1.2.1　低通传输模型

低通传输模型如图 5.5 所示。装定器由功率放大器和功率限制器组成；引信能量接收系统由肖特基二极管和低通滤波器 C_p 组成；信息接收系统由低通滤波器 C_s 和解码器组成；E_{avlb} 为直流恒压能量；X 为信息源输入的码元符号序列。X 中的码元分为两类，一类为供能码元 X_p，该码元只有一个码元符号（在整个时钟周期内均为高电平），另外一类为信息码元 X_s，分别计算二进制单极性码元和高斯码元的信道容量。

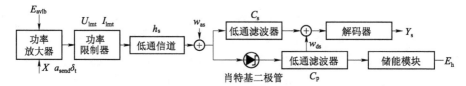

图 5.5 低通传输模型框图

在分时分配法中：

$$\boldsymbol{X} = n_p X_p + \sum_{i=1}^{n_s} X_{si} \qquad (5.1)$$

式中，n_p 为供能码元个数；n_s 为信息码元个数；$n_p / (n_p + n_s) = \delta_t$。在比例分配法中：

$$\boldsymbol{X} = \sum_{i=1}^{n_{total}} (X_p + X_{si}) \qquad (5.2)$$

式中，n_{total} 为总码元个数。序列 $\boldsymbol{X}$ 通过功率限制器加载到传输特性为 h_s 的低通信道上；因此，从低通信道输出的信息和能量同步传输信号为：

$$\sqrt{P_{lmt}} s_{out}(t) = \sqrt{P_{lmt}} h_s(t) * s_{in}(t) \qquad (5.3)$$

式中，$s_{in}(t)$ 为以连续形式表示的 $\boldsymbol{X}$；$P_{lmt} = U_{lmt} I_{lmt}$ 为功率限制器限制后的最大功率输出，U_{lmt} 为电压上限，I_{lmt} 为电流上限。为保证 P_{lmt} 为最大输出功率，定义 $\max\{s_{in}(t)\} = 1$，与传统 SPIT 研究中 $\mathbb{E}\{s_{in}(t)\} = 1$ 有所区别。

在接收端，信号被分为两股分别通过信息解码滤波器和能量接收滤波器。传输到解码器的信号为：

$$\sqrt{P_{lmt}} s_d(t) + w_s(t) = c_s(t) * \left(\sqrt{1 - a_{send}} \sqrt{P_{lmt}} s_{out}(t) + w_{as}(t) \right) + w_{ds}(t)$$

$$\sqrt{P_{lmt}} s_d(t) + w_s(t) = \sum_{i=1}^{n_s} \left(c_s(t) * \left(\sqrt{P_{lmt}} s_{out}(t_{si}) + w_{as}(t_{si}) \right) + w_{ds}(t_{si}) \right) \qquad (5.4)$$

式中，$c_s(t)$ 为信息解码滤波器传输函数；a_{send} 为功率分配系数；$w_{as}(t)$ 为接收端引入的信道噪声；$w_{ds}(t)$ 为解码器噪声；$w_s(t)$ 为装定接收噪声：

$$w_s(t) = c_s(t) * w_{as}(t) + w_{ds}(t) \qquad (5.5)$$

当基带传输的信源输入为单极性二进制码元时，假定信道为二进制对称信道，则信道容量为：

$$C_{bsc}^{up} = 1 - H \left(p(Y_{si} = S_{s1} \mid X_{si} = S_{s1}) \right) \qquad (5.6)$$

式中，X_{si} 为 $\boldsymbol{X}$ 中的信息码元；Y_{si} 为 $\boldsymbol{Y}$ 中的信息码元；S_{s1} 为二进制码元中的一个码元符号；当噪声服从高斯分布时，$p(Y_{si} = S_{s1} | X_{si} = S_{s1})$ 为：

$$p\left(Y_{\mathrm{si}}=S_{\mathrm{s1}}\mid X_{\mathrm{si}}=S_{\mathrm{s1}}\right)$$

$$=p\left(S_{\mathrm{si}}+\frac{w_{\mathrm{s}}}{\sqrt{P_{\mathrm{lmt}}E\left\{s_{\mathrm{d}}^{2}(t)\right\}}}\leqslant\frac{S_{\mathrm{s1}}+S_{\mathrm{s2}}}{2}\right) \tag{5.7}$$

$$=\int_{-\infty}^{\frac{S_{\mathrm{s1}}+S_{\mathrm{s2}}}{2}}\frac{\sqrt{P_{\mathrm{lmt}}E\left\{s_{\mathrm{d}}^{2}(t)\right\}}}{\left(\sigma_{\mathrm{s}}\sqrt{2\pi}\right)}\mathrm{e}^{\frac{P_{\mathrm{lmt}}E\left\{s_{\mathrm{d}}^{2}(t)\right\}\left(Y_{\mathrm{si}}-S_{\mathrm{s1}}\right)^{2}}{2\sigma_{\mathrm{s}}^{2}}}\mathrm{d}Y_{\mathrm{si}}$$

式中，S_{s2} 为二进制码元中另一个码元符号，且 $S_{\mathrm{s2}} > S_{\mathrm{s1}}$；$\sigma_{\mathrm{s}}$ 为装定接收噪声标准差；$E\left\{s_{\mathrm{d}}^{2}(t)\right\}$ 为解码器输入信号的期望。当基带信道为高斯白噪声信道时，信道容量为：

$$C_{\mathrm{awgn}}^{\mathrm{up}}=\frac{1}{2}\log_{2}\left(1+\frac{P_{\mathrm{lmt}}E\left\{s_{\mathrm{d}}^{2}(t)\right\}}{\sigma_{\mathrm{s}}^{2}}\right) \tag{5.8}$$

式（5.7）和式（5.8）确定了装定接收系统信道容量的边界。装定系统所发送的信息长度有限，且对每个引信只发送有限次数，无法满足式（5.7）和式（5.8）所要求的大编码长度，因此，需要求得特定的编码长度下的最优信息传输速率和最优编码长度。有限码长时，信息传输速率近似为：

$$R_{\mathrm{d}}\approx C^{\mathrm{up}}-\sqrt{\frac{V_{\mathrm{s}}}{n_{\mathrm{s}}}}\boldsymbol{\varPhi}^{-1}(\epsilon_{\mathrm{s}}) \tag{5.9}$$

式中，V_{s} 为信道散布，该散布与噪声和编码长度有关；$\boldsymbol{\varPhi}^{-1}(\cdot)$ 为取高斯分布分位数运算；ϵ_{s} 为系统允许的最大误码率。对于对称二进制信道，信息传输速率为：

$$R_{\mathrm{d}}\approx C_{\mathrm{bsc}}^{\mathrm{up}}-\sqrt{\frac{p_{\mathrm{serror}}(1-p_{\mathrm{serror}})}{n_{\mathrm{s}}}}\log_{2}\left(\frac{1-p_{\mathrm{serror}}}{p_{\mathrm{serror}}}\right)\boldsymbol{\varPhi}^{-1}(\epsilon_{\mathrm{s}}) \tag{5.10}$$

式中，$p_{\mathrm{serror}}=1-P(Y_{\mathrm{si}}=S_{\mathrm{s1}}|X_{\mathrm{si}}=S_{\mathrm{s1}})$ 为装定码元交叉概率。对于高斯信道，信息传输速率近似为：

$$R_{\mathrm{d}}\approx C_{\mathrm{awgn}}^{\mathrm{up}}-\sqrt{\frac{r_{\mathrm{snr}}(2+r_{\mathrm{snr}})}{2n_{\mathrm{s}}(1+r_{\mathrm{snr}})^{2}}}\log_{2}\mathrm{e}\,\boldsymbol{\varPhi}^{-1}(\epsilon_{\mathrm{s}}) \tag{5.11}$$

式中，$r_{\mathrm{snr}}=P_{\mathrm{lmt}}E\left\{s_{\mathrm{d}}^{2}(t)\right\}/\sigma_{\mathrm{s}}^{2}$ 为装定接收信噪比。

在图 5.5 中，能量接收系统通过肖特基二极管和滤波储能模块收集信道传输的能量，其中，信道中噪声的功率均值为 0，无法被接收。由于功率限制器限制了系统的最大电流和最大电压，因此，传输到能量接收端的电压微分方程为：

$$
\begin{cases}
C_{\mathrm{p}} \dfrac{\mathrm{d}u_{\mathrm{p}}(t)}{\mathrm{d}t} = I_{\mathrm{imt}} - I_{\mathrm{c}}, \quad I_{\mathrm{lmt}}u_{\mathrm{p}}(t) < P_{\mathrm{lmt}}s_{\mathrm{out}}^{2}(t) \\[2mm]
C_{\mathrm{p}} \dfrac{\mathrm{d}u_{\mathrm{p}}(t)}{\mathrm{d}t} = I_{\mathrm{sch}}\left(\mathrm{e}^{U_{\mathrm{sch}}(U_{\mathrm{lmt}}s_{\mathrm{out}}(t) - u_{\mathrm{p}}(t))} - 1\right) - I_{\mathrm{c}}, \quad \begin{array}{l} u_{\mathrm{p}}(t) < U_{\mathrm{lmt}}s_{\mathrm{out}}(t) \bigcap \\ I_{\mathrm{lmt}}u_{\mathrm{p}}(t) \geqslant P_{\mathrm{lmt}}s_{\mathrm{out}}^{2}(t) \end{array} \\[2mm]
C_{\mathrm{p}} \dfrac{\mathrm{d}u_{\mathrm{p}}(t)}{\mathrm{d}t} = -I_{\mathrm{c}}, \quad u_{\mathrm{p}}(t) \geqslant U_{\mathrm{lmt}}s_{\mathrm{out}}(t)
\end{cases}
\tag{5.12}
$$

式中，C_{p} 为低通滤波器滤波储能电容；I_{sch} 为肖特基二极管饱和电流；U_{sch} 为肖特基二极管热电压倒数，方程中 $I_{\mathrm{sch}}(\mathrm{e}^{(U_{\mathrm{sch}}(\cdot) - 1)})$ 为肖特基二极管伏安特性曲线。方程（5.12）中，能量接收方程由三段组成：当充电功率 $I_{\mathrm{lmt}}u_{\mathrm{p}}(t) < P_{\mathrm{lmt}}s_{\mathrm{out}}^{2}(t)$ 时，接收端以恒流 I_{lmt} 接收装定能量；当充电功率 $I_{\mathrm{lmt}}u_{\mathrm{p}}(t) \geqslant P_{\mathrm{lmt}}s_{\mathrm{out}}^{2}(t)$ 且接收端电压 $u_{\mathrm{p}}(t) < U_{\mathrm{lmt}}s_{\mathrm{out}}(t)$ 时，接收端以电压 $U_{\mathrm{lmt}}s_{\mathrm{out}}(t)$ 接收装定能量；当接收端电压 $u_{\mathrm{p}}(t) \geqslant U_{\mathrm{lmt}}s_{\mathrm{out}}(t)$ 时，只有系统能量消耗，而无装定能量接收。求解方程（5.12），得到接收端电压为：

$$
\begin{cases}
u_{\mathrm{p}}(t) = \dfrac{I_{\mathrm{imt}} - I_{\mathrm{c}}}{C_{\mathrm{p}}}t, \quad I_{\mathrm{lmt}}u_{\mathrm{p}}(t) < P_{\mathrm{lmt}}s_{\mathrm{out}}^{2}(t) \\[3mm]
u_{\mathrm{p}}(t) = \dfrac{1}{U_{\mathrm{sch}}}\ln\left(\displaystyle\int \dfrac{U_{\mathrm{sch}}I_{\mathrm{sch}}\mathrm{e}^{U_{\mathrm{sch}}U_{\mathrm{lmt}}s_{\mathrm{out}}(t)}}{C_{\mathrm{p}}}\mathrm{e}^{\left(1 + \frac{I_{\mathrm{sch}}}{I_{\mathrm{c}}}\right)\frac{U_{\mathrm{sch}}I_{\mathrm{sch}}t}{C_{\mathrm{p}}}}\,\mathrm{d}t + c_{\mathrm{pcs}}\right) - \left(1 + \dfrac{I_{\mathrm{sch}}}{I_{\mathrm{c}}}\right)\dfrac{I_{\mathrm{sch}}}{C_{\mathrm{p}}}t, \\[3mm]
\qquad\qquad\qquad u_{\mathrm{p}}(t) < U_{\mathrm{lmt}}s_{\mathrm{out}}(t) \bigcap I_{\mathrm{lmt}}u_{\mathrm{p}}(t) \geqslant P_{\mathrm{lmt}}s_{\mathrm{out}}^{2}(t) \\[3mm]
u_{\mathrm{p}}(t) = u_{\mathrm{p}}(t_{\mathrm{k}}), \quad u_{\mathrm{p}}(t) \geqslant U_{\mathrm{lmt}}s_{\mathrm{out}}(t)
\end{cases}
\tag{5.13}
$$

式中，c_{pcs} 为积分常数项，其结果由微分方程的边界条件决定；$u_{\mathrm{p}}(t_{\mathrm{k}})$ 为第 k 个状态切换时刻的电压值。方程（5.12）的边界条件为：$u_{\mathrm{p}}(0) = 0$，当发生状态切换时，两方程得到的结果相等。

基带反馈传输模型如图 5.6 所示。反馈信号 $\boldsymbol{X}_{\mathrm{f}}$ 通过信号加载器加载到反馈信道上，并通过反馈信道传输到装定器端的反馈解码器上。由于系统反馈信道与装定信道相同 $h_{\mathrm{f}}(t) = h_{\mathrm{s}}(t)$，因此装定器收到的反馈信号为：

$$
\sqrt{P_{\mathrm{f}}}s_{\mathrm{fout}}(t) = \sqrt{P_{\mathrm{f}}}g_{\mathrm{f}}(t) * h_{\mathrm{s}}(t) * s_{\mathrm{fin}}(t) + w_{\mathrm{f}}(t)
\tag{5.14}
$$

式中，P_{f} 为加载反馈信息所消耗的平均功率；g_{f} 为信号加载器的低通特性；$w_{\mathrm{f}}(t)$ 为反馈噪声。与式（5.10）和式（5.11）相似，反馈信道的信息传输速率为：

$$
R_{\mathrm{u}} \approx C_{\mathrm{bsc}}^{\mathrm{up}} - \sqrt{\dfrac{p_{\mathrm{ferror}}(1 - p_{\mathrm{ferror}})}{n_{\mathrm{f}}}}\log_{2}\left(\dfrac{1 - p_{\mathrm{ferror}}}{p_{\mathrm{ferror}}}\right)\varPhi^{-1}(\epsilon_{\mathrm{s}})
\tag{5.15}
$$

$$
R_{\mathrm{u}} \approx C_{\mathrm{awgn}}^{\mathrm{up}} - \sqrt{\dfrac{r_{\mathrm{fsnr}}(2 + r_{\mathrm{fsnr}})}{2n_{\mathrm{f}}(1 + r_{\mathrm{fsnr}})^{2}}}\log_{2}\mathrm{e}\,\varPhi^{-1}(\epsilon_{\mathrm{s}})
\tag{5.16}
$$

式中，$p_{\text{ferror}} = 1 - P(Y_{\text{fi}} = S_{\text{f1}}|X_{\text{fi}} = S_{\text{f1}})$ 为反馈码元交叉概率；n_{f} 为反馈码元个数；$r_{\text{fsnr}} = P_{\text{f}}/\sigma_{\text{s}}^2$ 为反馈信噪比。

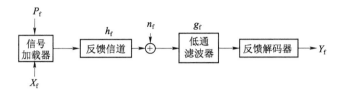

图 5.6　反馈传输模型

5.1.2.2　带通信道传输系统模型

针对分装弹药无法采用有线连接作为传输信道的问题，设计了带通传输系统模型，如图 5.7 所示。带通传输系统的装定器端和引信接收端与基带传输系统相似，而信道部分除了低通传输线外还增加了无线传输天线。装定器输出到低通传输线上的信号为：

$$\sqrt{P_{\text{lmt}}}\,\tilde{s}_{\text{in}}(t) = \sqrt{P_{\text{lmt}}}\,X\mathrm{e}^{\mathrm{j}2\pi f_c t} \tag{5.17}$$

式中，$\tilde{s}_{\text{in}}$ 为复信道输入信号，$\tilde{s}_{\text{in}} = R\{\tilde{s}_{\text{in}}(t)\}$，$R(\cdot)$ 为取实部运算；f_{c} 为带通信号载波频率。传输到引信接收端的复信号为：

$$\sqrt{P_{\text{lmt}}}\,\tilde{s}_{\text{out}}(t) = \sqrt{P_{\text{lmt}}}\,h_{\text{s1}}(t) * h_{\text{s2}}(t) * \tilde{s}_{\text{in}}(t) + w_{\text{as}}(t) \tag{5.18}$$

式中，$\tilde{s}_{\text{out}}(t)$ 为复信道输入信号，$s_{\text{out}} = R\{\tilde{s}_{\text{out}}(t)\}$；$h_{\text{s1}}(t)$ 为低通传输线信道特性；$h_{\text{s2}}(t)$ 为带通传输线信道特性。

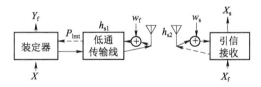

图 5.7　带通传输系统模型

在带通传输系统接收端，为了提高能量利用率，采用全波整流模块作为能量和信息接收方法，如图 5.8 所示。图 5.8 中，信号经过全波整流后被分成两股，分别进行能量接收和信息接收，而在图 5.5 中，低通信道能量接收与信息接收的分离发生在肖特基二极管整流之前。根据全波整流原理，通过整流器的带通实信号为 $\left|\sqrt{P_{\text{lmt}}}\,s_{\text{out}}(t)\right|$。该信号通过低通滤波器 C_{p} 给储能模块供电，并通过带通滤波器 C_{s} 进行信息解调和解码接收。假定 C_{p} 和 C_{s} 均满足最优接收端功率分配条件，且带通信道为加性高斯白噪声信道。

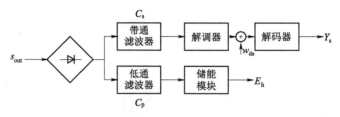

图 5.8 带通模型能量和信息接收方法

当采用二进制编码时，其信息传输速率与式（5.10）相同，而码元正确传输概率变为：

$$p\left(Y_{si}=S_{s1}\mid X_{si}=S_{s1}\right)=\int_{\frac{S_{s1}+S_{s2}}{2}}^{\frac{S_{s1}+S_{s2}}{2}}\frac{1}{\left(\sigma_{as}\sqrt{2\pi}\right)}e^{\frac{P_{lmt}E\left\{s_d^2(t)\right\}(Y_{si}-S_{s1})^2}{2\sigma_{as}^2}}dY_{si} \qquad (5.19)$$

式中，$\sigma_{as}\rightarrow 0$；或：

$$p\left(Y_{si}=S_{s1}\mid X_{si}=S_{s1}\right)=\int_{-\infty}^{\frac{S_{s1}+S_{s2}}{2}}\frac{1}{\left(\sigma_{ds}\sqrt{2\pi}\right)}e^{\frac{P_{lmt}E\left\{s_d^2(t)\right\}(Y_{si}-S_{s1})^2}{2\sigma_{ds}^2}}dY_{si} \qquad (5.20)$$

式中，$\sigma_{ds}\rightarrow 0$。

当采用高斯编码时，其信息传输速率为：

$$C_s=\log_2\left(1+\frac{P_{lmt}E[a(t)]E\left[s_{out}^2(t)\right]}{\sigma_s^2}\right) \qquad (5.21)$$

在带通模型中，由于发送端和接收端隔离，能量接收端以功率 $P_{lmt}s_{out}^2(t)$ 的恒定功率接收装定能量，其充电微分方程为：

$$\begin{cases} C_p\dfrac{du_p(t)}{dt}=\dfrac{a_{send}P_{lmt}s_{out}^2(t)}{u_p(t)}-I_c, & u_p(t)<u_{out}(t) \\[2mm] C_p\dfrac{du_p(t)}{dt}=I_{sch}\left(e^{U_{sch}(U_{lmt}s_{out}(t)-u_p(t))}-1\right)-I_c, & \begin{array}{l}u_p(t)<u_{out}(t)\cap\\ u_{out}(t)\geqslant U_{lmt}s_{out}(t)\end{array} \\[2mm] C_p\dfrac{du_p(t)}{dt}=-I_c, & u_p(t)\geqslant u_{out}(t) \end{cases} \qquad (5.22)$$

式中，$u_{out}(t)$ 有：

$$u_{out}(t)=\frac{\ln\left(\dfrac{P_{lmt}+1}{u_p(t)I_{sch}}\right)+u_p(t)}{U_{sch}} \qquad (5.23)$$

与式（5.13）相比，带通能量接收模型少了恒流充电过程，其接收到的总能量与式（5.14）相同。带通信息反馈与信息装定通过同一天线进行，信道为对称信道，则传输到反馈接收端的复信号为：

$$\sqrt{P_{\mathrm{f}}}\tilde{s}_{\mathrm{fout}}(t) = \sqrt{P_{\mathrm{f}}}h_{s1}(t)*h_{s2}(t)*\tilde{s}_{\mathrm{fin}}(t) + w_{\mathrm{f}}(t) \qquad (5.24)$$

式中，$\tilde{s}_{\mathrm{fin}}(t)$ 为复信道反馈输入信号。反馈信道信息传输速率与式（5.15）和式（5.16）相同。

通过计算分析对比低通传输系统和带通传输系统的性能。首先，仿真分析二者的能量接收性能。仿真参数为：$U_{\mathrm{lmt}} = 12\text{ V}$、$I_{\mathrm{lmt}} = 0.05\text{ A}$、$C_{\mathrm{p}} = 200\text{ μF}$、$I_{\mathrm{c}} = 0.01\text{ A}$、$h_{s1} = 1$、$h_{s2} = 1$；肖特基二极管为 BAT54 系列，其参数为：$U_{\mathrm{sch}} = 26 \times 10^{-3}\text{V}^{-1}$、$I_{\mathrm{sch}} = 10^{-6}\text{ A}$；带通传输系统能量传输频率为 1 MHz。图5.9 展示了能量接收端电压与功率的仿真结果。图 5.9 中，低通传输系统采用恒电流传输，其储能模块电压线性上升。当 $a_{\mathrm{send}} = 1$ 时，在 58 ms 处，能量传输转换为恒压模式，而后达到储能极限。带通传输系统为恒功率传输，电压累积速率随着电压上升而降低；当 $a_{\mathrm{send}} = 1$ 时，在 50 ms 处，能量传输转换为恒压模式。当增加信息传输，且 $a_{\mathrm{send}} = 0.5$ 时，能量传输速率明显下降。

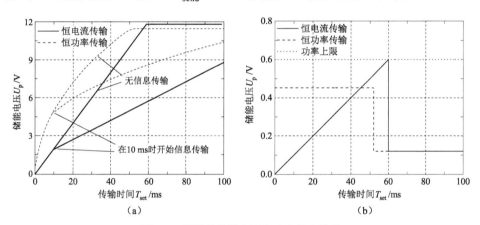

图 5.9 能量接收端电压与功率仿真结果

（a）能量接收端电压变化曲线；（b）能量接收端功率变化曲线

从图 5.9 中可以得出结论，带通系统所使用的恒功率能量传输方法能够较为完全地利用传输到能量接收端的功率，而低通系统有部分功率被浪费，降低了能量传输效率，如图 5.9（b）所示。图 5.9（b）所示为充电过程中的平均功率变化。图 5.9（b）中，低通模型只有在状态切换时刻达到最优功率；带通模型采用单一频率信号，平均功率维持在 $P_{\mathrm{lmt}}/\sqrt{2}$。只有在 $h_{s1} = 1$ 及 $h_{s2} = 1$ 的理想状态下，带通模型的能量传输速率才优于低通模型，事实上，无线传输信道必然存在功率损耗 $h_{s2} = 1$ 不成立的情况，此时，带通模型劣于低通模型。

图 5.10 仿真了信道编码长度与信息传输速率间的关系。其仿真参数为：误码率为 10^{-6}、信噪比为 5，其余仿真参数与能量接收仿真中相同。在图 5.10 中，

不论低通信道还是带通信道均存在编码长度下界。当编码长度为 100 时，不论高斯信道模型还是二进制对称信道模型，均与当前误码率下的信息传输速率边界相差较远，且由于接收端结构有差异，带通传输系统的信息传输速率边界要小于低通传输系统。

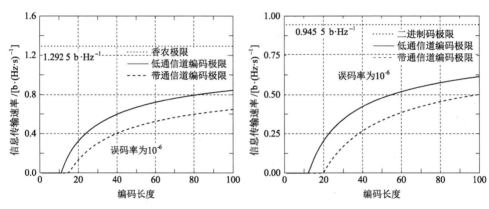

图 5.10　信道编码长度与信息传输速率间的关系
（a）高斯信道模型；（b）二进制对称信道模型

从图 5.10 中可以看出，增加编码长度可以增加信息传输速率。然而，装定信息为定长信息，增加编码长度导致需传输的码元增多，且随着编码长度的增加，信息传输速率的增长变慢，因此，存在使信息的总传输时长最短的最优编码长度。假定信源信息的长度为 n_{s0}，则在编码长度 $n_s \geqslant n_{s0}$ 时，最短传输时长为：

$$\min_{n_s} t_s$$
$$t_s = n_s / B_d R_d \qquad (5.25)$$

式中，B_d 为装定信道带宽；R_d 为信息传输速率。根据式（5.10）和式（5.11），最优时长与 n_s、信噪比有关。不同信噪比下的最优编码长度和短传输时长如图 5.11 所示。图 5.11 中，信源编码后的装定信息长度为 48 b、信道带宽为 100 kHz。图 5.11（a）表明，最优编码长度随着信噪比的增加而迅速降低，直至编码长度与信息总长度一致。图 5.11（b）表明，在低信噪比条件下，低通模型信息传输时长显著小于带通模型，在高信噪比条件下，二者差别较小。当信噪比大于 7.5 dB 时，采用高斯编码与二进制编码的差别不大。

根据图 5.10，在相同信道条件下信道编码长度与信息传输速率间的关系保持不变。信息反馈传输与信息装定通过同一信道进行，因此，其信道编码长度规律与图 5.10 中低通信道曲线一致。同样，信息反馈传输的最优编码长度和最优传输时长如图 5.12 所示。图 5.12 中，信源编码后的反馈信息长度为 8 b。由

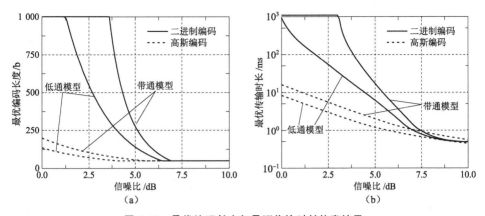

图 5.11　最优编码长度与最短传输时长仿真结果
（a）最优编码长度；（b）最短传输时长

于反馈信息的信息长度很短，当信噪比为 10 dB 时，高斯编码的最优编码长度尚大于 8 b。图 5.12（b）中，高斯编码曲线和二进制编码曲线出现交叉，在信噪比大于 7.5 dB 时，二进制编码优于高斯编码。低通模型和带通模型曲线完全重合，信息反馈性能一致。

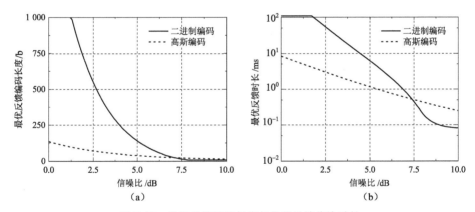

图 5.12　最优反馈编码长度与最优反馈传输时长
（a）最优反馈编码长度；（b）最优反馈传输时长

　　根据上述仿真结果，在理想状况下，低通信道的能量传输性能比带通信道差，信息下行传输性能优于带通信道，二者反馈性能一致；若考虑信道特性，低通信道将显著优于带通信道，因此，最终选用低通信道传输系统作为装定系统的设计方案，且在实际应用场景中，信噪比较高，可采用二进制编码方案进行信道编码。

　　共线装定系统共用底火回路进行信息交联。装定过程和发射过程的相互影响会导致装定失败和弹丸意外发射等异常情况，我们将这种相互影响称为能量流串扰，需要对能量流串扰进行抑制。

理想能量流串扰抑制效果为 $\boldsymbol{\eta}_1 = [1,0]$、$\boldsymbol{\eta}_2 = [0,1]$，此时，能量流串扰完全消失。然而，达到该理想效果所需的成本过高，因此，需要寻求一种容易达到的能量流串扰抑制边界条件。

假设装定控制器的能量输出无法对击发系统产生影响，串扰抑制边界条件为：

1）在回路中未出现发射能量时，底火桥丝上的温度累积应当小于发火所需温度：

$$E_{t1}(t) < \alpha_s T_w, \ t < t_f \tag{5.26}$$

式中，$\alpha_s < 1$ 为装定能量流抑制安全系数。

2）当发射能量出现在回路中时，底火桥丝上的温度最大值应当大于可靠发火温度，且维持一段时间：

$$\exists t_1, t_u, \text{s.t.} \, E_{t1}(t) > T_w, t_1 \leqslant t \leqslant t_u, t_1 > t_f, t_u - t_1 > 1/\lambda_{t1} \tag{5.27}$$

式中，t_1 和 t_u 为桥丝温度超过可靠发火温度时间的下界和上界。

3）到达装定接收系统的瞬时功率应当小于引信最大安全输入功率：

$$P_{t2}(t) < P_{l2} \tag{5.28}$$

式中，P_{l2} 为引信最大允许输入功率；P_{t2} 为装定接收端的瞬时功率。

4）到达装定接收系统的能量大于引信最小需求能量：

$$E_{t2}(t_r) \leqslant E_n \tag{5.29}$$

式中，t_r 为弹丸实际发射时刻。

5）通过能量限制器的瞬时功率不能大于底火发火系统的最大安全功率：

$$P_{t1}(t) < P_a \tag{5.30}$$

式中，P_a 为发火系统最大安全功率；P_{t1} 为底火桥丝上的瞬时功率。

6）能量无法从发射能量源流入装定控制器：

$$P_{s2} \geqslant 0 \tag{5.31}$$

式中，当能量流入装定控制器时 P_{s2} 为负；P_{s2} 为装定能量源的瞬时功率。

能量流串扰抑制系统的边界条件为：

$$\begin{aligned} P_{t1}(t) &= \eta_{b1}(t)\eta_{a1}\left(P_{s1} + \eta_{c1}(t)\eta_{c2}(t)P_{s2}\right) + n_{t1} \\ P_{t2}(t) &= \eta_{b2}(t)\eta_{a2}\left(P_{s1} + \eta_{c1}(t)\eta_{c2}(t)P_{s2}\right) + n_{t1} \end{aligned} \tag{5.32}$$

式中，η_{a1} 和 η_{a2} 为线路损耗及功率分配系数；$\eta_{b1}(t)$ 为发射串扰抑制系数；$\eta_{b2}(t)$ 为装定串扰抑制系数；$\eta_{c1}(t)$ 和 $\eta_{c2}(t)$ 为能量限制系数。

5.1.3　探测和处理技术基础理论

对于作用时间信息和修正系数信息等装定信息，若火控系统解算出的装定信息与目标和环境信息的相符度不高，则提高信息实时性并无意义。对于中大口径火炮所需的弹丸初速探测信息，若初速测量误差大于初速自身散布，则引入初速测量会带来反作用；对于计时基准信息，由于弹丸存在高过载环境，高精度晶体振荡器在引信中难以使用，而硅振荡器和 RC 振荡器存在出厂参数散布大、温度和时间漂移大、随机误差大等缺陷，极大地影响了动态控制系统的精准度；引信计时起点信息主要通过探测发射或碰目标过程中弹丸运动状态的变化得到，与火控系统解算中使用的理论计时起点不一致，同样导致控制系统精准度降低。这些误差可分为两组：一组是计时基准信息、计时起点信息和弹丸初速测量信息中与基准振荡器有关的部分，这组误差可称为控制基准误差；另一组是作用时间信息、修正系数信息和弹丸初速测量信息中与基准振荡器无关的部分，这一组误差可称为控制模型误差。

在信息处理技术中，可以通过时钟同步方法校准基准振荡器，从而校正基准误差。由于装定时间窗口限制，时钟同步占用的通信资源需要尽量小，且需要在仅进行一次同步的条件下保证整个控制系统过程的基准精准度，因此，我们采用两阶段时钟同步方法，该方法由装定信息同步和温度信息跟踪两个阶段组成，如图 5.13 所示。时钟同步所需要的输入包括：装定同步信息、装定过程中的初始温度信息和后续工作过程中的实时温度信息。时钟同步的输出结果为实时漂移 $\alpha(t)$，时钟的实时输出结果 t 为：

$$t = t_0 + \int_{t_0}^{t} \alpha(\tau)\mathrm{d}\tau \qquad (5.33)$$

式中，τ 为时间积分变量；t_0 为计时起点。该方法的工作过程为：在装定信息同步阶段，引信利用装定信息估计控制基准的初始漂移并测量初始温度。在温度信息跟踪阶段，引信利用初始温度和初始漂移估计工作过程中的实时漂移，并按照实时漂移对其时钟进行自校准。

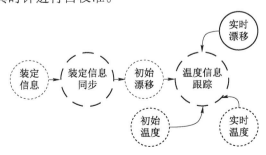

图 5.13　控制误差校正原理

在处理技术中，我们提出了利用信息传输过程进行基准校正的方法，该方法仅需进行一次时钟同步，即可同时校正控制基准和计时起点，且在传输过程中不发送和接收绝对时间信息，占用通信资源很少。

设计了如图 5.14 所示的同步原理。该原理要求系统基带码型为带有时钟信息的定长码，一般基带码型均可满足该要求，为复原基带码型中的时钟信息，可在信源编码过程中插入等间隔符号。

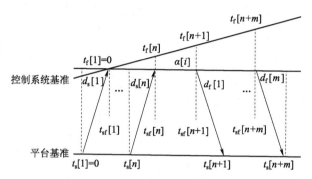

图 5.14　双向伪时间戳时钟同步原理

在装定过程中，装定器共发送 n 个码元，引信共反馈 m 个码元，如图 5.14 所示。图 5.14 中，t_s 为装定器码元发送和接收时刻，t_f 为引信码元接收和发送时刻，t_{sf} 为采用装定器时钟度量的 t_f；$d_s[i] = t_{sf}[i] - t_s[i]$，为装定延迟；$d_f[i] = t_s[i] - t_{sf}[i]$，为反馈延迟；$\alpha[i] = t_f[i]/t_{sf}[i] - 1$ 为单码元时钟漂移。装定信息同步阶段估计的参数为初始时钟漂移 $\alpha(t_0)$。为进行温度信息跟踪，还需测量装定过程中引信的初始温度 T_0 并估计时钟漂移预测区间 p。

引信和装定器均无法直接获知 t_{sf}，因此，引信在接收第 i 个码元时的时钟漂移为：

$$\alpha[i] = \frac{t_f[i] - t_f[i-k]}{t_s[i] - t_s[i-k]} - 1 \tag{5.34}$$

式中，k 为测量码元间隔。与 TWTE 方法不同，装定器发送的信息中不需要包含时间信息，不占用通信资源。为获知 $t_s[i] - t_s[i-k]$，对于定长码，定义装定信息每个码元的长度均为 τ，则时钟漂移的测量值 $\alpha_m[i]$ 为：

$$\alpha_m[i] = (t_f[i] - t_f[i-k]) / k\tau - 1 \tag{5.35}$$

$\alpha_m[i]$ 与 $\alpha[i]$ 的关系为：

$$\alpha_m[i]\tau = \alpha[i](\tau + n_{si} + \beta[i]\tau) + n_{fi} + n_{si} + \beta[i]\tau \tag{5.36}$$

式中，n_{si} 为平台基准输出噪声；$\beta[i]$ 为装定器时钟漂移；n_{fi} 为控制系统检测噪声。

假设装定器经过良好校准，即 $E(\beta[i]) = 0$，则在整个装定过程中 $\alpha(t_0)$ 的期望为：

$$E\big(\alpha(t_0)\big) = \frac{1}{n\tau}\sum_{i=1}^{n}\alpha[i]\big(\boldsymbol{n}_{\mathrm{si}} + \beta[i]\tau\big) + E(\alpha_{\mathrm{m}}) \qquad (5.37)$$

由式（5.37）可知，$E(\alpha_{\mathrm{m}})$ 是 $E\big(\alpha(t_0)\big)$ 的有偏估计，因此采用递归最小二乘滤波法估计 $\alpha(t_0)$，以减小估计误差。同时，为了减小预测区间 p 并简化计算过程，改进了递归最小二乘滤波法，使其能够在迭代过程中估计 p。算法的更新过程如式（5.38）～式（5.42）所示。α 的更新方法为：

$$\alpha_1 = \sum_{i=1}^{r}\lambda_i \alpha_{\mathrm{m}}[(l-i)k+1] = \boldsymbol{\lambda}_1^{\mathrm{T}}\boldsymbol{\alpha}_{\mathrm{ml}} \qquad (5.38)$$

式中，r 为阶数；l 为循环次数；λ_i 为测量值的权重；$\boldsymbol{\lambda}_1 = [\lambda_{1+1-r}, \cdots, \lambda_n]$，$\boldsymbol{\alpha}_{\mathrm{ml}} = [\alpha_{\mathrm{m}}[l+1-r], \cdots, \alpha_{\mathrm{m}}[l]]$。$\boldsymbol{\lambda}_1$ 的更新方法为：

$$\boldsymbol{\lambda}_1 = \boldsymbol{\lambda}_{1-1} + \frac{\big(\alpha_{1-1} - \boldsymbol{\lambda}_{1-1}^{\mathrm{T}}\boldsymbol{\alpha}_{\mathrm{ml}}\big)\boldsymbol{P}_{1-1}\boldsymbol{\alpha}_{\mathrm{ml}}}{\eta + \boldsymbol{\alpha}_{\mathrm{ml}}^{\mathrm{T}}\boldsymbol{P}_{1-1}\boldsymbol{\alpha}_{\mathrm{ml}}} \qquad (5.39)$$

式中，η 为遗忘系数；$\boldsymbol{P}_1$ 为最小二乘系数矩阵，其更新方法为：

$$\boldsymbol{P}_1 = \frac{1}{\eta}\left(\boldsymbol{P}_{1-1} - \frac{\boldsymbol{P}_{1-1}\boldsymbol{\alpha}_{\mathrm{ml}}\boldsymbol{\alpha}_{\mathrm{ml}}^{\mathrm{T}}\boldsymbol{P}_{1-1}}{\eta + \boldsymbol{\alpha}_{\mathrm{ml}}^{\mathrm{T}}\boldsymbol{P}_{1-1}\boldsymbol{\alpha}_{\mathrm{ml}}}\right) \qquad (5.40)$$

预测区间 p 更新方法为：

$$p_1 = p_{1-1} + 2(\alpha_1 - \alpha_{1-1})\sigma_1 + (l-1)(\alpha_1 - \alpha_{1-1})^2 \qquad (5.41)$$

式中，标准差 σ_1 的更新方法为：

$$\sigma_1 = \sigma_{1-1} + (l-1)(\alpha_1 - \alpha_{1-1}) \qquad (5.42)$$

算法参数初始化为 $r = 3$，$l = 0$，$\alpha_0 = 0$，$\lambda_0 = 0$，$P_0 = I/r$，$\sigma_0 = 0$，p_0 为：

$$p_0 = t_{0.95}(n/k - 2)\sqrt{1 + \frac{k}{n}} \qquad (5.43)$$

算法的迭代过程为：当 $l < r$ 时，$l = l+1$，$\alpha_1 = \alpha_{\mathrm{m}}[(l-1)k+1]$，$p_1$ 通过式（5.41）和式（5.42）计算；当 $l \geqslant r$ 时采用式（5.38）～式（5.40）进行迭代。

为将计时起点出现时刻 t_{us} 传输至引信，令 $t_{\mathrm{s}}[0] = 0$，$t_{\mathrm{f}}[0] = 0$，则引信相对时钟起点为 $t_{\mathrm{us}} - d_{\mathrm{s}}[1]$，只需计算出初始偏移量 $d_{\mathrm{s}}[1]$，即可获得时钟起点。假设装定延迟的期望值与反馈延迟相同，且不随时间变化而变化，即 $E(d_{\mathrm{s}}) = E(d_{\mathrm{f}})$，则 $d_{\mathrm{s}}[1]$ 的测量值 $d_{\mathrm{m}}[i]$ 为：

$$d_{\mathrm{m}}[i] = \frac{1}{2}\left(t_{\mathrm{s}}(i) - t_{\mathrm{f}}[i]\frac{(t_{\mathrm{s}}[i] - t_{\mathrm{s}}[i-k])}{k\tau}\right) \tag{5.44}$$

式中，$i \geqslant n+1$。装定器无法直接获得 $t_{\mathrm{f}}[i]$，传输 $t_{\mathrm{f}}[i]$ 需要大量通信资源。引信在信息反馈时只向装定器发送一个数据 $t_{\mathrm{f}}[n+1]$，则 $d_{\mathrm{m}}[i]$ 为：

$$d_{\mathrm{m}}[i] = \frac{1}{2}\left(t_{\mathrm{s}}(i) - \left(t_{\mathrm{f}}[n+1] + (i-n-1)\tau\right)\frac{(t_{\mathrm{s}}[i] - t_{\mathrm{s}}[i-k])}{k\tau}\right) \tag{5.45}$$

式中，$d_{\mathrm{m}}[i]$ 与 $d_{\mathrm{s}}[1]$ 的关系为：

$$d_{\mathrm{s}}[1] = 2d_{\mathrm{m}}[i] + \sum_{k=1}^{i}(n_{\mathrm{sk}} + n_{\mathrm{fk}}) - d_{\mathrm{f}}[i] \tag{5.46}$$

式中，$d_{\mathrm{m}}[i]$ 为 $d_{\mathrm{s}}[1]$ 的无偏估计，初始延迟的估计结果为：

$$\hat{d}_{\mathrm{s}}[1] = \frac{\displaystyle\sum_{i=n+k+1}^{m} t_{\mathrm{s}}[i] - \frac{t_{\mathrm{f}}[n+1] + M\tau}{k\tau}\sum_{i=n+k+1}^{m}(t_{\mathrm{s}}[i] - t_{\mathrm{s}}[i-k])}{2(m-n-k-1)} \tag{5.47}$$

式中，$M = (m+n+k+1)/2$。在计算完成后，将 $t_{\mathrm{us}} - d_{\mathrm{s}}[1]$ 传输给引信，即可让引信获知自身时钟起点。

根据表 5.1 所列参数对双向伪时间戳同步算法进行仿真，其中，$\alpha(t_0)$ 在仿真开始时随机产生。基准偏置的标准差和预测区间与计算所用同步码元数量的关系如图 5.15 所示，其中，每个 k 值均进行了 2 000 次仿真，统计当前 k 值下 $\alpha(t_0)$ 测量结果与真实值的标准差和 p 的平均值。从中可以看出，当 $k=1\ \mathrm{b}$ 时 $\alpha(t_0)$ 测量标准差及 p 均很大，随着 k 增大二者迅速减小，至 $k=3\ \mathrm{b}$ 时达到最小值，而后缓慢增大。均值法 $\alpha(t_0)$ 测量结果标准差小于滤波法，但得到的预测区间更大。

表 5.1 时钟同步仿真参数

名称	参数
装定器时钟源标称频率	10 MHz
装定器时钟源随机误差	5 ppm[①]
控制基准时钟源标称频率	1.5 MHz
控制基准时钟源随机误差	500 ppm
装定器共发送码元数量 n	160 b
装定码元长度 τ	50 μs

---

① 1 ppm$=10^{-6}$。

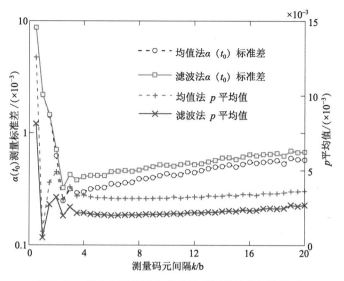

图 5.15　同步码元间隔与基准偏置测量误差间的关系

图 5.16 展示了基准时钟在 1 s 内的累计偏差值。当时钟源的随机误差标准差为 500 ppm 时，时钟同步效果受随机误差的影响很小，且校正后时钟累计偏差增长缓慢，1 s 处时钟累计偏差约为 1.7×10^{-4} s；当随机误差为 5 000 ppm 时，时钟同步效果受随机误差的影响很大，时钟同步结果不稳定，图 5.16（b）中，均值法和滤波法均进行了两次仿真，由于随机误差的影响，两次仿真的结果差异很大，但均优于无校正的情况。从图 5.16 中可以得出结论，控制基准时钟源的随机误差对时钟同步结果影响很大，在实际使用中，需要为动态开环控制系统选用随机误差较小的时钟源。

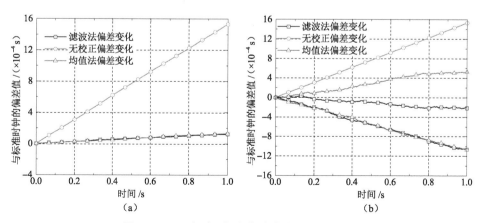

图 5.16　1 s 定时区间内基准时钟的累计偏差值

（a）时钟源随机误差标准差为 500 ppm；（b）时钟源随机误差标准差为 5 000 ppm

为满足时钟源随机误差约束，采用内部硅振荡器作为其时钟源，参数与表 5.1 一致。根据硅振荡器原理，引信时钟频率 $f_{\text{fuze}}(T)$ 随环境温度的变化函数为二次函数：

$$f_{\text{fuze}}(T) = f_{\text{fuze}}(T_b)\left(1 + C_1(T - T_b) + C_2(T - T_b)\right) \tag{5.48}$$

式中，T_b 为基准温度；C_1 和 C_2 为频率变化系数。由于振荡器参数的误差，各个控制基准的 T_b、C_1 和 C_2 不相同，无法直接采用式（5.48）计算不同温度下的时钟频率。

在对某批次的时钟源进行不同温度下时钟频率抽样测试后，得到温度－频率误差分布，如图 5.17 所示。其中时钟源的标称频率为 1.5 MHz，实线为拟合得到的二次曲线，虚线为预测区间。将式（5.48）转换为实际频率与标称频率的相对误差 δ 与温度的函数：

$$\delta = \beta_0 + \beta_1 T + \beta_2 T^2 \tag{5.49}$$

式中，β_0、β_1 和 β_2 为频率误差系数，令 $\boldsymbol{\beta} = [\beta_0, \beta_1, \beta_2]$ 为系数矢量。频率相对误差与时钟漂移的关系为 $\delta = -\alpha$。对于同批次的任意一个控制基准，$\boldsymbol{\beta}$ 利用初始漂移、初始温度和式（5.49）预测。

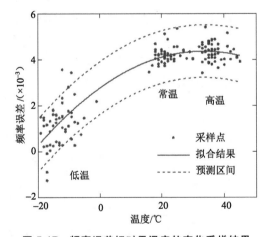

图 5.17 频率误差相对于温度的变化采样结果

根据预测区间的定义可知，对于同批次的大多数时钟源，曲线［式（5.49）］上所有的点均位于预测区间内，且通过坐标为 $[T_M, \delta(T_M)]$ 的测量点 M。因此，对于一个测量点 M，所有可能的曲线为两条二次曲线围成的区间，这个区间可定义为优化问题：

$$\max_{\beta_1, \beta_2}\left(\int_{-\infty}^{+\infty} \left|\boldsymbol{\beta}_1^{\text{T}}\boldsymbol{T} - \boldsymbol{\beta}_2^{\text{T}}\boldsymbol{T}\right|\mathrm{d}T\right) \tag{5.50}$$

$$\text{s.t.} \quad \forall T \quad \boldsymbol{\beta}_u^T T \geqslant \boldsymbol{\beta}_1^T T \geqslant \boldsymbol{\beta}_l^T T \tag{5.50a}$$

$$\forall T \quad \boldsymbol{\beta}_u^T T \geqslant \boldsymbol{\beta}_2^T T \geqslant \boldsymbol{\beta}_l^T T \tag{5.50b}$$

$$\boldsymbol{\beta}_1^T T_M \geqslant \boldsymbol{\beta}_2^T T_M \geqslant \delta(T_M) \tag{5.50c}$$

$$\beta_{12} \leqslant 0 \tag{5.50d}$$

$$\beta_{22} \leqslant 0 \tag{5.50e}$$

式中，$\boldsymbol{\beta}_1$ 和 $\boldsymbol{\beta}_2$ 为两条边界曲线的参数，$T=[1,T,T^2]$；为减少测量误差导致测量结果超出图 5.17 中上下界的情形发生，需要将曲线 [式（5.49）] 与预测区间 p 叠加，式（5.50a）和式（5.50b）中 $\boldsymbol{\beta}_u$ 和 $\boldsymbol{\beta}_l$ 为将 p 叠加入曲线 [式（5.49）] 后得到的预测区间上下界。式（5.50a）和式（5.50b）表示边界曲线上的所有点均在预测区间内，式（5.50c）表示两条边界曲线均需通过测量点 M，式（5.50d）表示两条边界曲线均开口向下。式（5.50）为一非线性连续优化问题，为得到其最优解，将其离散化，并弱化其约束为优化问题：

$$\max_{\beta_1, \beta_2} \left(\sum_{T=T_l}^{T_u} \left| \boldsymbol{\beta}_1^T T - \boldsymbol{\beta}_2^T T \right| \right) \tag{5.51}$$

$$\text{s.t.} \quad \boldsymbol{\beta}_u^T T_l \geqslant \boldsymbol{\beta}_1^T T_l \geqslant \boldsymbol{\beta}_l^T T_l \tag{5.51a}$$

$$\boldsymbol{\beta}_u^T T_u \geqslant \boldsymbol{\beta}_1^T T_u \geqslant \boldsymbol{\beta}_l^T T_u \tag{5.51b}$$

$$\boldsymbol{\beta}_1^T T_M = \boldsymbol{\beta}_2^T T_M = \delta(T_M) \tag{5.51c}$$

式中，$i=1,2$；式（5.51a）中 T_l 为温度最小值；式（5.51b）中 T_u 为温度最大值。式（5.51a）和式（5.51b）分别表示在温度最大值和最小值处的边界条件。显然，当 $\boldsymbol{\beta}_1$ 满足方程：

$$\boldsymbol{\beta}_1^T T_l = \boldsymbol{\beta}_l^T T_l, \quad \boldsymbol{\beta}_1^T T_u = \boldsymbol{\beta}_l^T T_u \tag{5.52}$$

$\boldsymbol{\beta}_2$ 满足方程：

$$\boldsymbol{\beta}_1^T T_l = \boldsymbol{\beta}_l^T T_l, \quad \boldsymbol{\beta}_1^T T_u = \boldsymbol{\beta}_l^T T_u \tag{5.53}$$

时，优化问题式（5.51）达到最优。

由于优化问题式（5.51）是优化问题式（5.50）的约束弱化版，还需要判断得到的 $\boldsymbol{\beta}_1$ 是否满足边界条件式（5.50a），$\boldsymbol{\beta}_2$ 是否满足边界条件式（5.50b）和式（5.50e）。若满足，则得到预测区间；若 $\boldsymbol{\beta}_2$ 不满足式（5.50e），则令 $\beta_{22}=0$，代替式（5.52）中的一个方程，重新求解 $\boldsymbol{\beta}_2$，得到的两个结果中必然有一个满足边界条件式（5.50b），以该结果作为新的 $\boldsymbol{\beta}_2$。若 $\boldsymbol{\beta}_1$ 不满足式（5.50a）或 $\boldsymbol{\beta}_2$ 不满足式（5.50b），则计算 $\boldsymbol{\beta}_1$ 与 $\boldsymbol{\beta}_l$ 或 $\boldsymbol{\beta}_2$ 与 $\boldsymbol{\beta}_u$ 的距离最远的点 T_c，若 $T_c > T_m$，则用 T_l，T_m 和 T_c 三个点求解得到新的 $\boldsymbol{\beta}_1$ 或 $\boldsymbol{\beta}_2$；若 $T_c < T_m$，则用 T_c，T_m 和 T_u 三个点求解得到新的 $\boldsymbol{\beta}_1$ 或 $\boldsymbol{\beta}_2$。

在测量温度分别为 $-40\ ℃$、$-20\ ℃$、$0\ ℃$、$20\ ℃$ 和 $40\ ℃$ 时，仿真不同温

度的频率漂移修正结果与实际温度的标准差如图 5.18 所示。其中，实线为利用测量结果修正的频率漂移（测量预测修正），虚线为利用统计期望直接修正的频率漂移（拟合曲线修正）。从图中可以看出，利用测量修正的频率漂移在多数情况下优于利用统计结果修正，随着实际温度远离被测量温度，修正结果趋近于统计结果修正。当温度测量结果处于 20 ℃～40 ℃时，在当前测量结果附近能够获得接近测量结果的修正精度；当温度测量结果小于 20 ℃时，修正偏差随着温度的下降而增大。

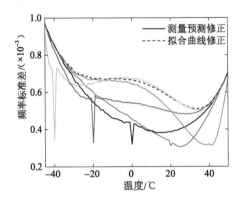

图 5.18　测量预测修正与拟合曲线修正标准差对比

|5.2　中大口径弹药灵巧引信设计实例|

5.2.1　特征分析和控制时序设计

某坦克炮弹药作战过程如图 5.19 所示。

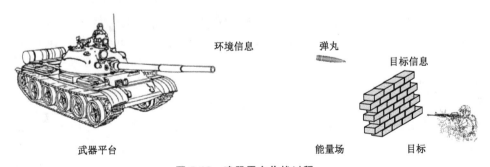

图 5.19　武器平台作战过程

1）武器平台按特定的周期探测或从信息中心接收环境信息。

2）武器平台使用探测设备发现目标并测量目标信息，或通过信息中心获知目标信息。

3）火控系统根据环境信息和目标信息调整发射信息，而后输出能量发射弹丸。

4）火控系统通过装定系统将环境信息和目标信息传输给引信，引信根据得到的信息设定弹丸作用信息。

5）引信根据弹丸运动状态修正作用信息，并根据作用信息输出起爆能量。

6）最终，弹丸爆炸产生的能量场或破片场到达目标，对目标进行毁伤。

根据上述工作过程，该灵巧引信动态开环控制系统各观测时机 t_{oi} 取值如下：由于本书采用底火共线装定方案，t_{o0} 和 t_{o1} 必须小于弹丸发射时刻且其探测工作由火控系统完成，其取值应当与发射时刻尽量接近，最终取值由能量和信息同步完成时间决定；该引信不观测弹丸加速度，因而无须 t_{o2}；t_{o3} 应当尽量接近弹丸出炮口时刻，以减少环境信息对弹丸初速测量的干扰；观测时机 t_{o4} 的选择决定了引信的功能，当选择 $t_{o4} = X^{-1}_f(0)$ 为弹丸出炮口时刻时，引信工作在定距空炸状态；当选择 $t_{o4} = X^{-1}_f(U_{t1})$ 为弹丸碰目标时刻且 $u_t = 0$ 时，引信工作在碰炸状态；当选择 t_{o4} 为弹丸碰目标时刻且 $u_t > 0$ 时，引信工作在延期状态。

上述系统的任务输入包括：目标类型、弹丸预期起爆位置和环境信息；上述信息通过装定系统传输给引信，引信自身没有探测目标信息的能力，因此，引信的状态变量为时间累加值；模型输入包括弹丸的初始位置和弹丸初始速度；基准输入为引信计时基准。

5.2.2　灵巧引信系统总体设计

为了实现最佳炸点控制，灵巧引信的开环控制系统必须具有可装定、可探测、可处理和可控制等特征，根据这四个特征可以将灵巧引信划分为供能系统、装定系统、处理系统、探测系统和控制系统等五个子系统。各个子系统的组成和相互关系如图 5.20 所示。其中，供能系统由电池模块和储能模块组成；装定系统组成如图 5.22 所示；处理系统在硬件层为一单片机，在软件层由观测信息解算模块和控制命令输出模块组成；探测系统由地磁传感器和放大器组成；控制系统由充能控制模块、执行能量储存模块和能量输出控制模块组成。

系统工作流程及时序如图 5.21 所示。其中，系统可分为四个并行的信息流和能量流：系统能量流、系统信息流、控制能量流和控制信息流。系统工作可分为两个阶段：发射前和发射后。系统能量流的工作时序为：发射前，车载电源通过装定系统给引信传输能量；发射后，引信利用接收到的能量工作一定时间，直至电池激活后由电池给引信提供能量。系统信息流的工作时序为：发射前，火控系统通过装定系统传输装定信息给引信；发射后，探测系统启动，探测环境信息，处理系统解算装定信息和环境信息，并根据解算结果修正控制命

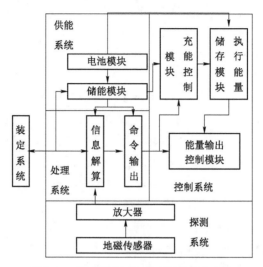

图 5.20　灵巧引信开环控制系统结构框图

令。在发射前，控制信息流和控制能量流均不出现。在发射后，控制信息流和控制能量流按时序分为三个阶段：其一为弹道安全阶段，在该阶段，处理系统发出封闭命令，控制系统阻止系统能量给执行能量储存模块充能和执行能量输出；其二为执行能量充能阶段，该阶段处理系统发出充能命令，供能系统给控制系统提供执行能量；其三为执行能量输出阶段，该阶段控制系统根据处理系统发出的起爆命令输出执行能量。

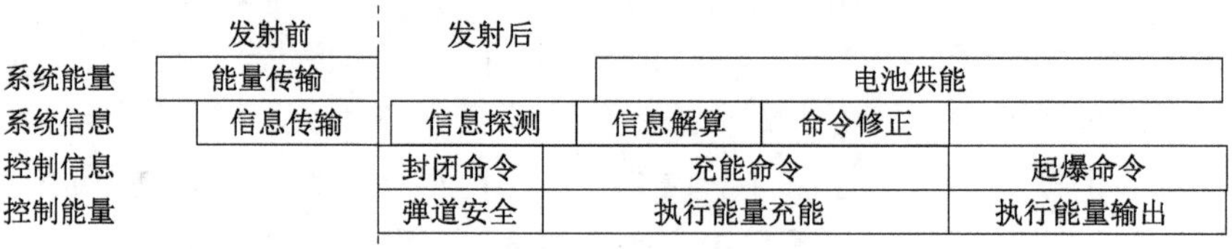

	发射前	发射后		
系统能量	能量传输	电池供能		
系统信息	信息传输	信息探测	信息解算	命令修正
控制信息		封闭命令	充能命令	起爆命令
控制能量		弹道安全	执行能量充能	执行能量输出

图 5.21　系统工作时序框图

5.2.3　装定系统设计和试验

膛内装定系统选择火炮原有的发射回路，在弹丸发射前将能量和信息同步传输给引信。该设计不改动火炮结构，仅在发射回路中并联装定器和弹上接收

系统，并对电底火进行改造。

整个膛内装定系统由装定器、信道和接收系统三个子系统组成。其中装定器由能量接口、信息接口、信息转换编码模块、调制模块、解调模块、信息解码模块、功率和电流限制模块组成；信道由炮上传输回路、炮闩、底火触点、弹上传输回路组成；接收系统由功率分离模块、反馈模块等组成。其中装定器放置于火炮上，接收系统位于弹丸的引信内，信道与装定器端口的功率和电流限制模块、引信接收端口的装定串扰抑制模块，以及底火桥丝端口的发射串扰抑制模块共同构成信道和串扰抑制系统。各系统组成和连接关系如图 5.22 所示。

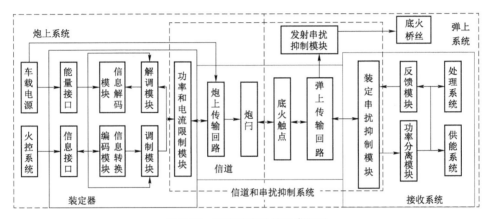

图 5.22　膛内装定系统组成框图

由于系统装定和反馈使用相同信道，只能采用半双工模式工作，混合功率分配模型为：

$$s_p(t) = \begin{cases} s_{out}(t), t = t_{pi}, t_{fk} \\ \sqrt{a_{send}}\, s_{out}(t), t = t_{sj} \end{cases}$$

$$s_d(t) = \sqrt{1 - a_{send}}\, s_{out}(t), t = t_{sj} \tag{5.54}$$

$$\delta_t = \frac{\sum t_{pi} + \sum t_{fk}}{\sum t_{pi} + \sum t_{sj} + \sum t_{fk}}$$

式中，t_{fk} 为反馈传输时段。在反馈传输过程中，装定信息传输无法进行，因此设定 $a_{send} = 1$ 以达到最优传输效率。根据式（5.54），混合功率分配法工作时序如图 5.23 所示。其中，引信的整个工作生命周期（时长为 T_{life}）被分为两个工作状态：在时长为 T_{set} 的第一个工作状态中，装定器同步向引信传输能量和信息；在剩余的工作生命周期中，引信消耗接收到的能量对环境进行探测，并根据探测到的环境信息和装定信息执行起爆控制等任务。第一个时长为 T_{set} 的工作状态又可分为四个时间片段：第一个时间片段时长为 t_{set1}，装定器在该阶段给引信提供启动能量，该阶段没有任何信息在装定器与引信间传输；第二个时间片段时长为 t_{set2}，在该阶段引信向装定器反馈供能确认信息；第三个时间片段时长为 t_{set3}，在该阶段装定器对引信进行信息和能量同步传输；第四个时间片段时长为 t_{set4}，在该阶段引信向装定器反馈装定状态信息。

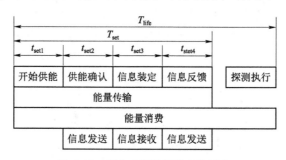

图 5.23　混合功率分配法工作时序

从图 5.23 中可以看出：能量消费在整个 T_{life} 持续时间内均存在；能量传输在整个 T_{set} 持续时间内均存在；下行信息传输存在于 t_{set3}；上行信息传输存在于 t_{set2} 和 t_{set4}。在不同时间片段内，由于系统中参与工作模块的不同，能量传输速率与能量消耗速率也不同，如图 5.24 所示。其中，时间片段 t_{set1}、t_{set2} 和 t_{set4} 传输到能量接收端的功率为 P_{lmt}；时间片段 t_{set3} 传输到能量接收端的功率为 $(1-a_{send})P_{lmt}$。在时间片段 t_{set1} 和 t_{set3} 中，能量消耗为维持接收系统工作所需的恒定功率消耗 P_c，在时间片段 t_{set2} 和 t_{set4} 中，除恒定功率消耗外，还存在额外的反馈功率消耗 P_f。

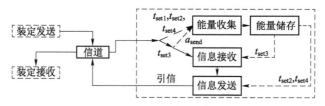

图 5.24　混合功率分配系统结构框图

根据边界条件，能量流串扰抑制系统可由能量限制模块、发射串扰抑制模块和装定串扰抑制模块组成，其结构如图 5.25 所示。其中能量限制模块位于炮上装定系统内部，串接在装定控制器的输出端与炮闩之间，由以下子模块组成：一是装定电流限制模块，限制装定控制器输出电流，使得装定器输出功率总是小于底火发火系统发火能量；二是能量单向模块，限制能量流方向，只允许能量流从装定系统流出，防止发射能量倒灌入装定控制器导致装定控制器损坏，如图 5.26 所示。装定串扰抑制模块和发射串扰抑制模块位于弹药内部，装定串扰抑制模块接于底火触点和弹上装定接收系统之间，发射串扰抑制模块则串接于底火触点与底火发火系统之间。二者的原理为：装定串扰抑制模块允许装定能量流通过，并使引信对发射能量流呈现高阻态，防止对发射能量的分流导致发射异常及发射能量流损坏引信；发射串扰抑制模块允许发射能量流通过，并使底火回路对装定能量流呈现高阻态，如图 5.27 所示。

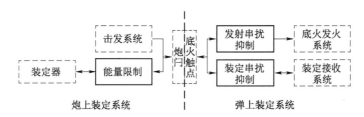

图 5.25　能量流串扰抑制系统结构框图

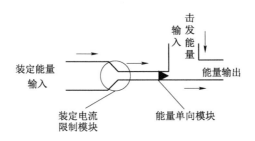

图 5.26　能量限制模块功能示意

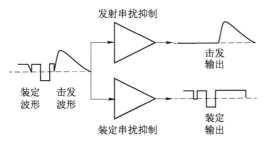

图 5.27　发射和装定串扰抑制模块功能示意

系统工作过程为：装定控制器在接收到装定指令和装定信息后，将调制过的装定能量输出到能量限制器，能量限制器检测炮闩处能量流状态，在炮闩处未出现发射能量流的情况下将经过限制的装定能量流传输到炮闩，能量流通过炮闩与底火触点分别到达发射串扰抑制器与装定串扰抑制器，二者分别判断通过底火触点的能量流类型。当装定能量流出现在炮闩时，发射串扰抑制器阻止装定能量流通过，而装定串扰抑制器将装定能量流输出到弹上装定接收系统中，装定接收系统利用装定能量流的能量并从中提取装定信息。当发射能量出现在炮闩时，能量限制器立即阻断装定能量流传输，并限制能量流流入装定控制器中。发射能量流通过底火触点与发射串扰抑制器到达底火发火系统，引燃底火发射弹丸，装定串扰抑制器可抑制过大的发射能量流传输到弹上装定接收系统中，防止弹上系统被发射能量损坏。

对于传导串扰，发射能量源为电容储能或恒压源，装定能量源为恒功率源。若装定能量为交流能量，可采用频域特征进行区分。但无源频域区分结构能量损耗较大，有源频域区分结构复杂，状态切换延迟较高。因此，采用直流能量作为装定能量，并采用时域特征对二者进行区分。

发射串扰抑制器设计需满足边界条件式（5.26）和式（5.27）。其中，式（5.26）保证在发射能量出现之前发射串扰抑制器断开，式（5.27）保证从发射串扰抑制器检测到发射能量时刻 t_1 至底火桥丝点燃时刻 t_u，发射串扰抑制器维持导通。满足该条件的发射串扰抑制器为：

$$\eta_{b1}(t) = \begin{cases} 0, t < t_j \\ 1, t \geq t_j, u_1(t) > 0 \end{cases} \qquad (5.55)$$

$$t_j = \min\{t \mid u_1(t) \geq U_j\}$$

式中，U_j 为阈值判别电压；$u_1(t)$ 为发射串扰抑制器输入电压；$\{t \mid u_1(t) \geq U_j\}$ 为 $u_1(t) \geq U_j$ 的时刻集合；t_j 为 $u_1(t) \geq U_j$ 时刻的最小值。由式（5.55）得到的发射串扰抑制器为一电压阈值判别模块，其工作过程为：当 $u_1(t) \leq U_j$ 时，发射串扰抑制器无输出；当 $u_1(t) \geq U_j$ 发生时，发射串扰抑制器导通，并维持导通状态直到 $u_1(t) = 0$。

能量限制器需要满足的条件包括：

1）边界条件式（5.30）保证发射串扰抑制器损坏时，装定能量流不引起底火发火。对于固定的底火桥丝电阻 R_f，其安全输入功率为 $P_a = I_{2a}R_f$，其中，I_a 为安全电流。因此，需要能量限制器电流输出满足 $i_2(t) \leq I_a$。

2）电压输出小于发射串扰抑制器的阈值，即 $u_2(t) \leq U_j$。

3）装定能量满足边界条件式（5.29），引信从装定过程中获得充足的能量。满足以上条件的能量限制器为：

$$\eta_{c1}(t) = \begin{cases} \left(\dfrac{U_a}{\max(u_{in}(t))}\right)^2, i_2(t) < I_a \\[3mm] \left(\dfrac{I_a}{i_2(t)}\right)^2, i_2(t) \geq I_a \end{cases} \qquad (5.56)$$

式中，$u_{in}(t)$ 为装定控制器输出电压；$U_a < U_j$ 为发射串扰抑制器安全电压。当装

定控制器输出电流 $i_2(t) < I_a$ 时，能量限制器输出为装定控制器输出的等比衰减，当 $i_2(t) \geq I_a$ 时，能量限制器输出电压为 $I_a R_f$。

装定串扰抑制器需满足边界条件式（5.28）和边界条件式（5.29），发射过程中弹上系统不损坏，引信从装定过程中获得充足的能量且装定信息不失真。满足条件的装定串扰抑制器为：

$$\eta_{b2}(t) = \begin{cases} 1, u_1(t) < U_m \\ \left(\dfrac{U_m}{u_1(t)} \right)^2, u_1(t) \geq U_m \end{cases} \tag{5.57}$$

式中，U_m 为装定接收系统最大允许输入电压。当 $u_1(t) < U_m$ 时，装定串扰抑制器电压输出为 $u_1(t)$，当 $u_1(t) \geq U_m$ 时，装定串扰抑制器电压输出为 U_m。

能量限制器中的能量单向模块需满足边界条件式（5.31），能量单向传输。其方法为：

$$\eta_{c2}(t) = \begin{cases} 1, i_2(t) \geq I_c \\ 0, i_2(t) < I_c \end{cases} \tag{5.58}$$

式中，I_c 为能量流换向电流，当 $i_2(t) \geq I_c$ 时，认为能量流由装定控制器流向炮闩；当 $i_2(t) < I_c$ 时，能量流由炮闩流向装定控制器，能量单向模块切断能量流。将式（5.55）～式（5.58）代入式（5.32）即可得到能量流串扰抑制结果。当系统中只存在装定能量流，且装定电流较小时，串扰抑制结果为：

$$P_{t1}(t) = n_{t1}$$
$$P_{t2}(t) = \eta_{a2} \left(\left(\frac{U_a}{\max(u_{in}(t))} \right)^2 P_{s2} + n_{t2} \right) \tag{5.59}$$

当系统中只存在装定能量流，且装定电流较大时，串扰抑制结果为：

$$P_{t1}(t) = n_{t1}$$
$$P_{t2}(t) = \eta_{a2} \left(\left(\frac{I_a}{i_2(t)} \right)^2 P_{s2} + n_{t2} \right) \tag{5.60}$$

当发射串扰抑制器损坏时，串扰抑制结果为：

$$P_{t1}(t) = \eta_{a1} \left(\frac{I_a}{i_2(t)} \right)^2 P_{s2} + n_{t1}$$
$$P_{t1}(t) = \eta_{a2} \left(\frac{I_a}{i_2(t)} \right)^2 P_{s2} + n_{t2} \tag{5.61}$$

当系统中出现发射能量流时，串扰抑制结果为：

$$P_{t1}(t) = \eta_a P_{s1} + n_{t1}$$

$$P_{t2}(t) = \left(\frac{U_m}{u_1(t)}\right)^2 \eta_a P_{s2} + n_{t2}$$

（5.62）

式中，P_{si} 为发射能量源瞬时功率。

根据图 5.22，膛内装定系统的工作流程描述如下：

1）车载电源启动，通过能量接口装定器提供电源，装定器启动，等待火控传输装定信息和弹药入膛。

2）火控系统发现目标，观测目标类型并测量目标距离，从指挥信息中心下载作战区域的气温、气压、风速、风向、海拔等环境信息，根据所观测到的目标信息解算引信作用方式、作用时间、标准初速和修正系数等引信作用信息。

3）火控系统通过信息接口将引信作用信息传输给装定器，装定器通过信息转换编码模块将引信作用信息按照前节所述发送端功率分配方案进行编码，并通过解调模块检测弹药是否入膛。

4）检测到弹药入膛后，调制模块调制编码信息，把装定能量和信息通过功率和电流限制模块同步加载到信道上。

5）装定能量和信息传输到弹上传输回路后被分为两股，通往底火桥丝的装定能量和信息被发射串扰抑制模块阻止，通往接收系统的能量和信息通过装定串扰抑制系统传输到分离模块。

6）分离模块分离能量和信息，将能量送往供能系统，将信息送往处理系统，处理系统解调并解码装定信息。

7）处理系统根据装定信息解算出反馈信息，并将反馈信息通过反馈模块编码并调制反馈信息，将反馈信息发送回信道中。

8）反馈信息通过信道传输到装定器的解调模块中，经过解调和解码后得到装定结果信息，并通过信息接口传输给火控系统。

火控系统控制车载电源向炮上传输回路输出发射能量，经过弹上传输回路并打开发射串扰抑制模块，将发射能量输出到底火桥丝上，发射弹丸。

为了验证图 5.22 中装定器和接收系统的传输性能进行了装定试验。试验中设计了两种装定时序，用以对比不同功率分配方案的装定效果，如图 5.28 所示。时序一：以接收系统上电信号作为信息传输起始点，在该时序中，解码器测量输出电压，当解码器测量到的电压大于接收系统上电电压时，装定器开始发送装定信息，接收系统测量接收端电压，当接收端电压达到充电完成电压时，接收系统发送反馈信息；时序二：以充电完成信号作为信息传输起始点，解码器测量输出电流，当输出电流减小到接收系统工作电流时，开始信息传输，接收系统在结算出反馈数据后，立即发送反馈信息。

上电电压

时序一	能量传输	能量和信息传输	能量传输	信息反馈
时序二		能量传输	信息传输	信息反馈

图 5.28　装定试验时序图

　　试验中的被试品包括一个装定器以及一个灵巧引信。引信供能系统中储能模块为 200 μF 的电容，稳压芯片为 LTC3642 型 DC/DC，其最小工作电压为 4.5 V，选取 5 V 作为接收系统上电电压。

　　试验结果如图 5.29 所示。其中，共进行了三组装定试验：a. 在充电完成时发送装定信息；b. 在接收系统上电后发送装定信息，发送端功率分配比例为 9/64；c. 在接收系统上电后发送装定信息，发送端功率分配比例为 9/16。试验中，测量得到接收系统信息输入端的信噪比约为 20 dB，装定信息传输总时长均为 8 ms，反馈信息传输总时长均为 1.6 ms。试验 a 的能量传输完成时间为 57 ms，总传输完成时间为 69 ms，试验 b 的能量传输完成时间和总传输完成时间均为 63.2 ms，试验 c 的能量传输完成时间和总传输完成时间均为 62.4 ms。虽然试验 a 充电完成时间较短，但由于在充电完成后才进行信息传输，总传输时间较长。对比试验 b 和试验 c 可以看出，增加发送端功率分配比例，可以减小总装定完成时间，其原理为，根据前述优化算法，在试验所处的噪声环境下，信息传输所需要的功率很小，而试验中所用的功率分配比例远超信息传输所需。

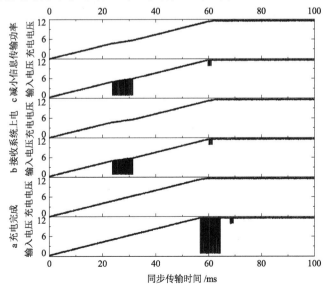

图 5.29　信息和能量同步传输试验结果

对比试验 b 和试验 c 可知，试验所得到的传输时长与仿真结果很接近，但未达到该信噪比条件下信息和能量同步传输的最短传输时长 58.2 ms。

试验结果表明，根据装定模型及功率分配优化算法设计的装定时序和发送端功率分配方案，能够有效地缩短装定时间，在保证充足的能量供应的同时，提高装定信息的实时性。试验结果与理论计算得到的最短传输时长尚有一定距离，其原因为，为保证在不同环境下的信息传输可靠度，设置了远高于当前信噪比条件下最短传输时长的信息传输功率，且为校正控制基准误差，将装定信息传输总时长统一为 8 ms，限制了装定信息传输速率。

通过试验验证串扰抑制系统对能量流串扰的抑制效果，同时探究串扰抑制系统对能量传输的影响。试验内容包括：测试功率、电流限制模块的功率和电流限制效果；验证发射串扰抑制模块以及装定串扰抑制模块在发射能量流和装定能量流下的工作状态；验证同步传输系统在添加了串扰抑制系统后的传输性能变化情况。

功率和电流限制模块功能试验如图 5.30 所示。

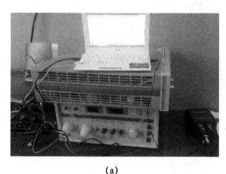 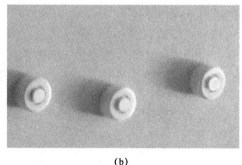

(a)　　　　　　　　　　　　　　　(b)

图 5.30　功率和电流限制模块功能试验现场布置

(a) 试验现场布置；(b) 试验用电底火

首先，验证功率和电流限制模块对装定能量流的限制效果。试验方法为：首先，用带有功率和电流限制模块的装定器对一可调电阻输出能量，测量其在不同阻值下的电压值，并计算当前电流值，根据电流和电压测量结果判断模块工作状态。其次，用装定器对某型电底火输出装定能量（该电底火无发射串扰抑制模块），观察电底火是否会被装定能量点燃，试验现场布置如图 5.30（a）所示，试验中，为保证现场安全，电底火被放置于一个隔离房间内，试验用电底火如图 5.30（b）所示。

图 5.31 展示了装定能量对可调电阻的输出结果。可调电阻的取值为 10～

5 000 Ω，当输出电压小于 11.6 V 时，输出电流几乎不变；当输出电压稳定在 11.6 V 时，输出电流随电阻的上升而减小。通过图 5.31 得到模块平均电流限制为 47.2 mA，平均功率限制为 0.55 W，满足指标要求。

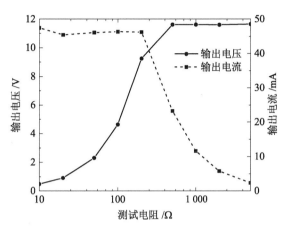

图 5.31　装定能量对可调电阻的输出结果

表 5.2 展示了装定能量对无发射串扰抑制模块的电底火的输出结果。在试验中，共采用经过常温 15 ℃ 保温的底火 40 枚，低温 −55 ℃ 保温的底火 30 枚和高温 70 ℃ 保温的底火 30 枚，对每枚底火输出三次装定能量，观察底火是否发火。在试验中，所有底火均未发火。观察试验前和试验后的底火平均电阻可知，底火电阻在试验前后无变化。

表 5.2　装定能量对无发射串扰抑制模块的电底火的输出试验结果

底火温度 /℃	测试数量/ 枚	试验后平均电阻/Ω	试验后平均电阻/Ω	发火数量/ 枚	能量输出次数/ 次
15	40	29	30	0	3
−55	30	36	36	0	3
70	30	38	39	0	3

接着，验证模块对发射能量流的限制效果。试验方法为：在装定系统的输出端并联接入一个 24 V 恒压源，在试验开始时关闭恒压源，装定系统按照装定流程执行操作，在装定过程中及装定完成后打开恒压源，观察功率和电流限制模块两端的电流电压变化情况。

试验结果如图 5.32 所示。其中，炮闩的电压为曲线炮闩输入；当功率和电流限制模块不存在时，装定器输出端的电压为装定器输出 1；当功率和电流限

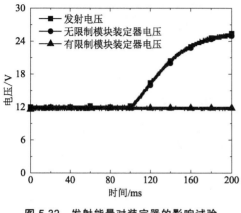

图 5.32　发射能量对装定器的影响试验

制模块存在时，装定器输出端电压为装定器输出 2。从图 5.32 中可以看出，在击发能量出现前，炮闩处电压与装定器输出电压相同。当击发能量输出时，在功率和电流限制模块不存在的条件下，击发能量直接倒灌入装定器，将装定器电压拉升到与击发电压一致，此时装定器实测输出电流为 −113 mA，存在较大能量输入；当装定器中存在电流检测等类型的元件时，此反向电流会导致其负载过大，降低其可靠性及使用寿命。在功率和电流限制模块存在的条件下，当击发能量出现在炮闩时，装定器输出端保持其电压稳定，且无电流输入或输出，装定器不会被损坏。

发射串扰抑制模块功能试验如图 5.33 所示。

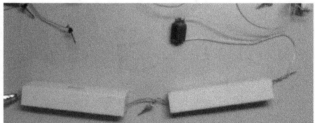

图 5.33　发射串扰抑制模块及其测试连接照片

发射串扰抑制模块集成在底火连接电件中，如图 5.33 所示。试验内容为：第一，试验发射串扰抑制模块在不同电压下的状态变化规律；第二，测试发射串扰抑制模块的导通电压散布；第三，测量装定能量输出时底火桥丝两端的电压波形。试验参数为：发射串扰抑制模块最大截止电压设定为 16 V，两个标称值为 1 Ω 的串联大功率电阻被用来模拟底火桥丝。

试验一：模拟桥丝起爆试验。试验方法为：采用电容充电电压为 12～30 V 的 1 000 uF 电解电容对发射回路放电，测量放电时刻前后发射回路和底火桥丝两端的电压。试验结果如图 5.34 所示。其中，发射电容分别充电至 12 V、18 V、24 V 和 30 V；电容电压为 12 V 时，发射串扰抑制模块断开，发射回路电压为 12 V，桥丝两端电压为 0 V；电容电压为 18 V、24 V 和 30 V 时，发射串扰抑制模块导通，回路中出现放电波形，由于试验用放电开关和回路导线存在一定的内阻,开关导通后回路的最大电压小于电容充电电压。12~30 V 的电容充电电压、回路电压和桥丝电压之间的关系见表 5.3。当开关未导通时,充电电压与回路电压之间无电压差;开关导通后,由于桥丝电阻很小,回路中的电阻损耗导致回路电压低于充电电压,但导通点依然在 14~16 V,回路电阻对导通点无影响;回路电压与桥丝电压间的电压差很小,表明发射串扰抑制模块压降很小。

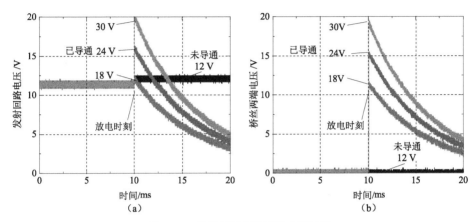

图 5.34　模拟桥丝爆发试验电压波形

(a) 发射回路电压;(b) 桥丝两端电压

表 5.3　电容充电电压、发射回路电压和底火桥丝电压间的关系　　　V

充电电压	12	14	16	18	20	22	24	26	28	30
回路电压	12	14	11	12	14	16	17	18	20	21
桥丝电压	0	0	10	11	12	14	15	16	18	19

试验二:导通点散布测量试验。选取 100 个发射串扰抑制模块,换至上述测量回路中,在 14~16 V 范围内以 0.1 V 为间隔,分别测量其导通点,测量结果如表 5.4 所示。其中,完全导通点的散布很小,最大完全导通点为 15.9 V,能够满足 16 V 发火的指标要求。试验中发现发射串扰抑制模块存在两个导通点:临界导通点和完全导通点,如图 5.35 所示。

表 5.4　导通点散布测量试验结果　　　V

完全导通点期望	完全导通点标准差	最大完全导通点	最小完全导通点
15.7	0.1	15.9	15.4
临界导通点期望	临界导通点标准差	最大临界导通点	最小临界导通点
14.6	0.1	14.8	14.3

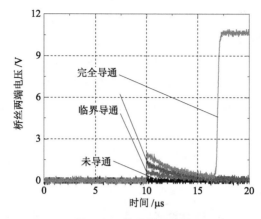

图 5.35　临界导通波形

当发射电容电压小于临界导通点时，桥丝两端的电压为 0；当发射电压大于临界导通点且小于完全导通点时，桥丝两端会出现一个持续时间很短的脉冲电压；当发射电容电压大于完全导通点时，电容能够对桥丝正常放电。最小临界导通点 14.3 V 可以作为串扰抑制模块电压抑制上限，装定能量流中最大电压不允许超过最小临界导通点。

试验三：装定噪声对底火桥丝的影响。试验方法为：用装定器对发射回路输出装定能量，观察底火桥丝两端的噪声变化情况，试验结果如图 5.36 所示。图 5.36（a）中，装定系统未接入回路，此时平均功率谱密度为 −47 dBW；图 5.36（b）中，能量正在传输，此时平均功率谱密度为 −46 dBW；图 5.36（c）中，能量和信息正在同步传输，此时平均功率谱密度为 −46 dBW。对比这三张图可知，在回路中无装定系统时，噪声功率比装定时小约 1 dB，没有明显差距，表明装定噪声能够通过发射串扰抑制模块传导至底火中，但与本底噪声相比，装定噪声很小，不会导致桥丝两端的噪声功率明显增加。

试验结果表明，功率和电流限制模块的电流限制为 47 mA，功率限制为 0.55 W，满足设计指标要求；所设计的功率和电流限制模块能够保证在发射串扰抑制模块损坏或不带有发射串扰抑制模块时，装定能量不会导致电底火发火；不论装定过程是否正在进行，功率和电流限制模块均能够有效地限制发射能量流入装定器，防止装定器损坏。

所设计的发射串扰抑制模块能够在电压大于导通电压时可靠导通，导通后除非电压下降到 0，否则模块不会截止，满足功能要求；模块导通电压范围为 14.3～15.9 V，且散布很小，最大导通电压小于 16 V，满足最小发火电压要求；最小临界导通电压为 14.3 V，大于装定所用 12 V 电压，满足串扰抑制需求。泄漏到底火桥丝上的噪声远小于环境噪声，不会对桥丝造成影响。

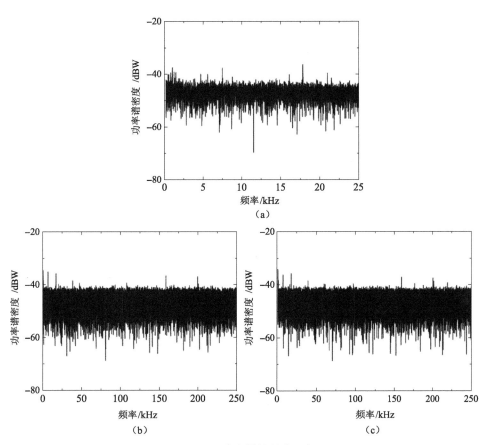

图 5.36　底火桥丝两端噪声

（a）回路中无装定系统；（b）装定能量输出阶段；（c）能量和信息同步输出阶段

5.2.4　探测和处理系统设计与试验

为验证探测和处理系统引信基准误差校正算法的效果，进行了以下试验：第一，引信基准误差测量试验，测量未经校正的引信基准频率，计算其误差；第二，利用前述时钟同步方法校正基准频率，计算校正后的基准误差。

引信基准频率误差校正试验结果如图 5.37 所示。其中，图 5.37（a）为校正前引信基准频率误差，图 5.37（b）为校正后引信基准频率误差。试验结果表明，在校正前，引信基准频率散布很大，且散布规律随温度变化而变化。在校正后，基准频率散布变小，且其散布与校正时的环境温度无关，校正前频率分布范围为 1.498～1.508 MHz，校正后频率分布范围为 1.499～1.501 MHz。

统计表明，校正前，$-20\ ℃$ 条件下的基准频率均值与 20 ℃ 及 35 ℃ 不同，且散布很大，系统在测试中的总频率散布达到了 2.35 kHz。校正后，基准频率均值均为 1.500 MHz，且标准差在所有温度条件下均小于校正前，其统计结果见表 5.5。

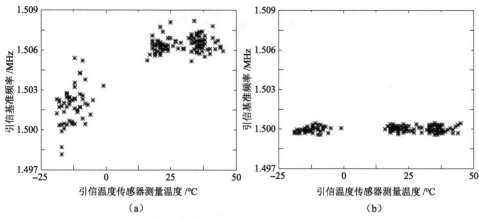

（a） （b）

图 5.37 引信基准频率误差校正试验结果
（a）校正前引信基准频率误差；（b）校正后引信基准频率误差

表 5.5 引信基准频率误差校正试验结果统计

项目		校正前频率均值 /MHz	校正前频率标准差 /kHz	校正后频率均值 /MHz	校正后频率标准差 /kHz
测试温度 /℃	−20	1.502	1.38	1.500	0.24
	20	1.506	0.57	1.500	0.19
	35	1.506	0.49	1.500	0.19
总平均		1.505	2.35	1.500	0.20

通过不同温度下的 1 s 定时试验验证基准误差校正效果。试验采用 50 个与图 5.37（a）相同批次的引信。对于每个时钟采用的试验方法为：第一，在设定温度下运用装定信息同步法校准初始时钟漂移，记录初始时钟漂移校准结果和 1 s 定时结果；第二，改变温度，根据初始时钟漂移校准结果校准当前时钟漂移结果，记录 1 s 定时结果；第三，重复前两个步骤至试验完成。分别用图 5.37（a）的统计拟合结果和前文所述两阶段时钟同步方法校准时钟漂移，记录 1 s 定时结果，对比两种方法的校正结果。

分别在装定信息同步温度为 −20 ℃、0 ℃ 和 20 ℃ 的条件下进行试验，试验中设置温度改变量分别为 ±5 ℃ 和 ±10 ℃。50 个时钟的试验结果如图 5.38 所示。对比图 5.38（a）、图 5.38（b）和图 5.38（c）可以看出，不论采用何种同步方法，其精度都随同步温度升高而升高，与前文中的仿真结果一致。从图 5.38 中可以看出，温度测量修正法的极差与统计拟合修正法相似，但统计拟合法结果分布较为均匀，而采用预测修正法时，大部分时钟的定时结果集中分布在 1 s 附近。出现该现象的原因为，温度测量修正法利用装定信息同步阶段得到的时钟信息，减小了频率漂移的预测区间。该方法假设所有时钟的频率漂移测量结果均在图 5.37（a）的边界范围内，而在实际情况下，部分时钟可能出现超出边界的频率漂移，导致部分时钟的实时校准结果误差偏大。

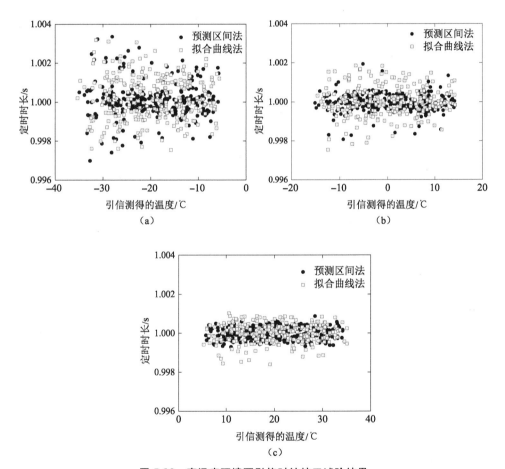

图 5.38　变温度环境下引信时钟校正试验结果

（a）同步时温度为 –20 ℃；（b）同步时温度为 0 ℃；（c）同步时温度为 20 ℃

　　对图 5.38 中的数据进行了统计以定量对比本文所述两阶段时钟同步法和统计拟合法的同步效果，其结果见表 5.6。表 5.6 列出了时钟不同温度、不同方法下的 1 s 定时标准差。从表 5.6 中可以看出，装定信息同步法的时钟同步效果与温度无关，且效果远好于统计拟合修正法。温度跟踪法和统计拟合修正法与温度有关，温度跟踪法的标准差比拟合修正法小 2×10^{-4} s，从而验证了温度跟踪法优于统计拟合法。

表 5.6　变温度环境下引信时钟校正试验统计结果
（a）同步时温度为 −20 ℃

温度/℃	−30	−25	−20	−15	−10
预测标准差/（×10^{-4}）	11.6	10.2	3.2	8.5	8.0
拟合标准差/（×10^{-4}）	13.0	12.1	10.5	9.8	8.7

（b）同步时温度为 0 ℃

温度/℃	−10	−5	0	5	10
预测标准差/（×10^{-4}）	5.3	4.8	2.7	4.6	4.6
拟合标准差/（×10^{-4}）	7.9	8.5	6.7	6.6	5.2

（c）同步时温度为 20 ℃

温度/℃	10	15	20	25	30
预测标准差/（×10^{-4}）	3.3	2.6	3.0	3.0	3.3
拟合标准差/（×10^{-4}）	4.5	5.0	4.6	5.2	4.4

试验结果表明，如果不进行误差校正，引信在全温度范围内的基准频率标准差为 2.35 kHz，在当前温度进行校正后频率标准差为 0.20 kHz。采用统计拟合算法进行温度漂移校正的引信在 ±10 ℃ 范围内的基准频率标准差为 1.38 kHz；采用温度探测算法进行温度漂移校正的引信在 ±10 ℃ 范围内的基准频率标准差为 0.53 kHz；校正后的基准误差散布明显减小，且几乎不存在系统误差。

探测和处理系统误差主要包括探测模型认知不确定性和探测基准误差两部分。由于探测系统基准与引信基准一致，在完成基准误差校正后，探测系统基准误差散布与处理器频率误差相同。为确定探测模型误差，进行了以下试验：第一，静态测量误差试验，给探测器输入用信号发生器模拟的被探测信号，测量探测器自身的误差；第二，动态测量误差试验，利用回收试验测量实际弹丸经过探测系统采集、处理系统解算得到的信息与多普勒雷达采集到的信息间的区别。

5.2.4.1　探测系统静态误差试验

试验方法为：第一，采用信号发生器分别输出幅值为 0.1 V、0.5 V、1 V 和

5 V，频率为 400 Hz 的正弦信号，输入到一个直径为 35 mm、匝数为 200 匝的圆形线圈中，以产生正弦磁场；第二，将探测器放置在距线圈中心 50 mm 处，并接入引信系统中，观察探测系统的输出结果和处理系统的解算结果。试验结果如图 5.39 所示。其中，信号发生器输出幅值为 0.1 V 时，比较器输出受噪声的影响很大，无法测出正弦信号的周期，信号发生器输出幅值为 0.5 V、1 V 和 5 V 时，测得正弦信号分别为 400.0 Hz、399.9 Hz 和 399.9 Hz，误差很小。

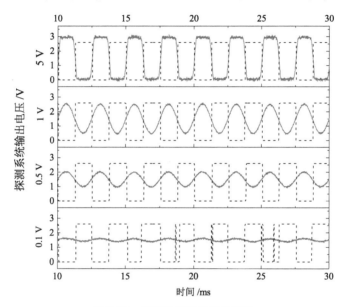

图 5.39　探测系统静态输出波形

试验结果表明，当被测信号信噪比较小时，探测系统受噪声的影响很大，处理器无法得到正确结果；当被测信号信噪比较大时，探测系统静态误差约在 10^{-4} 量级，静态误差对总误差的影响很小。

5.2.4.2　探测系统动态认知不确定性试验

试验方法为：按照弹药正常工作流程发射弹丸，在处理系统中增加信息采集和储存模块，记录探测系统采集到的信号和处理系统解算结果，回收弹丸后读取记录数据。试验共进行了两次，两次试验的引信搭载平台不同：第一次为阻力风帽弹丸的回收试验；第二次为圆锥风帽弹丸的回收试验。试验采集到的探测系统信号如图 5.40 所示。其中，传感器输入通过一个采样率为 10 kHz 的 AD 采样模块收集，比较器输出为处理系统通过内部比较器采集的传感器信号。在图 5.40 中，前 10～20 ms 弹丸处于弹丸内弹道运动和后效期阶段，信号杂乱无章，无周期信号出现。当后效效应消失后，传感器采集到明显的周期信号，该信号的频率对应弹丸转速。在后效效应消失的一段时间内，周期信号的占空比不稳定，经过一定时长后，探测系统才能采集到稳定的周期信号。

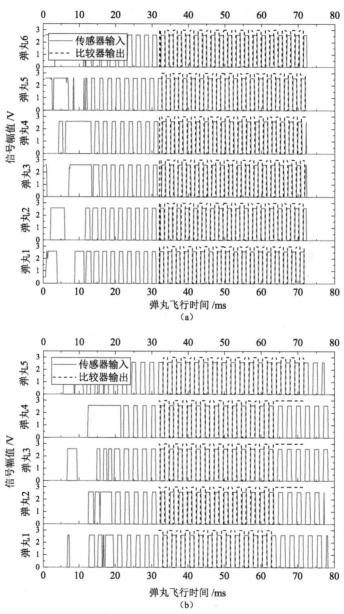

图 5.40　回收试验采集到的探测系统信号

（a）阻力风帽弹丸；（b）圆锥风帽弹丸

处理系统根据探测系统采集到的周期信号解算弹丸初速，为了减小解算误差，探测系统采用 32 ms 以后的周期信号作为解算输入，解算结果如表 5.7 所示。表 5.7 中，第一行为利用图 5.40 中比较器输出数据复原得到的信号频率，第二行为处理系统解算得到的弹丸转速，由于处理系统对比较器输出进行了基准误差校正，转速解算结果比信号频率约大 2 r/s。以雷达测量初速作为基准，表 5.7（a）中解算初速相对于雷达测量初速的误差均值为 −0.7 m/s，标准差为 0.9 m/s；表 5.7（b）中解算初速相对于雷达测量初速的误差均值为 −9.6 m/s，标准差为 0.7 m/s。统计结果表明，初速解算的系统误差与弹形系数有关，需要针对不同弹形系数的弹丸分别校正。

表 5.7　弹丸初速计算结果

（a）阻力风帽弹丸

记录数据	弹丸 1	弹丸 2	弹丸 3	弹丸 4	弹丸 5	弹丸 6
信号频率/Hz	435.5	433.2	442.8	433.5	432.9	431.7
解算转速/（r·s⁻¹）	437.4	435.5	445.2	435.8	434.9	433.8
解算初速/（m·s⁻¹）	826.8	823.2	841.5	823.6	822.0	819.8
拟合初速/（m·s⁻¹）	827.7	823.7	842.0	823.8	822.6	820.8
拟合斜率/（×10⁻³）	−7.0	−4.8	−4.4	−5.7	−4.4	−8.0
雷达测得的初速/（m·s⁻¹）	829.1	824.1	842.1	823.4	822.7	819.5

（b）圆锥风帽弹丸

记录数据	弹丸 1	弹丸 2	弹丸 3	弹丸 4	弹丸 5
弹丸转速/（r·s⁻¹）	402.1	403.1	402.7	402.4	402.0
解算转速/（r·s⁻¹）	404.1	405.2	404.8	404.2	404.0
解算初速/（m·s⁻¹）	763.7	765.8	765.2	764.3	763.5
拟合初速/（m·s⁻¹）	764.2	766.7	765.9	765.2	763.9
拟合斜率/（×10⁻³）	−2.7	−7.8	−7.0	−1.1	−2.4
雷达测得的初速/（m·s⁻¹）	772.3	775.7	775.6	773.5	773.4

利用图 5.40 中的传感器输出信号，拟合弹丸在 0 时刻的转速，并换算成弹丸 0 时刻初速，拟合结果见表 5.7。从拟合结果中可以看出，拟合初速与解算初速差距不显著，与雷达测得的初速依然差距较大。从拟合斜率中可以看出，弹丸转速呈下降趋势，但在置信度为 0.95 的条件下，拟合斜率与 0 的差别不显著。

试验结果表明，探测系统能够稳定地探测弹丸旋转信号，处理系统利用探测到的旋转信号能够解算出弹丸初速。用处理系统解算的弹丸初速和弹丸实际初速之间存在明显的系统误差，且该系统误差与弹形系数有关，对于圆锥风帽弹丸，以雷达测量初速为基准，其系统误差的统计结果为 -9.6 m/s，其随机误差较小，统计得到其标准差为 0.7 m/s，该误差无法通过将转速数据拟合至 0 时刻校正。

第 6 章

硬目标侵彻弹药灵巧引信设计理论及应用

|6.1 硬目标侵彻灵巧引信概述|

现代战争中，武器库、导弹发射场所、机场跑道、指挥中心等目标已经成为战场上首要攻击目标，而这些目标也逐渐地由地上转到地下，其隐蔽性越来越强，防御结构越来越坚固。为了攻击这些高价值目标，一些"智能型"的钻地战斗部相继出现，要求战斗部在达到对目标的最大毁伤效果时引爆。这就要求引信具有一定的灵巧化性能，既要具备识别不同目标的能力，又能抵抗穿过各种软硬不同形式的防护层时产生的多次高冲击。硬目标侵彻武器已经成为世界各国武器研究热点，硬目标侵彻引信技术是侵彻战斗部发展中的一个关键性难题，同时，引信技术对发挥战斗部最佳爆炸效果至关重要。

6.1.1 硬目标侵彻引信的要求与特征

硬目标侵彻引信是侵彻武器的炸点控制系统，是侵彻武器最核心的部分，既要保证引信自身使用过程的安全，又要决定起爆时机、作用方式和作用位置，确保战斗部在最佳位置起爆，最大限度地发挥战斗部的威力。实现侵彻引信的灵巧化设计与实弹应用，要求其具有可编程功能，具备实现定点起爆功能以及与弹载控制舱系统协调、快速反应的能力，同时又具有碰炸、延期、计层等多种作用模式，具有计空穴、自适应目标厚度、软硬目标识别、抗干扰信号、作用可靠等功能要求。通过装定模块对导航控制系统信息的接收，使得引信能够灵活选择工作模式，对目标产生最大毁伤。引信装定技术和精确起爆控制是侵彻引信灵巧化的两个基本特征。

6.1.2　硬目标侵彻引信设计原则

硬目标侵彻引信的设计应遵循小型化与多适应性设计原则，具体包括以下两方面的含义：在相等功能的条件下，采用更小型的结构，同时要求在满足战术需求和安全性的前提下尽可能简化结构、降低成本，使之具有良好的可生产性；在相同结构范围内，使其功能有较强的应变能力，如引信可编程能力，即利用电路快速信号处理技术，随着外界环境信息变化，对引信参数作实时调整。

由于引信对其安全性、作用可靠性以及环境适应性要求较高，设计上应尽量实现模块化、小型化和可编程化，以满足不同目标多样性的要求。其主要战术技术要求包含以下几个方面：一是灵活性，能够实现多种作用模式；二是引信能够抗长时间历程的高冲击；三是具有自我监测功能；四是作用高可靠性。

6.1.3　硬目标侵彻弹药灵巧引信设计思想

引信设计思想为：可编程、重量轻、控制与存储一体化设计、冗余控制。

（1）可编程

在功能上要求能适时获取目标信息，并快速提取出目标的相关特征。根据攻击前装定的相关信息，结合侵彻目标时获取的目标信息，实时完成信号处理，依据炸点控制技术，给出炸点起爆时机。

（2）重量轻

引信系统在侵彻过程中受到高冲击后的完好性是实现硬目标侵彻炸点控制的基础。引信电路重量越轻、体积越小，引信缓冲措施的效果越理想。因此，引信控制单元所占用的空间尽可能的小，引信结构体采用密度小的硬铝，同时采用低密度的塑封材料对电路单元进行塑封保护。

（3）控制与存储一体化设计

硬目标侵彻引信是通过感知侵彻过程中加速度信号的变化来识别目标类型、控制起爆时刻，对弹体侵彻过程中的加速度信号测量是研究硬目标侵彻引信的主要任务之一。因此，在进行回收措施时，引信系统的控制电路与存储电路一体化设计不仅是获取加速度的有效方法，也是监测引信在整个侵彻过程中各项性能参数的重要手段之一。同时控制与存储一体化设计技术也是记录炸点控制系统工作状态的有效手段，实现考核引信作用性能状态的弹载检测仪的功能。它伴随着引信设计、试验、产品应用以及故障分析等各个时期。

（4）冗余控制

作为高价值战斗部，要求侵彻引信具有高可靠性。而侵彻环境的恶劣性和复杂性直接影响着引信作用的可靠性。在主控单元采用加速度传感器信号作为电信息控制的同时，采用机械惯性开关作为引信炸点的冗余控制，可以有效地提高侵彻引信炸点控制的可靠性。

6.1.4 硬目标侵彻弹药灵巧引信设计需解决的问题

1）引信在发射过程中膛内过载很大，通常在 10 000 g 以上，而引信侵彻过程中所受的冲击更大，能够达到 5 万～10 万 g，而且侵彻历程持续时间长。这对引信控制系统的抗冲击性设计带来了很大难度。

2）为保证侵彻引信具有可编程能力，以及保证引信较高的瞬发度，通常采用电触发原理的机电引信。而对任何机电引信来说，引信电源都是其必不可少的重要组成部分，侵彻机电引信对电源提出了更高的要求：侵彻过程中引信会因侵彻环境而断开供电，单靠引信自身储能单元提供电能，持续时间长、抗高过载。这些要求对于硬目标侵彻引信电源设计颇具难度。

3）硬目标侵彻灵巧引信的研制过程中需要知道弹体在侵彻过程中所受实际过载信号的特点，仅仅依靠计算机仿真得到的过载曲线与实际曲线有很大差别，因此实弹试验过程中弹载存储测试技术的研究也是硬目标侵彻引信设计过程中的一项关键技术。

4）为了提高侵彻引信的可靠性，采用惯性开关信号控制单元作为传感器信号控制单元的冗余控制，小体积、高冲击惯性开关的设计与试验工作也是一个难点。

5）硬目标侵彻引信炸点控制技术的设计，需要根据攻击任务来对引信实时装定，然后确定引信工作模式，引信软件控制策略的制定是此类引信的关键部分。

6）由于可用空间有限，所以侵彻引信必须与战斗部协同设计，为使武器系统整体效果最佳，甚至应该采用引信与制导控制舱及战斗部协调设计。

7）由于常规弹药装备面广、装备量大，从效费比角度分析，侵彻武器引信追求低成本设计。

|6.2 硬目标侵彻灵巧引信的设计理论及仿真|

6.2.1 球形空腔膨胀理论与弹体运动模型的建立

空腔膨胀理论由 Goodier J. N.于 1964 年提出，是针对不可压缩材料进行研究的。其基本要点是根据一维球形空腔膨胀过程中弹塑性波的传播和介质压缩的解析结果，推导出弹体所受阻力和空腔膨胀速度的解析关系，并把这一关系应用于侵彻过程中以得到侵彻规律。Forrestal M. J.对这一理论作了一系列研究。

空腔膨胀理论在弹体侵彻问题中的应用，是根据质量守恒和动量守恒方程建立空腔膨胀速度与径向应力的关系，从而计算空腔壁上的径向应力，并通过对弹头表面积分析得到弹体受到的侵彻阻力。对于刚性非旋转弹，根据牛顿第二定理建立运动微分方程，由此可求出弹体总的侵彻深度。

6.2.1.1 球形空腔膨胀响应理论

（1）空腔膨胀响应区

如图 6.1 所示，假设在无限大混凝土介质中，有一球形空腔在膨胀，则空腔周围混凝土响应区可近似分为弹性 – 开裂 – 塑性响应区［图 6.1（a）］。随着弹丸速度的增大，开裂区与弹性区交界面逐渐超过塑性区与开裂区的交界面，使开裂区逐渐消失，从而形成弹性 – 塑性响应［图 6.1（b）］。

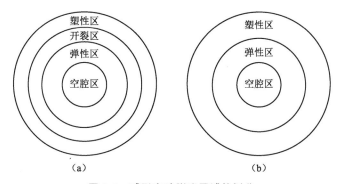

图 6.1 球形空腔膨胀区域的划分
（a）弹性 – 开裂 – 塑性响应；（b）弹性 – 塑性响应

在弹性区、开裂区和塑性区的交界面上，必须满足质量和动量守恒的 Hugoniot 跳跃条件：

$$\sigma_{r1} + \rho_1(v_1 - c_1) = \sigma_{r2} + \rho_2(v_2 - c_2) \qquad (6.1)$$

$$\rho_1(v_1 - c_1) = \rho_2(v_2 - c_2) \qquad (6.2)$$

式中，c 为响应区波速；σ_r 为径向应力；v 为运动速度；ρ 为混凝土密度；其中下标 1 和 2 表示交界面两侧的响应区。

（2）混凝土材料本构方程

1）压力–体积应变关系。混凝土材料的压力–体积应变关系通常采用三段式状态方程来描述。图 6.2 所示为混凝土材料三段式状态方程，混凝土在动态载荷压缩作用下的响应可以分为弹性区、塑性过渡区和密实区三部分，其中弹性区和塑性过渡区为线性关系，密实区为三次多项式。通过混凝土状态方程试验数据的拟合发现，密实区的三次多项式可以采用线性关系进行近拟。因此，混凝土材料的压力–体积应变关系的三段式状态方程可以表示如下：

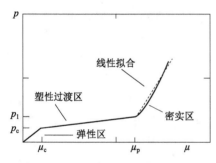

图 6.2　混凝土材料三段式状态方程

$$p = \begin{cases} \mu K_e, & p \leqslant p_c \\ p_c + K_c(\mu - \mu_c), & p_c \leqslant p \leqslant p_1 \\ K_1\bar{\mu} + K_2\bar{\mu}^2 + K_3\bar{\mu}^3, & p \geqslant p_1 \end{cases} \qquad (6.3)$$

式中，体积应变 $\mu = 1 - \rho_0/\rho$，ρ_0、ρ 分别为混凝土材料变形前后的密度；K_e、K_c 分别为弹性区、塑性过度区的体积模量；K_1、K_2、K_3 为材料常数；$p_c = f_c/3$ 为初始孔隙压实压力；p_1 为初始密实压力；μ_c 为孔隙初始压实的体积应变；$\bar{\mu} = (\mu - \mu_1)/(\mu + \mu_1)$ 为修正的体积应变，μ_1 为压实体积应变。

2）混凝土材料屈服准则。表 6.1 给出了脆性材料空腔膨胀理论采用的几种屈服准则。作为最常用的工程材料，混凝土材料通常考虑剪切强度的 Mohr-Coulomb 类屈服准则。表中，f_c 为单轴抗压强度，f_t 为单轴抗拉强度，λ、a 为材料参数，p_c 为初始孔隙压实压力，p_m 为剪切饱和时的临界静水压力，τ_m 为剪切饱和强度，τ_0 为材料的粘聚强度，b 为中间主剪应力作用系数，σ_1 为三向应力状态下的主应力，σ_r 和 σ_θ 为径向和环向的柯西应力（真实应力）。

表 6.1　混凝土材料空腔膨胀理论屈服准则

空腔膨胀模型	屈服准则表达式	备注
Forrestal 模型 （1997）	$\sigma_r - \sigma_\theta = \lambda p + \tau_0$ $\tau_0 = [(3-\lambda)/3]f_c$	Mohr－Coulomb 屈服准则 ［图 6.3（a）］
欧阳春模型 （2005）	$\sigma_r - \sigma_\theta = f_c + af_c^{1-b}\sigma_1^b$	三向力条件下 Mohr－Coulomb 屈服准则
李志康模型 （2009）	$\begin{cases} \sigma_\theta = 0 & \sigma_\theta \geqslant f_t, p < p_c \\ \sigma_r - \sigma_\theta = \lambda p + \tau_0 & p_c \leqslant p \leqslant p_m \\ \sigma_r - \sigma_\theta = \tau_m & p > p_m \end{cases}$	Mohr－Coulomb 屈服准则 ［图 6.3（b）］
黄民荣模型 （2009）	$(\sigma_r - \sigma_\theta)^2 = f_c(\sigma_r + \sigma_\theta)$	Griffith 双轴屈服准则

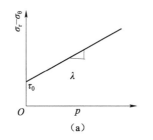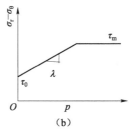

图 6.3　Mohr－Coulomb 类屈服准则模型示意
（a）Mohr－Coulomb 屈服准则；（b）带 Tresca 限

6.2.1.2　弹体运动模型的建立与分析

（1）弹丸侵彻过程中所受阻力分析

由空腔膨胀理论得到了空腔面径向应力 σ_r 与膨胀速度 V_r 的关系，但公式过于复杂，通常对其拟合简化。目前国内外研究混凝土空腔膨胀模型时，多采用 Forrestal 在文献中给出的 σ_r 和 V_r 的表达式：

$$\sigma_r = A + BV_r + CV_r^2 \tag{6.4}$$

式中，A、B、C 均为依赖于球形空腔膨胀的经验参数，其计算公式分别为：

$$A = 2(1 - \log\eta)/3 \tag{6.5}$$

$$B = \frac{1}{\gamma^2}\left[\frac{3\tau_0}{E} + \eta\left(1 - \frac{3\tau_0}{E}\right)^2 + \frac{3\eta^{\frac{2}{3}} - \eta(4-\eta)}{2(1-\eta)} \right] \tag{6.6}$$

$$C = 1 + 4\mu\varphi^2\left(\frac{\pi}{2} - \theta_0\right) - \mu(2\varphi-1)(4\varphi-1)^{\frac{1}{2}} \tag{6.7}$$

$$\gamma = \left[\left(1 + \frac{\tau_0}{2E} \right)^3 - (1 - \eta) \right]^{\frac{1}{3}} \qquad (6.8)$$

$$\theta_0 = \arcsin\left(\frac{2\varphi - 1}{2\varphi} \right) \qquad (6.9)$$

$$\varphi = \frac{S}{d} \qquad (6.10)$$

其中，η 为混凝土靶压缩体积应变率；τ_0 为初始孔隙压实压力下径向和环向应力的差值；E 为混凝土靶材料的弹性模量；φ 为高速杆弹卵形头部的形状系数 CRH（Caliber – Radius – Head）。

为了方便采用空腔膨胀理论对弹丸侵彻过程进行轴向受力分析，此处采用 CRH 描述的卵形弹头，构建垂直侵彻半无限厚混凝土靶模型。如图 6.4 所示，设定弹径为 $2a$，$\mathrm{CRH} = S/2a = \psi$，侵彻深度为 h，弹头卵形部长为 L，卵形面法线与弹轴夹角为 θ。当弹头侵彻混凝土靶标时，首先进行浅侵彻过程，侵彻深度小于弹头卵形部长度，如图 6.4（a）所示；随着侵彻深度 h 逐渐增大，超过卵形部长度时，便进行深侵彻过程，如果弹体动能足够大，弹体则侵彻透靶标。弹丸整个侵彻过程如图 6.5 所示。

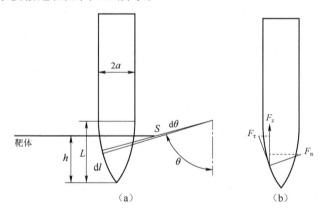

图 6.4　卵形弹结构定义及受力示意

（a）浅侵彻；（b）弹头受力

Forrestal 模型中设定弹头所受到的切向摩擦阻力 σ_τ 与径向正应力 σ_n 之间满足下面关系式，其中 μ 为摩擦系数。

$$\sigma_\tau = \mu \sigma_n \qquad (6.11)$$

由图 6.4（a）所示可得弹头卵形部微环形面上受到的法向阻力为

$$\mathrm{d}F_n = 2\pi \left[a - (S - S\sin\theta) \right] \mathrm{d}l\, \sigma_n (V_z, \theta) \qquad (6.12)$$

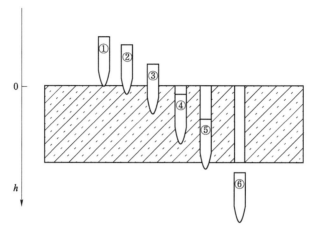

图 6.5　卵形弹侵彻阶段示意

式中，V_z 为弹体运动速度。

由图 6.4 中的几何关系可得：

$$dl = S d\theta \tag{6.13}$$

则

$$dF_n = 2\pi S \sigma_n (v, \theta)(a - S + S\sin\theta) d\theta \tag{6.14}$$

弹头卵形部微环形面上受到的切向阻力为

$$dF_\tau = \mu dF_n \tag{6.15}$$

由图 6.4（b）可得，弹体轴向所受阻力为

$$dF_z = dF_\tau \sin\theta + dF_n \cos\theta \tag{6.16}$$

整理可得

$$dF_z = 2\pi S^2 (\sin\theta - \sin\theta_0)(\cos\theta + \mu\sin\theta) \sigma_n (V_z, \theta) \tag{6.17}$$

其中，$\theta_0 = \arcsin\dfrac{2\psi - 1}{2\psi}$

对上式进行积分，得弹轴向阻力 F_z 为

$$F_z = 2\pi S^2 \int_{\theta_1}^{\theta_2} (\sin\theta - \sin\theta_0)(\cos\theta + \mu\sin\theta) \sigma_n (V_z, \theta) d\theta \tag{6.18}$$

其中 $[\theta_1, \theta_2]$ 表示弹头卵形部积分区间。

根据 Forrestal 的球形空腔膨胀理论，弹体运动速度和弹体表面空腔膨胀速度之间满足关系式：

$$V_n = V_z \cos\theta \tag{6.19}$$

则

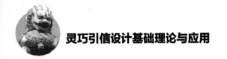

$$\sigma_n(V_z, \theta) = A + BV_z \cos\theta + C(V_z \cos\theta)^2 \qquad (6.20)$$

（2）弹头卵形部积分区间

对于弹体侵彻过程中卵形部积分区间的划分，可以根据图 6.6 所示弹体侵彻阶段来确定，图中 H 为靶标厚度。

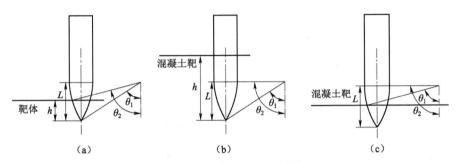

图 6.6　弹体侵彻过程积分区间

（a）$h<L$；（b）$H>h>L$；（c）$H+L>h>H$

1）当弹头未完全侵入靶标内时［图 6.6（a）］，$h<L$，由几何关系可得积分区间 $[\theta_1, \theta_2]$ 为

$$\begin{cases} \theta_1 = \theta_0 \\ \theta_2 = \arcsin\dfrac{L-h}{S} \end{cases} \qquad (6.21)$$

2）当弹头完全侵入靶标内时［图 6.6（b）］，$H>h>L$，由几何关系可得积分区间 $[\theta_1, \theta_2]$ 为

$$\begin{cases} \theta_1 = \theta_0 \\ \theta_2 = \dfrac{\pi}{2} \end{cases} \qquad (6.22)$$

3）当弹头完全侵入靶标内时［图 6.6（c）］，$H+L>h>H$，由几何关系可得积分区间 $[\theta_1, \theta_2]$ 为

$$\begin{cases} \theta_1 = a\cos\dfrac{L+H-h}{S} \\ \theta_2 = \dfrac{\pi}{2} \end{cases} \qquad (6.23)$$

6.2.1.3　侵彻过程分析

卵形弹的形状比较复杂，只有当弹头全部进入靶标时，弹体受到的阻力函数式（6.18）才有解析解。如图 6.6（b）所示的积分区间 $[\theta_1, \theta_2] = [\theta_0, \pi/2]$，对

式（6.18）进行积分可得

$$F_z = A_z + B_z V_z + C_z V_z^2 \qquad (6.24)$$

式中，

$$A_z = 2\pi \left[3 - \cos 2\theta_0 - 4\sin \theta_0 + \mu\left(\pi - 2\theta_0 - \sin 2\theta_0\right) \right]\left(\psi a\right)^2 A \qquad (6.25)$$

$$B_z = \frac{\pi}{3}\left[9\cos \theta_0 - \cos 3\theta_0 - 6\pi \sin \theta_0 + 12\theta_0 \sin \theta_0 + \mu\left(8 - 9\sin \theta_0 - \sin 3\theta_0\right) \right]\left(\psi a\right)^2 B$$
$$(6.26)$$

$$C_z = \frac{\pi}{12}\left[45 - 20\cos 2\theta_0 - \cos 4\theta_0 - 64\sin \theta_0 + \mu\left(6\pi - 12\theta_0 - 8\sin 2\theta_0 - \sin 4\theta_0\right) \right]\left(\psi a\right)^2 C$$
$$(6.27)$$

在弹头侵彻过程中，可以采用递增方法对弹体侵彻厚混凝土靶标过程中弹体随时间的侵彻深度、速度衰减、加速度值进行数值分析。可将整个侵彻过程分为侵彻深度增量均为Δh的小段（图 6.7），在每个

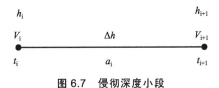

图 6.7 侵彻深度小段

相同距离Δh增量内，假设弹体的加速度相同，则在第i个增量内，有如下公式：

$$V_{i+1} = \left(V_i^2 + 2a_i \Delta h\right)^{1/2}$$
$$\Delta t = \left(V_{i+1} - V_i\right)/a_i$$
$$h_{i+1} = h_i + \Delta t \qquad (6.28)$$
$$a_{i+1} = F\left(h_{i+1}, V_{i+1}\right)/m$$
$$t_{i+1} = t_i + \Delta t$$

式中，$t_0 = 0$；V_0为弹体着靶速度；$a_0 = 0$；$h_0 = 0$。

6.2.2 穿靶仿真结果与分析

图 6.8～图 6.10 是依据上述递增公式对弹体侵彻混凝土过程进行的理论数值计算的结果和试验测试的数据结果。其中，弹体直径 d=90 mm，弹形系数 CRH=3，质量 m=50 kg，混凝土密度 ρ= 2 360 kg/m³，弹性模量 E=21.2 GPa，抗剪强度 τ_0=20 MPa，靶标厚度 H=1.3 m，弹体着靶速度 V_0=800 m/s。

由图 6.8 可以看出，数值计算结果弹体侵彻加速度峰值为 28 500 g，比试验测试得到的过载值 48 500 g 偏小约 20 000 g；在侵彻过程中，数值计算结果加速度曲线减小趋势比实测结果慢，靶内侵彻时间数值计算结果偏长 0.2 ms，数值计算在弹体出靶阶段加速度下降沿更明显。开坑过程弹体受力情况比较复杂，弹体本身谐振频率信号与弹体真实冲击信号叠加的结果使得实测信号的峰

值过载比理论计算结果有较大偏差。因此，对于硬目标侵彻引信的研究与设计，需要在理论计算的基础上，对引信采取相应的缓冲措施来减小引信在侵彻过程中所受的冲击，特别是弹体本身谐振信号的叠加，使得引信的工作环境更为恶劣。相比于侵彻时间历程，弹体本身的谐振频率一般在 5 kHz 以上，远高于真实侵彻信号的频率。因此，采用缓冲措施可以将弹体叠加在引信上的高频谐振信号滤除，有效保护引信内部结构。

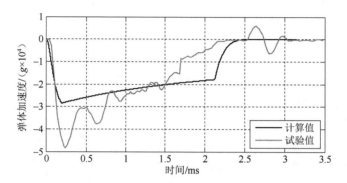

图 6.8　数值计算弹体加速度时间历程曲线

　　相比于弹体侵彻硬目标的能力，硬目标侵彻引信炸点控制系统更关注的是引信在侵彻过程中加速度信号时间历程、速度衰减量以及出靶时刻的判别，据此来确定最佳炸点时机。由图 6.9 和图 6.10 可以看出，弹体出靶后的余速相差仅为 5.6%，出靶时刻上相差 8.3%，对于常规战斗部起爆距离来说，相差仅为 0.071 m，能够满足使用要求。

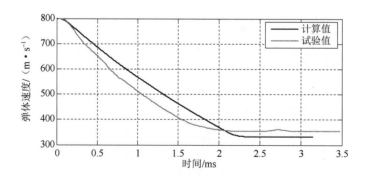

图 6.9　数值计算弹体速度时间历程曲线

　　硬目标侵彻引信炸点控制系统采用了高加速度值惯性开关作为起爆策略的冗余控制。仅通过惯性开关只能识别出弹体在靶内的侵彻时间长度，不能测试出弹体出靶后的余速。采用图 6.10 所示的数值计算方法能够估算出弹体出靶时刻的实时速度。

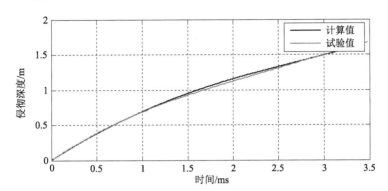

图 6.10　数值计算弹体侵彻深度时间历程曲线

6.2.2.1　侵彻过程中的峰值加速度分析

根据上节给出的理论计算模型，图 6.11 绘出了弹体在不同初始速度下侵彻混凝土靶标过程中峰值加速度的变化曲线。从中可以得到，弹体侵彻过载峰值随着弹体着靶速度的增加而增加，几乎呈正比例关系。而由图 6.11 可知，由理论计算得到的加速度值没有考虑到弹体侵彻过程中弹体谐振信号的叠加以及弹靶复杂的力学关系，理论值比弹体实际所受到的加速度值小，因此，需要在试验值作为参考的基础上来研究硬目标侵彻引信。

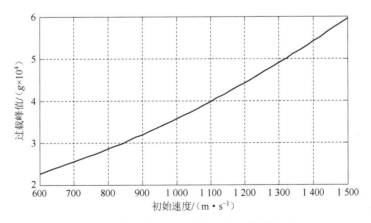

图 6.11　弹体初始速度对侵彻加速度峰值的影响

根据计算过程，不考虑弹体与靶板间的摩擦，弹体在侵彻过程中弹头部全部侵入靶体时，弹体受到的加速度达到峰值。当靶标厚度超过弹头长度时，弹体在侵彻过程中所受最大加速度不会随着靶厚的增加而增加。图 6.12 所示是弹体侵彻不同厚度靶标时加速度峰值。从中可以看出，随着靶厚的增加，加速度峰值并没有变化。因此，对于不同厚度的靶板，引信抗高过载值能力和传感器输出信号灵敏度的大小是一致的。

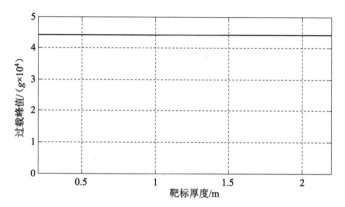

图 6.12　靶标厚度对侵彻加速度峰值的影响

6.2.2.2　侵彻贯穿时间分析

弹体穿透靶板所需的时间直接关系到硬目标侵彻引信起爆精度。图 6.13 给出了不同初始速度下弹体侵彻同一厚度靶板所需要的侵彻时间曲线。弹体在靶体内侵彻时间随弹体着靶速度的增加而减小，减小速率成递减趋势。这是由于弹体侵彻过程所损失的能量是一定值，弹体具有的能量与弹速的平方成正比，因而随着弹速的增加，弹体所具有的能量越大。

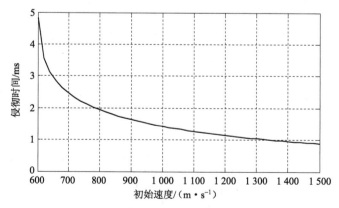

图 6.13　弹体初始速度对侵彻时间的影响

图 6.14 给出了靶标厚度对侵彻时间的影响。侵彻时间随靶标厚度的增加基本呈正比例增加状态。

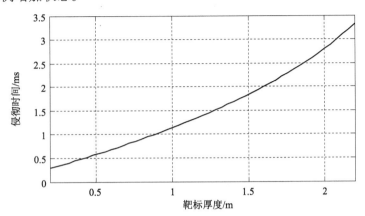

图 6.14　靶标厚度对侵彻时间的影响

6.2.2.3　侵彻贯穿靶标后余速分析

针对地下机库、地下指挥所、储油库、桥梁等目标，其上层为厚的混凝土层，攻击此类目标通常要求硬目标侵彻引信有空穴识别能力，使战斗部在目标防护层之后一定距离处起爆，其控制算法为计算弹体穿透目标靶后的余速，进而计算弹体运动一定距离所需时间，到一定时间后适时起爆，达到最大毁伤效果。

弹体贯穿靶标后的余速大小与弹体着靶速及靶厚有关。图 6.15 和图 6.16 分别给出了弹体初始速度和出靶余速之间的关系曲线以及弹体出靶余速和靶标厚度的关系曲线。

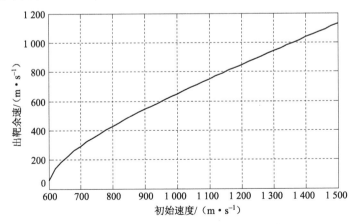

图 6.15　弹体初始速度对出靶余速的影响

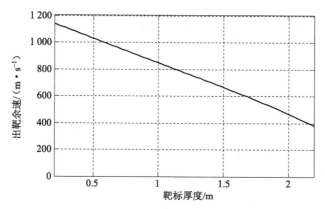

图 6.16　靶标厚度对出靶余速的影响

|6.3　信息获取与过程控制方法|

6.3.1　典型目标的分类与特性

硬目标侵彻过程所研究的目标，均是结构坚固的目标，主要包括地下深层掩体、山体内部结构、机场跑道、楼层目标、舰船及装甲防护的车辆等。

按照目标材质的坚硬程度可将目标分为以下几类：金属装甲防护的目标，如装甲车辆、舰船，以及金属防护的建筑目标，此类目标多装有 1 m 以上等效厚度的金属装甲；普通硬目标，如混凝土建筑、山体结构目标，以及机场跑道等；软质目标，此类目标硬度相对前两类目标来说较软，如土壤目标、砂石层等。

按照目标的厚度可将目标分为以下几类：薄目标，目标厚度较薄，弹体在侵彻该目标过程中，沿侵彻方向，目标应力应变等参数的变化梯度可以不用考虑；中厚目标，这类目标在弹体侵彻过程中，其边界效应不能忽略；半无限厚目标，此类目标在侵彻过程中的边界效应对弹体侵彻过程的影响可忽略不计。

按照目标的结构可将目标分为以下几类：单层目标（包括半无限厚目标），此类目标结构较为简单；多层目标，此类目标内部结构较为复杂，一般为层状结构，层间有一定的间距；复杂目标，此类目标内部结构复杂，可由不同厚度、不同材料的结构复合而成，材料之间可以有间隔，也可以堆砌在一起。

不同材质、结构的目标，弹体在侵彻时的力学特性不同，侵彻引信所采集到的冲击加速度过载的特征区别很大，可以用来作为侵彻状态的识别依据和发火起爆控制的判断条件，因此，对典型目标进行目标特性分析是很有必要的。

（1）金属装甲硬目标

此类目标表面多包覆有厚重的金属装甲，硬度较高，如航母甲板一般由50 mm 左右的钢板结合复合材料组成，主战坦克的正面装甲由等效厚度 1 m 以上的钢板披挂反应装甲或者陶瓷层组成。对此类目标进行打击，要求弹药具有较大的动能，或者通过金属射流进行开坑。弹体侵彻此类目标时受到的阻力很大，引信采集到的加速度过载幅值很高。

（2）混凝土与山体目标

此类目标包括各种掩体、飞机机库、地下工事、导弹发射井、指挥中心等，作战目标主要以杀伤作战人员和破坏设施为主。此类结构外部一般会有复杂的掩护措施、覆土层。主要材质为钢筋混凝土或者岩石，一般要求战斗部在目标内部起爆。

（3）机场跑道

此类目标主要包括军事机场跑道，其材质主要由三层材料组成，第一层，即表面，是混凝土路面，厚度为 0.2～0.4 m；第二层是基层，主要是碎石、烧结材料和黏合剂的混合物，厚度一般为 0.3 m；第三层为夯实的土基层。由于空军在现代战争的重要战略地位，机场目标成了战争中的优先打击目标，此类目标的最佳打击效果是跑道路面开坑大、修复难度大，可最大限度地拖延敌方空军的起降。

（4）楼层目标

此类目标一般为多层建筑，事先根据情报获得目标所在的具体楼层，侵彻弹药一层一层穿过楼层，在指定的位置起爆战斗部，用最小的装药量达到最优的毁伤效能，但是对侵彻引信的起爆控制算法要求很高，要求侵彻引信能够准确地识别侵彻状态，并正确地、及时地做出反应。

目标类型、结构和介质材料的多样性导致了即使是同种弹药侵彻不同目标时，弹体所受的侵彻阻力也会有很大的区别，导致引信测量出的加速度信号变化各异，因此研究目标特性以及侵彻机理是很有必要的。

6.3.2　侵彻引信用高 g 值加速度传感器探测技术

6.3.2.1　侵彻引信信息获取——高 g 值高冲击加速度传感器

硬目标侵彻过程中，由于侵彻对象的目标特性千差万别，侵彻引信所采集到的加速度信息也各不相同。而能否正确识别这些特征，是侵彻引信研制和检测过程的重点关注内容。侵彻引信通常是通过采用感知加速度传感器输出的过载信号来识别弹体侵彻状态。

在侵彻过程中所使用的加速度传感器必须满足高 g 值，通过之前的试验表明，侵彻过程过载高达几万 g 甚至几十万 g，因此为保证能够采集到可靠的加速度信号，加速度传感器的量程必须够大。另外，在侵彻硬目标时，侵彻过程中弹体受到的较大冲击以及靶体的应力波会对传感器产生较大的干扰，这就要求在侵彻引信上安装的加速度传感器必须满足抗高冲击这一特点。

对于正侵彻过程，弹体所受的过载主要沿弹轴方向，只需在沿弹轴方向安装单轴加速度传感器即可测得弹体的相关加速度信息；而对于带空穴的斜侵彻过程，仅沿轴向安装的加速度传感器已经不能测得弹体的相关信息，此时需要安装三轴加速度传感器。

6.3.2.2　侵彻引信炸点控制方法

侵彻引信攻击的目标类型种类多，要求引信能够根据目标类型和目标结构，自动选择对应的工作模式。针对各种不同目标的构造、形态，要求硬目标侵彻引信利用加速度传感器等作为环境信息的敏感元件，能够感知弹体在着靶、侵入、穿透硬目标过程中所承受的来自目标的阻力等信息。侵彻自适应炸点控制技术是本类引信的核心技术。引信根据该环境信息实时识别弹体侵彻目标的历程和相对于目标的位置，完成最佳炸点识别和起爆控制任务，控制战斗部在最佳炸点位置处爆炸，实现对目标的高效毁伤。

（1）引信炸点控制工作模式

弹体对目标的侵彻炸点控制是指引信可以依据所攻击目标的不同，引信控制系统根据传感器信号来适应目标的变化，完成对目标的攻击，并按预定要求，当弹体侵彻到一定深度或一定目标层位置时适时引爆战斗部，达到引信炸点自适应控制的目的。硬目标侵彻引信的炸点控制方法通常有计时起爆控制、空穴识别起爆、计行程起爆控制、定深起爆控制、计层起爆控制、介质识别起爆控制等。

根据最近国外引信年会以及相关防务展获取的信息分析，国外在侵彻引信领域无论是海军、空军还是陆军，其关注点都主要集中在空穴识别起爆控制、计层起爆控制上，而对于计行程起爆控制、定深起爆控制和介质识别起爆控制研究较少，所见之处主要为专利、论文等文献。

（2）高冲击传感器技术

在对侵彻深度控制系统进行研究时，加速度传感器由于具有使用方便、灵敏度高、信噪比高、结构简单、重量轻等优点而被广泛使用。引信控制系统对于侵彻深度的解算是否准确，在很大程度上取决于加速度传感器产生的信号是否准确，是否真实地反映出了弹体在进入靶标后所受到的冲击。只有传感器的信号准确，才能保证对加速度积分得到的速度信号的准确性，才能最终准确地积分出弹体进入靶标的深度，控制弹上火工品工作，达到最佳的作用效果。可见，适合于高冲击环境下的传感器性能关系到整个系统能够正确无误地完成预定的功能。我国研究应用于侵彻环境下超高过载加速度传感器的技术水平仍比较落后，因此，在侵彻引信起爆控制技术中采用辅助控制方法可以有效提高引信作用的可靠性。

6.3.2.3 引信环境信息获取技术

硬目标侵彻引信是通过感知侵彻过程中引信环境信息的变化来识别目标类型、控制起爆时刻，对弹体侵彻过程中引信环境信息的获取是研究硬目标侵彻引信的主要任务之一。在回收试验中，弹载存储测试技术不仅是获取引信环境信息的有效方法，也是监测引信在整个侵彻过程中各项性能参数的重要手段，能够为引信炸点控制的研究提供依据。

加速度传感器的信号调理电路在设计完成后，需要对传感器输出灵敏度进行标定。在标定过程中，由于不同的传感器具有不同的灵敏度，且又希望进入采样的电压输出信号具有相同的电压灵敏度，这中间就要不断地调整硬件电路元件参数来调整输出信号的增益。同时，在某些测试过程中的不同阶段要求有不同输出的灵敏度，要求系统能够随着信号的变化相应地自动改变放大系统的增益，而此时，通过改变硬件上的任何元器件都是不可行的。因此，软件控制的模拟信号增益可调控在存储测试系统中具有重要的应用价值。

目前对电路模块的保护是从两个方面进行的：加固设计和冲击隔离，即从内部和外部两方面入手提高电路的存活性。加固设计是在振动理论分析、强度分析、冲击试验分析的基础上，设计和筛选出抗冲击性能较好的结构和元器件，是从内部提高测试结构系统的抗高冲击性能，具体是指集成块的抗过载、电路板的排布、灌封材料的性能研究。冲击隔离是采用被动缓冲技术，在电路模块和引信结构系统的底盖间附加隔振缓冲器，使传递到电路结构系统上的冲击加速度峰值下降到起脆值（冲击环境激励下电子设备不损坏时所能承受的最大激励值），即采用适当的缓冲材料和结构，部分吸收电路模块的高冲击动能，将电路模块所承受的加速度值降到其所允许的极限值以内。缓冲材料有弹性缓冲材料和塑性缓冲材料。弹性缓冲材料（如橡胶）适合于多次冲击环境，而塑性缓冲材料（如泡沫铝合金）适合单次冲击。根据侵彻引信具体工作环境，选择合适的缓冲材料，是侵彻引信设计要注意的问题。

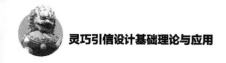

灵巧引信设计基础理论与应用

6.3.2.4　引信状态检测和引信工作过程记录

作为高价值灵巧弹药，硬目标侵彻引信要求具有发射前各部件工作状态检测和引信工作过程中各重要参数记录功能。在引信研制阶段，通过回收试验，这些功能可以为引信设计提供参考依据；在试验验证阶段，这些功能可以为引信试验效果分析与评判提供最重要的原始数据。

（1）引信状态检测

引信状态检测包括机械保险状态检测、装定工作模式检测、加速度传感器检测、惯性开关组检测等，如图 6.17 所示。这些检测信号由引信控制电路模块通过装定接口电路模块与制导舱进行数据通信，同时也由与引信控制电路模块一体设计的引信测试电路模块进行数据存储。引信控制电路与测试电路一体化设计时需要注意控制电路与测试电路信号隔离，以防止测试电路对控制电路产生影响。

图 6.17　引信控制与测试一体化设计

（2）引信工作过程记录

引信工作过程需要由引信测试电路模块监测各信号在工作过程中的状态变化，采集并记录下来。需要测试记录的数据如图 6.18 所示。在引信研制阶段，通过回收试验数据，可以得到引信在装定、状态检测、发射、飞行、目标侵彻，以及起爆结果等方面的测试数据，这些数据可以为引信设计提供参考依据；在试验验证阶段，这些功能可以为引信试验效果分析与评判提供最重要的原始数据。

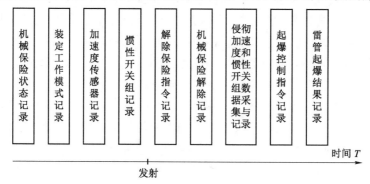

图 6.18　引信工作过程中所记录的数据

6.3.3 加速度开关——硬目标侵彻高 *g* 值惯性开关

侵彻引信通常是通过采用感知加速度传感器输出的过载信号来识别弹体侵彻状态，进而计算和判断出靶炸点。传感器模拟信号调理电路通常由电荷放大模块、电压放大模块、滤波电路模块、A/D 转换模块等部分组成。在实际应用中，由于环境中不可避免地存在一些干扰因素（如人体静电、周围环境的电磁场，以及弹药发射过程中的不确定性碰撞等），它们都有可能引起诸多处理模块受到干扰，使传感器信号的变化超过阈值，从而造成误判。同时，我国研发应用于侵彻环境下超高过载加速度传感器的技术水平仍未完全满足应用标准。

惯性开关通常由弹簧振子模型构成。平时由于弹簧抗力的作用，钢球振子与开关芯极隔开，开关处于断开状态。当整个惯性开关受到惯性力作用时，质量钢球克服弹簧的抗力向前运动，当钢球运动一定距离后与芯极接触，开关闭合。当惯性力消失或减小到一定值时，弹簧推动钢球向相反方向运动，钢球与芯极接触断开。惯性开关作为一种机械式运动开关，其闭合信号产生的电平信号完全是数字信号，抗干扰能力强，且制作工艺简单，具有实用性。因此，惯性开关在侵彻武器中作为冗余炸点控制的应用是十分重要的。

6.3.3.1 惯性开关结构

加速度开关又称 *g* 开关，是感受弹体运动过程中加速度信号并完成相关运动的一类惯性器件，是引信系统中常用的一种重要部件，通常主要用于控制引信爆炸序列中第一级电火工品电路的状态，国内外这方面的应用已比较成熟，而惯性开关在侵彻武器中对于炸点的自适应控制应用方面还没有报道。

如图 6.19 所示，侵彻引信惯性开关由芯极、绝缘座、弹簧、钢球和外壳组

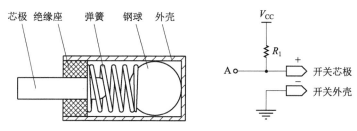

图 6.19 惯性开关结构和电信号连接示意

成，其中芯极、弹簧、钢球和外壳为导电体。开关芯极经上拉电阻 R_1 作用连接到控制单元。平时由于弹簧抗力的作用，钢球与开关芯极隔开，开关处于断开状态，芯极电平保持为高电平。当整个惯性开关受到向右的惯性力作用时，钢球克服弹簧的抗力向左运动，钢球运动一定距离后与芯极接触，开关闭合，芯极电压输出为低电平信号。当惯性力消失或减小到一定值时，弹簧推动钢球向右运动，钢球与芯极接触断开，芯极输出高电平信号。

　　在设计惯性开关时，可将一个劲度系数为 k 的轻质弹簧一端固定，另一端与质量为 m 的质量块相连，组成弹簧振子模型（图 6.20），用此模型进行分析。该模型建模分析较为成熟，不再赘述。

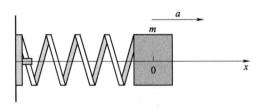

图 6.20　弹簧振子系统

　　此惯性开关闭合信号产生的是电平信号的改变，完全是数字信号，抗干扰能力强，且制作工艺简单，具有实用性。因此，开展惯性开关在侵彻武器中作为炸点冗余控制的应用是十分重要的工作。

6.3.3.2　惯性开关试验与结果分析

　　（1）惯性开关试验

　　根据图 6.19 的结构，设计了闭合阈值为 $2\,500\,g$ 的惯性开关，并设计了基于加速度传感器的信号采集存储测试电路系统，分别进行了单层厚混凝土靶标和三层薄混凝土靶标实弹试验。图 6.21 所示为惯性开关实物，图 6.19 所示为惯性开关结构和电信号连接方式，开关芯极与开关外壳分别为电路的正、负极，在静态条件下开关处于开路状态，电路中 A 点电压在上拉电阻 R_1 作用下，为高电平信号。测试电路板上安装了两个惯性开关，垂直焊接在电路板上，沿弹体轴向安装。图 6.22 所示为试验现场目标靶布局。

图 6.21　惯性开关

（a）　　　　　　　　　　　　　　（b）

图 6.22　试验现场

（a）单层厚靶标；（b）三层靶标

（2）惯性开关试验及结果分析

信号采集过程中以传感器加速度信号为触发信号，采用负延迟触发方式，采集到了整个侵彻过程中的加速度信号和开关闭合状态信号。在侵彻过程中，由于弹体本身的振动，钢球压缩到最大位移位置后，钢球与惯性开关芯极的接触并不是完全紧固式接触，钢球仍然存在振动，与开关芯极接触的电信号是间断性的。但这种间断性可以通过使用惯性开关信号的处理器软件程序来解决。

图 6.23 所示为弹体在侵彻单层厚靶和多层薄靶板过程中的加速度信号及对应的两路惯性开关的信号。根据图 6.23（a）侵彻单层厚混凝土靶过程中加速度信号可知，弹体在靶内侵彻时间历程为 9.8 ms，而两路惯性开关闭合振动持续时间为 9.1 ms 和 8.9 ms；相对于加速度传感器信号，一路开关信号在弹体碰靶时延迟 0.6 ms，在弹体出靶过程中平均提前 0.15 ms，根据弹体出靶速度 200 m/s，弹体出靶起爆点距离误差为 0.03 m，能够满足起爆

点精度的要求（表6.2）。

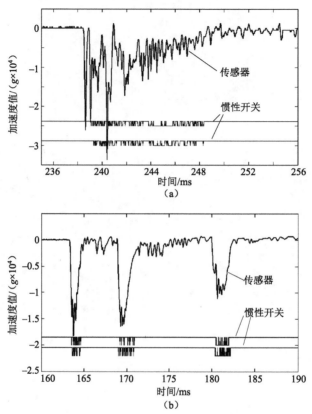

图 6.23　侵彻过程中两个惯性开关信号

（a）侵彻单层厚靶试验数据；（b）侵彻三层薄靶试验数据

表 6.2　单层厚靶试验惯性开关与加速度传感器信号比较　　　　　ms

项目	入靶时刻	出靶时刻	侵彻时间	入靶滞后时间	出靶提前时间
加速度传感器	238.5	248.3	9.8	0.0	0.0
惯性开关1	239.1	248.2	9.1	0.6	0.1
惯性开关2	239.2	248.1	8.9	0.7	0.2

图 6.23（b）所示为动能弹侵彻多层混凝土靶板信号，惯性开关在三层靶板的入靶时刻判断平均延迟 0.4 ms，出靶判断平均提前 0.18 ms，同样能够满足目标层数的识别和炸点控制精度的要求（表6.3）。

表 6.3　三层薄靶试验惯性开关与加速度传感器信号比较　　　　ms

靶标	信号类型	入靶时刻	出靶时刻	侵彻时间	入靶滞后时间	出靶提前时间
第一层靶标	加速度传感器	163.1	164.8	1.7	0.0	0.0
	惯性开关 1	163.6	164.7	1.1	0.5	0.1
	惯性开关 2	163.7	164.6	0.9	0.6	0.2
第二层靶标	加速度传感器	168.8	171.1	2.3	0.0	0.0
	惯性开关 1	169.2	170.9	1.7	0.4	0.2
	惯性开关 2	169.1	170.8	1.7	0.3	0.3
第三层靶标	加速度传感器	180.0	182.5	2.5	0.0	0.0
	惯性开关 1	180.3	182.3	2.0	0.3	0.2
	惯性开关 2	180.3	182.4	1.9	0.3	0.1

6.3.4　侵彻信号关键特征分析

在硬目标侵彻过程中，由于侵彻对象的目标特性千差万别，侵彻引信所采集到的加速度信息也各不相同。能否正确识别这些特征，是侵彻引信研制和检测过程的重点关注内容。此处介绍几种典型硬目标侵彻过程加速度信号曲线并进行时域分析，提取出典型目标侵彻过程加速度信号的关键特征，以计层数起爆控制策略为例研究引信起爆控制受这些关键特征信息影响的敏感性。

这些特征即为硬目标侵彻引信实验室检测方法所要实现的目标信号特征，可为硬目标侵彻引信实验室检测方法提供设计依据。

6.3.4.1　侵彻厚目标加速度信号特征

地下工事以及机库等目标，多有厚度为 2 m 以上的混凝土结构保护，弹体侵彻此类目标的作战目的是毁伤内部人员与设施，要求弹丸在穿过混凝土保护层后，在目标内部引爆战斗部。典型的侵彻厚靶加速度曲线如图 6.24 所示，试验条件是弹速 598 m/s，靶厚 3 m，攻角 10°，C30 混凝土靶。

观察侵彻曲线，侵彻曲线第一个下降沿出现在 238.4 ms 处，首峰值为 26 030 g，出现在 238.6 ms 处，下降沿宽度为 200 μs，主峰值 33 590 g 出现在 240.4 ms 处，大于 3 000 g 的最后一个峰值为 4 199 g，出现在 248.9 ms 处，后续波形均为幅值低于 3 000 g 的小幅度振荡。于是可以将 248.9 ms 处位置定为弹体侵彻厚靶目标的临界终了时刻。在 249 ms 处，波形到达 3 000 g 的临界点，在

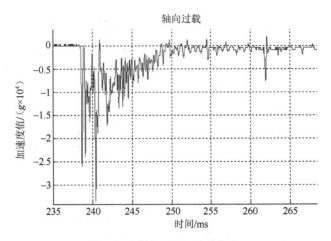

图 6.24　侵彻厚靶加速度曲线

249.2 ms 处，波形到达零点，上升沿宽度为 300 μs。这里所说的 3 000 g 数值，是该侵彻引信装定的入靶/出靶阈值。侵彻曲线总体趋势呈现先急剧增大，首峰值后迅速减小，极短时间后再次急剧增大，然后降低至一定的范围内保持相对稳定，最后减小至零，这种首峰值与主峰值分开的现象与弹丸挤进混凝土造成混凝土局部应力超过失效应力导致瞬间破碎有关。

　　综上所述，可将弹体侵彻厚靶的加速度曲线特征总结为以下参数：下降沿时刻、下降沿宽度、峰值、上升沿宽度、出靶阈值时刻。在数值范围上，加速度曲线下降沿宽度约为 200 μs，主峰值为 30 000～40 000 g，侵彻过程持续时间约为 10 ms。图 6.24 所示的侵彻过程弹速较低，导致侵彻持续时间较长。

6.3.4.2　侵彻多目标加速度信号特征

　　打击楼层目标或者地下多层目标时，要求弹药能在指定的楼层内引爆战斗部，这就要求侵彻引信能够准确地识别出层数信息，并准确计数。这种起爆策略的主要目的是以最少的装药量达到最优的作战效能，实现精确打击，避免误伤，这是现代战争的发展趋势。典型的侵彻多层靶板目标加速度曲线如图 6.25 所示，试验条件是弹速 600 m/s，靶厚 0.2 m，攻角 10°，C30 混凝土靶。三层靶板间距分别为

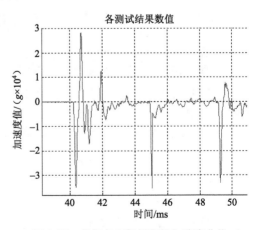

图 6.25　侵彻多层靶板目标加速度曲线

3 m 和 2.5 m。

　　观察侵彻曲线，侵彻曲线第一个下降沿出现在 40.24 ms 处，首峰值为 34 810 g，出现在 40.38 ms 处，下降沿宽度为 140 μs，首峰降到 3 000 g 的时刻为 40.58 ms 处，上升沿宽度为 200 μs；第二个峰下降沿出现在 44.92 ms 处，第二个峰值为 35 220 g，出现在 45.06 ms 处，下降沿宽度为 140 μs，第二个峰降到 3 000 g 的位置出现在 45.52 ms 处，上升沿宽度为 460 μs；第三个峰下降沿出现在 49.14 ms 时刻，峰值为 33 050 g，出现在 49.28 ms 时刻，下降沿宽度为 140 μs，第三个峰降到 3 000 g 的位置出现在 49.48 ms 时刻，上升沿宽度为 200 μs。由加速度曲线的下降沿起始时刻，可计算出侵彻第一层与侵彻第二层间隔时间为 4.68 ms，侵彻第二层与第三层间隔时间为 4.22 ms。侵彻三层靶板过程的时间分别为 340 μs、600 μs、340 μs，第二层侵彻过程时间较长，经分析可知其应与波形振荡以及出靶阈值选取有关。

　　综上所述，可将弹体侵彻多层靶的加速度曲线特征总结为以下参数：下降沿时刻、下降沿宽度、峰值、上升沿宽度、出靶阈值时刻、层间相隔时间。在数值范围上，加速度曲线下降沿宽度约为 140 μs，脉宽为 300～400 μs，层间相隔时间为 4～5 ms。

6.3.4.3　侵彻复杂目标加速度信号特征

　　在实际的侵彻过程中，目标表面多有覆土、沙石等材料覆盖，或者目标本身就是多层不同材料混合而成，如机场跑道由沥青、沙石和土壤三层材料组成，对此类目标进行侵彻时，需按作战要求，在目标指定位置引爆战斗部，达到预定的作战效果。因此要求侵彻引信能够准确区分不同材料的侵彻过载特征。

　　侵彻土壤层与沙石层的加速度曲线总体趋势与前面所描述的混凝土目标类似，但由于结构强度与混凝土目标不同，侵彻幅值以及下降沿（上升沿）宽度大相径庭，侵彻土壤目标时的加速度过载幅值跟土壤的密实程度有关，一般在几千 g 范围；侵彻沙石层目标时的加速度过载幅值与沙石颗粒尺寸有关，加速度幅值介于土壤层与混凝土之间。

　　弹体侵彻带覆土层以及沙石混合的硬目标时，加速度信号为多种信号复合而成，同时由于几层目标紧密叠加，不同材料的层间信号存在粘连干扰及叠加，分析起来较为复杂。

　　图 6.26 所示为弹体侵彻带有 500 mm 厚覆土层的 200 mm 厚混凝土靶目标过程的加速度曲线，试验弹为采用 3 号装药的迫弹。观察侵彻加速度曲线，覆土层平均加速度约为 5 000 g，上升沿宽度为 400 μs，加速度峰值为 8 918 g，宽度约为 3 ms；混凝土层上升沿宽度为 500 μs，峰值为 18 500 g，下降沿宽度为 2.8 ms。由于迫击炮弹体弹速较低，所以加速度上升沿与下降沿较宽。

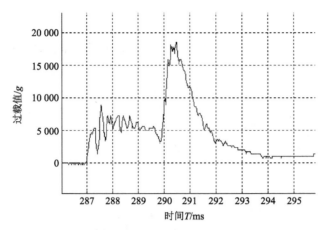

图 6.26　侵彻带覆土层的混凝土靶板加速度曲线

综上所述，以侵彻带覆土层的混凝土靶板加速度曲线为例，可将弹体侵彻复杂的加速度曲线特征总结为以下参数：侵彻第一层目标的下降沿时刻、下降沿宽度、峰值、上升沿宽度，……侵彻第 n 层目标的下降沿时刻、下降沿宽度、峰值、上升沿宽度。

由于复杂目标的组成结构多变，所以其侵彻波形具有很大的区别。以覆土层为例，弹体侵彻覆土层所产生的加速度幅值除了与弹体速度、质量、外形有关之外，还跟覆土层的密实程度、有无包含碎石等因素有关。

6.3.5　硬目标侵彻引信炸点控制系统组成及工作原理

侵彻引信是一种机械电子引信，利用机械式延期保险和电保险来保证引信勤务处理期的安全。引信控制单元利用加速度传感器和惯性开关状态来判别侵彻过程中的弹体状态，结合制导舱装定的工作模式来控制战斗部的起爆，完成对目标的打击。根据此要求绘制出侵彻引信炸点控制系统的组成框图，如图 6.27 所示。

硬目标侵彻引信安装方式为弹底引信，引信安装结构如图 6.28 所示。为了减缓侵彻过程中高冲击对引信电路元器件的破坏，确保电路系统在侵彻过程中及侵彻后能够正常工作，引信与弹体之间添加了缓冲材料层。惯性开关直接安装在引信控制电路板上，作为引信起爆信号的冗余控制依据。

系统可以采用电池供电，也可以采用弹体制导舱供电，自带二次供电模块，以防止侵彻过程中外部电源在高冲击环境下断电。弹体在发射前由制导舱给炸点控制微控制器装定系统工作模式。加速度传感器感知弹体在侵彻目标过程中的加速度变化，经电荷放大器、电压放大器、低通滤波器和信号归一化调理之后，由炸点控制微控制器进行信息采样数字化处理，并依据弹体发射前装定的工作模式，对侵彻过程中的加速度信息进行判别，在适当的时机输出发火信号，

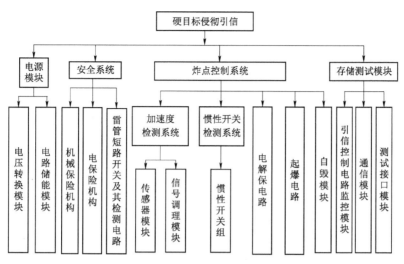

图 6.27　硬目标侵彻引信炸点控制系统组成框图

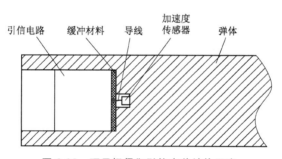

图 6.28　硬目标侵彻引信安装结构示意

引爆战斗部。同时，惯性开关模块输出的开关闭合信号以数字量进入炸点控制微控制器，控制器对开关信号进行识别，并在适当的时机输出发火信号，引爆战斗部，完成对目标的打击。

　　硬目标侵彻引信炸点控制系统工作原理如图 6.29 所示。作为高价值战斗部，硬目标侵彻引信炸点控制系统也具有侵彻过程中信息采集和监测炸点控制系统工作状况的功能模块，即弹载存储测试模块。由于侵彻过程环境的复杂性和恶劣性，对弹体侵彻过程中的加速度信号和惯性开关状态的测量是研究硬目标侵彻引信的主要任务之一。弹载存储测试技术是获取这些信息的有效方法，也是考核硬目标侵彻引信炸点控制电路在高冲击条件下工作可靠性的有效手段。弹载存储测试微控制器采用信息内触发工作模式，与炸点控制微控制器的工作完全独立，同步采集侵彻过程中的加速度信号和惯性开关状态信号，并实时地存储于非易失存储器中。回收试验引信后可以利用串行通信模块将侵彻过程中采集的数据读取到计算机中进行信号处理与分析。

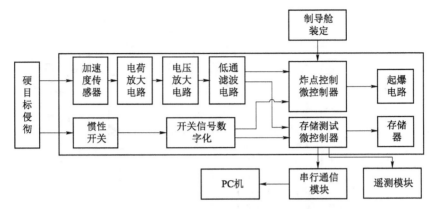

图 6.29 硬目标侵彻引信炸点控制系统工作原理示意

硬目标侵彻炸点控制技术的重点、难点问题和关键技术主要包括高冲击环境下引信电路缓冲技术、高 g 值惯性开关在侵彻过程中的冗余控制应用、弹载存储测试系统的可靠性问题和硬目标侵彻引信炸点控制策略。

6.3.6 硬目标侵彻引信高作用可靠性和侵彻过程抗干扰设计方法

高价值弹药结构比常规弹药复杂，技术含量高，对可靠性指标要求更高。该技术的难点主要是在小的尺度空间、多物理场强干扰下如何保证高可靠性，这一直是国内外待攻克的难题。

针对如何解决复杂环境下引信在侵彻过程中抗干扰性能的提升问题，进行了大量的理论分析和试验，通过试验得到了以下几种技术：

1）小尺度空间下的多重冗余高可靠性技术。通过设计由两套相同功能的机电模块并联组成的侵彻引信，采用引信炸点自适应机械开关装置和多阈值惯性组合开关，信号采用机、电两套子系统独立检测，起爆控制策略采用并行处理，极大提高了引信的作用可靠性。

2）交叉控制的高可靠性技术。运用双机电模块交叉发火控制模块，采用双解保、双发火子系统指令级交叉控制的方式，大幅度提高安全系统解保、发火的可靠性，经计算和试验验证，引信的发火可靠度比独立双通道提高 3 倍。

3）多重逻辑保护抗干扰技术。使用一种引信起爆控制电路及其控制方法，采用异或逻辑复合控制发火条件和两个输出引脚交替输出高低电平，有效解决了过载冲击和多种物理场等外部条件作用下，控制单元因内外耦合干扰引起失效所造成的引信早炸或瞎火问题。

通过运用以上技术，可以有效解决引信在复杂环境下侵彻过程中多物理场干扰引起的引信失效难题，确保引信的高可靠性要求。

6.3.7　硬目标侵彻引信设计"三要素"与精确起爆控制方法

"三要素"是指引信抗大脉宽强冲击的弹引间多物理场隔离、复合异类非弹性缓冲和轻质变刚度结构设计方法。

硬目标侵彻引信对付目标复杂多样，工作环境恶劣，落速变化范围大。对付目标涵盖敌方机库、大型碉堡、暗堡等坚固工事（一般由钢筋混凝土、覆土层、覆石层等不同组合构成，可统称为单层复合厚靶），多层军事建筑物（多层间隔靶），飞机跑道、桥梁等目标（薄靶）。引信需要在几十毫秒峰值数万 g 高冲击或多次冲击下进行信息探测与侵彻状态识别，弹体因剧烈磕碰、摩擦产生的应力波、电磁波和热辐射多物理场干扰信号，在引信内部往返传递、反射、混叠，传感器在感受侵彻过载的同时，叠加了上述高量值的宽带信号，给侵彻状态识别带来很大困难并会引起误判。另外，制导舱一般为前置结构，先于次口径侵彻战斗部撞击目标，引信传感器无法准确感知着靶时刻并形成制导舱残骸干扰。目标位于不同射程范围时，落速在 $570 \sim 860$ m/s，为实现最大毁伤效能，要求引信精确定距起爆（单层复合厚靶：靶后 $0.5 \sim 1.7$ m；多层间隔靶为装定层内；薄靶：入靶 0.5 m± 0.05 m）。单一引信实现复杂多类目标识别与炸点自适应精确起爆控制带来的技术挑战属世界性难题。

1）侵彻多选择引信炸点精确控制结构设计技术。该技术通过弹引间多物理场隔离方法、复合异类非弹性缓冲技术和轻质变刚度结构布局，减少了应力波、电磁波与热辐射多物理场产生的强干扰，阻断或削弱了物理场的传递，使传感器检测的信号清晰易辨，解决了层间信号的"粘连"和出靶后严重"振荡"的多类信号混叠问题；同时，弹体内底螺和压螺形成的钢制屏蔽罩，减少了侵彻过程中高速摩擦引起的电磁辐射对引信内部电路的干扰。图 6.30 所示为未采用和采用该方法的测试信号对比图。

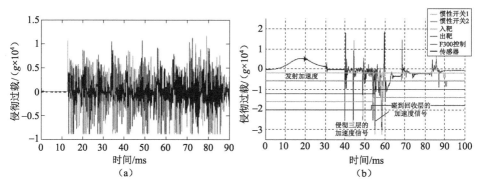

图 6.30　侵彻多层靶标回收信号对比图
（a）未采用该方法的回收信号；（b）采用该方法的回收信号

2）抗长时间高冲击与多次冲击防护技术。在特种聚氨酯类发泡灌封技术、小尺度贴片元件、压阻式加速度传感器等抗冲击技术的基础上，结合复合异类多层非弹性缓冲方法和轻质变刚度结构布局等自主研究成果，发明了一种多层侵彻引信组合缓冲装置，解决了引信长时间高冲击与多次冲击下的生存难题。

3）侵彻过程信息获取与处理。针对侵彻引信复杂、严酷的工作环境和使用条件，首次提出了加速度传感器与机械惯性开关复合的多模信息探测方法，发明了双路变采样速率侵彻用动态存储系统，通过回收试验可获得大量侵彻过载信号、各种控制指令、状态信息等重要数据，为信息的快速处理和起爆控制策略制定提供了数据支撑。

4）大落速差下复杂多类目标快速自适应起爆控制。构建了引信与火控系统信息交联通道，根据目标特征，发射前实时获取起爆模式信息，提出了基于制导舱断电信后的侵彻计层起爆引信首层判别方法，采取了复合碰撞特征信号并屏蔽干扰信号措施，解决了着靶起点及穿靶信息准确识别的难题；发明了一种通过查表实现侵彻引信靶后自适应延期起爆的控制方法，通过对侵彻过载信号及侵彻时间历程等信息的数据融合处理，快速计算获取出靶时刻及速度信息，自适应调整出靶起爆时间，实现大落速差下、复杂多类目标的快速自适应精确起爆控制。

|6.4 缓冲防护与高作用可靠性设计|

6.4.1 缓冲装置的设计

6.4.1.1 冲击隔离原理分析

在数万倍重力加速度的条件下，硬目标侵彻引信要能够完成靶标内及靶标后的可靠起爆，不仅要保证控制电路系统不受到损坏，而且还要保证其能够正常可靠地工作，因此，必须提高引信控制系统的抗高过载能力。

冲击隔离是对引信进行保护行之有效的技术途径之一。其原理为：利用被动缓冲技术，采用适当的缓冲材料和结构对侵彻过程中的冲击信号进行滤波隔离，或对高冲击作用下引信所产生的能量进行吸收储存，将引信所承受的加速度值降低到所允许的极限值以内。

6.4.1.2　缓冲材料及其特征分析

（1）聚四氟乙烯

聚四氟乙烯是氟聚合物的一种，是四氟乙烯的聚合物，于 1938 年由美国新泽西州杜邦研究室 R. J. Plunkett 博士发明。聚四氟乙烯具有很强的耐化学腐蚀性和耐候性，不吸潮、不燃，对氧、紫外线极其稳定；对温度的影响变化不大，温域极广，可使用温度为 –190 ℃～260 ℃；摩擦系数很小，且具有不粘性，在低温下不会变脆。这些特点使得聚四氟乙烯在严苛的环境中具有稳定的力学性能，在适应性上满足侵彻过程中严苛的环境。

聚四氟乙烯的密度为（2.10～2.30）× 10^3 kg/m³，较轻；泊松比为 0.4；压缩弹性模量为 280 MPa；压缩强度为 12.9 MPa；冲击强度为 2.0 kJ/m³。

（2）泡沫铝

泡沫铝是一种拥有良好的物理性能和机械特性的多功能新型复合工程材料。

在单向压缩载荷下，泡沫铝的应力－应变曲线可以分为 3 个阶段：孔壁弹性弯曲阶段、孔壁逐渐被压垮的屈服平台阶段和孔壁完全坍塌压实而引起的应力迅速增加的密实化阶段。

在弹性弯曲阶段，泡沫铝单元的孔壁发生弹性变形，应力－应变曲线呈线性增加；在屈服平台阶段，孔壁逐渐进入塑性变形阶段，其表现为应变增大，但应力基本保持不变，大量能量在近乎恒定的应力下被吸收，此特性使得泡沫铝拥有很高的吸能效率；在密实阶段，泡沫铝结构单元被破坏，应力会随应变的增加而迅速上升。

泡沫铝的应力－应变曲线如图 6.31 所示。

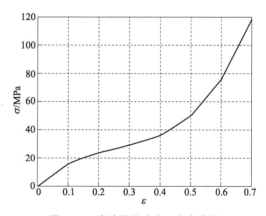

图 6.31　泡沫铝的应力－应变曲线

6.4.1.3　缓冲材料模型建立与试验评估

（1）试验模型的建立

利用有限元仿真软件 ANSYS/LS－DYNA 模拟火箭弹侵彻混凝土靶板的过程，获得弹尾引信的加速度曲线。根据设计方案对弹形进行适当简化，弹体的材料选用 40Cr，材料模型选用 Johnson – Cook 模型，弹丸直径为 15 cm，高度为 60 cm。对引信及其内部零件进行简化，将其简化为一个高为 7.5 cm、直径为 4.5 cm 的圆柱体，材料为铝，选用双线性随动塑性材料（BKIN）模型。混凝土靶板的尺寸为 200 cm × 200 cm × 20 cm，材料选用 Holmquist – Johnson – Concrete（HJC）模型。在引信两端分别加载聚四氟乙烯垫片和泡沫铝垫片进行缓冲模拟计算。其中，聚四氟乙烯选用 BKIN 模型，泡沫铝选用 Crushable – Foam 模型。

为了更好地进行对比，建立了 5 种模型。在侵彻模型 1 中，引信两端未加任何缓冲垫片；在模型 2 中引信的前后两端分别加 3 mm 和 2 mm 的聚四氟乙烯垫片；在模型 3 中引信前端加不同厚度的缓冲垫片；在模型 4 中引信前端分别加上 6 mm 聚四氟乙烯垫片和泡沫铝垫片；在模型 5 中引信前端加 4 mm 的泡沫铝垫片。弹体与靶板之间采用侵蚀接触，其他采用自动接触。选取弹和引信为研究对象，由仿真得到速度与加速度曲线。

（2）增加缓冲材料的结论

通过比较建立的 5 种速度与加速度曲线，可以得到：在侵彻的过程中，聚四氟乙烯垫片对应力波的过滤和整形，以及应力波在不同材料交界处的反射或投射，能起到一定的缓冲作用，降低引信的加速度峰值，同时使其加速度曲线平滑。但聚四氟乙烯垫片的缓冲效果随其厚度的变换并不明显，分析后认为聚四氟乙烯的缓冲并不是通过其塑性变形吸收能量来实现的，其缓冲的原理更近似为机械滤波。

泡沫铝因为其独特的多孔结构，并且在屈服阶段存在高且宽的应力平台，能大幅度地吸收能量，从而达到缓冲的效果，其缓冲效果远好于聚四氟乙烯垫片，但必须考虑泡沫铝的厚度及其可承受的应力情况。如果在侵彻过程中，泡沫铝垫片出现压实的情况，引信与垫片之间刚性接触会使得引信出现很高的加速度峰值，从而破坏引信结构，使其失效。在侵彻多层靶板时，如果泡沫铝在弹丸侵彻第一层靶板的过程中被压实，则在侵彻第二层靶板的过程中，不仅会使泡沫铝垫片丧失缓冲效果，还会造成引信的加速度过大。为了保证在穿透多层靶板时，泡沫铝能有效地实现缓冲，就必须增加其厚度。但存在的一大问题是，弹体中的空间有限，泡沫铝能够增加的厚度也是有限的。

经分析可知：聚四氟乙烯垫片更适合于加在引信体外部，通过滤波作用，使应力波峰值下降；而泡沫铝可以加在引信体中，用来对电路进行保护。因为电路的质量很轻，且通过引信外部垫片和壳体的滤波之后较低的应力波不会压实泡沫铝垫片，所以泡沫铝良好的缓冲性能可起到保护引信中电路的作用。

6.4.2 高作用可靠性设计

6.4.2.1 可靠性定义及发展意义

"产品在规定的条件下和时间内，完成规定功能的能力"即为产品的可靠性，它是产品质量的重要特征。引信的可靠性则反映了引信在战争中能完成其预定功能的能力，是引信设计的重要指标。

纵观武器系统的发展过程，其经历了冷兵器时期、热兵器时期和高技术时期。1991 年年初发生的海湾战争拉开了高技术兵器的序幕，各种新式精确制导武器相继出现。在现代的局部战争中，为了获得战争的胜利，必须发展高新技术武器，这些武器不仅要拥有精确打击目标的能力和足够的威慑力，还必须拥有良好的战备完好性和任务成功性。

在现代战争中，出现了各种新型防护技术用来保护一些重要的军事目标，侵彻火箭弹需要穿透这些防护完成对内部隐藏目标的打击。其中的引信系统需要保证在火箭弹穿过防护之后引爆火箭弹。为了保证火箭弹对目标的精确打击，就需要引信在具有机械保险机构的同时也要具有探测和识别目标的能力，其功能由电路来实现。

引信作为弹药的"大脑"，对整个武器系统进行控制，所以它必须能够有效地完成对目标的探测和识别，保证弹药对目标的精确打击。随着科技的发展，各种高新技术在引信上得到利用，在逐步实现引信系统的小型化、精密化和灵巧化的同时，也导致引信结构逐渐复杂。所设计的引信系统必须具有很高的可靠性，不允许其过多地发生故障，否则会导致无法完成对目标的打击，延误战机，甚至直接导致战争的失败。众所周知，系统越复杂，其可靠度问题就越尖锐。作为一次性产品，引信无法通过大量试验来验证其可靠性，因此，在设计阶段如何分析引信设计方案中所存在的可能影响引信可靠性的故障模式、如何对方案中所设计引信的可靠性定量预计是一项十分重要的工作。由此可判定设计是否满足可靠性要求，保证设计者能及时发现潜在的可靠性问题，对设计方案进行修正，防止设计缺陷。

同时，引信在侵彻过程中会经历十分复杂和严苛的力学环境。为了实现引信的多功能化、智能化、灵巧化等特点，越来越多的电子元器件在引信中得到应用，并且机械结构也越加精密。为了保护引信，防止高过载所产生的破坏影响引信的可靠性，选用合适的方式降低引信在侵彻中所经历的过载显得十分重要。

6.4.2.2　高作用可靠性组成及技术介绍

高安全性和高可靠性是灵巧引信设计的基本要求，设计标准 GJB373A—1997 指出，在预定解除保险程序开始前，引信解除保险的概率和主动段末前引信提前作用的失效概率均要求百万分之一，在引信其他工作阶段也提出高的要求。结合型号研制的引信自身不带电源，在发射准备工况时地面发控为制导舱供电，通过制导舱再向引信供电；隔爆件由两个独立的保险件锁定，启动机械保险的激励来自火箭的发射过载，主动段末解除；电保险为目标基保险，启动电保险的激励来自制导舱根据目标信息提供的解保触发信号，能量来自发射前发控系统提供的闭锁电源；电雷管平时短路，转子解除保险后在转正过程中打开；采取发火电容解除电保险时开始充电等一系列安全措施，使预定解除保险程序开始前引信解保概率为 1.5×10^{-8}，主动段引信作用概率为 2.0×10^{-8}，主动段引信解保概率为 2.4×10^{-8}，确保引信使用安全。

弹药的最终毁伤效能是依靠引信的作用来实现的，如引信瞎火，再先进的战斗部也无法实现其毁伤效能。常规引信置信度为 0.90 时，其作用可靠度置信下限通常为 0.9 左右。制导侵彻弹为高价值弹药，其设计可靠度为 0.998。验收置信度为 0.90 时，作用可靠度置信下限为 0.95。为此，为保证指标的实现，采用多重冗余结构、对两套机电模块的解保和发火控制设计了交叉控制、发火指令的交替持续异或输出等多项措施，极大地提高了引信的可靠性。

（1）多重冗余高可靠性技术

为了保证可靠性的指标，对侵彻引信的设计需采用两套相同功能的机电模块并联组成，每套机电模块含信息交联及主控子模块、目标探测与起爆控制子模块、安全系统、电源模块和一级爆炸序列，两个模块共用传爆管。同时，侵彻加速度检测由加速度传感器＋微处理器 1 和惯性开关＋微处理器 2 两套子系统独立检测，减小共因失效概率。起爆控制策略采用并行处理，如着靶延期起爆采用碰合开关闭合与"掉电"复合、加速度信号、惯性开关闭合信号三种起爆条件并联。多层靶间起爆则以碰合开关闭合＋一定时间内"掉电"为着靶信息，当引信碰合开关失效时，则以"掉电"＋碰击制导舱残骸的特定加速度值为辅助信息，其中解保控制通过指令通道交叉控制，发火指令通过执行通道交叉多重冗余控制，通过提高抗共因失效的能力，消除控制电路瞬时失效引起的瞎火问题，极大地提高了作用可靠性。

（2）交叉控制技术

根据 GJB 373A—1997《引信安全设计准则》的规定，引信必须采用独立的冗余保险。对于两路机电模块并联的硬目标侵彻引信，若两路的安全系统彼此独立，当机电模块 1 机械保险未解除，机电模块 2 电保险的解保控制失效未解除时，两路安全系统均无法解除保险，该引信瞎火。

硬目标侵彻引信采用双解保子系统指令级交叉控制的方式，可大幅度提高安全系统解保的可靠性，勤务处理及主动段双机电模块冗余保险交叉控制如图 6.32 所示。两个机电模块的隔爆件分别被机械保险 1 及电保险 1 和机械保险 2 及电保险 2 锁住。电保险的解保通过交叉控制策略，使得只要控制电路 1 或控制电路 2 中的任意一个发出解保信号，都能使两个机电模块的电保险解除，释放隔爆件。当机械保险 1 和解保控制 2 均失效时，解保控制 1 使得电保险 1、2 均解除，由于机械保险 1 失效，隔爆件 1 无法转正，机电模块 1 未解除保险；而机械保险 2 和电保险 2 均解除，从而使隔爆件 2 转正，机电模块 2 解除保险，提高了引信的解保可靠性。设计的安全系统功能逻辑如图 6.33 所示。

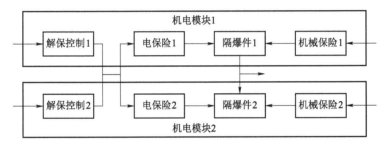

图 6.32　双机电模块冗余保险交叉控制框图

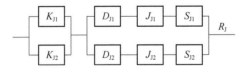

图 6.33　安全系统功能逻辑

图 6.33 中，K_{J1}、K_{J2} 分别代表解保控制可靠性，D_{J1}、D_{J2} 分别代表引信 1、2 的电保险解保可靠性，J_{J1}、J_{J2} 分别代表引信 1、2 的机械保险系统解保可靠性，S_{J1}、S_{J2} 分别代表引信 1、2 的隔爆系统解保可靠性。依据以上逻辑图，设计的引信安全系统解保可靠度为：

$$\begin{cases} R_J = K_{J1} \cdot R_1 + (1 - K_{J1}) \cdot K_{J2} \cdot R_3 \\ R_1 = R_2 + (1 - R_2) \cdot J_{J2} \cdot D_{J2} \cdot S_{J2} \\ R_2 = J_{J1} \cdot D_{J1} \cdot S_{J1} \\ R_3 = R_2 + (1 - R_2) \cdot J_{J2} \cdot D_{J2} \cdot S_{J2} \end{cases} \quad (6.29)$$

式中，R_J 表示引信安全系统解保可靠度。

引信的发火是在侵彻硬目标之后，要经受高幅值、长时间的侵彻过载。以上因素会导致发火电容或电雷管失效，引起引信瞎火。针对这一问题，发明了双机电模块交叉控制技术以提高作用可靠性。设计的控制策略如图 6.34 所示。引信中的任一控制单元都可以通过其中一个发火单元起爆任一电雷管，经计算引信的发火可靠度比双路各自独立控制可靠度提高一倍。根据引信作用功能框图，可以得到引信作用的可靠性原理模型，如图 6.35 所示。

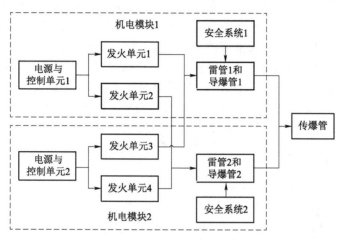

图 6.34　双机电模块交叉控制策略功能框图

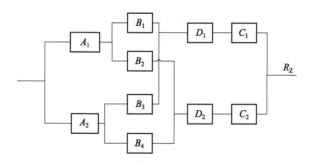

图 6.35　引信作用的可靠性原理

　　图 6.35 中，A_1、A_2 分别表示两个机电模块的电源与控制单元，B_1、B_2、B_3、B_4 分别表示四个发火单元，C_1、C_2 分别表示两个安全系统，D_1、D_2 分别表示两个雷管和导爆管。

$$R_Z = A_1 \cdot R_1 + (1 - A_1) \cdot A_2 \cdot R_9 \qquad (6.30)$$

式中，R_Z 表示引信作用可靠度。经计算，引信的发火可靠度比独立双通道提高 3 倍。

　　（3）持续交替异或发火控制技术

　　在冲击加速度和各种物理场等外部条件作用下，控制单元失效的发火控制引脚意外输出高电平，是该发引信靶内炸或提前炸的重要因素。为了防止该故障的发生，引信设计了两个相邻引脚进行发火控制的策略：一个引脚输出高电平，另一个引脚输出低电平，两信号经异或后输出作为起爆控制信号，如图 6.36 所示。

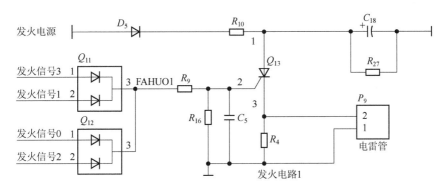

图 6.36　引信发火电路

通过异或发火控制策略，可以有效防止控制器失效导致多个输出引脚因共因失效同时输出高电平导致发火电路意外作用。

在火箭橇试验中，战斗部侵彻过程中会出现由于火箭橇助推火箭的残余高温火焰及侵彻摩擦导致气体电离，产生强电磁干扰，使引信的处理器受干扰后输出端口暂时失效。出靶后干扰消失，输出端口恢复正常。为了解决该问题，引信采用交替输出发火控制信号，两个输出引脚交替输出高低电平。只要输出端口恢复正常，交替时立即起爆，就可提高引信作用可靠度并减少试验成本。

| 6.5　试验评估与性能考核 |

6.5.1　实验室模拟试验

为了验证短间隔多次高冲击模拟试验装置能够对侵彻引信进行有效的多层侵彻过程模拟，使用某型号侵彻引信（已拆除火工品），装定计层数起爆控制模式，按照正常的工作模式，在多次冲击试验装置上进行了多层侵彻过程的模拟试验。

6.5.1.1　多层侵彻过程的模拟试验方案设计

引信使用弹载存储，将模拟试验过程的加速度信息储存下来，用于信号分析以及侵彻状态识别的正确性验证。作为对比，在引信壳体上安装一枚与引信内部所用传感器相同的加速度传感器，用于测量引信壳体的加速度信号（图 6.37）。

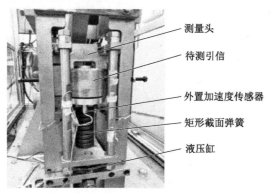

测量头
待测引信
外置加速度传感器
矩形截面弹簧
液压缸

图 6.37　引信及外置传感器装夹方式

为了测量多次冲击装置架体在多次冲击过程中的振动响应，在图 6.38 所标注的位置分别进行了加速度信号的测量：

1）位置 1 处 z 轴方向；

2）位置 3 处 z 轴方向；

3）位置 4 处 x 轴方向；

4）位置 5 处 x、y、z 方向；

5）位置 6 处法线方向。

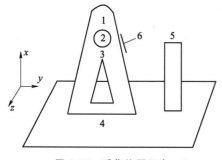

图 6.38　采集位置示意

振动测试所使用的压电式加速度传感器使用永磁式吸盘，吸附于试验装置架体的相应位置（图 6.39）。由于试验过程中磁体吸力远大于振动力，所以可以认为加速度传感器与试验装置架体没有相对运动；并且，由于永磁式吸盘质量很小，所以可以近似认为吸盘对架体的振动过程没有影响。

为了确定每次冲击过程的相对速度，使用霍尔传感器配合永磁体，设计了精确测速装置（图 6.40），可以对每次冲击过程的碰撞初始速度进行测试。永磁体吸附在每个冲击头位置对称布置，每个冲击头有两个磁体。通过测量两个磁信号之间的时间差，且已知两个磁体之间的夹角，可对应求解出转盘旋转这个小角度过程的平均速度。由于磁体之间夹角很小，这个平均速度可以被看作转盘的瞬时转速。霍尔传感器使用电磁吸盘吸附于试验架体上，位置对准转盘上的永磁体。

图 6.39　振动传感器安装位置

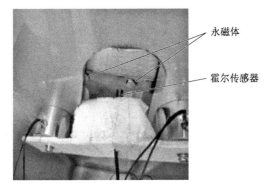

永磁体

霍尔传感器

图 6.40　霍尔测速装置

6.5.1.2　模拟试验数据处理

（1）引信弹载存储数据

使用某型号硬目标侵彻引信多次冲击过程进行弹载存储测试，按照侵彻引信的实际工作流程，设定触发阈值为上升沿 3 000 g（与加速度传感器安装方向有关），连续采集到三个满足阈值的点后判断触发开始记录数据，实时记录下引信内部的加速度传感器的数据。如图 6.41 所示，第一个负向峰值为该侵彻引信记录的触发位置，0.6 s 以后的波形是侵彻引信内置的信号结束标志，0.2～0.5 s 的间隔分布的小峰值是此次多次冲击过程的加速度信号。将引信算法添加的标志信号去掉，多次冲击信号如图 6.42 和图 6.43 所示。

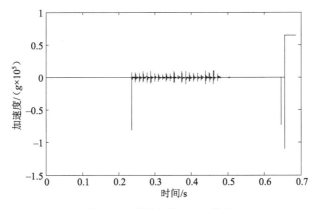

图 6.41　弹载存储加速度数据

观察多次冲击信号曲线，此次多次冲击过程一共发生了 23 次冲击，曲线上半部分为冲击信号，下半部分为反跳或者振荡信号。冲击峰值最小为 4 164 g，最大为 10 180 g，加速度的平均幅值为 7 068.5 g（表 6.4）。

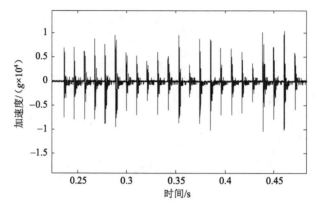

图 6.42　多次冲击数据

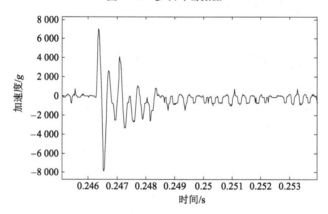

图 6.43　冲击加速度波形放大显示

表 6.4　引信内部冲击加速度幅值信息

序号	1	2	3	4	5	6	7	8	9	10
幅值/g	6 849	7 064	6 205	8 783	7 708	9 535	5 882	5 345	4 164	5 990
时刻/s	0.235 8	0.246 3	0.256 9	0.267 4	0.278	0.288 5	0.299 4	0.309 9	0.320 7	0.331 2
序号	11	12	13	14	15	16	17	18	19	20
幅值/g	5 130	9 535	5 412	8 783	8 675	6 849	6 742	5 990	4 626	10 180
时刻/s	0.342 1	0.352 5	0.363 5	0.374	0.384 8	0.395 4	0.406 4	0.417 1	0.428 1	0.438 6
序号	21	22	23	—	—	—	—	—	—	—
幅值/g	7 604	9 642	5 882	—	—	—	—	—	—	—
时刻/s	0.449 6	0.460 3	0.471 5	—	—	—	—	—	—	—

测量得知每个加速度冲击过程的首峰过零宽度均为 200 μs。前两次冲击间隔时间为 10.5 ms，最后两次冲击间隔时间为 11.2 ms，由于冲击试验开始时转台电机已经断电，转台依靠其动能维持转动，每次冲击过程产生能量损失，转台转速下降，冲击间隔时间呈现逐渐增大的趋势。

（2）引信壳体结构加速度数据

将与引信内部所用传感器相同的压阻式加速度传感器安装于引信壳体结构上，测量引信外壳在多次冲击过程中的加速度信号，如图 6.44、图 6.45 和表 6.5 所示。外置传感器的安装方向与引信内部的加速度传感器方向相反，因此测得的引信壳体结构加速度是下降沿的负向数值。

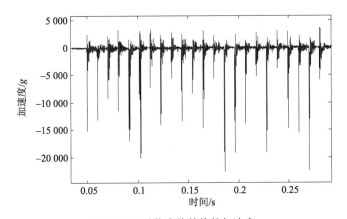

图 6.44　引信壳体结构的加速度

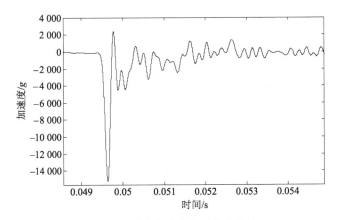

图 6.45　冲击加速度波形放大显示

表 6.5 引信壳体冲击加速度幅值信息

序号	1	2	3	4	5	6	7	8	9	10
幅值/g	15 180	13 220	9 167	11 380	14 660	8 439	7 246	14 040	5 502	13 420
时刻/s	0.049 4	0.059 7	0.070 2	0.080 5	0.090 9	0.101 2	0.112	0122 3	0.132 9	0.143 3
序号	11	12	13	14	15	16	17	18	19	20
幅值/g	8 331	14 590	5 679	22 580	19 080	13 770	5 193	18 960	3 716	14 790
时刻/s	0.154	0.164 2	0.175	0.185 4	0.196	0.206 4	0.217 2	0.227 6	0.238 6	0.248 9
序号	21	22	23	—	—	—	—	—	—	—
幅值/g	15 540	22 330	5 900	—	—	—	—	—	—	—
时刻/s	0.259 8	0.270 3	0.280 8	—	—	—	—	—	—	—

测量得知每个加速度冲击过程的首峰过零宽度大于 300 μs。前两次冲击间隔时间为 10.3 ms，最后两次冲击间隔时间为 10.5 ms。随着转台转速下降，冲击间隔时间呈现逐渐增大的趋势，所测壳体加速度与引信弹载存储测试的加速度特征接近。

对比引信弹载存储与外置传感器采集到的加速度幅值，如表 6.6 所示。

表 6.6 弹载存储与外置传感器采集到的加速度数据峰值对比

序号	1	2	3	4	5	6	7	8	9
弹载存储/g	6 849	7 064	6 205	8 783	7 708	9 535	5 882	5 345	4 164
壳体/g	15 180	13 220	9 167	11 380	14 660	8 439	7 246	14 040	5 502
比例	0.451 2	0.534 3	0.676 9	0.771 8	0.525 8	1.129 9	0.811 8	0.380 7	0.756 8
序号	10	11	12	13	14	15	16	17	18
弹载存储/g	5 990	5 130	9 535	5 412	8 783	8 675	6 849	6 742	5 990
壳体/g	13 420	8 331	14 590	5 679	22 580	19 080	13 770	5 193	18 960
比例	0.446 3	0.615 8	0.653 5	0.953 0	0.389 0	0.454 7	0.497 4	1.298 3	0.315 9
序号	19	20	21	22	23	—	—	—	—
弹载存储/g	4 626	10 180	7 604	9 642	5 882	—	—	—	—
壳体/g	3 716	14 790	15 540	22 330	5 900	—	—	—	—
比例	1.244 9	0.688 3	0.489 3	0.431 8	0.996 9	—	—	—	—

观察表 6.6 中加速度幅值及比例，除个别为异常数据外，总体来看引信内

部弹载存储所得到的加速度要低于外部的壳体加速度，分析其原因为引信结构缓冲与隔振的效果。峰值比例平均数值为 0.575 1，即对于此种引信来说，弹载测试得到的加速度幅值约为引信壳体结构加速度幅值的 57.6%，降低了大约 43%。峰值比例统计结果如图 6.46 所示。

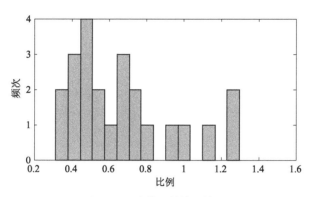

图 6.46　峰值比例统计结果

（3）转台瞬时转速计算

转台使用计周期法进行整体测速，这种测速方法采用的是平均转速的计算方法，只能大致估测转台旋转几周的平均转速。要想精确地测量到每次冲击过程发生之前的瞬时转速，采用这种测速方法是无法实现的，因而重新设计了基于霍尔传感器的测速装置，即在每个冲击头两侧各安装了一枚永磁体，利用霍尔传感器的电平信号变化时间差测得对应转速。

霍尔传感器的精确测速装置原理如图 6.47 所示，我们认为永磁体直径远小于冲击头尺寸，即永磁体的尺寸不影响测量精度。在转台旋转过程中，当永磁体经过霍尔传感器头部时，霍尔传感器输出电平发生一次跳变；每个冲击头上安装两个永磁体，且已知两个永磁体之间的夹角，那么通过计算两次电平跳变之间的时间

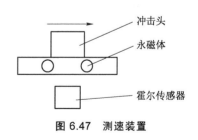

图 6.47　测速装置

差就可计算出转台在旋转过此夹角的平均速度。该平均速度可以被近似看作该次冲击过程之前的瞬时转速。

对霍尔传感器的电平信号进行处理，标记出电平信号的下降沿起始点，记录下对应的时间值，相邻两个下降沿起始点之间的时间差即为转台转过对应的角度所需要的时间，如图 6.48 所示。

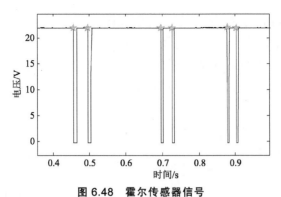

图 6.48　霍尔传感器信号

经过计算得到的转台在无冲击时的转动规律如图 6.49 所示。实线为对实测数据进行的多项式拟合。

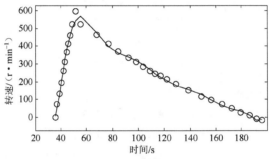

图 6.49　转台转动规律

在进行冲击过程中的加速度测试时，发现固定在冲击头两侧的永磁体在冲击作用下发生脱落，导致无法测量出电平信息，进而无法计算出瞬时转速。于是，对方案进行了重新设计，换用电涡流传感器，直接检测冲击头凸起部分，将电平突变后的持续时间作为转台转过冲击头凸起部分角度对应的时间，进而可以计算出转速，如图 6.50 所示。

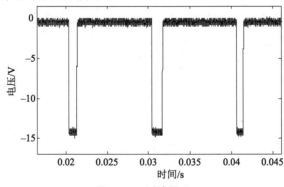

图 6.50　测速原理

经过多次冲击试验采集到的加速度曲线和电涡流传感器曲线如图 6.51 所示。图中加速度曲线位于图像上方，曲线上每一个凸起对应一次冲击过程，一共采集到了 5 次冲击过程。电涡流传感器输出信号呈方波形式，与加速度信号位置存在约 6 ms 的时间差，这个时间差是由电涡流传感器的安装位置以及转台转速决定的。

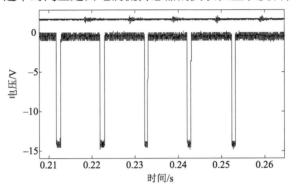

图 6.51　冲击测速曲线

取阈值为 −2 V，对电涡流信号进行二值化处理（高于 −2 V 置 1，低于 −2 V 置 0），以便进行波形的下降沿和上升沿检测，如图 6.52 所示。冲击头对应的旋转角度约为 4.77°。

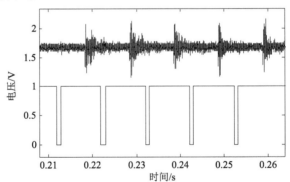

图 6.52　二值化后的冲击测速曲线

经过计算，采集到的 5 次冲击过程对应的碰撞前瞬时转速如表 6.7 所示。

表 6.7　碰撞过程瞬时转速

序号	1	2	3	4	5
时间差/ms	0.001 053	0.001 064	0.001 083	0.001 095	0.001 120
瞬时转速/(r·min⁻¹)	755	747	734	726	710

观察表 6.7 可以看出，每次碰撞过程后，转台转速下降约 10 r/min。

（4）转台支架的冲击过程响应

使用压电式加速度传感器测量多次冲击过程中转台各个位置（图 6.38）的振动响应。位置 1，z 向的冲击加速度和响应加速度曲线如图 6.53 所示。上侧曲线为冲击加速度信号，曲线相对较为平滑，振荡较少，下侧曲线为转台支架在 z 方向上的振动响应，响应信号相比冲击信号，振荡次数较多，持续时间较长（因所选用的冲击加速度传感器与振动传感器的输出电压范围不统一，因此电压幅值并不代表加速度大小）。响应加速度幅值换算后为 600～800 g。将波形拉宽放大显示，如图 6.54 所示。从图 6.54 中可以看出响应信号的振荡持续时间约为 5 ms。

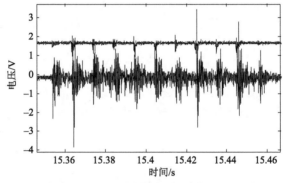

图 6.53　冲击加速度和响应加速度曲线

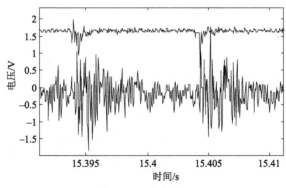

图 6.54　放大显示

根据图 6.38 所标注的转台各个位置，测试得到的不同测量位置处加速度幅值情况汇总如下：

1）位置 1，z 向：600～800 g

2）位置 3，z 向：400～600 g

3）位置 4，x 向：300～350 g

4）位置 5，x 向：1 000～1 500 g

5）位置 5，y 向：2 000～3 000 g

6）位置 5，z 向：1 000～2 000 g

7）位置 6，法向：600～800 g

分析上述测点的加速度幅值情况，可以发现前立柱处 y 向加速度幅值最高，此处的冲击来源于冲击头与测量头碰撞的水平分量。由于碰撞接触面并非处于垂直位置，而且水平方向有位移限制，因此水平方向上碰撞力分量较大；该处 x、z 向加速度幅值稍低；转台支架上离固定的焊接处较远的位置 1 处 z 向，加速度幅值最高，转台支架在 z 向有较大的摆动；从位置 6 的加速度幅值可以看出，转台支架在 y 向有较大的振动存在；固定在底部的位置 4 振动幅度最小。

6.5.1.3　模拟层数可识别性验证及侵彻引信起爆控制策略

针对结构复杂的多层目标，引信计层数起爆将会提高对目标的定点杀伤力，提高打击任务成功率。图 6.55 所示为计层起爆模式的工作流程。按照工作流程所述，弹体穿透预设的第 N 层靶板后，引信给出发火信号，引爆弹药战斗部。

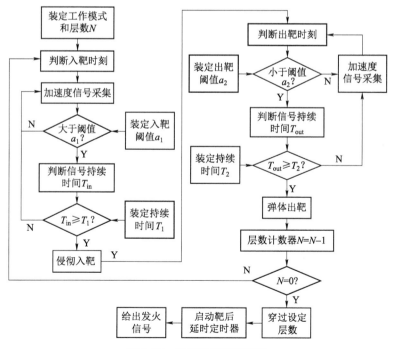

图 6.55　计层起爆控制流程

在侵彻过程中，每层靶板的侵彻过程均会产生一个加速度信号，每个信号的特征随着每层目标的特征以及弹体的剩余动能而变化。

由于加速度信号的下降沿与上升沿宽度相对于引信电路控制器的工作时钟频率来说是较宽的，容易识别与判断，因此可以采用加速度信号的下降沿作为弹体侵入靶体的标志，加速度信号的上升沿作为出靶标志。触发阈值的设定要根据目标强度、传感器灵敏度、缓冲措施的特征来设定，对于固定的弹形、确定的侵彻条件，计层数策略中的参数值可以根据大量先验数据的对比与分析来确定。

采用加速度曲线的上升沿和下降沿来作为引信计层数识别计数以及起爆的控制信号，引信电路实现起来是比较容易的，可以采用全硬件比较电路来实现，运算速度高，电路功耗较低，对于侵彻引信的微功耗需求是极其有利的；或者采用软件编程控制，灵活性较好。

（1）基于下降沿的侵彻状态识别

在多层侵彻过程中，比如侵彻楼层时，多层目标中每一层的厚度相对于侵彻机场跑道等单层目标的厚度来说较薄，一般只有 200～300 mm。弹体侵彻多层目标时承受到的加速度大小与目标特性以及弹体大小有关，一般说来，目标硬度越高、弹体质量（口径）越小，测到的加速度越高，加速度过载范围为 10 000～40 000 g，弹体侵彻时间通常也在 300 µs 左右。图 6.56 所示为动能弹侵彻三层混凝土靶板采集到的加速度数据。

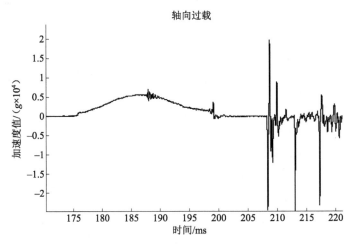

图 6.56 侵彻加速度曲线

放大后的弹体侵彻三层靶板过程加速度曲线如图 6.57 所示。多层侵彻过程的加速度曲线特征为：可明显观察到若干个（3 个）曲线尖峰，峰值大小呈降低趋势，曲线尖峰的间隔时间呈增大的趋势，分别为 4.2 ms 和 4.7 ms。

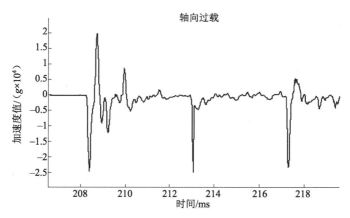

图 6.57 放大后侵彻加速度曲线

针对第一层靶板侵彻过程的加速度信号，设计了侵彻策略判断分析试验，采用入靶、出靶阈值 4 000 g 作为触发阈值，按照侵彻策略对侵彻第一层靶板所产生的加速度信号进行入靶、出靶判断，如图 6.58 所示。达到触发阈值后，若连续 5 个采样周期均满足触发条件，则判断为入靶/出靶。

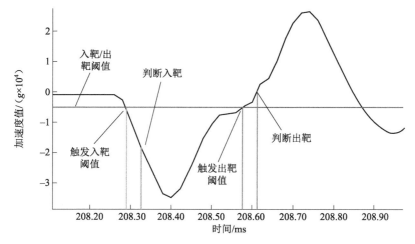

图 6.58 侵彻过程曲线状态判断

观察图 6.58，提取加速度曲线的特征为：曲线变化趋势为下凹形式，峰值为 3.4×10^4 g，曲线半峰值宽度约为 200 μs，过零宽度为 300 μs，下降沿/上升沿相对较宽，约达到 100 μs，且波动不明显。分析入靶/出靶判断策略，侵彻状态的识别只与加速度曲线下降沿/上升沿的很小一段有关（长度与引信采样周期大小以及判断策略所需周期数有关），宽度约为 30 μs，而与加速度曲线的峰值、以及曲线峰值的过零宽度无关。

在如图 6.55 所示的引信计层数控制流程中，引信在判断弹体出靶后，层数计一层，引信内部计数器减一后判断计数器是否为零，不为零则继续检测加速度传感器的信号，判断下一层目标的入靶信息，为零则判断到达预定侵彻层数，启动延时程序，待延时结束后给出发火信号。图 6.56 所示型号的侵彻引信加速度信号采样频率为 50 kHz，采样时间总长度可达 600 ms，发射过载持续时间约为 25 ms，三层靶板侵彻过程历时 10 ms 左右，从中可以看出其采集的数据信息大部分是对侵彻状态识别没有作用的无效信息。因此可以判断，就引信起爆控制策略而言，其对多层靶板间距变化不敏感。

（2）多次冲击过程模拟层数信息验证

对使用上述型号的侵彻引信在多次冲击试验装置上进行多层侵彻模拟试验采集到的加速度波形，根据多层侵彻起爆控制的层数识别策略，进行了侵彻策略判断分析过程，采用入靶、出靶阈值 3 000 g 作为触发阈值，按照侵彻策略进行入靶、出靶判断，如图 6.59 所示。达到触发阈值后，若连续 4 个采样周期均满足触发条件，则判断为入靶/出靶。

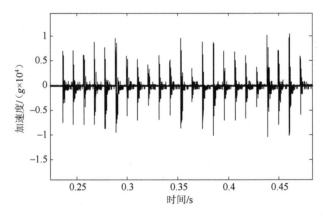

图 6.59 多次冲击加速度曲线

产生较多波形起伏的原因是引信装夹装置在撞击过程中的振荡所致。振荡所产生的加速度曲线波动与引信质量大小、冲击速度大小，以及缓冲措施有关。

将连续冲击过程中的第一次冲击峰值放大后显示，如图 6.60 所示。结合数据文件可以看出，采用撞击形式，产生的加速度信号峰值达到 6 000 g，脉宽达到 200 μs。

观察图 6.60，提取加速度曲线的特征为：曲线变化趋势为下凹形式，峰值为 10 000 g，曲线半峰值宽度约为 200 μs，过零宽度为 200 μs，下降沿/上升沿相对较宽，约达到 100 μs，且边沿特征明显，无波动。

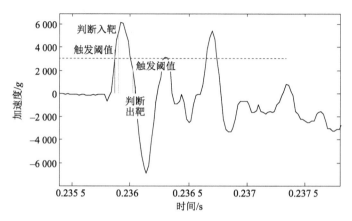

图 6.60　加速度曲线状态判断

通过对加速度曲线特征参数的分析，撞击过程的加速度曲线的变化趋势与实际侵彻过程在多层侵彻识别算法的识别上是近似的，在多层侵彻计层数策略中，对于采用下降沿和上升沿形式判断入靶与出靶的引信来说，撞击过程的加速度曲线变化趋势是可以被识别出来的，因此，撞击过程是模拟侵彻过载过程比较有效的试验办法。

经过同样的分析，部分振荡波形也满足计层算法所要求层数识别特征，但是由于振荡信号幅值、脉宽以及出现的时刻不规则，具有很大的随机性，不应被用于模拟侵彻层数信息。在侵彻引信的实际应用中也必须面对各种复杂的振荡信号的干扰，从侵彻引信软件识别算法的稳定角度来看，在测试中存在此类干扰信号，是有利于侵彻引信的测试的。

6.5.1.4　多层侵彻模拟层数的适用性分析

在理论上，多次冲击试验装置可以产生不限次数的短间隔冲击，可以模拟出相应次数的模拟层数。根据所做试验数据得出结论：每次碰撞过程后，转台转速下降约 10 r/min，以初始转速为 750 r/min，截止转速若定为 600 r/min，则可以实现 10～15 次的模拟层数信息。

实际上，过多的模拟侵彻层数，对于侵彻引信来讲，实战意义不大，实战中侵彻弹侵彻层数一般不超过 6 层，并且随着侵彻层数的增加，侵彻弹的偏转会逐渐增大，导致引信所采集到的轴向加速度信号幅值越来越低，弹丸偏转超过一定角度甚至发生跳弹，这时计层数已经没有意义了。在有初始攻角的情况下，弹体攻角会在原有基础上越来越大。在正侵彻的情况下，侵彻着靶点钢筋材料分布的不确定性，会导致弹体产生不确定方向的偏转，并且随着侵彻层数的增加，偏转也会逐渐增大。实际的偏转趋势与弹体质量、弹速，以及靶板材料等因素有关。某次火箭橇试验的高速摄像机拍摄的弹体姿态如图6.61所示，初始攻角为0°，入射速度为796 m/s。

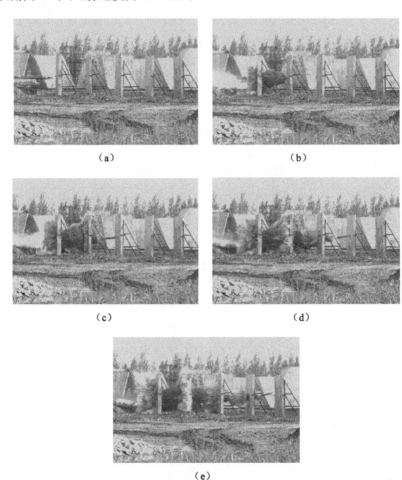

图 6.61　侵彻过程

（a）入靶前；（b）侵彻过 1 层靶；（c）侵彻过 2 层靶；

（d）侵彻过 3 层靶；（e）侵彻过 4 层靶

　　弹体在侵彻过第一层靶板后发生初始的偏转，后续三层靶板的侵彻过程，偏转角度逐渐增大。对图像上弹体姿态进行测量，在侵彻过 4 层靶后，弹体偏转角度已经达到 15.64°。

采集得到的加速度信息如图 6.62 所示。观察侵彻加速度曲线，单从波形特征上已经很难分辨出侵彻层数信息，结合靶板分布规律以及弹速衰减情况，可判断出侵彻特征位置。由于侵彻过程的复杂性，侵彻每层目标的加速度幅值也并非按照递减的规律变化。多层侵彻过程的加速度幅值在 6 000～20 000 g，具体数值与弹速、弹体质量、攻角情况以及靶板材料有关。侵彻两层的间隔时间约为 5 ms。

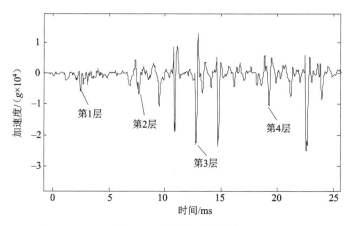

图 6.62　侵彻加速度曲线

观察图 6.62 曲线，非侵彻位置处的波形特征也符合入靶、出靶阈值判断准则，会引起引信层数误判。在工程应用中，若已探知目标靶板的分布情况，则应对方式是在层数判断后通过软件方式设置一定的入靶检测延时，即在判断前一层靶出靶后，暂停一段延时再进行下一层的入靶判断。随着侵彻的进行，弹速下降，这个延时应该是逐渐增大的。

对比侵彻过程和多次冲击过程的加速度曲线，二者在波形相似程度上具有一致性，幅值特征明显，并且具有一定的干扰波动。在幅值间隔时间上，多次冲击过程目前所能达到的间隔时间（10 ms）比实际多层侵彻过程（5 ms）稍长。

综合以上因素，使用多次冲击过程模拟多层侵彻过程的建议适用范围为：低速侵彻、大间距靶板侵彻或对幅值间隔时间不敏感的验证场合，模拟层数不超过 6 层或者不考虑弹体攻角变化的验证场合。

6.5.2　靶场动态试验与性能考核

硬目标侵彻引信尚处于研制阶段，根据循序渐进的研究原则，制作了硬目标侵彻引信试验样机，并通过试验验证以下内容：通过火箭橇和 125 mm 攻坚弹侵彻单层厚混凝土靶标和多层靶标数据回收试验，获取了整个弹道过程中的加速度曲线，并对加速度信号进行分析，验证了缓冲材料对侵彻过载峰值的减小效果、惯性开关工作情况、炸点控制策略精度以及存储测试系统工作状况，然后进行了弹体侵彻混凝土靶标靶后定距起爆试验和多层靶标识别起爆试验，验证了试验样机的综合性能。

6.5.2.1　样机介绍

据本书所介绍的技术路线和设计方法，设计完成了硬目标侵彻引信控制与测试一体化设计的硬件电路、引信试验样机，如图 6.63 所示。其中灌封后的试验样机采用了惯性开关组作为引信炸点冗余控制方法，可以经受 $10 \times 10^4 \, g$ 加速度冲击。

（a）　　　　　　　　　　　　　（b）

图 6.63　引信控制电路与测试电路一体化设计电路板与引信产品实物
（a）一体化设计电路板；（b）引信产品实物

6.5.2.2　实弹回收试验

试验条件：靶板有两种，分别为单层试验用厚混凝土靶和多层试验用薄混凝土靶，靶面尺寸都为 2 m×2 m，单层厚目标靶靶厚 1.5 m，多层靶试验用靶每层靶靶厚 0.3 m。弹体着靶弹速 780 m/s，炮口距靶 53 m，如图 6.64 所示。

试验现场单层厚靶和多层靶在试验前后的状态如图 6.65 所示。弹体侵彻单层靶和多层靶侵彻过程中典型的加速度曲线如图 6.66 所示，回收数据完整表明了引信炸点控制与存储测试一体化设计方案的正确性与可靠性。

以单层目标靶侵彻过程为例，分析回收数据。

发射前装定着靶速度：$V_0 = 780 \, m/s$

靶后定距起爆：$L = 2 \, m$，装药位置中心距弹头卵形部 $L_1 = 0.08 \, m$，入靶判别阈值 $8\,000 \, g$，出靶判别阈值 $2\,000 \, g$。

（a） （b）

图 6.64 侵彻试验前后的靶标

（a）试验前的靶标；（b）试验后的靶标

（a） （b）

图 6.65 侵彻试验前后三层薄目标靶板

（a）试验前的靶标；（b）试验后的靶标

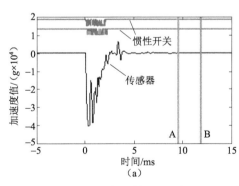
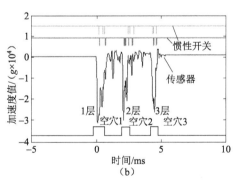

（a） （b）

图 6.66 侵彻单层厚目标靶和三层薄目标靶加速度曲线和惯性开关信号

（a）单层厚目标靶；（b）三层薄目标靶

靶前网靶测速结果是弹着靶速度 770.3 m/s，与试验前设定的着靶速度 780 m/s 相差 1.24%，炮口距靶 50 m，采用水平发射方式，则弹在空中的飞行时间约为 64.9 ms。

图 6.67 所示是一条完整的试验曲线，包括弹体从膛内发射到自由飞行，再到撞击混凝土靶标过程的加速度情况。加速度传感器输出的模拟信号经过硬件调理电路截止频率为 2.5 kHz 的四阶低通滤波器滤波，滤去了不必要的干扰信号。整个弹道过程中信号噪声比较小，信号很平稳，只是在弹体飞出炮口的时刻存在少许抖动，为弹体正常振动信号，幅值约 4 000 g。膛内加速度信号峰值为 $1.4×10^4$ g，膛内时间约 12.8 ms，出炮口后弹在空中的飞行时间为 64.3 ms，考虑到弹体本身的长度，则加速度信号中反映的飞行时间与实测结果基本一致。弹体侵彻混凝土时间历程约 3.3 ms，加速度峰值约 $4.1×10^4$ g，靶后起爆信号给出时刻如图 6.67 中标记为 A 的时刻为 9.6 ms 处，靶后约 6.3 ms 起爆。

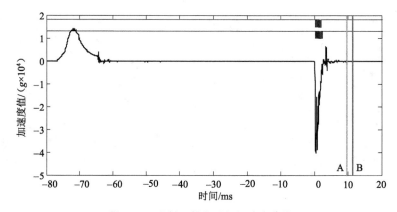

图 6.67　发射及侵彻过程加速度曲线

将整个弹道过程加速度信号进行一次积分，可以得到弹体速度的变化曲线，如图 6.68 所示。以弹体碰靶时刻为时间轴原点，则弹体出炮口位置为 −64.4 ms 处，对应的弹速为 767 m/s，与网靶测速结果 770.3 m/s 较为接近。在侵彻过程中，若对应于出靶时刻 3.3 ms 处的弹体出靶速度约为 326 m/s，则靶后距离 2 m 处起爆时间为 6.1 ms，即时刻值为 9.7 ms 处，与实际测试时记录的炸点位置 9.6 ms 接近，出现差距的原因是传感器测量误差、计算误差以及实际弹体着靶速度误差等。

对整个弹道过程加速度信号进行二次积分，可以得到弹体位移的变化曲线，如图 6.69 所示。以弹体碰靶时刻为时间轴和位移轴的原点，弹体出炮口位置−64.4 ms 处，对应的炮口与靶距离为 49.45 m，发射前若弹距靶 54.5 m，则可以得到弹在膛内的位移为 5.03 m，与实际值较为接近。对应弹体出靶时刻 3.3 ms 处的位移量为 1.55 m，与靶板实际厚度为 1.5 m 较符合，起爆位置 9.6 ms 处对应的位移量为 3.6 m，即通过对加速度曲线积分所得炸点位置为靶后 2.1 m

处，与实际相符。

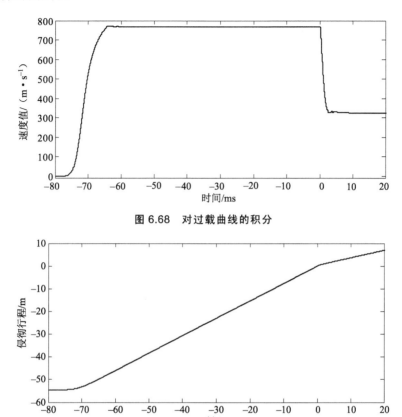

图 6.68 对过载曲线的积分

图 6.69 整个弹道过程位移曲线

　　两路惯性开关入靶时刻延迟约 0.1 ms，出靶时刻提前约 1.1 ms，靶内开关振荡闭合时间约 2.2 ms。惯性开关能够感受到弹体出靶信号，达到自适应目标靶厚度的目的，满足引信炸点冗余控制的要求。

6.5.2.3 实弹射击起爆试验

　　在通过靶后定距起爆回收试验的性能考核后，进行了实弹装药靶后定距起爆试验和多层目标识别起爆试验，如图 6.70 所示。

　　靶后定距起爆试验采用与前文介绍的试验相同的试验参数。根据靶前网靶测速，弹体着靶速度为 792 m/s，根据高速摄影分析，估算出弹体的出靶速度约为 340 m/s，与之前回收试验中所测数据基本一致。图 6.71 所示为靶后定距起爆爆炸效果，其中图 6.71（a）所示为刚开始起炸时炸点位置图，炸点位置距靶

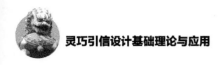

约 2.2 m；图 6.71（b）所示为火药完全起爆效果图。

图 6.70　125 mm 攻坚弹和火箭橇侵彻试验实弹射击现场

（a）　　　　　　　　　　　　　　　　（b）

图 6.71　单层厚靶后定距起爆

（a）爆炸中心点位置；（b）完全起爆

　　多层目标识别起爆试验采用火箭橇试验平台，靶后定距起爆试验采用前文所介绍的同一试验参数。根据靶前网靶测速，弹体着靶速度为 720 m/s，根据高速摄影分析，炸点位置与发射前引信所装定的层数一致。图 6.72 所示为多层靶标侵彻试验爆炸效果，其中图 6.72（a）所示为刚开始起炸时炸点位置图，炸点位置位于两层靶中间；图 6.72（b）所示为火药完全起爆效果图。通过靶后定距起爆试验验证了引信炸点控制策略的正确性。

（a）

（b）

图 6.72　多层靶标侵彻火箭橇试验

（a）爆炸中心点位置；（b）完全起爆

第 7 章

反坦克弹药灵巧引信设计理论及应用

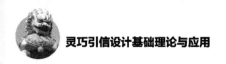

　　近几年的局部战争表明坦克和装甲车辆等现代装甲目标仍是地面战场上的主体装备，是陆军攻城略地的主要突击力量。因此，在未来高新技术局部战争中，反现代装甲目标仍然是未来地面战的主要作战形式。以第四代爆炸反应装甲及主动防护系统为代表的新型防护技术，严重影响了传统反装甲武器的突防与毁伤效能，反新型防护系统弹药技术与反坦克弹药灵巧引信的提出对提高反装甲弹药终端毁伤效能具有重要作用，为未来反装甲技术的跨越式发展奠定了基础。

7.1　任务、约束及时空识别与过程控制分析

　　反坦克破甲弹利用聚能效应产生的高速、高压、高温的金属射流穿透装甲板，金属射流继续高速前进，加上喷溅作用，对车内产生"二次杀伤效应"。现在装甲目标类型变化多样，新型装甲目标迅速增多。特别是装甲目标在披挂新型爆炸反应装甲后，使得装甲目标的防护能力、战场生存能力和持续作战能力大大加强。爆炸反应装甲具有重量轻、体积小、成本低、抗弹能力强等特点。试验证明，反应装甲结构单元的效率可达 70%～90%，针对破甲弹的防护系数可达 5～10，用于大炸高的侧屏蔽装甲的防护系数可达 15 以上。双层结构单元

的效率可达 95%，用于大炸高的侧屏蔽装甲的防护系数可达 8 以上。这引起了各国的普遍重视，并得到了迅速发展，且更新换代快，已从第一代爆炸反应装甲发展到第四代爆炸反应装甲。随着破甲弹的破甲功能的改进，特别是攻击坦克顶部反坦克武器的出现，单纯靠被动式反应装甲已经无法保证坦克的生存，于是出现了主动式的反应装甲。主动装甲能够在坦克附近探测出来袭弹丸的方向及速度，在弹丸命中坦克之前，立即发射拦截弹，主动攻击高速入射的弹丸，将来袭弹头摧毁，从而使坦克免遭命中。随着坦克防护技术由第一代反应装甲发展到第四代反应装甲，再到最新的主动防护系统，这种主被动式的坦克装甲防护技术的出现已严重威胁反坦克弹药的作用效能，对反坦克弹药的突防能力提出了新的要求。

反坦克弹药用灵巧引信以现代反坦克破甲弹药为平台，将传统反坦克破甲弹药发展成为多功能反坦克破甲弹药，可对装备有反应装甲、主动防护系统及主被动防护复合的装甲防护目标实施有效突防与毁伤。在实战环境中，目标防护措施多样，破甲弹药种类不一，这就要求反坦克弹药用灵巧引信具有无线/有线信息交联功能，具有能够进行自主测距测速等目标信息获取功能，具有智能化的判断能力，可根据预装与实时获取的信息，确定弹药突防方式与时机，实现一发或多发子弹定点分离、定点作用及作用方式选择，并可实现主战斗部炸高控制。

对反应装甲与主动防护的突防需把握其毫秒级甚至微秒级的薄弱时机，即破甲弹药对其实施突防需要在极为精确的时刻进行动作，反坦克弹药用灵巧引信必须具备反应速度快、作用时机精确的优良的系统工作性能。

由于破甲弹药平台为引信提供的空间较小，电能并不充足，且弹药通常工作在高速、高过载及复杂环境下，因此，与民用电子系统相比，反坦克弹药用灵巧引信还需具有在低功耗、小型化设计条件下实现抗高过载，抗电磁干扰，抗激波干扰，抗云、雾、雨、雪、烟、尘及阳光干扰等更苛刻要求与特殊能力。

7.2　装甲防护与突防技术基础理论

7.2.1　爆炸反应装甲特性分析

爆炸反应装甲对破甲弹的干扰机理是爆炸反应装甲被来袭的破甲弹引

爆后所产生的爆轰产物或高速破片（或射流）可干扰来袭破甲弹射流，减弱或消除破甲弹对坦克及装甲车辆主装甲的毁伤。爆炸反应装甲对破甲弹综合干扰的特征参数是反应装甲爆炸作用场的作用时间，作用时间越长，干扰能力越强。国外爆炸反应装甲发展起步较早，各种新型爆炸应用广泛。以色列、英国、美国、法国和德国等对爆炸反应装甲进行了深入研究，发展和应用了新一代反应装甲。目前国外大部分主战坦克都披挂了新型爆炸反应装甲，如俄罗斯的 T72AG、T80、T80U、T90 坦克披挂了新型爆炸反应装甲，美国的 M1A2 – SEP、M – 60 主战坦克和以色列的主战坦克等也披挂了新一代爆炸反应装甲。美国陆军将采用美国和以色列合作生产的主动/被动混合式反应装甲单元，装配 175 辆"布雷德利"步兵战车（每辆车装配 195 个反应装甲单元）。法国陆军正用 GIAT 工业公司生产的 Brenus 反应装甲，装配两个坦克团的 AMX30B2 坦克。该反应装甲单元重 10 kg，其中钝感炸药重 400 g，尺寸为 300 mm × 150 mm × 75 mm，在遭受 20 mm 以下口径弹药攻击时不会爆炸。它们相当于 400 mm 以上轧制均质装甲钢抗 60° 倾角入射破甲弹，以及 100 mm 以上轧制均质钢抗穿甲弹的防护能力，且爆炸作用场的作用时间越来越长。俄罗斯爆炸反应装甲已经从 Kontakt 1 发展到 Kontakt 5，爆炸作用场的作用时间达到 400 μs 以上（图 7.1 和图 7.2）。

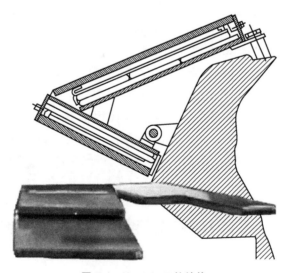

图 7.1　Kontakt 5 的结构

我国的爆炸反应装甲研究虽然起步较晚，但发展较快，目前已经从第一代发展到第四代（结构与俄罗斯 Kontakt 5 基本相同），如表 7.1 所示。目前第四代爆炸反应装甲已在第三代坦克上装备。

图 7.2　装备 Kontakt 5 的 T90 坦克

表 7.1　我国各种反应装甲参数

项目	FY－Ⅰ（第一代）	FY－Ⅱ（第二代）	FY－Ⅲ（第三代）	FY－Ⅳ（第四代）
应用	对付破甲弹	对付破甲弹、穿甲弹	对付破甲弹、串联战斗部	对付破甲弹、穿甲弹和串联战斗部
尺寸/（mm×mm×mm)	250×250×28	250×250×35	330×200×75	330×200×85

爆炸反应装甲（ERA）主要以"三明治"结构为主，即钝感炸药夹层被封闭在两块金属板中间（图 7.3）。目前，比较典型的内部结构有单层爆炸反应装甲和双层爆炸反应装甲两种类型，其中双层爆炸反应装甲由两个基本"三明治"单元（上、下两部反应装甲）按一定角度 α、间隔一定距离 Δ 组合在一起（当 $\alpha = 0°$ 时为双层平行爆炸反应装甲；当 $\alpha > 0°$ 时为双层楔形爆炸反应装甲），如图 7.4 所示。

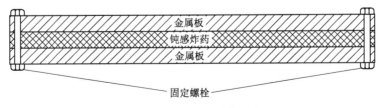

图 7.3　"三明治"结构示意

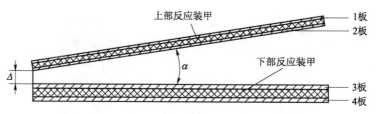

图 7.4　双层爆炸反应装甲结构示意

聚能射流或动能弹丸以一定角度撞击 ERA，穿过上层金属板与钝感炸药接触，引爆夹层炸药。在爆轰产物的驱动下，上、下两层金属板沿板表面法线方向相背运动。运动中的金属板与射流或动能弹丸相互作用，降低其对主装甲的侵彻效果。虽然对动能弹和聚能射流的干扰都与金属板的相对运动有关，但作用机理却存在不同。

爆炸反应装甲主要依靠夹层钝感炸药的爆炸，产生高温、高压的爆轰气体，使上、下两层金属板以一定的速度飞散而干扰聚能射流。上、下金属板的运动过程中，连续不断地与射流进行接触碰撞，使得射流束偏斜并飞散，同时将射流切割分段。由于每段射流穿出金属板前都经过了二次消耗，逃逸射流已失去再拉伸能力，同时在此切割的作用下，射流产生侧向运动，导致射流不能沿轴线到达穿孔孔底，再加上高压、高速膨胀的爆轰产物的干扰作用，也会对后续射流产生横向干扰，因此射流对主装甲的侵彻深度必然大幅度下降。如图 7.5 所示，上、下金属板（上、下飞板）上有一个椭圆形穿孔和一条狭长的裂缝，前者是由射流头部撞击形成，后者是由发生偏斜的射流分支形成。

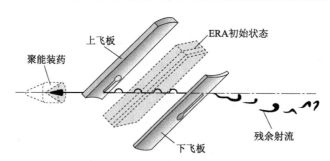

图 7.5　ERA 对聚能射流的干扰示意

聚能射流引爆爆炸反应装甲后，爆轰产物驱动金属板运动，使其受到干扰。干扰主要来自两个方面：一方面，高温高压爆轰气体对射流运动产生负的加速度，导致侵彻速度降低；另一方面，是金属板对射流的撞击，引起射流运动速度和飞行姿态的变化，产生大倾角或大攻角，且造成射流质量损失、偏转、弯曲，甚至断裂，从而降低射流对主甲板的侵彻能力。

双层爆炸反应装甲防护机理与单层爆炸反应装甲类似，只是聚能射流在受到上部反应装甲的干扰后，继续受到下部反应装甲的干扰，使得对射流的切割作用更强，造成射流偏转、弯曲、断裂更明显，防护效果更佳。爆炸反应装甲作用时间从第一代爆炸反应装甲的 90 μs 到第四代爆炸反应装甲的 500 μs 以上，如图 7.6 所示。

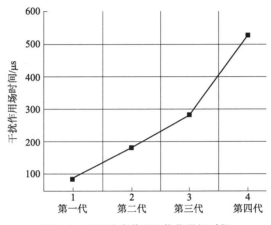

图 7.6　不同反应装甲干扰作用场时间

由上述分析可知，爆炸反应装甲对聚能射流的干扰主要来自与运动金属板的相互作用，只有尽量使聚能射流主体不与或少与运动的金属板接触，才能实现有效攻击装甲目标的目的。因此，避开金属板的运动区域即爆炸反应装甲作用场的干扰区域是设计反爆炸反应装甲战斗部的指导思想。

7.2.2　主动防护系统特性分析

主动装甲又称主动装甲防护系统或主动防御系统。它和反应式装甲不同，反应式装甲只有在弹丸命中目标后才起作用，而主动装甲是在坦克被命中之前发射一枚拦截弹将来袭弹摧毁。主动装甲能够探测出坦克附近的来袭弹丸方向及速度，在弹丸命中坦克之前，立即发射拦截弹，主动攻击高速入射的弹丸，将来袭弹头摧毁，从而使坦克免遭命中。它把"盾"和"矛"巧妙地结合在一起，形成了一种新颖的装甲，这是一种真正的主动装甲。主动装甲应有一套灵敏的探测控制系统：在一定距离以外应能发现来袭弹丸，然后在短暂的一瞬间（仅几毫秒）完成信号传输、逻辑判断、发射拦截弹，直到在坦克以外一定的位置上引爆来袭弹，使坦克主装甲完好无损。

在未来信息化战争中，坦克及装甲车辆仍将是陆军作战中的主要作战武器装备之一。世界发达国家纷纷提出在现有坦克和装甲车辆的装甲防护基础上，研制开发各种型号的主动防护系统，它们的存在较大地增强了坦克及轻型装甲车辆防御来袭弹药威胁的能力，并提高了坦克等装甲车辆战场生存能力。

俄罗斯对于主动防护系统的研制尤为重视，从 20 世纪的 80 年代就已经开始，而且发展较快。例如，"窗帘""鸫 2""竞技场"等系统现都已装备部队。其中，"竞技场"主动防护系统由俄罗斯 KBM 武器公司推出，全重 1 000～1 100 kg，可安装在主战坦克和步兵战车上，能够自动搜索、拦截飞行速度为 70～700 m/s、距离车辆 3～5 m 的制导和非制导反坦克导弹，以及反坦克火箭弹。该系统由毫米波雷达、弹药发射系统和控制系统三部分组成。自动化程度非常高，自检完成后便能自动进入战斗状态，并且能够保障系统在任何战斗条件下全天候使用，从发现目标到摧毁目标的反应时间不会超过 0.07 s，而且具有识别假目标的能力。

乌克兰研制的"屏障"主动防护系统（ZASLON），能够拦截反坦克火箭、制导弹药和长杆动能侵彻弹，每一模块的重量为 50～130 kg，可以保护高低 −6°±20°、水平 150°～180° 的范围，只要 7 个模块就能防护整个主战坦克。系统由探测传感雷达和杀伤榴弹组成，探测到目标逼近防护平台 2 m 时，榴弹爆炸摧毁来袭目标。该系统的早期型号可以拦截 70～1 200 m/s 速度的目标，最新型号可以对现役的大部分高速穿甲弹进行拦截，降低目标的攻击力，之前的主动防护系统都不具备这种防护能力。

与俄罗斯的"竞技场"系统相比，"屏障"系统对载车固有性能的影响较小。"竞技场"系统需要在坦克炮塔上安装一个较大的毫米波雷达，导致坦克被发现的概率有所增加。此外，由于炮塔四周安装了拦截弹匣，撤掉了原先的爆炸反应装甲，降低了坦克的装甲防护力。与之相比，乌克兰的"屏障"主动防护系统可以安装在坦克履带上方支架或炮塔后部，不会增加坦克被发现的概率；系统也不需要在坦克炮塔上安装笨重且没有任何防护的雷达探测系统，不会影响坦克的隐蔽性；同时"屏障"系统也不会有单点失效问题，该系统的每一个模块都拥有装甲外壳的保护，可以防御步兵轻武器和炮弹破片的攻击，即使整个系统中的多个防御模块被摧毁，整个系统还是可以继续工作下去。与之相比，"竞技场"系统一旦探测雷达被摧毁，那么整个防护系统即完全失效。

近年来，美国对主动防护系统及相关技术的研发也愈加重视，围绕"未来作战系统"开展了大量的研究工作。其中，有两款比较重要的型号是全谱主动防护系统（FSAP）和综合陆军主动防护系统（IAAPS）。美国对这两种系统提出了以下要求：从对方发射武器开始，在 100 ms 内要探测到来袭目标；50 ms 内跟踪飞行目标并确定其轨迹；5～500 ms 内完成拦截装置的瞄准和发射；整个交战时间要在 155～650 ms；对应的防御距离为 250～1 000 m。FSAP 项目由多家研究中心联合研发，目前处于研制阶段。其目的在于为多种型号的装甲战车开发出具有半球形防护能力的综合型主动防护系统，可拦截各种大口径的反坦克弹药，包括灵巧攻顶武器及反坦克导弹、穿甲弹和破甲弹。IAAPS 也是一款综合型主动防护系统，由美国联合防务公司研制，主要为轻型装甲的装甲车辆提供防护。该系统重 310 kg，由 2 种被动传感器、电子战对抗套件、雷达、四联装反击弹药发射器组成，能够对目标进行分类，选择"软杀伤"还是"硬杀伤"，具有"点防护"和有限的"区域防护"能力。目前，IAAPS 已完成静态试验，并在动态试验中，成功保护了以 32 km/h 速度行驶的战车，摧毁了来袭的导弹。

以色列的主动防护系统发展较快，历经 10 年，推出了号称世界上最先进的"战利品"主动防护系统。该系统是特别针对城区作战和较低强度的冲突而研制的，可以迅速探测、分类和跟踪并摧毁多种反坦克武器（包括攻顶式反坦克导弹），为装甲车辆提供全方位防护。该系统重 545 kg，由 4 台平板雷达和 2 个发射装置组成。试验表明："战利品"主动防护系统的特点是附带毁伤小，不仅能保护装甲车辆，而且可以为其附近的士兵或其他平台提供保护（误伤率小于 1%）；另一个特点是完全自主运行，不需要乘员的干预。以色列国防军在"梅卡瓦 4"主战坦克上安装了"战利品"主动防护系统。德国在 2004 年也展出了研制已久的主动防护系统"阿威斯"。该系统总重 400 kg，由一部 Ka 波段雷达和旋座式双管榴弹发射器组成。在试验中，该系统成功拦截了多种反坦克火箭和反坦克导弹。它的发现距离为 75 m，拦截距离为 10 m，经过进一步试验和完善后，将安装在德国国防军"豹 2"主战坦克上。2011 年又进行了另一款 ADS 主动防护系统的测试，该系统已经安装在"狐"式装甲车上，该系统坚持硬杀伤原则，这是现在世界上最为先进的高精度、近距离防护系统，也是世界上唯一能够在 10～15 m 半径范围内防御对车辆即时发动的系统。

由上述资料表明，相比于选择对抗软杀伤型系统，这些国家都选择研制技术难度更大，但其防护效能更高的主动拦截型的硬杀伤主动防护系统。此外，法国、英国、日本和韩国等也在研制发展自己的主动防护系统，有些已经部署或准备部署到下一代装甲战车上。现有典型硬杀伤主动防护系统性能参数如表 7.2 所示。

表 7.2 现有典型硬杀伤主动防护系统性能参数

研制国家	俄罗斯	乌克兰	以色列			德国		美国	
系统名称	竞技场 - E	屏障	战利品 - HV	战利品 - LV	铁拳	阿威斯	AMAP - ADS	速杀	铁幕
研制时间	1997 年	2003 年	2004 年		2006 年	2007 年		2007 年	2011 年
探测手段	毫米波雷达	多普勒雷达	相控阵雷达	相控阵雷达、光电传感器	相控阵雷达、光电传感器	Ka 波段雷达	被动传感器、激光雷达	相控阵雷达、光电传感器	C 波段雷达、光学传感器

续表

研制国家	俄罗斯	乌克兰	以色列			德国		美国	
系统名称	竞技场-E	屏障	战利品-HV	战利品-LV	铁拳	阿威斯	AMAP-ADS	速杀	铁幕
分布方式	坦克炮塔顶部折叠式桅杆上，天线成八角形	车顶及四周	4块平板天线以列阵方式配置于车体四周	车顶及四周	4块平板天线以列阵方式配置于车体四周	炮塔两侧180°高速旋转发射架内，最大仰角60°	车顶四周	车顶四周	车顶四周
对抗手段	爆破碎片弹	杀伤榴弹	霰弹	高能刀刃	爆炸榴弹	爆炸榴弹	聚能刀刃（垂直向下）	聚焦爆炸榴弹	条状聚能切割索起爆（垂直向下）
主要技术指标 防御区域	270°	半球	半球	半球	360°	半球	360°	360°	360°
探测距离/m	50	>200	50			75	10	150	
迎击距离/m	1.3～3.9	2	10～30		5～20	10	1.5	10～30	2
反应时间/ms	70	<10	300～350			355	0.56	350～400	<1
多次打击能力	有	有限	有限	有限	有限	有限	有	有限	有
现状	大批量生产	装备使用	大批量生产	通过测试	样机阶段	出口样机	批量生产	装备使用	样机阶段

7.2.3 反坦克弹药突防技术

从第一次世界大战后至 20 世纪 30 年代，坦克得到了迅猛发展。到了第二次世界大战前夕，坦克车的前装甲已经增大到 20～30 mm，有的已经达到了 90 mm，这时已经考虑前装甲的倾角对反破甲的影响，如苏联的 T-26 坦克和德国的 T1 型坦克等，破甲弹因此应运而生。聚能效应在 19 世纪 80 年代末被发现，但是利用聚能效应制造的破甲弹却只有 60 多年的历史。在 1936 年西班牙内战中，德国军队首次使用了破甲弹。在第二次世界大战中破甲弹已经得到广泛应用，成为反坦克的主要弹种。破甲弹在攻击坦克装甲时，就是利用高速、高压、高温的金属射流来供给能量。在金属射流前，坦克装甲就像一堵被高压水枪喷射的泥巴做的土墙，顷刻间即被穿透。装甲板被穿透一个洞后，金属射流继续高速前进，加上喷溅作用，就会对车内产生"二次杀伤效应"。但是这一切的作用效果都是由破甲弹引信炸高决定的，也就是说炸高决定了金属射流的攻击效果。初期的坦克大多数只需要本能防御弹和弹片的杀伤，因此，装甲厚度为 6～12 mm。在第一次世界大战中使用的坦克车的装甲板只是普通的钢板，对付这样的坦克车辆不必使用破甲弹，就是采用普通的炮弹也能进行破甲，因此当时的反坦克炮弹引信就是碰炸引信。

自爆炸式反应装甲出现以来，国内外从未停止过对付反应装甲的破甲战斗部研究的步伐，为了有效对付各种爆炸反应装甲，消除反应装甲作用场对破甲弹的干扰，出现了各种反爆炸反应装甲技术，其中最主要的技术是改变破甲弹结构设置串联方式来提高其抗爆炸反应装甲的能力。串联破甲弹分为二级串联破甲弹和多级串联破甲弹，二级串联破甲弹在原破甲弹引信的前端又安装了一个辅助的破甲战斗部，通过引信精确延时把这两个主、辅破甲战斗部串联在一起，使辅助破甲战斗部在前，主破甲战斗部在后，这就构成了二级串联破甲战斗部，也叫双级串联式聚能装药战斗部。它破甲的奥秘就是应用两次起爆的原理，当串联破甲弹命中坦克上的反应式装甲时，置于前端的辅助破甲战斗部，在引信作用下立刻被引爆，并随之产生高温、高速、高压的金属射流，首先把挂在坦克表面的反作用式装甲引爆炸毁，从而为后面的主破甲战斗部去击穿坦克车体或炮塔的主装甲扫除了前进中的障碍。接着，大约经过 300 μs 的延迟时间，主破甲战斗部被引爆，此时，由于反应式装甲已被破坏，主破甲战斗部产生的金属射流便畅通无阻地穿过坦克车体或炮塔的主装甲，坦克被摧毁。

当前的反爆炸反应装甲破甲弹结构主要有穿－破式、破－破式、伸出杆破－破式等。

穿－破式破甲弹技术实际上是根据反应装甲的低敏感性特点，采用两种方法：一种利用弹体的动能，采用一定强度的破甲弹头螺，当破甲弹以一定速度撞击反应装甲时，由于冲击波衰减等原因使破甲弹头螺穿过反应装甲而不使其爆炸，在碰击主装甲时才使破甲弹引信开关闭合，引爆主装药，形成射流穿过事先撞击形成的孔洞对主装甲进行攻击，从而使反应装甲失去干扰射流的能力。另一种是在破甲弹头部设置一小 EFP 装药，当破甲弹撞击到反应装甲时，小 EFP 装药引爆，形成的低速 EFP 击穿反应装甲，但不引爆反应装甲，经过一定延时后，主装药引爆，其形成的射流经 EFP 击穿的孔洞对装甲进行侵彻（图 7.7）。

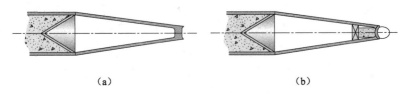

(a)　　　　　　　　　　　　　　(b)

图 7.7　穿 – 破式破甲弹结构示意

（a）无前置装药靠动能击穿反应装甲结构；（b）带前置 EFP 装药结构

　　破 – 破式破甲弹主要由前置装药和后置主装药两部分组成，其作用过程为前置装药形成射流引爆反应装甲，后置主装药在延迟一定时间后起爆，待反应装甲作用场消失后对主装甲实施攻击。这种结构因能有效对付第一代、第二代爆炸反应装甲能力而备受推崇。但破 – 破式破甲弹战斗部头部较长，抗高过载能力弱，一般适合于战斗部长度不受限制、速度较低，火箭发射的导弹和破甲弹，如图 7.8 所示。

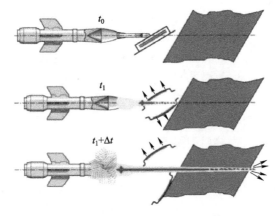

图 7.8　破 – 破式破甲弹作用示意

　　伸出杆破 – 破式破甲弹主要用在当战斗部长度受限时。伸出杆在弹药发射后伸出，以增加战斗部头部长度，使主装药射流避开爆炸反应装甲干扰（图 7.9）。该结构比较复杂，尤其用在高膛压破甲弹中时，对结构强度要求较高，一般难以实现。

　　分离式破甲弹是目前对付爆炸反应装甲最先进的破甲弹，其作用原理是在破甲弹飞抵距目标一定距离时，由弹上的探测系统对目标进行精确的定距，并在适当距离发射前置子弹对反应装甲进行攻击，可靠引爆爆炸反应装甲，为主战斗部扫清障碍，同时探测系统为后级装药引信提供精确延时，并在给定炸高条件下对主装甲进行攻击，或待爆炸反应装甲作用场完全消失后，主战斗部碰击装甲目标后，主战斗部引信瞬时动作，爆炸形成射流，完成破甲功能（图 7.10）。

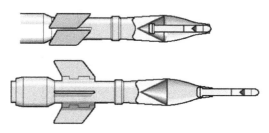

图 7.9 伸出杆破 – 破式破甲弹结构示意

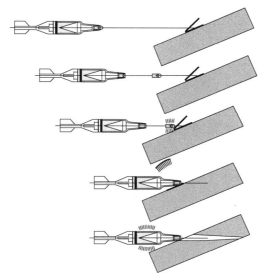

图 7.10 分离式破甲弹作用原理

目前国外坦克炮和反坦克炮配用的弹药有 76 mm、90 mm、100 mm、105 mm、115 mm、120 mm、125 mm 等口径。90 mm 口径反装甲弹共有 31 种型号，有比利时、法国、美国、以色列、巴西等国装备了 90 mm 反装甲弹药，其中比利时占了 10 种型号，美国占了 13 种型号。105 mm 口径反装甲弹药共有 35 种型号，有美国、德国、法国、英国、以色列、西班牙、奥地利等 7 个国家装备了 105 mm 反装甲弹药。其中，美国占了 16 种型号，德国和法国分别占了 7 种和 5 种型号。120 mm 口径反装甲弹药，共有 18 种型号。有美国、德国、法国和英国等 4 个国家装备了 120 mm 反装甲弹药，其中美国占了 11 个型号，战斗部主要是破甲战斗部。目前国外装备的轻型反坦克武器弹药，口径从 64 mm 到 132 mm 共 17 种口径，37 种型号，战斗部绝大部分是破甲战斗部。在这些破甲弹中,破-破式破甲弹主要有俄罗斯3БК-37式125 mm尾翼稳定破甲弹、"米兰"K115 T导弹和美国第二代改进型的"海尔法"(HELLFIRE)导弹,其他结构国外只进行过预先研究,未见装备。分离式破甲弹是国外目前对付爆炸反应装甲最先进的技术,主要有美国的 HOT3 反坦克导弹。国内反爆炸反应装甲技术与国外基本相同,破-破式破甲弹主要有80 mm 新型筒式火箭破甲弹、PF-98 式 120 mm 筒式火箭破甲弹,红箭-8、红箭-9反坦克导弹等。

从国内外反爆炸反应装甲技术发展和装备来看,其技术发展趋势是在结构上采取延迟作用,对各种反应装甲采用不同的延迟时间,并尽可能延长延迟作用时间,避开反应装甲作用场,待反应装甲作用场消失后,破甲弹再进行毁伤。主动式装甲防护技术的出现是对破甲弹的一个挑战,传统的分离式破甲弹已经几乎不能对这种装备有主动式装甲防护系统的装甲目标产生任何破坏。但目前世界各国对于这种新式防护技术的对抗技术发展相对滞后,现役的专用于对付主动防护系统的弹药较少,更多的在各国还处于保密状态,无法从公开渠道查阅到更多的信息。

美国的"反主动防护系统"(CAPS)计划就是设计用来对抗主动防护系统对装甲部队带来的威胁。该技术的目的是验证应用陆军现装备和未来将装备的反坦克导弹来抵消敌方装备任何一种主动防护系统的坦克的防护效能。反主动防护系统中将包括电子对抗、先进远距弹头、诱饵弹、反弹道硬化措施,以及射频电子对抗等。目前,美国研制成功的超高速动能反坦克导弹 ADKEM 已经装备部队,但也存在弹体过重、对发射装置要求高,以及加速时间长等缺陷,需要进一步研究改进。

俄罗斯巴扎特公司已研制成一种新型 RPG-30 反坦克火箭筒,专门用于攻击配装有主动防护系统(Active Protection Systems,APS)的装甲车。

如图 7.11 所示,RPG-30 反坦克火箭筒重 10.3 kg,分为上、下两个部分:上部分是大口径发射筒,它可发射配装有串联战斗部的 RPG-30 式 105 mm 空心装药反坦克火箭弹;下部分是小口径发射器,它可发射用以对付主动防护系统的诱饵弹。主动防护系统在调整好拦截第二次威胁之前的反应时间为 0.2~0.4 s,RPG-30 火箭弹正好可以利用主动防护系统拦截诱饵弹的机会摧毁车辆装甲。在躲避了主动防护系统之后,RPG-30 还能够穿透爆炸反应装甲组件和厚度超过 600 mm 的轧制均质装甲、厚度超过 1 500 mm 的钢筋混凝土以及厚度超过 2 000 mm 的砖块。RPG-30 反坦克火箭筒的测试项目已经完成,目前正在等待装备俄罗斯陆军,以及随后获得批准用于出口。

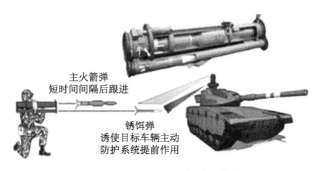

主火箭弹
短时间间隔后跟进

锈饵弹
诱使目标车辆主动
防护系统提前作用

图 7.11　RPG – 30 反坦克火箭筒

从研制思路上讲，RPG – 30 相当新颖，它先利用一个诱饵弹吸引及干扰主动防护系统探测系统，再用主火箭弹"趁虚而入"打击装甲车辆。关键是要在主动防护系统再次反应过来前（0.2～0.4 s）完成欺骗和打击过程。从现有技术来说，用延时方法控制两枚弹药先后发射没有问题，但由于重量、外形、发动机与攻击距离等方面的区别，诱饵弹和火箭弹的速度肯定会有差异，要使两枚弹药在出筒后及飞行弹道上保持合适的距离比较困难，从而导致突防效能大大降低，只能采取降低有效射程的办法，这就会直接威胁发射人员的生命安全。

国内涉及对抗主动防护系统研究进展的相关文献及报道非常少，据目前资料来看，军械工程学院郭希维等在这一方面进行过论证：针对对抗主动的防护系统的基本思路进行了详细分析，论证了用 EFP 战斗部对抗主动防护系统的可行性，并设计了串联 EFP 战斗部。

图 7.12 所示为 EFP 战斗部攻击坦克示意情况。郭希维分析称，反坦克导弹飞行至 A 点时，远射战斗部起爆并释放 EFP，此后母弹与 EFP 同时飞向目标（考虑到主动防护系统无法跟踪 EFP 并对其进行火控数据的装定，所以假设拦截弹按原计划发射），反坦克导弹飞行至 B 点时，主动防护系统拦截弹发射，临界状态下此时 EFP 应恰好击中坦克。

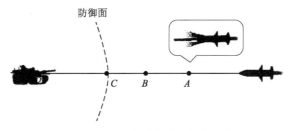

防御面

C　B　A

图 7.12　EFP 战斗部攻击坦克示意

该思路是以 EFP 作为主战斗部，母弹作为诱饵弹，主战斗部虽能避开主动防护系统的拦截，但就 EFP 战斗部的破甲威力来说，目前其穿深只能达到 100 mm 左右，仅可以应用到攻顶反坦克导弹上，无法对主装甲和侧装甲造成威胁。

目前南京理工大学提出一种新思路，即以其新型分离式破甲弹技术为基础，将原前置子弹作为一枚或多枚干扰弹，干扰弹在预定距离分离后，在距离目标一定距离时起爆，可实现对目标主动防护系统雷达探测装置进行软杀伤、硬杀伤及诱饵干扰，使敌方主动防护系统无法实施有效拦截，主战斗部碰击装甲目标后，主战斗部引信瞬时动作，爆炸形成射流，完成破甲功能（图 7.13）。

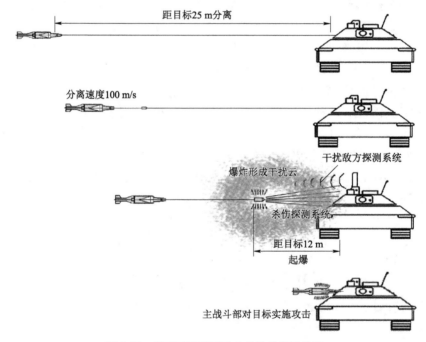

距目标25 m分离

分离速度100 m/s

干扰敌方探测系统

爆炸形成干扰云

杀伤探测系统

距目标12 m

起爆

主战斗部对目标实施攻击

图 7.13　新型破甲弹突破主动防护系统示意

未来还将针对现代装甲目标复杂的防护体系，以新型防护系统（第四代爆炸反应装甲＋主动防护系统）为对象，通过对反坦克弹药平台及其引信进行进一步设计，内置两枚或多枚不同功能的子弹，形成通用的反坦克弹药，对于加装有各类反应装甲、主动防护系统或主被动复合防护技术的装甲目标均可实现成功突防，为未来通用反坦克智能弹药技术的发展提供技术支撑。

7.2.4　破甲弹引信发展概述

初期的坦克大多数只需要本能防御弹和弹片的杀伤，因此，装甲厚度为 6～12 mm。即使在第一次世界大战中使用的坦克车的装甲板只是普通的钢板，对付这样的坦克车辆不使用破甲弹，就是采用普通的炮弹也能进行破甲，因此那时候的反坦克炮的引信就是碰炸引信。串联式破甲弹引信是破甲弹引信技术的一次革新，但是当时的辅助破甲弹战斗部引信采用的是一种探杆式引信，也就是破甲弹在距离装甲板一定的距离时伸出探杆，探杆碰到反应式装甲时辅助破甲弹开始爆炸，破坏反应式装甲，从而为主破甲弹战斗部打开通道。但是这种引信的作用效果与探杆的长度有关，探杆过长就会严重影响破甲弹飞行时的稳定性能，因此这种破甲弹引信的可靠性存在一定的问题，而此时的串联破甲弹依然采用碰炸引信。

随着反应装甲技术的升级，用于对付反应式装甲的反装甲弹药技术得到发展，并推动了新的定距引信技术和弹药技术的发展。第三、四代反应装甲的出现，特别是主动防护技术的出现，对破甲弹引信提出了一个新的挑战，传统碰炸、近炸引信逐渐被新概念引信（即灵巧引信）所替代，并应用于目前最新型破甲弹中。

|7.3　破甲弹药灵巧引信信息交联设计理论|

灵巧引信相较传统引信的先进性之一即在于它具有信息交联的能力。信息交联过程在弹药发射过程各阶段均可实现，其中的关键在于与之相对应的各阶段的装定技术，其中，膛内装定技术由于其具有多方面优势，成为未来灵巧引信信息交联方式的重要技术发展方向。

根据发射药的装药形式，信息交联技术可分为整装弹药装定技术与分装弹药装定技术，前者已在第 5 章进行了详细分析，在此不做赘述，以下将重点对分装弹药装定技术进行阐述。

7.3.1　坦克分装弹药信息交联基础理论

目前，国内装备和在研坦克、火炮的炮闩击针主要有两种结构形式：一种是单击针结构，装定与击发信号须共用炮闩击针，因此，装定信息由膛外进入膛内只可采用底火共线方式，该传输过程的底火安全性和能量信息传输快速性是须解决的问题；另一种是一些新型坦克、火炮采用双击针结构，装定信息由膛外进入膛内时可单独使用一路击针，即为底火分线方式。两种结构装定系统设计的主要区别在于信号由膛外进入膛内的方式，以及由此引起的传输回路设计的不同，膛内无线大距离传输、装定可靠性、系统适配性等技术内容相同，因此，坦克分装弹药装定技术研究所涉及的主要关键技术问题如图 7.14 所示。

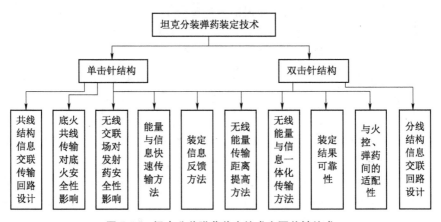

图 7.14　坦克分装弹药装定技术主要关键技术

7.3.2　坦克分装弹药装定技术方案

　　针对膛内分装弹药的特点，采用底火有线传输与膛内无线传输相结合的装定方法。其中，装定信号由膛外进入膛内时分为底火共线和底火分线两种方式；装定信号由发射装药表面进入弹丸引信时采用基于磁共振的无线能量与信息一体化传输技术。单击针结构装定系统总体结构布置方案如图 7.15（a）所示，底火共线装定模块接收来自火控系统的装定信息，经计算、编码等处理后，采用有线方式将装定信息由膛外传送至膛内无线装定模块；因共线传输时底火安全性限制，能量由膛外进入膛内时被控制在底火安全电压/电流以下，膛内无线装定模块接收有线传输过来的能量并储存起来，在一定时间后，集中无线发送，并将接收到的装定信息调制到能量载波中，实现能量与信息的一体化无线传输；根据磁共振无线电能传输原理，引信接收电路通过弹底接收线圈接收膛内无线装定模块发送的能量和信息，经解调、译码后获取装定信息。双击针结构装定系统总体结构布置方案如图 7.15（b）所示，装定信号单独使用装定击针，与单击针结构装定器分置膛外和药筒底部两部分不同的是，双击针结构装定器完全处于膛外，通过装定击针、药筒走线连接到发射装药顶部的发送线圈，引信接收部分完全相同。

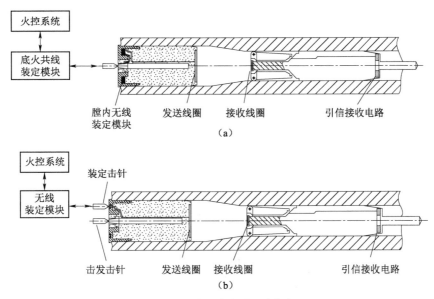

图 7.15　分装弹装定系统结构布置

（a）单击针装定总体方案；（b）双击针装定总体方案

　　单击针结构装定系统由底火共线装定模块、底火阈值开关、膛内无线装定模块、引信接收电路 4 部分组成，如图 7.16（a）所示。其中，底火共线装定模块位于膛外位置，用于接收火控装定信息，并与弹药击发共用"炮闩击针 – 底火芯电极"，将电能和信息通过有线方式传输至膛内无线装定模块；膛内无线装

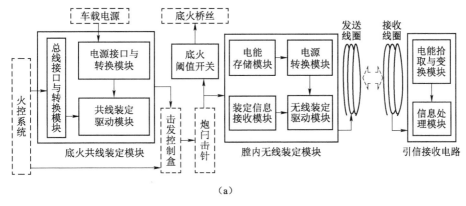

（a）

图 7.16　装定电气连接框图

（a）单击针装定电气连接框图

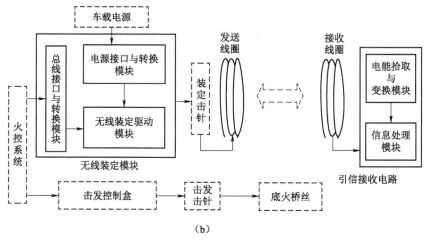

图 7.16　装定电气连接框图（续）

（b）双击针装定电气连接框图

定模块位于药筒底部，其接收并储存底火共线装定模块输送的电能，待储存到一定量后再集中无线发射；引信装定模块位于弹丸上；底火阈值开关内嵌于底火结构中，实现低电压装定和高电压击发的识别功能。双击针结构装定系统由无线装定模块和引信接收电路两部分组成，如图 7.16（b）所示，因装定由单独击针构成信号回路，装定模块全部位于膛外。

7.4　低伸弹道目标探测与设计方法

近炸引信起源于 20 世纪 30 年代，1943 年无线电近炸引信开始装备部队，在以后的较长时间内，无线电波成为近炸引信的主要探测手段，得到广泛的应用。随着现代科学技术的发展，近炸引信的探测方法和探测原理开始出现多样化。促使近炸引信采用新探测原理的原因主要有：随着现代科技的飞速发展，半导体技术和电子技术也得到了飞速发展，各种探测原理在理论和器件制作技术上的成熟为新探测原理在近炸引信中的实际应用奠定了理论和物质基础；现代武器系统对近炸引信提出了更加苛刻的要求，首先是探测能力，从简单的定位、定距到目标识别、环境识别；其次是使用条件和使用环境的恶化和复杂化，尤其是反坦克弹药低伸弹道环境中的应用，而各种探测手段都具有由其本质属性决定的优势与不足，为满足各种近炸引信的不同技术、战术要求并得到最优的系统性能，发展多种近炸探测原理并加以复合成为必然的发展趋势。

目前应用于低伸弹道目标的探测技术主要包括无线电探测技术，声、超声探测技术，红外探测技术，激光探测技术，辐射探测技术，静电探测技术，磁探测技术，电感、电容探测技术及以上各种探测技术组合使用的复合探测技术。

7.4.1　传统近炸引信探测技术

在现代战场中，电磁环境日益恶化，特别是人为电磁干扰和无线电近炸引信技术存在着较大的固有的近程探测盲区，使无线电近炸引信的生存能力和正常作用能力受到极大的威胁。早在 20 世纪 40 年代，美国着手发展电子引信的同时，就开始了引信干扰试验技术的研究。经过长期的发展，型号、种类繁多的引信干扰机覆盖了一般无线电引信工作的各个频段，发射功率大，干扰能力强，对无线电引信在实战中的可靠作用造成了极大的威胁。尤其是工作在米波、分米波段的无线电近炸引信，由于一直作为最主要的探测手段，配备的弹种最多，使用量最大，自然成为引信干扰机的主要干扰对象。而这种工作于米波段的无线电近炸引信由于其本质上波束发散角大，容易被敌方接收；接收视场范围大，容易被敌方无线电干扰机干扰等。这些固有的缺陷，使得这种无线电近炸引信如不采取复杂的抗干扰措施，被干扰的概率非常高。另外，由于无线电近炸引信天线方向图的旁瓣较宽，抗地海杂波的能力较弱；工作波长较长，角度分辨率较低，距离锐截止特性差，作用距离较近等。这些缺点，使得无线电引信技术在实际的军事应用上面临着许多困难。在无线电近炸引信发展的同时，针对无线电近炸引信的干扰技术也同步发展，为解决抗干扰问题而提出的新的无线电探测体制，如跳频无线电体制、频率捷变体制、毫米波无线电体制、伪随机编码体制等，都是以增加复杂性和成本为代价的。

在声探测技术中，由于声波的传播速度只有每秒几百米，而一般弹的飞行速度至少也有每秒几百米，所以弹体在高速运动过程中，声近炸引信的定距误差是非常大的。另外，磁近炸引信和电容近炸引信的精度受目标和环境的影响比较大，在实际的引信中近炸精度并不高。因此，在一些对地、对空导弹、掠海飞行的导弹、云爆弹、母弹开仓以及破甲弹定距引信系统等使用的引信中无法满足系统工作的要求，而不得不采用新的激光探测技术手段来满足探测精度的要求。

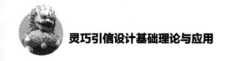

7.4.2　激光探测技术

激光技术的飞速发展为激光应用于军事方面提供了技术基础，以激光为探测手段的近炸引信是由于其本质特性或者是由于缺乏相应的干扰技术，对敌方人为干扰表现出大大优于无线电近炸引信的抵抗能力。随着激光技术、激光器件的快速发展，激光技术在军事及民用的各个领域的应用日趋广泛，特别是在军事技术中，在激光雷达、激光制导、激光测距、激光模拟、强激光武器、激光致盲武器、激光陀螺、激光引信等多个领域得到了广泛的应用。除激光模拟、强激光武器、激光陀螺之外，更多的是把激光作为一种探测手段加以应用。特别是激光具有的方向性好、亮度高、单色性好、相干性好的优点，及波长处于光波频段等本质属性，使得应用激光作为探测手段的各种新型探测系统在探测精度、探测距离、角分辨率、抵抗自然和人为干扰能力等许多方面都比原有系统有较大幅度的提高。

在上述场合中，激光探测技术恰恰为无线电探测提供了必要的补充。发射波束窄，使发射信号不易被敌方接收；接收视场有限，使敌方的干扰机瞄准困难；发射峰值功率较大、方向性好，使探测作用距离较远；工作于光频段，波长极小，使其角度和距离分辨率极高；发射波束旁瓣小，对地、海杂波的干扰抵抗能力较强；激光在真空中的传播速度为 3×10^8 m/s，高速运动的弹体相对于这个速度几乎是静止的。这些使激光探测技术在探测领域有其固有的优势。

当然，激光探测技术也有其自身的缺欠，与无线电和声探测相比，激光探测技术的主要缺点是穿透大气能力不够，烟尘、云雾、雨雪等对激光的吸收和散射要比微波和毫米波大得多。因此，激光探测的性能对天气和环境比较敏感。但激光探测要比被动光学探测系统的天候适应能力强，因为主动的激光探测技术可以通过距离或速度的选通、其他的微弱信号探测和信号处理技术来拒绝接收已经被确定为杂乱波的回波信号。

激光技术出现在 20 世纪 60 年代，60 年代末激光探测技术就迅速地应用于近炸引信。但受当时的技术水平所限，特别是半导体激光器件和集成电路水平低，激光近炸引信在使用范围和探测距离、探测精度、体积、功耗等各个方面存在较多的问题，或者是说系统性能并未达到较优的水平，因而在近炸引信中的应用受到限制，实际装备的弹种较少。但随着激光技术和微电子技术的迅速发展，半导体激光器的阈值电流逐渐降低，体积和成本迅速下降，光电转换效率不断提高，输出峰值功率大大增加；而作为接收部分的光电探测器和放大与处理电路在集成度、工作速度和精度、功耗、噪声等性能方面发展更加迅速，为激光技术在引信中的进一步应用和激光近炸引信系统性能的提高奠定了坚实的物质基础。另外，自从激光探测技术应用于近炸引信以来，国内外军方都对这种非常有前途的新探测原理进行了大量的理论和试验研究，如对激光引信定距体制、目标和环境对激光的反射和散射特性以及激光发射接收技术、提高定距精度和抗干扰能力的信号处理方法等问题都进行了大量的研究并得到了一批有重要指导意义的成果，这也对破甲弹激光定距引信的发展起到了巨大的推动作用。

国外在将激光探测技术应用于各种导弹（对空、对地、对海导弹等）及一些常规弹药（如航空炸弹、迫弹等）引信方面已取得了大量成果，并已有多种型号产品投入使用，这也为破甲弹用激光定距引信提供了实现基础。国内许多科研机构也对激光探测技术在近炸引信中的应用进行了大量的研究，如：212所研制的三角法激光定距技术；航天工业总公司零一四中心和天津 8358 所研制的距离选通体制激光定距技术，且他们还研制出各种用途和体制的原理样机。但是，这两种定距体制自身存在一定的缺点：三角法激光定距体制的定距距离近，定距精度受目标反射率的影响很大；距离选通体制的定距精度差，到目前为止，国内激光引信还没有正式型号装备部队，而且对激光引信研究的对象主要集中在导弹引信上，对在常规武器弹药引信中的应用研究较少，特别是破甲弹引信中。南京理工大学从 1998 年开始研究鉴相体制脉冲激光定距技术，其综合了前两种体制的优点，取得了突破性的进展。激光探测技术特有的优良特性，使其非常适合应用于一些炸高控制的引信，因此完全可以把一些应用于导弹的激光探测技术移植到破甲弹激光定距引信技术中。

现代弹药系统中普遍使用各种近炸引信。近炸引信能够大大提高弹药的毁伤效能，如各种导弹、火箭弹、航空炸弹和中大口径炮弹配用的近炸引信，甚至正有向小口径弹药发展的趋势，如小口径防空弹药、要求空炸的小口径枪榴弹等；挪威 NOPTEL 公司研制的 NF2000M 迫弹通用多用途激光近炸引信。随着现代战争的发展和战场环境的复杂化，对各种近炸引信的性能也提出了越来越高的要求，如对目标精确定位并选择最佳起爆位置与起爆方向、对目标的探测识别能力、抗自然和人为干扰能力等。破甲弹激光定距引信就是激光近炸引信的一种，为了提高串联式破甲弹主装药破甲能力，在破甲弹的前端装配了激光定距引信，大大提高了串联式破甲弹对各种具有反应装甲的坦克车的攻击能力。

7.4.3　目标探测方法对比及适用性分析

目前最为常用的分离式破甲弹定距引信探测方式有计时定距、激光定距、毫米波定距、冲击雷达定距等，其各自的优缺点如表 7.3 所示。

表 7.3 探测系统对比

方式	波束	探测距离与误差/m	尺寸/ (mm×mm)	功耗/mW	安装要求	成本	抗干扰			变倾斜角 0°～68°
							磁	雾	淋	
底火装定计时	无	$L \pm 4$	小	20	无要求	低	好	好	好	好
激光	5～15 mrad	>20±2	$\phi 12×41$ $\phi 18×41$	20	肩部或头部	中	好	中	中	中
电容	180°	≤1.3	$\phi 45×60$	30	头部	中	中	差	差	差
冲击雷达	≥15°	6±1.5	$\phi 30×20$	100～200	头部	中	差	中	中	中
毫米波	≥15°	>10±2	$\phi 30×30$	200～300	头部	高	差	中	中	中

由于破甲弹飞行属于低伸弹道,毫米波定距和冲击雷达在小口径诱爆弹中使用时,天线尺寸受限,波束角无法减小,抗地面环境干扰差;电容定距体制探测距离近、精度随靶板倾斜角变化大。冲击雷达体制除抗地面环境干扰差外,探测距离偏小,不适用。激光探测的主要优点为波束角小、探测距离远、精度高、可安装在破甲弹的肩部,缺点是抗大颗粒烟、尘、雾干扰能力差。底火装定计时优点明显,缺点是需在弹内走线。

采用激光定距探测技术分离诱爆弹优点明显,具体有如下几点:

1)采用激光定距远距离探测–分离,突破传统串联破甲弹的概念,利用定距探测技术在距目标一定距离时,主战斗部和诱爆弹进行分离,诱爆弹引爆爆炸反应装甲,主战斗部爆炸形成射流完成破甲功能,分离精度要求较高,激光定距探测技术可以满足。

2)激光定距远距离分离系统方案适用范围广、作用方式简单,在保证探测精度的前提下,减小了对探测系统设计的复杂度及成本,可以在现有探测技术发展水平条件下,实现对披挂新型爆炸反应装甲目标的有效毁伤。

3)激光定距远距离探测系统不仅能可靠对付披挂现有 FY4 型爆炸反应装甲的装甲目标,还可对付未来爆炸场干扰作用时间更长的爆炸反应装甲,可以适用于现有各种反装甲目标武器系统。

4)引信与战斗部一体化设计,并充分考虑与火控的信息交联接口,对实现破甲弹的跨越式发展具有十分重要的意义。

7.4.4　探测系统设计关键技术

7.4.4.1　远距离探测弱回波能量定距技术

要满足远距离探测弱回波能量高精度定距的要求，采用的定距技术所能实现的定距距离与定距精度必须满足指标要求。相较于常规的激光定距技术，在新型破甲弹应用中，探测距离远、目标回波能量弱、定距精度要求高等一系列复杂工作条件对新型分离式破甲弹激光定距系统性能的要求十分严苛，其中主要关键技术包含以下几点：

（1）低功耗大阈值电流脉冲激光电源技术

在激光探测和目标识别中，系统的许多性能，如目标的识别能力、定距精度、抗干扰和低功耗等，都取决于半导体激光器发射的激光脉冲质量，而半导体激光器发射的光脉冲是由激光电源产生的电脉冲直接调制得到的，即激光脉冲质量的好坏决定因素在于脉冲电源的质量。因此，激光脉冲电源的设计是激光探测和目标识别中的一项极其关键的技术。

用于激光探测和目标识别的脉冲激光电源设计的技术难点为脉冲半导体激光器的激励阈值电流很大，即使是峰值 7 V 的脉冲半导体激光器的阈值电流也要达到 6.5 A，在引信的直流电源上基本不可能直接提供这么大的输出电流，必须利用能量压缩技术，即把瞬时功率较小的能量通过一定时间（相对较长）存储在储能元件中，在适当时刻瞬时（相对较短的时间内）放出。在脉冲激光电源中一般使用电容作为储能元件，也可以使用传输线（可得到极快的上升沿）。另一个困难在于激光引信或激光测距应用场合，对激光脉冲的脉宽和上升沿要求非常高，通常在几纳秒到几十纳秒；然而，在实际产生窄脉冲大电流的电路中，脉宽和上升沿主要受开关器件速度和电路寄生参数（在大电流情况下寄生电感的影响尤其严重）的限制。随着器件的微型化和模块化，在满足功能和性能要求的前提下，体积越小越好。

（2）低噪声高增益脉冲激光接收技术

在激光引信接收模块中，前置放大器和主放大电路的设计对系统的定距精度和探测距离有重要的影响。前置放大器是一种用来完成传感器与后续电路性能匹配的部件，对其主要的性能要求由传感器性质和后续处理电路决定，如对于压电传感器，由于传感器输出阻抗高，要求前置放大器有很高的输入阻抗，以实现与后续处理电路的阻抗匹配。对于激光引信中的光电前置放大器，最重要的性能要求是低噪声，这是因为在对非规则目标测距和定距的情况下，进入接收视场的回波功率非常小，在激光引信要求的探测距离范围内，放大器的噪声已经成为探测的主要限制因素,低噪声的前置放大器就意味着大的探测距离。主放大器基本是用来提供足够大的增益,以方便后续处理,但同时必须满足系统带宽的要求,保证有用信息不会丢失。另外,由于破甲弹用激光发射器的功率较小,因此系统检测回波信号的能力大小关键在于前置放大器的信噪比的大小。

(3)激光定距系统光路优化与发射光脉冲准直技术

引战配合计算表明,对于坦克炮发射平台,其激光定距距离必须大于 5 m以上,定距距离越大,对破甲弹设计越有利。因此,需要解决在电源功率有限的前提下,进一步对光路进行优化设计,改善光路的聚焦效果,提高回波的信噪比,增大激光探测定距距离。同时,系统设计要求发射光脉冲发散角小于 15 mrad,由于发射单元尺寸限制,透镜和发射光路尺寸受限,光路准直难度大。

7.4.4.2   激光定距系统抗高过载

要满足常规弹药特别是坦克炮最大发射过载的要求,激光定距系统的零部件强度及元器件的抗冲击能力必须满足设计要求,特别是半导体元器件和光学器件的抗冲击能力最为关键。同时,设计科学合理的缓冲和防护措施是不可缺少的,它可以保证在高过载冲击后激光定距系统正常工作,其中应包含:半导体激光器抗冲击、光敏管抗冲击及光学透镜抗冲击。

7.4.4.3   小体积激光定距系统弹体适配性技术

目前激光系统小型化设计尺寸为:发射单元为 $\phi 13$ mm × 42 mm,接收单元为 $\phi 24$ mm × 42 mm,经准直后的发射光脉冲发散角小于 15 mrad。由于破甲弹结构尺寸的限制,收发单元的透镜和发射光路尺寸受限,光路准直难度大。在保证探测能力的前提下,激光探测系统需进行小型化设计。结合引信发射光束准直和接收系统聚焦的要求,根据非球面镜光学设计理论,应用 ZEMAX 光学设计软件,设计尺寸较小的单级非球面发射准直透镜和接收聚焦透镜,设计的激光脉冲发散角需小于 15 mrad,以便将回波信号高效汇聚。

7.4.5.4   低伸弹道激光定距环境适应性技术

激光定距系统的使用环境恶劣,各种噪声、干扰严重,如内部和背景噪声、电磁环境,敌方施放的光电干扰,烟尘、云、雨、雪、雷电等自然干扰等,都会对系统的性能造成影响,使系统性能下降,严重时甚至造成失效。激光定距系统由于工作在电磁波的高频段——光波段,在本质上对电磁干扰有较强的抵抗能力；同时，因为工作在光波段，对烟、雾、云、雨等自然环境非常敏感。针对环境特性对激光定距系统的影响，需对激光在云雾、雨、烟尘及阳光环境中的传输特性及坦克目标不同位置处的反射特性进行理论和试验研究。通过分析对激光的各种干扰因素，设计环境适应性和抗干扰试验以进行分析验证。根据分析结果对激光定距系统进行抗干扰设计及优化，避免膛内和弹道起始段的环境干扰、目标特性的干扰，消除在飞行过程中可能由于空气中悬浮颗粒的散射而引起的虚警，保证在受环境干扰时发火电路不发生作用，使系统能可靠且精确接收目标回波信号。

7.5　反坦克弹药灵巧引信时空识别基础理论

　　激光反坦克弹药灵巧引信需要具备较高的定距性能，其作为激光技术的一个新的应用领域，需要自身必然存在许多与众不同的特点和要求，为解决这些新问题，就必须在借鉴和继承的基础上进行创新性的研究，针对激光反坦克弹药灵巧引信中的具体问题，提出实用、有效的技术方案。

　　在目前使用的激光近炸引信中主要存在距离门选通定距、三角定距法（又称几何截断定距）两种作用体制。根据高精度远距离定距的需要，如激光定距技术在子母弹母弹开仓 50～100 m 远距离作用引信中的应用，提出了适用于远距离定距的激光脉冲测距机体制。另外，在多用途迫弹近炸引信中要求作用高度（距离）分段可调，特别是破甲弹、云爆弹近炸引信中对定距精度要求非常高，针对这些要求提出了可达到更高定距精度和作用距离可装定的脉冲鉴相定距体制。下面对上述 4 种激光近炸引信作用体制分别论述。

7.5.1　脉冲激光测距机定距体制

　　脉冲激光测距机定距体制一般应用在定距精度要求不高、定距距离大的场合。激光测距机应用的就是该体制，它的测距范围大，测距精度相对较低。目前，国内外的脉冲激光测距机的测距精度仍受到计数器和晶振的频率限制，因此测距精度仍不能得到大幅度的提高。

　　（1）脉冲激光测距机定距体制的原理

　　脉冲激光测距机定距体制的原理（图 7.17）与用于雷达、火控等的脉冲激光测距机在原理上完全一样。激光脉冲发射器向目标发射一个激光脉冲，同时向门控电路输入一个由发射脉冲采样得到的光电脉冲，开启门控开关，由时钟晶振向计数器输出填充脉冲开始计时。当目标反射回波信号脉冲经放大、整形，送到控制门并关闭门控开关时，计数器停止计数。此时，由计数器所计填充脉冲数与晶振振荡周期就可得到距离信息。

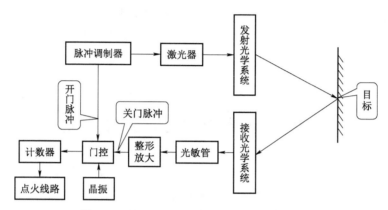

图 7.17　测距机式激光近炸引信作用原理框图

（2）脉冲激光测距机定距体制的特点

脉冲激光测距机定距体制是专门针对激光探测技术在子母弹母弹开仓远距离作用引信中的应用前景提出的。因为母弹开仓引信要求的作用距离较远（50～100 m），而定距精度要求不高（约 10 m），所以对测距机中的关键电子部件晶体振荡频率和计数器的工作速度要求都较低，很容易满足要求。对于较远作用距离的情况，使用距离门选通体制或脉冲鉴相体制，其优点并不能得到体现，但是，在这种体制中可以借用距离门的思想，采用软件或硬件的距离门提高抗干扰性能。使用测距机体制则较适合于远距离定距，且有较成熟的系统设计方法可以借鉴，与现有技术也有良好的相容性。

7.5.2　三角法定距体制

三角法定距体制又称几何截断定距体制，在各种导弹特别是反武装直升机导弹和各种打击空中目标的导弹激光近炸引信中应用非常广泛，如图 7.18 所示为三角法定距体制脉冲激光定距引信作用原理框图。这种定距体制在原理上可以说是激光本质特点与近炸引信特定要求相结合的新产物，但在系统设计角度方面仍与激光测距、激光雷达技术、无线电近炸引信技术有很多的相似之处。下面主要针对三角法定距体制原理、应用及系统设计中的特殊问题进行讨论。

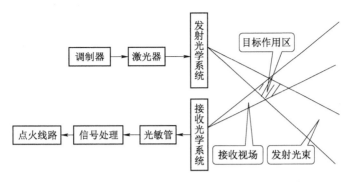

图 7.18　三角法定距体制脉冲激光定距引信作用原理框图

7.5.2.1　三角法定距体制的作用原理

对应用于空空、地空导弹的激光近炸引信，要求引信在弹体周向提供全向探测的能力，通常使用多组激光发射器和接收器来实现，即引信发射机和接收机在弹体周向均匀排列，发射光学系统先对激光器发出的较大束散角的光束进行准直，然后用柱镜或反射光锥、光楔在弹体径向进行扩束，通常使用 4～6 个象限使之形成 360°发射视场角。接收光学系统用浸没透镜或抛物面反射镜使之形成 360°的接收视场角。在垂直弹轴的方向上，很窄的发射激光束和接收机接收视场交叉而形成一个重叠的区域，只有当目标进入这个区域，接收机才能探测到目标反射的激光回波。重叠区域的范围对应着引信最大和最小作用距离。

对于前向目标探测的情况，一般只要使用一组发射接收机即可达到要求。发射机、接收机分别安装于弹体头部的圆截面直径的两端，发射光束的束散角（即发射机视场角）和接收机视场角基本相同，但由于安装方向具有一定的倾斜角度，使发射光束与接收机视场在前方某一区域重叠，发射光束轴线和接收光束轴线交会于一点，构成三角形，其底边上的高即为引信的作用距离。当目标进入重叠区，接收机探测到目标回波，经光电转换、放大、输出一系列脉冲信号，其包络曲线的最大值对应于引信的作用距离。几何截断体制的作用距离和定距精度由如下几个因素确定：

1）发射激光光束的视场角。

2）激光发射源与探测器之间的相对位置和角度。

3）光学镜头的尺寸和性质。

4）目标的反射特性。

7.5.2.2　三角法定距体制的特点

几何截断定距体制的产生是基于激光和近炸引信的以下两个特点：

1）激光工作于电磁波的光波段，波长极小，故其发射和接收视场的几何参数可以使用光学元件精确控制。

2）近炸引信一般只要求对近程目标进行探测。

这种体制的优点如下：

1）定距精度很高，对全向探测激光近炸引信一般作用半径为 3～9 m，截止距离精度可达到±0.5 m；对前向探测激光近炸引信作用距离一般在 1 m 以下，定距精度可达 0.2 m。

2）全向探测激光近炸引信采用几何截断定距体制，可在提供 360°的周向探测范围与只需较简单地处理电路两方面提供较好的统一。

由于几何截断体制具有上述优点，因而这种体制非常适合用于对空中目标进行探测的近炸引信，如空空导弹、地空导弹等。同时，对于要求作用距离极近、精度要求相应也非常高的地面目标近炸引信，几何截断体制也显示出了自身特有的优势。

但是，这种体制也存在以下一些局限性：

1）定距精度受目标特性变化和作用距离影响较大。由上节的原理介绍可知，引信的作用区域由发射视场和接收视场的光路交叉重叠形成，但对于要求定距精度很高的情况，难以控制发射视场和接收视场在较远处得到较小的重叠区域；对于目标反射特性差别较大的情况，脉冲包络的幅度变化较大，难以设置统一的作用门限。特别是目前坦克、战车、武装直升机等越来越多地使用各种光学特性差别很大的涂层、迷彩和外挂物等，使得即使在作用距离较近的前向定距场合，为了达到较高的定距精度，也不得不考虑采用其他对目标反射特性不敏感的定距体制。

2）作用距离不能现场装定。虽然几何截断体制的作用距离可通过调整发射与接收装置的视场角度实现，但这只限于设计阶段，而不能做到在战场环境中针对不同战术要求，现场装定最佳作用距离。

基于上述局限性，这种体制并不适用于要求作用距离稍远或目标反射特性变化较大，以及要求作用距离可现场装定等许多激光近炸引信，在破甲弹激光定距引信中，由于目标是披挂反应装甲的坦克车，虽然目标是确定的，但是由于破甲弹每次碰靶的角度不同，反应装甲对激光光束的反射特性也在变化。也就是说，破甲弹激光定距引信的目标反射特性差别非常大，例如，在定距为 900 mm、入射角分别为 22°和 90°时，利用实际的反应装甲板进行大量的回波幅值变化试验，试验结果表明这种由于入射角度的变化而引起的激光回波幅值变化为 5～10 倍。所以在破甲弹激光定距引信技术中，采用几何截断体制的激光定距技术是不合适的，应该采用其他的定距体制来完成定距作用。

7.5.3　距离选通定距体制

7.5.3.1　距离选通定距体制的作用原理

　　距离选通定距体制的原理如图 7.19 所示,脉冲激光电源激励脉冲半导体激光器发射峰值功率较高的光脉冲(从几瓦到 100 瓦,主要取决于作用距离),通过发射光学系统形成一定形状的激光束,光脉冲照射到目标后,一部分光反射到接收光学系统,经接收光学系统会聚在光电探测器上,输出电脉冲信号,经放大、整形等处理后送到选通器。另外,激光脉冲电源激励半导体激光器的同时,激励信号经延迟器适当地延迟后,控制选通器。因此,只要选择适当的延迟时间,就可以使预定距离范围内的目标反射信号进入选通器,而在此距离之外的目标回波信号无法进入选通器,从而实现了在预定的距离范围内作用。

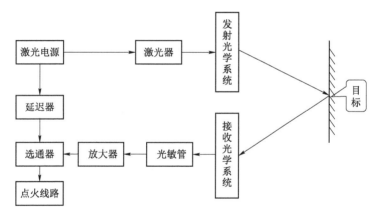

图 7.19　距离选通定距体制原理框图

7.5.3.2　距离选通定距体制的特点

　　距离选通定距体制,可以说是脉冲激光测距技术与脉冲无线电引信技术相结合的产物。它采用测定激光脉冲从弹上发射机到目标往返飞行时间的方法确定弹目距离。它的原理、发射接收技术都与脉冲式激光测距机类似,只是由于探测距离要求极近和对系统体积、功耗等的要求的限制,两者测定时间间隔的方法存在较大区别。

　　脉冲测距机采用选通门 + 晶体振荡器 + 计数器的方法,适于测定在较大作用范围内连续变化的距离,并且在无须重新调整的情况下,对任一未知目标距离进行探测。但在破甲弹激光定距引信这种要求在超近距离范围内精确定距的场合，如果使用与测距机相同的计时方法，则为达到系统精度指标，必须采用性能稳定的高频振荡器和工作速度极快的计数器。例如，在要求定距精度为0.1 m 的情况下，要求晶体振荡频率即计数器工作频率为 1 500 MHz，通常在引信这种工作环境恶劣、对体积功耗要求较苛刻的场合，要达到这样高的系统性能代价较大，特别是高稳定度高振荡频率的晶振。

在距离选通定距体制的激光定距系统引信中，实际采用的是由脉冲无线电近炸引信借鉴而来的距离选通门方法。这是由激光定距引信所具有的以下不同于测距机的特点决定的：

1）定距引信一般是属超近距离探测，使用距离门定距通常不会出现距离模糊的问题。

2）定距引信通常只要求对目标"定距"，即只对目标是否已进入作用区感兴趣，而对目标不处于作用区时的每一个具体的距离信息不关心。因此，只要求对单一距离进行测定。测距机则要求对目标"测距"，即要求对作用范围内的任何目标、任何时刻的距离信息都能连续测定。

与几何截断体制相比，距离门选通体制具有如下优点：

1）采用回波脉冲的相位信息判断距离，在激光定距引信中，目标是否进入预定距离一般可通过两种方法判断：一是回波脉冲信号的强度；二是回波脉冲与参考脉冲的相位延迟信息。激光近炸引信的作用距离方程为：

$$P_r = \frac{4P_t \tau_t \eta_r A_s \cos\theta}{\pi R^2 \theta_t^2} e^{-\mu_0 z} \quad (7.1)$$

式中，P_r 为接收功率；P_t 为激光器发射功率；τ_t 为发射光学系统效率；η_r 为接收光学系统效率；A_s 为接收机口径；θ 为接收表面法线与入射光线夹角；θ_t 为发射光学出射束散角；μ_0 为大气衰减系数；R 为到目标的距离。

可见，影响回波信号强度的因素不仅是距离，还有发射激光脉冲的功率波动、目标的光学特性（包括粗糙度、反射率）和大气传输条件等，因而在各种影响因素不能得到有效控制的情况下，难以达到较高的定距精度。而目标回波脉冲与参考脉冲之间的相位差的主要决定因素是光波往返时间和光电系统内部延时，通常内部延时容易控制或补偿，因而可得到较高的定距精度。

2）距离选通门就如同是一个品质因素很高的时空滤波器，从时间的角度来看，在极小占空比信号的"空"时间内，只有夹在距离门之间极短的时间段内的信号能够通过；从空间的角度来看，在由接收机灵敏度确定的最大作用距离以内，只有距离门确定的预定距离的回波信号可以通过，从而大大降低了系统的虚警率。

7.5.4　脉冲鉴相定距体制

脉冲鉴相定距体制是激光探测领域里的一种新的体制，它综合了以上 3 种探测的优点，因此越来越受到人们的青睐。

7.5.4.1　脉冲鉴相定距体制的原理

脉冲鉴相定距体制是由距离选通定距体制改进和发展而来的一种系统综合性能更好的激光引信定距方法。其定距原理如图 7.20 所示，脉冲激光电源激励脉冲半导体激光器发射光脉冲，经光学系统准直，照射到目标表面，一部分反射光由接收光学系统接收后，聚焦到探测器光敏面上，输出电脉冲信号，经放大、整形等处理后送到脉冲鉴相器。另外，激光脉冲电源激励半导体激光器的同时，激励信号经延迟器适当地延迟后，送到脉冲鉴相器，作为基准脉冲与回波脉冲进行前沿相位比较，当两脉冲前沿重合时，表示目标在预定距离上，于是给出起爆信号。

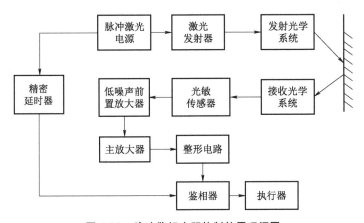

图 7.20　脉冲鉴相定距体制的原理框图

7.5.4.2　脉冲鉴相定距体制的特点

脉冲鉴相法使用脉冲前沿鉴相器代替原来的距离门，结合精密脉冲延时技术，在定距精度和灵活性上，都比距离门选通体制有较大的提高，下面分别予以说明：

1）距离门选通体制的"定距"通常是一个距离范围，只能靠减小距离门的时间间隔来逼近某一距离点，以达到更好的精度。而脉冲鉴相定距体制从理论上来说，探测的就是一个固定的距离点，在能够精确控制光电系统内部延时的情况下，可以达到很高的定距精度。如图 7.21 所示为脉冲鉴相定距体制波形。当然，由于鉴相器（建立时间）工作速度的影响，也存在一个模糊距离，即定距误差。

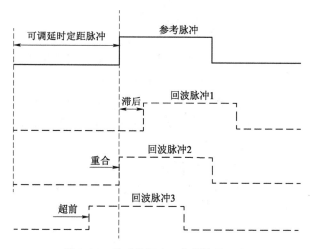

图 7.21　脉冲鉴相定距体制波形示意

2）脉冲鉴相法处理信息的主要对象是脉冲前沿的相位信息，表现在接收系统设计过程中的设计思路就是不失真地提取出脉冲的前沿相位信息，而把其他如幅度、脉宽、脉冲波形等信息剔除，或只作为抗干扰等辅助手段。这里的脉冲主要针对回波信号脉冲，因为它在空间传播、目标反射、光电转换、电脉冲放大过程中时，前沿相位信息损失较大，需要精心处理才能得到恢复，而基准脉冲只经过电子延时器，前沿相位信息基本无损失，通常无须处理。

3）由于鉴相器具有结构简单、使用灵活的特点，脉冲鉴相法结合可调节的电子脉冲延时器易于实现作用距离可现场装定的功能。另外，结合精密可调电子延时器可实现对系统延时的精确自动补偿，进一步提高系统定距精度，特别是对产品批量很大的常规武器弹药的生产和检验有较重大的现实意义。

4）脉冲鉴相定距体制可以被认为是距离门选通体制的距离门所夹的时间或空间在减小到零时的一种极限情况，在这种意义上来说，它具有更好的时空滤波特性，即更好的抗干扰特性和更低的虚警率。

由上述脉冲鉴相定距体制的特点可见，这种方法非常适合应用于要求作用距离分档可调的迫弹激光定距引信、对定距精度要求很高的云爆弹激光定距引信和反坦克的破甲弹激光定距引信中。

7.5.5　时空识别精度分析与提高

　　虽然作用目标已定，但是激光脉冲探测的反应装甲的倾角变化较大（在 22°～90°），所以钟形回波脉冲幅值变化较大。在探测距离为 900 mm，用真实的反应装甲板作探测目标，激光脉冲回波幅值大约相差 1.5 倍。激光回波脉冲的上升沿 t_r 为 6 ns。由简单的几何关系可推导出触发点时间差异与脉冲上升沿和脉冲幅度动态范围之间的关系：

$$\Delta t = t_2 - t_1 = K_1 \cdot K_2 \cdot t_r \tag{7.2}$$

式中，

$$\begin{cases} K_1 = \dfrac{5}{4}\left(1 - \dfrac{1}{\alpha}\right); \\[2mm] K_2 = \dfrac{V_{\text{ref}}}{V_{\text{P-min}}}; \\[2mm] \alpha = \dfrac{V_{\text{P-max}}}{V_{\text{P-min}}}. \end{cases} \tag{7.3}$$

式中，α 为最大回波峰值与最小回波峰值之比，称幅度比值系数；V_{ref} 为阈值电压；$V_{\text{P-max}}$ 为回波脉冲信号峰值最大值；$V_{\text{P-min}}$ 为回波脉冲信号峰值最小值；t_r 为回波脉冲上升沿时间。

　　可以计算，脉冲相位变化大约为 2.5 ns，由于激光定距是脉冲往返探测，所以定距误差为 0.375 m，这远远满足不了破甲弹引信激光定距精度的要求，因此必须采取一定措施和方法来减小这种误差。从理论上分析，减小这种误差的方法有 3 种：

　　1）采用可变阈值的方法。这种方法的作用原理实际上是一种负反馈，利用一个峰值检测电路和智能判别电路来检测信号幅值的大小，并不断、及时调整检测信号的阈值电平。当钟形回波脉冲的幅值很大时，智能电路就会自动提高检测回波信号的阈值；当回波信号的幅值变小时，智能电路就会降低阈值，这样就能保证检测出来的回波信号的相位基本不变，在静态试验状态下，这种方法可以使定距误差降低到 0.03～0.05 m，大大满足破甲弹灵巧引信技术的精度要求。图 7.22 所示为可变阈值检测电路的原理框图。在该电路系统中，峰值检测电路、可变阈值电路以及整形比较电路都可以用一个集成的 CPLD 来实现。

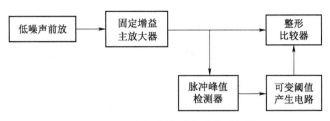

图 7.22　可变阈值检测电路原理框图

2）采用可变增益控制的方法。这种方法实际上也是一种负反馈，原理如图 7.23 所示。这种方法与可变阈值检测电路不同的是主要靠调节主放大器的放大倍数来调节回波脉冲的输出电压幅度，主放大器的增益由脉冲幅度检测电路和增益控制电路完成，当反应装甲钟形回波幅度较大时，控制主放大器减小增益，而当回波幅度较小时，控制主放大器加大增益，这样使得反应装甲倾角在 22°～90° 范围内变化时，无论回波脉冲能量大小，主放大器的输出钟形信号幅度基本上保持不变，这时只需使用固定阈值整形电路，就可保证反应装甲倾角变化时，回波脉冲基本上在脉冲上升沿的相同点触发，也就是在相同的相位触发，从而保证了定距精度。

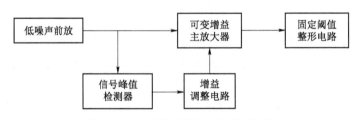

图 7.23　可变增益控制方法原理框图

以上两种方法都是一种负反馈，既然是反馈，那么无论是调整阈值还是调整增益，都要基于预测，也就是要通过检测第一个脉冲的峰值功率来控制下一个脉冲的检测情况，这种方法的探测精度一方面受激光发射频率的限制，另一方面受系统的响应度的限制。如激光发射模块的频率不是足够高，这两种措施带来的误差是可想而知的，即使激光发射的频率足够高，也会带来一定的误差。如果用改进后的噪声自动增益控制，就会得到更好的效果，这种方法的特点就是利用主放大器输出信号的噪声电平的变化来控制放大器的增益变化，这种控制方法比前两种的反馈周期短、速度快、探测可靠，其原理如图 7.24 所示。

3）采用对数放大法。图 7.25 所示是对数放大法的工作原理框图。这种方法的特点就是不基于预测，而对信号直接控制，大大提高了对信号的处理速度，间接提高了系统的定距精度。根据对数放大器的工作原理，它对大的回波信号有压缩作用，对小的回波信号有放大作用，实际上它相当于是一个直接控制信号幅值变化的可变增益控制放大器。这样就会使每个回波信号的上升沿基本保持不变，也就是在固定阈值检测时它的每个信号的触发点是基本相同的，这样就大大提高了系统的定距精度和相应的信号处理速度。另外，采用这种方法设计的电路结构简单，使用的元器件较少。但是，在使用这种放大器时要特别注意信噪比的问题，因为对数放大器的噪声基础比较高，在进行信号处理时阈值电平的设置很重要。另外，在使用对数放大器时，一定要注意其饱和程度，因为饱和会导致其内部延时的变化，这样也会给系统带来误差。

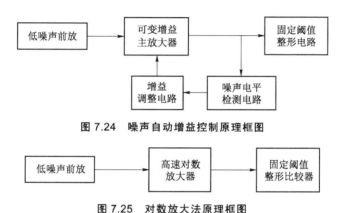

图 7.24　噪声自动增益控制原理框图

图 7.25　对数放大法原理框图

（1）减小弹目相对运动引起误差的研究

由于破甲弹激光定距引信技术是在高速运动状态下工作的，破甲弹的炮口速度为 905 m/s，即使弹体从出炮口到作用点速度有一定的衰减，在着靶点弹目相对运动的速度也不小于 700 m/s，所以在激光定距引信作用的范围内弹目相对运动的速度很大。如果不考虑对这种相对运动给系统带来的误差进行补偿，激光定距系统精度将大大受到影响。

解决这种误差的方法主要是提高激光发射模块的发射频率。破甲弹引信单脉冲定距情况下的定距误差可由式（7.4）表示：

$$\Delta R = \frac{2R}{v_{\mathrm{p}} + c} \cdot v_{\mathrm{p}} \tag{7.4}$$

式中，R 为目标距离；v_{p} 为弹目相对运动速度；c 为光速。通常弹目运动速度远小于光速，即 $v_{\mathrm{p}} \ll c$，因而 ΔR 非常小（微米量级），对激光定距引信可忽略不计。由式（7.4）可知，当脉冲积累个数为 3 时脉冲激光器的发射频率必须大于 30 kHz 才能满足破甲弹激光定距引信的精度要求，一般情况下，在实际作战场合，脉冲积累个数一般都是 3 个左右，有时为了提高激光的探测精度，也有采用脉冲积累个数为 2 的情况。

由于破甲弹引信定距比较近，激光发射的强度要求不是很大，这为提高激光的发射频率大大提供了空间。因为发射频率和峰值电流是影响激光器功耗的两个主要因素，在峰值电流要求不高的情况下，可以提高激光器的发射频率，而且也不会引入系统的功耗和激光器的散热等问题。

（2）减小着靶速度对破甲弹二级起爆精度影响的措施

在外弹道上，弹丸在出炮口处初速最大，然后在弹道上衰减。因此，在弹丸有效作用距离范围内，弹丸终点速度大小随目标与炮口相对距离变化而改变。目标与炮口相对距离即弹丸外弹道飞行距离由近到远，弹丸终点速度由大至小。设弹丸飞行距离为 $S(t)$，终点速度为 V_s，弹丸初速为 V_0，如图 7.26 所示。

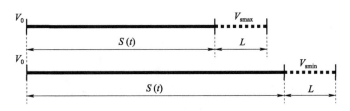

图 7.26　着靶速度对破甲弹二级起爆精度的影响

L 为引信的定距距离，表示副装药起爆时刻弹丸至目标距离。理论上为给定值，如 800 mm。副装药起爆时刻弹丸至炮口距离 S，为弹丸外弹道飞行时间 t 的函数 $S(t)$；也可近似理解为目标至炮口距离。

将图 7.26 中的 L 段提取出来，放大后如图 7.27 所示。

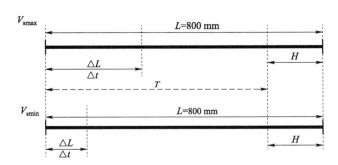

图 7.27　放大后的 L

假设 V_{smax} 为最大速度，V_{smin} 为最小速度，那么 V_s 满足式：

$$V_{smax} \geq V_s \geq V_{smin} \qquad (7.5)$$

Δt 为定值，表示为防止目标反应装甲爆炸对主射流影响所需最小延迟时间。反映到距离为 ΔL，$\Delta L \approx V_s \times \Delta t$，受弹丸速度影响而是个变值。$H$ 为定值，表示主装药有利炸高要求。T 为所要实现的延迟时间，表示从一级引信给出副装药起爆信号开始，至到达主装药有利炸高时终止这一时间段。

假设：$\Delta t \leq T$，由速度公式 $V = \dfrac{S}{t}$，延迟时间 $T = (L-H)/V_{均} \approx (L-H)/V_s$（认为在 L 距离段弹丸速度 V_s 保持不变）可得到：

$$T_{max} \leq T \leq T_{min} \qquad (7.6)$$

而 $V_s = V(t)$。因此，延迟时间 T 与弹丸外弹道飞行时间 t 存在函数关系：$T = f(t)$。

综上所述，目标相对炮口距离是变化的，攻击目标的弹丸的飞行距离 S 随之改变；因大气衰减等因素作用，弹丸终点速度 V_s 随飞行距离 S 变化而变化，亦即随弹道飞行时间 t 变化，而不同的终点速度 V_s 决定了不同的延迟起爆时间 T；然后将飞行时间 t 与所需延迟时间 T 联系起来。因此，要得到精确延期值，通过确定 T 与 t 的函数关系式，或者直接根据已知的射表进行查寻得到最佳延时也可。

|7.6　突防策略与起爆控制|

7.6.1　新型破甲弹对抗反应装甲起爆控制策略

新型破甲弹对抗反应装甲作用过程分为 4 个阶段：

1）新型破甲弹战斗部通过弹体上的激光定距探测系统在预设距离处发出分离信号。

2）诱爆弹接收到分离信号后，击发点火装置，实现前置战斗部快速分离发射，分离后前置战斗部沿弹道线以一定的分离速度快速飞向目标。

3）当诱爆弹碰击爆炸反应装甲时，形成高速射流引爆爆炸反应装甲。

4）待爆炸反应装甲作用场消失后，后级主战斗部飞抵裸露的装甲目标，对主装甲进行有效攻击。

理论分析表明，要使新型破甲弹具有反爆炸反应装甲功能，新型破甲弹的飞行速度、前置战斗部的分离时间、前置战斗部分离后的飞行速度、爆炸反应装甲作用场的干扰时间以及分离距离等必须满足下列关系式的要求。

$$S \geqslant \left(t_1 + \frac{S - vt_1}{v + v_1} + t_2 + T + \frac{\Delta S}{v} \right) v \tag{7.7}$$

其中，S 为分离距离；t_1 为前置战斗部的分离时间；v 为破甲弹的速度；v_1 为前置战斗部分离后相对主战斗部的速度；t_2 为前置战斗部从触发到击爆爆炸反应装甲的时间；T 为爆炸反应装甲所有金属板飞离弹轴线时间，即作用场作用时间；ΔS 为最后飞离弹轴线金属板的下端部距离主装甲之间的距离。对式（7.7）整理得：

$$S \geqslant \frac{v(v + v_1)}{v_1} \bullet \left(t_1 + t_2 + T + \frac{\Delta S}{v} \right) - \frac{v^2}{v_1} \bullet t_1 \tag{7.8}$$

$$t_1 \leqslant \frac{v + v_1}{v_1} \bullet \left(\frac{S - \Delta S}{v} - \frac{S}{v + v_1} - t_2 - T \right) \tag{7.9}$$

$$v_1 \leqslant (S - vt_1) \bigg/ \left(\frac{S}{v} - \frac{\Delta S}{v_1} - t_1 - t_2 - T \right) - v \tag{7.10}$$

式（7.8）为分离距离的范围；式（7.9）为分离时间范围；式（7.10）为分离后的相对速度范围。

根据国内现有反坦克破甲弹装备研制情况，反坦克破甲弹的末速 v 一般在 100～900 m/s（如火箭破甲弹速度为 300 m/s 左右，低速反坦克导弹速度为 350 m/s 左右，坦克炮用破甲弹速度为 900 m/s 左右），对于 105 mm 破甲弹，速度可达到 1 080 m/s。试验研究表明，诱爆弹碰击到反应装甲并可靠引爆反应装甲的时间约为 30 μs，基本为定值。爆炸反应装甲干扰作用时间 T 取决于爆炸反应装甲的类型。下面以特定爆炸反应装甲（假定其干扰作用时间为 500 μs）为例，进行分离时间、分离方式、飞行速度与主战斗部速度、最小分离距离和反应装甲作用场时间匹配关系分析。

（1）诱爆弹分离速度 v_1 与分离时间 t_1 关系

最小分离距离 S 分别取 3 m、4 m、4.5 m 和 5 m，根据破甲弹作用时序得到不同破甲弹速度条件下诱爆弹药分离速度 v_1 与分离时间 t_1 关系曲线。如图 7.28 所示。

当诱爆弹的速度分别为 100 m/s、150 m/s、200 m/s 时，由上述曲线得到不同破甲弹速度下诱爆弹分离所需的最小时间 t_1，如表 7.4 所示。

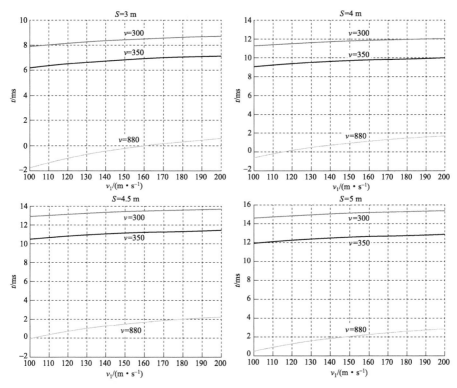

图 7.28　诱爆弹药分离速度 v_1 与分离时间 t_1 的关系

表 7.4　不同破甲弹速度下诱爆弹分离所需的最小时间　　　　μs

分离距离和破甲弹速度		$v_1 = 100$ m/s	$v_1 = 150$ m/s	$v_1 = 200$ m/s
$S = 3$ m	$v = 300$ m/s	7 880	8 410	8 675
	$v = 350$ m/s	6 186	6 805	7 114
	$v = 880$ m/s	—	—	547
$S = 4$m	$v = 300$ m/s	11 213	11 743	12 008
	$v = 350$ m/s	9 044	9 962	9 971
	$v = 880$ m/s	—	960	1 683
$S = 4.5$m	$v = 300$ m/s	12 880	13 410	13 675
	$v = 350$ m/s	10 472	11 090	11 400
	$v = 880$ m/s	—	1 474	2 252
$S = 5$m	$v = 300$ m/s	14 547	15 077	15 342
	$v = 350$ m/s	11 901	12 519	12 828
	$v = 880$ m/s	488	2 042	2 820

（2）分离距离与诱爆弹分离时间的关系

诱爆弹分离速度 v_1 分别取 100 m/s、150 m/s、200 m/s，根据破甲弹作用时序得到不同破甲弹速度条件下最小分离距离 S 与分离时间 t_1 的关系曲线，如图 7.29 所示。

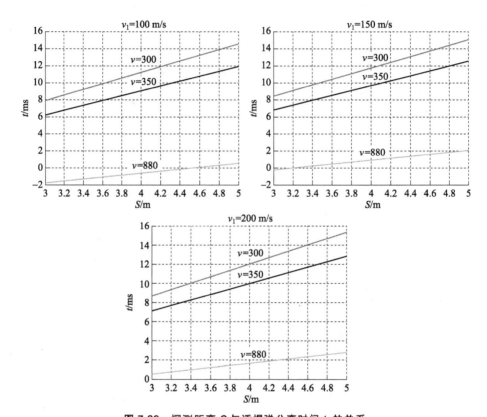

图 7.29　探测距离 S 与诱爆弹分离时间 t_1 的关系

当最小分离距离 S 分别为 3 m、3.5 m、4 m、4.5 m 和 5 m 时，由上述曲线得到不同破甲弹速度下诱爆弹分离所需的最小时间 t_1，如表 7.5 所示。

表 7.5　不同破甲弹速度下诱爆弹分离所需的最小时间　　　　μs

分离距离和破甲弹速度		$S=3$ m	$S=3.5$ m	$S=4$ m	$S=4.5$ m	$S=5$ m
$v_1=100$ m/s	$v=300$ m/s	7 880	9 547	11 213	12 880	14 547
	$v=350$ m/s	6 186	7 615	9 044	10 472	11 901
	$v=880$ m/s	—	—	—	—	488

续表

分离距离和破甲弹速度		$S=3$ m	$S=3.5$ m	$S=4$ m	$S=4.5$ m	$S=5$ m
$v_1=150$ m/s	$v=300$ m/s	8 410	10 077	11 743	13 410	15 077
	$v=350$ m/s	6 805	8 233	9 662	11 090	12 519
	$v=880$ m/s	—	338	906	1 474	2 042
$v_1=200$ m/s	$v=300$ m/s	8 675	10 342	12 008	13 675	15 341
	$v=350$ m/s	7 114	8 543	9 971	11 400	12 828
	$v=880$ m/s	547	1 115	1 683	2 252	2 820

由图可以看出：在一定爆炸反应装甲干扰作用时间下，对于低速破甲弹和导弹，诱爆弹的分离时间只要控制在 10 ms 以内，诱爆弹分离速度在 100 m/s 左右，便能满足要求。对于高速破甲弹，诱爆弹的分离时间需要控制在 1 ms 以内，诱爆弹分离速度达到 100 m/s 以上，便能满足战技战术要求。

若爆炸反应装甲干扰作用时间为 500 μs，对于某型坦克炮用破甲弹，其分离距离必须大于 5 m；分离时间要小于 1 ms，且诱爆弹速度大于 120 m/s。在分离时间为 1 ms，爆炸反应装甲场作用时间为 0.50 ms 时，不同着速条件下的分离距离与诱爆弹速度间关系曲线如图 7.30 所示。

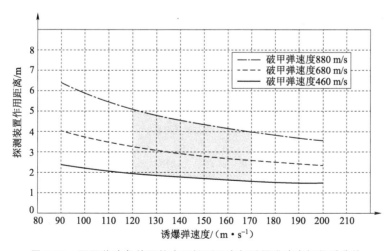

图 7.30 不同着速条件下的定距探测距离与诱爆弹速度间关系曲线

因此，爆炸反应装甲作用场参数、诱爆弹药分离时间、诱爆弹飞行速度与破甲弹速度、最小分离距离是设计新型破甲弹的关键参数。

7.6.2 新型破甲弹对抗主动防护起爆控制策略

新型破甲弹对抗主动防护系统作用原理为：当分离式破甲弹发射时，作用在破甲弹上的惯性力将子弹中的探测系统电源激活，并开始给探测系统控制模块各部分充电，破甲弹出炮口后，在尾翼作用下稳定飞行，当破甲弹飞行至距目标一定距离时，定距探测敏感接收器接收指令给干扰弹分离机构，并点燃发射装药，干扰弹将在燃气压力作用下与主战斗部分离，干扰弹安保机构解除保险，且以相对主战斗部 160～200 m/s 的速度飞向装甲目标。干扰弹距离目标一定距离时起爆，对目标主动防护系统雷达探测装置进行干扰。主战斗部碰击装甲目标后，主战斗部引信瞬时动作，爆炸形成射流，完成破甲功能，如图 7.31 所示。

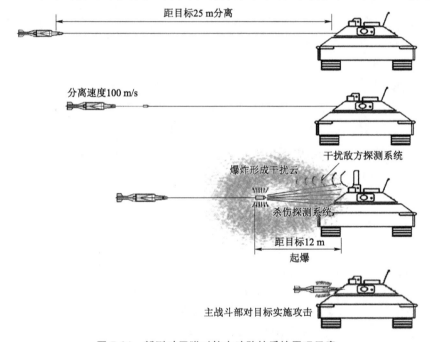

图 7.31 新型破甲弹对抗主动防护系统原理示意

目前已知的"硬杀伤"主动防护系统按照拦截点距离的远近可分为两类：远距离拦截系统和近距离拦截系统，分类依据及相关参数如表 7.6 所示。

表 7.6 主动防护系统拦截距离分类

项目	远距离拦截系统	近距离拦截系统
拦截距离/m	10～30	1.3～3.9
反应时间/ms	200～400	0.56～70

项目	远距离拦截系统	近距离拦截系统
拦截方式	杀伤榴弹（发射至拦截点）	聚能效应器（固定于车身）
代表型号	战利品（以色列）	竞技场（俄罗斯）

针对这两类系统，以某口径反坦克弹药为例，分别有两种分离体制来实现对抗：

（1）针对远距离拦截系统

某种威胁的最短摧毁距离（即最远分离距离）可以按照式（7.10）计算：

$$D_{max} = (SRT \times V) + IP \tag{7.11}$$

式中，SRT 为主动防护系统反应时间；V 为弹药的飞行速度；IP 为拦截点与目标之间的距离。取 $SRT = 200$ ms，$V = 800$ m/s，$IP = 30$ m，可得 $D_{max} = 190$ m，即可认为在最远分离距离 190 m 以内分离，主动防护系统已没有足够的时间对突然出现的第二个威胁目标（即主战斗部）做出反应，因此也无法摧毁该威胁。

分离距离还需考虑诱饵弹被拦截时与母弹间的距离，使母弹避开破片或爆炸区，避免被拦截弹摧毁，则最小分离距离可以按照式（7.12）计算：

$$D_{min} = \frac{V_1}{V_1 - V_2}L + IP \tag{7.12}$$

式中，V_1 为子弹速度，V_2 为母弹速度，L 为子弹到达拦截点时与母弹的距离（拦截弹破片区范围），取 $V_1 = 950$ m/s，$V_2 = 800$ m/s，$L = 1.5$ m，$IP = 30$ m，可得 $D_{min} = 39.5$ m。

通过以上分析可知，针对远距离拦截系统的分离距离范围为距目标 37.5～190 m，考虑到过远分离会对弹道造成很大影响，且该类主动防护系统探测距离可达到 50～150 m，再综合定距误差等因素，可得到针对远距离拦截系统的分离点距目标 40～50 m 较为合适。

（2）针对近距离拦截系统

近距离拦截系统拦截距离一般较近（1～4 m），反应速度极快。设 $SRT = 1$ ms，$V = 800$ m/s，$IP = 4$ m，由最远分离距离公式可得 $D_{max} = 4.8$ m，显然在该距离内分离对定距精度要求极高且安全距离无法保证。采用分离方案对抗近距离拦截系统需考虑其目标探测体制：远距离主要使用雷达进行跟踪，近距离主要使用光电传感器进行跟踪。基于以上原因，不能采用诱饵弹诱骗的方式，而应利用子弹在合适的近距离区域破坏其主动防护系统（杀伤）或使敌方雷达和光电传感器致盲（干扰）。

1）设计应采用 50 mm 以上口径，才易被敌方雷达识别，且同样具有诱饵功能。

2）子弹作用方式为箔条干扰软杀伤或预制破片硬杀伤或两者复合作用。若采用预制破片硬杀伤方式，设计应考虑预制破片杀伤距离与破片飞散速度，使得杀伤区域可基本覆盖主动防护系统的关键模块；若采用箔条干扰软杀伤方式，设计应考虑箔条干扰区域直径与形成干扰时间。某型破甲弹采用箔条干扰软杀伤与预制破片硬杀伤复合作用方式，其子弹起爆点应距目标 12 m 为宜。

3）当干扰子弹飞行至起爆点时，主战斗部应与其保持一定安全距离，某型破甲弹设计要求两者安全距离为 2 m，根据分离相对速度（100 m/s）及子弹炸点（12 m）可知，分离点距目标应为约 25 m。

|7.7 反坦克破甲弹灵巧引信设计实例|

7.7.1 破甲弹总体方案

针对某反坦克破甲弹发射环境特点和使用条件，总体技术方案主要采用诱爆弹与主战斗部适时定距分离技术。其具体作用原理为：新型破甲弹发射根据弹中激光定距装置在距目标适当的距离处快速分离机构作用，前置诱爆弹抛出，稳定飞向装甲目标，击爆反应装甲，待反应装甲作用场消失后，后级主战斗部碰击目标起爆，形成的射流在无干扰的情况下对主装甲进行高效毁伤，如图 7.32 所示。

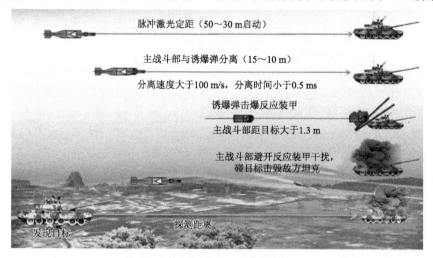

图 7.32 新型破甲弹作用原理示意

某新型破甲弹结构如图 7.33 所示，由诱爆弹、定距探测装置、主战斗部、主战斗部引信、装定线和尾翼组成。设计中将破甲弹主战斗部“瓶颈”式风帽作为本体，将“瓶颈”式风帽分为前后两部分，前部设置诱爆弹，后部设置引信探测模块；前后两部分通过螺纹导向筒固接在一起，诱爆弹与后部之间构成独立的发射高压室，密封火药气体。

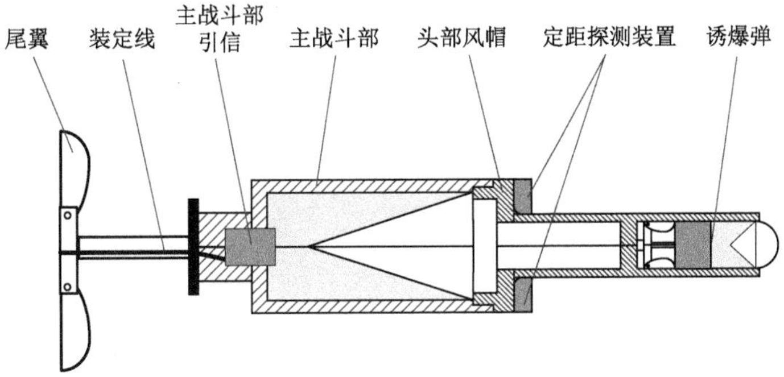

图 7.33　破甲弹灵巧引信探测系统及样机装配

7.7.2　灵巧引信主控系统功能设计

某型破甲弹灵巧引信主控系统的功能（图 7.34）主要包括：

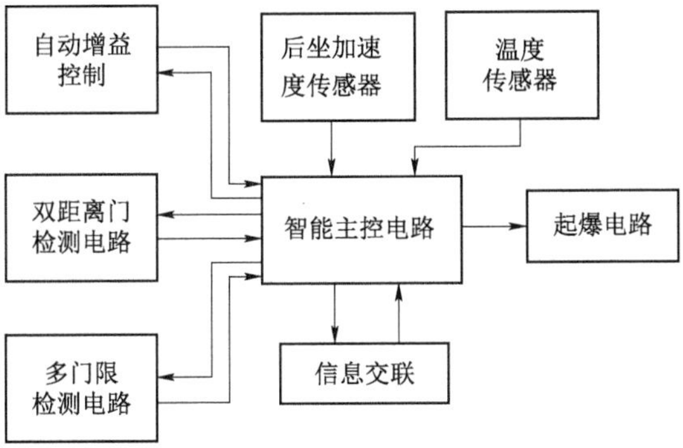

图 7.34　灵巧引信主控系统功能

1）接收信号的自动增益控制，配合 DAC（对应电压自动增益控制视频放大器）或数字电位器（对应电阻控制增益视频放大器）实现增益调节。

2）设置计数功能的第二门限或更多的门限，完成双门限或多门限检测功能。

3）采用双距离门技术，自动分辨出目标回波信号和干扰信号。

4）在门限以外的时间对接收机噪声电平进行监测，并改变阈值噪声比，实现恒虚警检测。

5）设置后坐加速度传感器，发射时为安全系统提供解保信号。

6）设置温度传感器和相应的温度补偿电路，减小对温度的敏感度。

7）设置信息交联通信接口，用以接收目标信息与状态反馈。

7.7.3 高重复频率、窄脉宽激光脉冲驱动模块

目标的识别能力、定距精度、抗干扰和系统功耗等，都取决于半导体激光器发射的激光脉冲质量，因此半导体激光器的电驱动信号的质量对于整个系统至关重要。而半导体激光器发射的光脉冲是由激光驱动电路产生的电脉冲直接调制得到的，即激光脉冲质量好坏的决定因素在于激光驱动电路。因此，激光脉冲驱动电路的设计是激光探测和目标识别中的一项极其关键的技术，尤其对于破甲弹激光定距引信技术。

图 7.35 给出了脉冲半导体激光器驱动电路的一般形式和相应的等效电路。其中，L 为寄生电感（由于电路中有放电电容、开关元件、激光器，所以放电回路内部有寄生电感）；C 为储能电容；R 为电路的总电阻，包括激光器等效电阻、开关元件电阻和电路串联电阻。为了减小体积储能元件，一般选为电容，放电开关元件考虑到放电的速度，一般可选用可控硅、晶体管、功率 MOSFET 管、雪崩晶体管等，某型破甲弹灵巧引信采用晶体管来驱动功率 MOSFET 管作为开关元件。

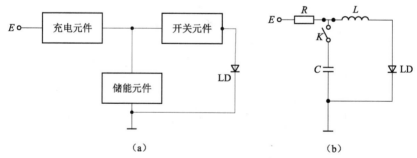

（a）   （b）

图 7.35 脉冲半导体激光器驱动电路的一般形式和相应的等效电路
（a）脉冲半导体激光器驱动电路的一般形式；（b）图（a）对应的等效电路

在实际的驱动电路中，为了得到更优的激光脉冲，按照设计需求最佳参数，调试好激光发射模块的发射频率为 30 kHz，来测试实际电路的驱动信号。通过多次分析激光驱动电路的充电回路和放电回路动态特性，并详细地计算和多次地测量充放电时间，对激光驱动电路进行了仿真与设计修正，从而得到了性能优良的脉冲激光驱动电路。图 7.36 所示为激光驱动模块，图 7.37 所示为修正

后驱动电路的脉冲测试信号，该脉冲信号的上升沿为 4 ns，脉冲宽度为 6 ns。

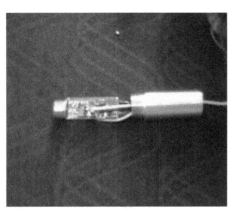

图 7.36　激光驱动模块

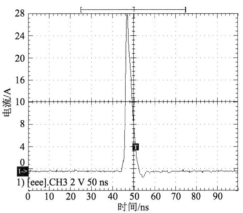

图 7.37　修正后驱动电路的脉冲测试信号

7.7.4　引信自动增益接收系统设计

　　光电探测接收系统是实现引信时空识别的核心功能模块之一。其主要作用是接收光学视场空间内的激光回波信号，通过光电变换，将发射端发出的光信号重新转换为电信号，并经过内部一系列的信号处理最终传递回主控系统。

　　根据破甲弹灵巧引信的应用特点，前置放大器和主放大器的设计对系统的定距精度有重要的影响。前置放大器要求高信噪比、大带宽、高增益，以及完成光电传感器和主放大器之间的电阻匹配问题等。主放大器在满足增益和带宽的条件下，要完成对信号回波幅值的控制，以便后级信号处理，提高系统的定距精度。

　　图 7.38 所示为脉冲式半导体激光器近程探测自动增益控制实现原理框图。在激光光学接收系统中，目标反射光经过光学接收系统后，光电传感器把光信号转变为电信号，低噪声前置放大器把光电传感器的微弱信号进行初级放大，然后信号经数字 AGC 放大器，再经过主放大器进行放大滤波输出，输出的一路信号经过控制电路，控制电路中的逻辑门根据滤波后信号与上下门限的比较

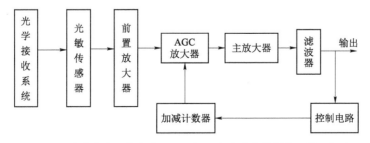

图 7.38　脉冲式半导体激光器近程探测自动增益控制实现原理框图

结果来控制加减计数器，计数器根据计数值的变化来控制 AGC 放大器的增益。电路的关键在于控制电路和计数器，因为脉冲式半导体激光器的脉冲宽度比较窄，要采集到信号的峰值电压比较困难，这需要正确选择采集峰值电压的电容和电阻。设计的激光接收模块定距回波信号分别如图 7.39、图 7.40 所示。

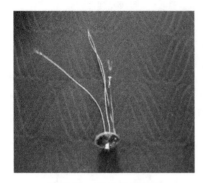

图 7.39　激光接收模块

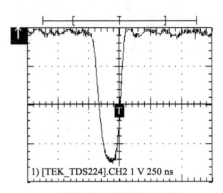

图 7.40　定距回波信号

7.7.5　激光定距系统抗环境干扰能力测试

　　脉冲激光定距系统对雨、雾和太阳光的抗干扰能力是系统重点考核的指标。按照破甲弹激光定距引信工作的具体环境，分别在大雨、大雾、大雪、强阳光和有烟尘的环境下试验其抗干扰能力。图 7.41（a）～（d）分别是激光定距引信抗雨雾、阳光、雪和烟尘的试验场景。从试验的结果分析可知，由于激光定距引信采用双距离门技术和双门限检测技术，灵巧引信激光定距系统对雨、雾、阳光、雪片和烟尘有很强的抗干扰能力。

（a）　　　　　　　　　　　　　　（b）

图 7.41　激光定距系统抗环境干扰能力测试
（a）激光定距引信抗雨雾干扰试验；（b）激光引信抗太阳光干扰试验

（c）　　　　　　　　　　　　　（d）

图 7.41　激光定距系统抗环境干扰能力测试（续）

（c）激光定距引信抗降雪干扰试验；（d）激光定距引信抗烟尘干扰试验

7.7.6　探测系统抗冲击试验

把加速度传感器安装到马希特重锤上，连接加速度传感器、信号放大器、示波器之间的信号传输线。装上激光收发系统模块进行马希特冲击试验并采集信号。先后进行加速度为 15 000 g、22 000 g、28 000 g、36 000 g、40 000 g、56 000 g 的冲击试验。图 7.42 所示是激光发射模块加速度为 40 000 g 的信号，图 7.43 所示是激光接收模块加速度为 56 000 g 的信号。用预先调试好的光敏管前置放大器测量冲击后的光敏管的性能。锤击后的激光收发系统可正常工作，光学透镜与滤光片完好，结论证实激光收发系统至少可以承受的加速度为 40 000 g。马希特试验如图 7.44 所示。

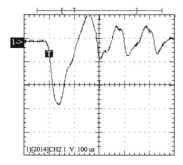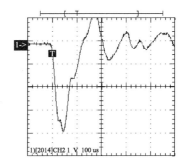

图 7.42　激光器 4 万 g 加速度信号　　　**图 7.43　接收模块 5.6 万 g 加速度信号**

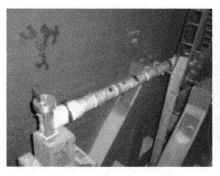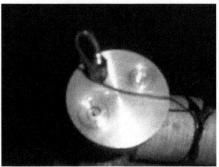

图 7.44　马希特抗冲击试验场景

7.7.7　动态试验

在激光探测系统静态测试正常的情况下，为验证某型破甲弹灵巧引信在实际使用环境中的系统工作状态与新型破甲弹突防能力进行了动态打靶试验，现场打靶环境如图 7.45 所示。

试验条件及器材：某型坦克炮一门，弹速约为 900 m/s；配有破甲弹用灵巧引信的某型破甲弹若干发；坦克主装甲靶板一块，反应装甲若干；高速摄像机一台。

试验方法：

1）将目标主装甲靶板放置于离炮口 150 m 处，靶板中央放置某型反应装甲一块。

2）在靶板处开始，向炮口方向树立标志杆，用来判断分离点及诱爆弹触靶时两弹间距。

3）高速摄像机置于弹道侧面，记录炮弹飞行状态、分离状态及触靶状态。

图 7.45　动态测试环境

反坦克弹药灵巧引信以某型破甲弹为平台，通过多次动态试验测试，可完整实现定距起爆、子弹快速分离、诱爆反应装甲、主战斗部随后毁伤主装甲的全部过程，各项参数基本达到战术指标要求，表明装备有反坦克弹药灵巧引信的新型破甲弹技术已初步具备对坦克新型防护系统的突防与毁伤能力（图 7.46 和图 7.47）。

图 7.46　动态测试高速摄像画面

 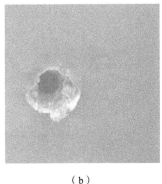

（a）　　　　　　　　　　　　　（b）

图 7.47　毁伤并穿透主装甲靶板

（a）主装甲板正面开孔；（b）主装甲板背面开孔

第 8 章

雷弹灵巧引信设计理论与应用

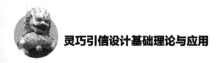

| 8.1 任务、约束、控制与信息交联分析 |

随着科技的发展，各种智能武器逐渐改变了战争的模式。目前第三代地雷正向智能化发展。智能化地雷就是使地雷引信具有主动识别目标能力，战斗部具有主动跟踪、攻击目标能力的新型地雷。通过引信智能化技术，使地雷"长翅膀""长眼睛""有耳朵""会判断"，可以在无人值守的情况下自动工作。

智能雷弹主要包括反坦克地雷和反直升机智能雷。反坦克地雷是因坦克的出现而产生，为了对付这种庞大的钢铁怪物，德军于 1918 年首次用炮弹改装成反坦克地雷以用于实战。随着科学技术的飞速发展，到 20 世纪 90 年代，反坦克地雷已在保证杀伤威力的前提下，从"守株待兔"式的单一防御性兵器发展成为可攻可守、可进可退的攻防兼备的兵器。它可以阻止和主动攻击敌方坦克部队行动，割裂敌方坦克队形和使敌方坦克集群瘫痪，是增大己方火力杀伤效果和稳定己方防御态势的有效作战兵器，它亦是牵制和拦截敌方机械化部队的一种有效手段。目前，尽管许多国家的坦克都积极采用了复合装甲、间隙装甲、披挂装甲，以及更新的爆炸反应装甲等特种装甲技术，以保持坦克的陆战之王的称号。甚至现代主战坦克的正面前装甲已具备抵抗空心装药破甲弹穿深 1 000 mm 厚均质钢装甲的能力。但是坦克的底甲、侧甲、顶甲，以及履带等仍是防御的薄弱部位。因此，现在开发的智能地雷仍是现代坦克的致命克星。反直升机智能雷弹是为了克制武装直升机反防空系统超低空飞行的特性而研制的，其概念是 1988 年由美国陆军军械研究发展和工程中心首先提出的。当时确定其使命为：阻止敌方直升机超低空飞行，迫使其进入正常的防空火力范围。如果利用发射平台或运载系统，可深入敌区，对机场进行封锁。另外，反直升机智能雷还能用来保护地面部队的侧翼，保护陆军战斗部队后方的固定或半固定机场、指挥所、武器库等，还可作为战场侦察系统的一部分使用。

由于目标物体的特殊性，如坦克目标所处战场环境的复杂性（地形复杂多变、多烟尘等），武装直升机具有受地形限制少、机动性能高、隐蔽性好的特性，常用于山地丛林地区作战，同时，智能雷群布撒的随机性、散布大等，也为智能雷弹所配备的灵巧引信的设计带来了巨大的挑战。

智能雷弹配备的灵巧引信是其大脑，通过发送和接收指令实现各个子系统的相互配合。运载布撒系统按照灵巧引信预定的指令将一定数目的智能雷投放到作战区，雷场综合控制系统通过灵巧引信接收大本营的指令并传达给需要进入战斗状态的智能雷弹。灵巧引信的探测和目标识别系统用于目标的捕捉、识别，一般要求主要传感器采用被动体制，以降低敌目标实施干扰和逃离雷场的机会。自毁机构是灵巧引信中用于智能雷服役期满后自动毁坏的装置。智能雷群中央控制系统通过灵巧引信融合各子系统或功能模块的信息，控制各系统的动作，进行战术组织和火控决策，并具体完成对目标运动进行滤波预测、解算命中方程、优化、向各子系统发送控制命令、控制各子系统的动作、接受处理各子系统发出的各种信号消息。

8.2　智能雷群网络化信息交联基础理论

通信模块的设计是智能雷弹构成雷群的基础，不管雷群采用什么样的网络拓扑结构，都需要雷间的通信。只有通信模块正常，才能进行雷群间的数据融合、预警等。

8.2.1　通信系统模型

通信是将消息从发信者传输给收信者，这种传输是利用通信系统实现的。通信的最终目的是有效和可靠地获取、传递和交换信息。信息可以有多种表现形式，如语音、文字、数据、图像等。传递或交换信息所需的一切技术设备

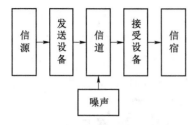

图 8.1 通信系统模型

的总和称为通信系统。通信系统的一般模型如图 8.1 所示。

信源是发出信息的源头，信宿是传输信息的归宿点，信源可以是离散的数字信源，也可以是连续的或离散的模拟信源。

发送设备的基本功能是将信源和传输媒介匹配起来，即将信源产生的消息信号变换为便于传送的信号形式，送往传输媒介。变换方式是多种多样的，在需要频谱搬移的场合，调制是最常见的变换方式；发送设备还需满足某些特殊要求，如多路复用、保密处理、纠错编码处理等。

信道是指传输信号的通道，从发送设备到接收设备之间信号传递所经过的媒介。信源与信宿在物理上往往是分开的，信道提供了信源与信宿之间在电气上的联系，可以是无线的，也可以是有线的，有线和无线均有多种传输媒介。信道既给信号以通路，也要对信号产生各种干扰和噪声，传输媒介的固有特性和干扰直接关系到通信的质量。

接收设备的基本功能是完成发送设备的反变换，即进行解调、译码、解码等。它的任务是从带有干扰的信号中正确恢复出原始消息，对于多路复用信号，还包括解除多路复用，实现正确分路。

上述是单向通信系统，但在多数场合下，信源兼为信宿，通信双方需要随时交流信息，因而要求双向通信，这时，通信双方都要有发送设备和接收设备，如果两个方向有各自的传输媒介，则双方都可独立进行发送和接收。但若共用一个传输媒介，则用频率或时间分割办法来共享。此外，通信系统除完成信息传递之外，还必须进行信息交换。传输系统和交换系统共同组成一个完整的通信系统，乃至通信网络。

通信的分类方法很多，按照信道中所传输的是模拟信号还是数字信号，可以相应地把通信系统分成两类，即模拟通信系统和数字通信系统。利用模拟信号作为载体而传递信息的方式称为模拟通信；利用数字信号作为载体而传递信息的方式称为数字通信。任何信息既可以用模拟方式进行传输，也可以用数字方式传输。

8.2.1.1　数字通信系统模型

数字通信系统是利用数字信号传递信息的通信系统。图 8.2 给出了数字通信系统原理结构模型，它是将通信模型中的发送设备和接收设备细化为数字通信涉及的关键技术步骤，主要包括：信源编码、加密、信道编码、调制、信道、多路复用、数字信息交换、同步技术等。

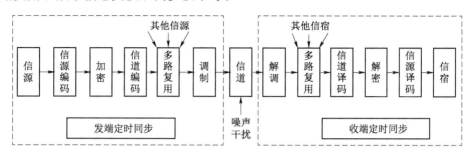

图 8.2　数字通信系统模型

信号数字化是数字通信技术基础，如果信源为模拟信号，则首先要对信号进行量化，将模拟信号转化为数字信号，即通常所说的模/数转换。信源编码是为提高信号有效性，以及尽量减少原信息的多余度（数据压缩）；信源解码是信源编码的逆过程。编码比特数在通信中直接影响传输所占带宽，而传输所占带宽又直接反应通信的经济性。

信号加密和解密是为保证数字信号与所传信息的安全。数字信号比模拟信号易于加密，且效果也好。在要求保密通信的系统中，可在信源编码与信道编码之间加入加密器，同时在接收端加入解密器。加密器可以产生密码，人为地将输入明文数字序列进行扰乱。

信道编码的目的是提高通信抗干扰能力，尽可能地控制差错，实现可靠通信。数字信号在信道传输时，由于噪声、衰落以及人为干扰等，将会引起差错。信道编码的一类基本方法是波形编码，或称为信号设计，它把原来的波形变换成新的较好波形，以改善其检测性能；另一类基本方法可获得与波形编码相似的差错概率，但所需带宽较小，为尽量把差错纠正过来，根据信道特性，对传输的原始信息按一定编码规则进行编码，达到对数字信息的保护作用，从而提高数字通信可靠性。在接收端按一定规则进行解码，看其编码规则是否遭到破坏，从解码过程中发现错误或纠正错误，这种技术称为"差错控制编码技术"。

调制器的任务是把各种数字信息脉冲转换成适于信道传输的调制信号波形。这些波形要根据信道特点来选择；解调器的任务是将收到的信号转换成原始数字信息脉冲。数字调制技术可分为幅度键控（Amplitude Shift Keying，ASK）、频移键控（Frequency Shift Keying，FSK）、相移键控（Phase Shift Keying，PSK），以及它们的各种组合。对这些调制信号，在接收端可以进行相干解调或非相干解调，前者需要知道载波的相位才能检测，后者则不需要。对高斯噪声下信号的检测，一般用相关接收机或抽样匹配滤波器。各种不同的调制方式具有不同的检测性能。表示各种调制方式性能的指标为比特差错概率 P_b，它是比特能量 E_b 与噪声功率谱密度 N_0 之比（E_b/N_0）的函数。

在一个多用户系统中，为充分利用通信资源和增加总的数据通信量，可以采用多路技术，满足多用户要求固定分配或慢变化地分享通信资源，采用多址技术以满足远程或动态变化地共享通信资源。基本的方法有频分、时分、码分、空分和极化波分，其共同点在于各用户信号间互不干扰，在接收端易于区分，它们都是利用信号间互不重叠，在频域、时域、空域中的正交性或准正交性等特征。其中频分复用（PDM）、频分多址（FDMA）、时分复用（TDM）、时分多址（TDMA）是经典的，码分多址（CDMA）则是利用在时域、频域及其二者的组合编码的准正交性，空分和极化波分别是在不同空域中频率的重用和在同一空域中不同极化波的重用。

同步系统是数字通信系统的重要组成部分，也是区别于模拟通信系统的特点之一。同步是数字通信系统中收、发双方严格共同的时间标准，如果收、发之间失去同步的话，整个系统就不能正常工作，必须把同步捕捉回来，才能正常工作。

8.2.1.2　数字通信的主要特点

数字通信相对模拟通信具有如下优点：

（1）抗干扰能力强，无噪声积累，保证较高的通信质量

数字信号是取有限几个离散幅度值的信号，在信道中传输时，可以在间隔适当的距离处采用中继再生的办法消除噪声的积累，还原信号，使得数字传输质量几乎与传输距离和网络布局无关，在多跨距线路中多段连接，信号再生和信号处理不会降低数字通信的质量。然而模拟信号在传输过程中的噪声则不易消除，噪声是积累的。此外，数字信号传输中的差错可以设法通过差错控制编码技术加以控制，从而进一步改善传输质量，提高通信可靠性。

（2）便于加密处理，且保密强度高

为保证数字信号与所传信息的安全，一般应采取加密措施。数字信号比模拟信号易于加密，且效果也好，这是数字通信突出的优点之一。模拟加密技术由于多方面条件限制很难做到高保密强度，相应数字信号加密算法允许设计复杂一些，保密强度受通信环境制约小，易于实现高保密强度。

（3）数字信号便于计算机直接处理，形成智能网

用现代计算机技术对数字信息进行处理，使得复杂技术问题能以极低代价实现，形成智能网；采用开放式结构和标准接口，增加和改变业务时，只需在

相应的计算机和数据库中改变输入和相关参数即可。

（4）高度的灵活性和通用性

数字传输线路对各种各样的信息都具有很好的透明性，从而使数字通信系统变得灵活通用。由于可将各种信息以数字脉冲的同一形式来处理，容易实现设备共享，在单一通信网上可提供多种服务项目。根据某种规定，使设备容易识别和处理所有的信号和信息，而且可在时间轴上实现时分复用，在某个瞬间处理特定的通信信息。

（5）设备便于集成化、微型化

数字通信设备中大部分电路为数字电路，可用大规模和超大规模集成电路实现，这样功耗较低，设备容易微型化。

由于数字通信的一系列优点，人们熟悉的短波通信、微波通信，以及迅速发展的移动通信、卫星通信、光纤通信等都向数字化方向发展，并随着微电子技术和计算机技术迅速发展和广泛应用，数字通信将在今后通信方式中取代模拟通信而占统治地位。

8.2.2　数字通信的基本方法

8.2.2.1　数字基带信号形成

在数字通信中，信息是以二进制或多进制的脉冲序列传输，而脉冲序列往往包含很低的频率分量，甚至直流分量，故把脉冲序列所占用的频带称作基本频带，简称基带。具有基本频带的脉冲序列信号则称作数字基带信号。在各种通信系统中，一般都是从基带信号开始，最后仍要再恢复为基带信号。

数字信号在信道中传输需要一定的带宽，为经济利用频带资源，希望信号占用频带尽可能窄，这就和数字化后数码在信道中传输采用怎样的波形有关。

数字输入序列 $\cdots, a_{-2}, a_{-1}, a_0, a_1, a_2, \cdots$ 可用 a_i 表示，其中二进制码 a_i 为符号 1 或 0，在波形调制中 a_i 常用双极制 1 和 -1 表示，a_i 也可以用多进制码。在理论上把输入到数字通信系统的信号序列表示为：

$$s(t) = \sum_{k=-\infty}^{\infty} a_k \delta(t - kT) \qquad (8.1)$$

式中，$\delta(t - kT)$ 是位置在时间轴 $t = kT$ 时的 δ 函数，发送设备、信道、接收设备都作为线性网络，分别用传递函数 $H_t(\omega)$、$C(\omega)$ 和 $H_R(\omega)$ 表示，数字信号经过这些环节后成为信号 $r(t)$，经过取样判决后恢复成为数字序列 $\{a_k\}$。在理论分析上把数字信号 $\{a_k\}$ 转换成为 $r(t)$ 叫作数字波形形成，把发送、信道、接收综合成一个等效线性网络，称为形成滤波器，其传递函数为 $H(\omega)$：

$$H(\omega) = H_T(\omega)C(\omega)H_R(\omega) \qquad (8.2)$$

形成滤波器的冲击响应为：

$$h(t) = \frac{1}{2\pi}\int_{-\infty}^{\infty} H(\omega)e^{j\omega t}\mathrm{d}\omega \qquad (8.3)$$

因此，在取样判决前接收到的信号为

$$r(t) = \sum_k a_k h(t - kT) \qquad (8.4)$$

在理想情况下，波形形成滤波器具有理想低通滤波器特性，即

$$\begin{cases} H(\omega) = T, |\omega| \leqslant \pi/T \\ H(\omega) = 0, |\omega| > \pi/T \\ \varphi(\omega) = \omega t, |\omega| \leqslant \pi/T \\ \varphi(\omega) = 0, |\omega| > \pi/T \end{cases} \qquad (8.5)$$

$$T = \frac{1}{2\omega_N} = \frac{1}{2f_N} \qquad (8.6)$$

$$h(t) = 2f_N \frac{\sin 2\pi f_N t}{2\pi f_N t} \qquad (8.7)$$

式中，T 为码元间隔；f_N 为理想低通的截止频率；ω_N 为信号带宽，亦即理想低通滤波器带宽 f_N。

由此可知，按时间 $\pm kT$ 取样时，一个码元的波形，仅在这个码元时刻上有幅值 1，而在其他码元时刻，这个码元的波形刚过零点，也即：

$$h(kT) = \begin{cases} 1, & k = 0 \\ 0, & k = \pm 1, \pm 2, \cdots \end{cases} \qquad (8.8)$$

这说明利用这种波形传输，只要取样判决器在正确时候取样，前后码元波形虽然叠加在一起，但不会引起相互干扰，这通常被称为没有码间干扰。数字为多进制时，数字波形间隔为 T，波形速率为 $1/T$ Baud。对于二进制数码率即为 $1/T$（b/s）。因此，在信道每隔 T 时间传输一个数字波形，波形成形滤波器的最窄频带为 $f_N = 1/2T$。因为，如果频带比 f_N 低，则冲击响应 $h(t)$ 过零间隔大于 T，如以 T 间隔取样，必然会发生码间干扰；如果要求以 T 时间间隔取样不发生码间干扰，理想低通特性截止频率必须是 kf_N，当 $k = 1$ 时，带宽 $\omega_N = f_N$ 最低。

符合式（8.8）的关系时，则这种数字波形在按 T 间隔叠加时不会引起码间干扰，这种关系就符合奈奎斯特（Nyquist）第一准则，理想矩形频率滤波器形成的波形不但符合奈奎斯特第一准则而且可使信息传送速率达到最高极限。在

信道带宽为 $f_N = 1/2T$ 时，数码率达到 $R = 1/T$ ，也即每一赫兹频率带可以传送 2Baud 信息，这是数字通信速率在频带受限制下的极限， f_N 称为低通滤波器的奈奎斯特频率，而 $\omega_N = f_N$ 、 $R = 2f_N$ 以及 $T = 1/2\omega_N$ 分别称为奈奎斯特频带、速率和取样间隔。

对于二进制码每赫兹传送 2 b/s 是它的极限。另一种理想形成滤波器特性为具有余弦曲线形状的特性，形成滤波器传递函数为

$$\begin{cases} H(f) = 4T\cos\dfrac{\pi f}{2f_N} = \dfrac{2}{f_N}\cos\dfrac{\pi f}{2f_N}, 0 < f < f_N \\ H(\omega) = 0, f_N > f \end{cases} \quad (8.9)$$

对这种波形取样间隔为 $1/2f_N$ 时，只有在中间时间为 $\pm 1/4f_N$ 两点上取样值为 1，其余取样点为过零点。

$$\begin{cases} h(0) = \dfrac{4}{\pi} \\ h\left(\pm\dfrac{1}{4f_N}\right) = h\left(\pm\dfrac{T}{2}\right) = 1 \\ h\left(\dfrac{k}{4f_N}\right) = h\left(\dfrac{kT}{2}\right) = 0, \quad k = \pm 3, \pm 5, \cdots \end{cases} \quad (8.10)$$

凡是信号以速率为 $2f_N$ 传输，波形在正确取样时刻取样符合式（8.10）关系的，称为奈奎斯特第二准则，余弦形成滤波器符合奈奎斯特第二准则，并且如果以这种波形传送二进制码元，也可以达到每赫兹 2 b/s 的速率极限。不过，直接以这种波形来传送二进制码元序列，相邻码元会有干扰，通过预编码方法可以消除这种干扰。

以上讨论的是按照奈奎斯特准则设计数字波形，可以达到每赫兹 2Baud 的带宽利用率极限，但理想低通滤波器的特性不易做到，根据香农（Shannon）信息论，对于连续信道，如果信道带宽为 B ，并且受到加性高斯白噪声的干扰，则传送二进制数字信号时信道的容量为

$$C = B\log_2(1 + S/N) \ (\text{b/s}) \quad (8.11)$$

式中， C 为信道容量； N 为白噪声的平均功率； S 为信号的平均功率； S/N 为信噪比。

信道容量 C 是指信道可能传输的最大信息速率。香农证明，只要数字通信速率 $R \leqslant C$ ，就总存在一种编码方式，能够实现无误码传输。反之，如果 $R > C$ ，则不可能实现无误码传输。

8.2.2.2　数字调制解调技术

数字传输系统分为基带传输系统和频带传输系统两大类。然而对于大多数长距离通信，并不能直接传送基带信号，而是用基带信号去控制载波波形的某个参数，使这些参数随基带信号的变化而变化，这个过程叫作"调制"。解调则是把已调信号恢复成调制信号（或基带信号）的过程，是"调制"的逆过程。在实际通信系统中，一般将调制器和解调器做成双向设备，称为调制解调器（Modulator and Demodulator），简称 Modem。

由于调制信号 3 个参量（幅度、频率和相位）都能携带信息，因此有相应的调幅、调频和调相 3 种基本调制形式。用载波幅度、频率、相位的变化来反映调制信号变化的调制分别叫幅度调制（简称调幅）、频率调制（简称调频）和相位调制（简称调相）。这里只对各种调制解调技术原理及特点做简要归纳。

（1）数字振幅调制

在数字振幅调制（ASK）方式下，载波信号的振幅随调制信号变化而变化。常见的有二进制振幅键控调制（2ASK）、多进制振幅调制、双边带抑制载波调制（DSBSC）、单边带调制（SSB）、残留边带调制（VSB）以及正交双边带幅度调制（QAM）。

虽然数字振幅调制在抗信道噪声能力上要比数字频率调制和数字相位调制差些，但其占用的载波频带较窄，电路构成简单，随着电路技术、滤波器技术以及均衡技术等的不断提高，会在高速数据传输系统中获得普遍应用。

（2）数字频率调制

数字频率调制技术是利用载波的频率变化来传递数字信息的一种非线性的调制方法。主要有多进制频移键控（MFSK）、连续相位二进制频移键控（CP－2FSK）、最小频移键控（MSK）、高斯最小频移键控（GMSK）、软化调频（TFM）等，与振幅调制相比有良好的功率利用率、抗码间串扰、带外辐射功率小等优点。

由于数字调频信号容易产生，系统设备相对简单，而且抗干扰能力优于振幅调制，因此在中、低速的数字通信系统中应用广泛；其缺点是占用较宽的频带。

（3）数字相位调制

数字相位调制是利用载波相位变化来传递数字信息的非线性调制方式。由于表征信息的载波相位变化只有有限个离散取值，所以数字相位调制又叫相移键控（PSK）。相移键控可分为绝对移相的相移键控（PSK）和相对移相的相移键控（DPSK）。所谓绝对移相，是指利用载波不同相位直接表示数据信息，即用未调载波相位作为基准的调相；而相对移相是利用载波的相对相位，既前后码元载波相位相对变化来表示信息。由于绝对移相在接收端解调时会产生信号相位模糊，造成信号判决二义性，影响解调效果，故在实际传输系统中数字相位调制信号几乎都是 DPSK 信号。

　　数字调相中，载波本身并不携带信息，二相调相信号中没有载波分量，所以信号能量的利用率较高，而它所需频带却和数字调幅相等，因而数字调相优于数字调幅。数字调相与数字调频相比，需要较小频带宽度，特别适宜于在有衰落和多径信道中传输。如果在传输过程中干扰扰动比脉冲持续的时间长，两个脉冲将同样受到影响，但保存了两信号相位差所含有的数字信息，因而数字调相在恒参数信道中比振幅键控、频移键控具有较高的抗干扰性能，且可更经济有效地利用频带，所以是比较优越的调制方式，在实际中尤其是在中高速的数据传输中得到广泛应用。

8.2.2.3　信源和信道的编码

　　编码可分为信源编码和信道编码两种。信源编码是一种信息压缩方法，即除去信息中冗余度，达到压缩数据率；信道编码是对信息增加一定冗余，即保护码，以达到可靠传输的目的。

　　（1）信源编码

　　在数字通信系统中，每秒传送的二进制符号个数称为数码率；每个信源符号所传送的平均信息量称为信源的熵。信源编码又称为数据压缩，目的是根据信源的统计特性对信源发出的信息进行编码，以减少信源信息的冗余度，提高信息传输的有效性，降低数码率。

　　根据香农（Shannon）信息论，信源的熵是信源无失真编码的极限，也就是说无论采用何种编码，其编码后的数码率不会小于该信息的熵，如果小于的话，那么这种编码必然是失真的。当允许失真时可以找到一种编码方法，在允许的某一失真处可以找到某一码率 R，当码率超过码率失真函数 $R(D)$ 时，收到编码信息后可以在小于或等于 D 的失真情况下恢复原信息。

　　信源编码有 3 种主要方法：概率匹配编码、变换编码和识别编码。

　　（2）信道编码

　　信道容量是信道能传输的最大信息率。基于香农的有噪信道编码定理为：若一个离散无记忆信道，信道容量为 C，只要信息率 $R < C$，就总可以找到一种编码方法，当编码的码长 n 足够长时，可以使译码错误概率 p_e 任意小。反之，当 $R > C$ 时，任何一种编码方法都会使 $p_e > 0$，且当 n 增加时，p_e 趋于 1。此定理说明，以任意低的错误概率通过有噪声信道传输信息是可能的。

信道编码也称为差错控制编码，是提高数字传输可靠性的一种编码方法。按功能可划分为：检错编码——只能发现错误；纠错编码——不仅可以发现错误，还能自动纠正。按编出的码组内部关系可分为：线性编码和非线性编码。按对信息码元处理方法的不同，可分为：分组码和卷积码。

数字传输系统中，差错控制方式主要有以下 3 种：

1）前向纠错（Forward Error-Correction，FEC）。在传输过程中，将发送的数字信号按一定的数学关系构成具有纠错能力的码组；当在传输中出现差错时，且错误的个数在码的纠错能力范围内，接收端根据编码规则进行解码，并能自动纠正错误。

2）自动请求重传（Automatic Repeat Request，ARQ）。发送端发出带有检错码的数字信号，接收端通过检错译码，检查收到的码组是否有错，但无须判断错在何处。如果发现有错，接收端反馈发送端，请求重发一次数据。

3）混合纠错（Hybrid Error-Correction，HEC）。这是上面两种方式的结合。发送端发出具有纠错能力的码组；接收端收到信号后，如果发现码组的差错个数在码的纠错能力之内，则自动进行纠错；如果差错个数太多，超过了码的纠错能力，但能被检测出来，则反馈发送端请求重发。

（3）常用检错码

1）奇偶校验码。奇偶校验码又称奇偶监督码，可分为奇校验码和偶校验码。它只有一个监督元，是一种最简单，也是数据通信中应用最多的一种检错码。

2）行列监督码。行列监督码也叫方阵校验码，这种码不仅可克服奇偶监督码不能发现偶数个差错的缺点，还可以纠正某些位置的错码。其原理与简单的奇偶监督码相似，不同点在于每个码元都要受到纵、横两个方向的监督。行列监督码实质上是运用矩阵变换，把突发差错变成独立差错加以处理。因为这种方法比较简单，所以被认为是抗突发差错很有效的手段。

3）等比码。等比码又称恒比码或等重码（非零码组中"1"码的个数称为重码）。等比码每个码组中，"0"和"1"个数之比都是恒定的。在检测等比码时，通过计算接收码组中"1"的数目，判定传输有无错误。这种码除了"1"错成"0"和"0"错成"1"成对出现的错误以外，还能发现其他所有形式的错误，因此检错能力很强。

4）正反码。正反码主要用于 10 单位电码差错控制传输设备，它具有纠正码组中一个差错的能力，也能检查码组内所有两个以下的差错和大部分两个以上的差错。

每个正反码的码组由 10 个码元组成，前面 5 位是普通 5 单元码，后 5 位是编码时加上去的监督码，其编码规则为：

① 当信息码组中"1"的个数为奇数时，监督码是信息码的重复。

② 当信息码组中"1"的个数为偶数时，监督码是信息码的反码。

（4）常用纠错编码

1）线性分组码。一个长为 n 的分组码，码字有两部分构成：信息码元（k 位）+ 监督码元（$n-k$ 位）。监督码元是根据一定规则由信息码元变换得到的，变换规则不同就构成不同的分组码。如果码字中的监督位为信息的线性组合——它们之间由一个线性方程联系，就称为线性分组码。

线性分组码是分组码中最重要的一类码，它是讨论各类编码的基础。虽然这类码的概念比较简单，但是非常重要的。特别是有关码的生成矩阵 $\boldsymbol{G}$ 和校验矩阵 $\boldsymbol{H}$ 的表示，以及它们之间的关系，而校验矩阵 $\boldsymbol{H}$ 与纠错能力之间的关系则更为重要。在这里，只讨论系统码编码解码的代数原理。因为系统码比其他形式的非系统码、缩短码更容易用代数理论解释和硬件实现，而且系统码具有更好的纠错性能。因此，在通信系统中普遍采用对数据信息进行系统码形式的编码。所谓系统码就是信息组以不变的形式在码组的任意 k 位（前面的 k 位 $C_{n-1}, C_{n-2}, \cdots, C_{n-k}$ 为信息位，后面的 $n-k=r$ 位 $C_{n-k-1}, C_{n-k-2}, \cdots, C_0$ 则为监督位）中出现的码组称为系统码，否则为非系统码。

（n, k, d）分组码的编码问题就是在 n 维线性空间 V_n 中，如何找出满足一定要求的，有 $2k$ 个矢量组成的 k 维线性子空间 $V_{n,k}$。或者说，在满足给定条件（码的最小距离 d 或者码率 R）下，如何从已知的 k 个信息码元求得 $n-k=r$ 个校验码元，这相当于建立一组线性方程组，已知 k 个系数，要求 $n-k=r$ 个未知数，使得到的码字恰好有所要求的最小距离 d。

取 $\boldsymbol{M} = [m_{n-1}, m_{n-2}, \cdots, m_{n-k}]$ 表示需要进行编码的信息；

$\boldsymbol{R} = [r_{n-k-1}, r_{n-k-2}, \cdots, r_0]$ 表示添加的冗余监督位；

$\boldsymbol{C} = [C_{n-1}, C_{n-2}, \cdots, C_0] = [m_{n-1}, m_{n-2}, \cdots, m_{n-k}, r_{n-k-1}, r_{n-k-2}, \cdots, r_0]$ 表示信息组矢量 $\boldsymbol{m}$ 经过线性编码后得到的码；

$\boldsymbol{G}, \boldsymbol{H}$ 分别为生成矩阵和校验矩阵，$\boldsymbol{E}_k$ 为 k 维单位矩阵；

（n, k, d）分组码的 $2k$ 个码字组成了一个 k 维子空间，因此这个 $2k$ 个码字完全可由 k 个独立矢量所组成的基底形成，其矩阵形式可以表示为：

$$\boldsymbol{G} = \begin{bmatrix} g_{1,n-1} & g_{1,n-2} & \cdots & g_{1,0} \\ g_{2,n-1} & g_{2,n-2} & \cdots & g_{2,0} \\ \vdots & \vdots & & \vdots \\ g_{k,n-1} & g_{k,n-2} & \cdots & g_{k,0} \end{bmatrix} \quad (8.12)$$

因为 (n,k,d) 码中的任何码字都是由该矩阵生成，所以可以用一个通用的公式来表示：

$$C = m \cdot G = [m_{n-1}, m_{n-2}, \cdots, m_{n-k}] \begin{bmatrix} g_{1,n-1} & g_{1,n-2} & \cdots & g_{1,0} \\ g_{2,n-1} & g_{2,n-2} & \cdots & g_{2,0} \\ \vdots & \vdots & & \vdots \\ g_{k,n-1} & g_{k,n-2} & \cdots & g_{k,0} \end{bmatrix} \quad (8.13)$$

对于系统码而言，其前 k 位都是信息码元，后 $n-k=r$ 为校验码元，所以其生成矩阵可以表示为：

$$G = \begin{bmatrix} 1 & 0 & \cdots & 0 & p_{1,n-k-1} & p_{1,n-k-2} & \cdots & p_{1,0} \\ 0 & 1 & \cdots & 0 & p_{2,n-k-1} & p_{2,n-k-2} & \cdots & p_{2,0} \\ \vdots & \vdots & & \vdots & \vdots & \vdots & & \vdots \\ 0 & 0 & \cdots & 1 & p_{k,n-k-1} & p_{k,n-k-2} & \cdots & p_{k,0} \end{bmatrix} = [E_k \quad P] \quad (8.14)$$

一般情况下，任何一个 (n,k,d) 的校验矩阵都可以表示为：

$$H = \begin{bmatrix} h_{1,n-1} & h_{1,n-2} & \cdots & h_{1,0} \\ h_{2,n-1} & h_{2,n-2} & \cdots & h_{2,0} \\ \vdots & \vdots & & \vdots \\ h_{n-k,n-1} & h_{n-k,n-2} & \cdots & h_{n-k,0} \end{bmatrix} \quad (8.15)$$

它是一个 $(n-k) \times n$ 阶矩阵。因此校验矩阵 H 可以很方便地建立码的线性方程：

$$\begin{bmatrix} h_{1,n-1} & h_{1,n-2} & \cdots & h_{1,0} \\ h_{2,n-1} & h_{2,n-2} & \cdots & h_{2,0} \\ \vdots & \vdots & & \vdots \\ h_{n-k,n-1} & h_{n-k,n-2} & \cdots & h_{n-k,0} \end{bmatrix} \begin{bmatrix} c_{n-1} \\ c_{n-2} \\ \vdots \\ c_0 \end{bmatrix} = 0 \quad 即 \quad H \cdot C^T = 0 \quad (8.16)$$

或者表示为：

$$[c_{n-1}, c_{n-2}, \cdots, c_0] \begin{bmatrix} h_{1,n-1} & h_{2,n-1} & \cdots & h_{n-k,n-1} \\ h_{1,n-2} & h_{2,n-2} & \cdots & h_{n-k,n-2} \\ \vdots & \vdots & & \vdots \\ h_{1,0} & h_{2,0} & \cdots & h_{n-k,0} \end{bmatrix} = 0 \quad 即 \quad C \cdot H^T = 0 \quad (8.17)$$

由生成矩阵和校验矩阵我们可以得到：

$$C \cdot H^T = m \cdot G \cdot H^T = 0 \quad 即 \quad G \cdot H^T = 0 \ 或 \ H \cdot G^T = 0 \quad (8.18)$$

因为 G 与 H 组成的空间互相正交，所以 H 可以表示为 $H = [P^T E_{n-k}]$。通常，生成矩阵用来实现数据信息的编码，而校验矩阵则用于译码纠错。

设发送的码字为 $\boldsymbol{C} = [C_{n-1}, C_{n-2}, \cdots, C_0]$，再通过有扰信道传输时，信道干扰产生的错误图样为 $\boldsymbol{E} = [e_{n-1}, e_{n-2}, \cdots, e_0]$，接收端译码器收到的有扰信号可以表示为：

$$R = C + e = [r_{n-1}, r_{n-2}, \cdots, r_0] \qquad (8.19)$$

译码器的工作就是从接收到的 $\boldsymbol{R}$ 中得到 $\boldsymbol{C}$，或者从 $\boldsymbol{R}$ 中解出错误图样 $\boldsymbol{E}$，并使译码错误概率最小。

由前一节我们知道，(n, k, d) 码的任一码字与校验矩阵的矢量积为零，则：

$$R \cdot H^{\mathrm{T}} = (C + e) \cdot H^{\mathrm{T}} = C \cdot H^{\mathrm{T}} + e \cdot H^{\mathrm{T}} = e \cdot H^{\mathrm{T}} = S \qquad (8.20)$$

式中，$\boldsymbol{S}$ 为伴随式。如果错误图样为 0，则伴随式也为 0。反之亦然。这说明，伴随式仅与错误图样有关，而与发送端的消息无关，即伴随式完全由 $\boldsymbol{E}$ 决定：

$$S = e \cdot H^{\mathrm{T}} = \begin{bmatrix} \cdots & e_{i1} & \cdots & e_{i2} & 0 \end{bmatrix} \begin{bmatrix} h_{n-1} \\ h_{n-2} \\ \vdots \\ h_0 \end{bmatrix} = e_{i1}h_{i1} + e_{i2}h_{i2} + \cdots + e_{it}h_{it} \qquad (8.21)$$

从式（8.20）可以看出，伴随式 $\boldsymbol{S}$ 是 $\boldsymbol{H}$ 矩阵中相应于 $e_{ij} \neq 0$ 的那几列的 $\boldsymbol{h}_{ij}$ 的线性组合。因此一个 (n, k, d) 的码要纠正 $\leqslant t$ 个错误，则要求 $\leqslant t$ 个错误的所有可能组合的错误图样都应该有对应的伴随式与之相对应，即不同的错误有不同的伴随式对应。

2）循环码。循环码是线性分组码。它可以用现代代数理论进行分析和构造，是计算机通信中常用的一种检错、纠错码。循环码除了具有一般线性分组码的特性外，还具有循环性。若 $\boldsymbol{C} = [C_1, C_2, \cdots, C_n]$ 是一个码字，那么它的循环移位 $\boldsymbol{C} = [C_2, \cdots, C_n, C_1]$ 同样也是一个码字。

循环码有两个显著特点：一是它既可以用线性方程确定，更适合用代数方法进行分析研究；二是它具有循环移位特性，所需的编码设备比较简单，容易实现。因此循环码在实际中得到了广泛的应用。

一个 (n, k) 循环码用多项式 $F(x)$ 表示为：

$$F(x) = x^{n-k}C(x) + R(x) \qquad (8.22)$$

式中，$R(x)$ 是监督码元多项式，最高幂次为 $n - k - 1$；$C(x)$ 是信息码元多项式，最高幂次为 $k - 1$。

监督码元 $R(x)$ 可由一个特定的多项式产生，这个特定的多项式必须是不可约的，记为 $G(x)$。如果输入信息序列以 $C(x)$ 表示，则监督序列 $R(x)$ 由多项式

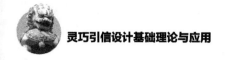

除法的余式确定，即：

$$\frac{X^{n-k}C(x)}{G(x)} = Q(x) + \frac{R(x)}{G(x)} \qquad （8.23）$$

式中，$Q(x)$ 的幂次与码组中信息元数相对应，$R(x)$ 的幂次与码组中监督码元数相对应。按模 2 运算的规则，加或减是相同的，故由式（8.23）得：

$$F(x) = x^{n-k}C(x) + R(x) = Q(x)G(x) \qquad （8.24）$$

$F(x) = Q(x)G(x)$ 就是经过除法运算后所编成的循环码的多项式表示。

根据式（8.24）的定义，可以用多项式的除法器来实现循环码的编码。编码器要完成的是：在给定 $G(x)$ 下，对输入序列进行除法运算，求其余式，以确定监督码元。一个循环码组 $F(x) = Q(x)G(x)$ 必须能被生成多项式 $G(x)$ 所整除。其逆命题亦真：能被 $G(x)$ 所整除的多项式必定对应有用码组集合中的一个元素。循环码的检错作用就是建立在这一基础之上。可见，循环码的编码和译码都要与 $G(x)$ 相对应的除法运算有关，可以用硬件或软件实现。

$G(x)$ 是生成多项式，也是生成循环码的条件，不同的 $G(x)$ 生成的循环码不同，当然 $G(x)$ 不是任意的。（n, k）循环码中的 $G(x)$ 是一个 $n-k$ 阶多项式，且是 $x^n + 1$ 的一个因子。

接收端解码有两个要求：检错和纠错。达到检错目的的解码原理很简单，由于任一码组多项式 $F(x)$ 都能被生成多项式 $G(x)$ 整除，所以在接收端可以将接收码组 $T(x)$ 用原来的生成多项式 $G(x)$ 去除，以余项是否为零判断码组中有无误码；但有错的接收码组也有可能被 $G(x)$ 整除，这时的错码就不能检出了，称为不可检错误。为了能纠错，要求每个可纠正的错误必须与一个特定 $T(x)$ 除 $G(x)$ 的余式有一一对应的关系；根据余式唯一地决定错误的位置，从而纠正错误。

3）BCH 码。BCH 码（Bose–Chaudhuri–Hocquenghem code）是自 1959 年发展起来的一种循环码，能够最有效地纠正多个错误，它的纠错能力很强，且构造简单，并有严格的代数结构，是研究较为详细、分析比较透彻、取得成果也较多的码类之一。

4）卷积码。卷积码是把信源输出的信息序列，以每 k_0 个（k_0 通常较小）码元分段，通过编码器输出长为 n_0（$n_0 \geq k_0$）一个码段。但是该码段的 $n_0 - k_0$ 个校验码元不仅与本段的信息码元有关，而且也与其前若干个子组的信息码元有关。整个编码过程一环扣一环、连锁地进行，故称为连环码；又因为其编码器的输出可以被看成输入信息数字序列与编码器的响应数的卷积，所以称为卷积码。

卷积码具有检错和纠错的能力，更适用于前向纠错。它充分利用各子码之间的相关性，其性能对于很多实际情况要优于分组码，至少不差于分组码。卷积码构成比较简单，但它的解码方法较复杂。

8.2.3　软件无线电自组网交联技术

软件无线电（Software Radio）的中心思想是：构造一个具有开放性、标准化、模块化的通用硬件平台，将各种功能，如工作频段、调制解调类型、数据格式、加密模式、通信协议等用软件来完成，并使宽带 A/D 和 D/A 转换器尽可能靠近天线，以研制出具有高度灵活性、开放性的新一代无线通信系统。可以说，这种电台是可用软件控制和再定义的电台。选用不同软件模块就可以实现不同的功能，而且软件可以升级更新，其硬件也可以像计算机一样不断地升级换代。由于软件无线电的各种功能是用软件实现的，如果要实现新的业务或调制方式只要增加一个新的软件模块即可。同时，由于它能形成各种调制波形和通信协议，故还可以与旧体制的各种电台通信，大大延长了电台的使用周期，也节约了开支。

软件无线电的主要特点可以归纳如下：

1）具有很强的灵活性：软件无线电可以通过增加软件模块，很容易增加新的功能；可以与其他任何电台进行通信；可以作为其他电台的射频中继；可以通过无线加载来改变软件模块或更新软件。为了减少开支，可以根据所需功能的强弱，选用适当的软件模块。

2）具有较强的开放性：软件无线电由于采用了标准化、模块化的结构，其硬件可以随着器件和技术的发展而更新或扩展，软件也可以随需要而不断升级。软件无线电不仅能和新体制电台通信，还能与旧体制电台兼容。这样，既延长了旧体制电台的使用寿命，也保证了软件无线电本身有很长的生命周期。

软件无线电这一新概念一经提出，就得到了全世界无线电领域的广泛关注。由于软件无线电所具有的灵活性、开放性等特点，其不仅在军、民无线通信中获得了应用，而且在其他领域，如电子战、雷达、信息化家电等领域得到推广，这将极大促进软件无线电技术及其相关产业的迅速发展。

8.2.3.1　软件无线电的基本结构

软件无线电采用标准的、高性能的开放式总线结构，以利于硬件模块的不断升级扩展。典型的软件无线电体系结构如图 8.3 所示。

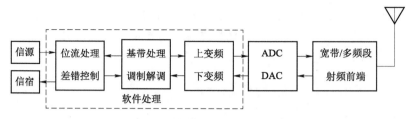

图 8.3　软件无线电体系结构

　　软件无线电主要包括天线、多频段射频变换器、含有 A/D 和 D/A 变换器的芯片以及片上通用处理器和存储器等部件，可以有效地实现无线电台功能及其所需的接口功能。其与传统结构的主要区别在于：第一，将 A/D 和 D/A 向 RF 端靠近，由基带到中频对整个系统频带进行采样。第二，用高速可编程硬件平台代替传统的专用数字电路与低速 DSP/CPU 做 A/D 后的一系列处理。A/D 和 D/A 移向 RF 端只为软件无线电的实现提供了必不可少的条件，而真正关键的步骤是采用通用的可编程能力强的器件（DSP 和 CPU 等）代替专用的数字电路，由此带来的一系列好处才是软件无线电的真正目的所在。典型的软件无线电台的工作模块主要包括实时信道处理、环境管理以及在线和离线的软件工具 3 部分。

8.2.3.2　软件无线电的关键技术

　　（1）宽带/多频段天线

　　这是软件无线电不可替代的硬件出入口，只能靠硬件本身来完成，不能用软件加载实现其全部功能。软件无线电对这部分的要求包括：

　　1）天线能覆盖所有的工作频段。目前还没有全频段天线，对于大多数系统只要覆盖不同频程的几个窗口，而不必覆盖全部频段，故可以采用组合式多频段天线的方案。

　　2）能用程序控制的方法对功能及参数进行设置。实现的技术包括：组合式多频段天线及智能化天线技术，模块化、通用化收发双工技术；多倍频程宽带低噪声放大器方案等。

　　（2）模数转换部分

　　软件无线电对 A/D 和 D/A 的要求是很高的。对它们的要求主要包括采样速率和采样精度。采样速率主要由信号带宽决定，因为软件无线电系统的接收信号带宽较宽，而采样速率要求至少大于信号带宽的 2 倍，因此采样速率较高；采样精度在 80 dB 的动态范围要求下不能低于 13 位。为此，一方面考虑用多个高速的采样保持电路和 ADC，然后通过并串转换将量化速度降低，以提高采样分辨率；另外，也可考虑研究适合于低分辨率、高采样率的 A/D 编码调制方案。

（3）数字下变频部分

数字下变频（DDC，Digital Down Convertor）是 A/D 变换后首先要完成的处理工作，包括数字下变频、滤波和二次采样，是系统中数字处理运算量最大的部分，也是最难完成的部分。一般认为，要进行较好的滤波等处理，需要每采样点 100 次操作。对于一个软件无线电系统来说，若系统带宽为 10 MHz，则采样率要大于 20 MHz。这样就需要 2 000 MIPS 的运算能力，这是现有的任何单个 DSP 很难胜任的，一般都将 DDC 这部分工作交给专用的可编程芯片完成。这样既能保留软件无线电的优点，又有较高的可靠性。

（4）高速信号处理部分

这部分主要完成基带处理、调制解调、比特流处理和编译码等工作。这部分工作用高速 DSP 完成，这是软件无线电的一个核心部件，但也是一个主要"瓶颈"。单路数字语音编译码、调制/解调能用单个 DSP 芯片实现。当单个 DSP 处理能力不足时，可采用多个 DSP 芯片的并行处理提高运算能力。

（5）信令处理

软件无线电用于实现多模互联时，需实现通用信令处理，因此有必要把现有的各种无线信令按软件无线电的要求划分成几个标准的层次，开发出标准的信令模块，研究通用信令框架。

|8.3　智能雷弹灵巧引信探测基础理论|

根据智能雷弹灵巧引信使用的不同传感器，其感知模型可分为全向感知模型和有向感知模型。全向感知模型往往采用被动传感器（如声、磁、震动等）来探测目标：目标地震动信号可采用浮动阈值、过零分析法和 FFT 来区分人员、轮式车辆和坦克等目标。但是地震动传感器很容易受到战场地形影响，如松软的土壤、水池等会大大降低其灵敏度。另外，对于地震动信号的处理需要用到 DSP 等处理芯片，且地震动传感器的价格比较昂贵，导致这种探测模式成本较高。磁探测的探测距离较小，难以实现较大范围的监控。被动声探测不受地形的遮挡，利用目标自身的噪声进行探测和识别，抗电磁干扰能力强，虽然容易受到风、雨等环境的影响，但依旧能够可靠地预警远距离的目标，所以在智能雷上多采用被动声探测作为预警手段。这些被动传感器具有隐蔽性好、受环境干扰小的特点,所以被广泛运用。然而,其感知范围以节点为中心、以感知距离为半径的圆形区域,只能做出目标是否在感知范围的决策,无法分辨出目标的距离和方位,不能满足弹药精确打击目标的方位要求。而利用阵列的探测技术虽然能够对目标进行定位,但由于阵列体积通常较大,很难应用到能够大规模抛撒、体积受限的区域封锁子弹药中。

主动探测技术由于波束较小、能够较为精确地探测到目标距离和方位而逐渐成为研究的热点。表 8.1 列出了主要的几种近程主动探测技术,并分析了它们的优缺点。

表 8.1 近程主动探测技术性能比较

指标	超声波	红外线	摄像	毫米波	激光
最大探测距离/m	10	10	>100	>150	>150
精度	一般	一般	差	高	高
响应时间/ms	15	1 000	取决于处理时间	1	10
探头磨损污染等因素影响	几乎没有影响	不大	大	较小	很大
成本/元	≈20	≈80	>1 000	>1 500	≈500
环境适应性	好	差	较差	较好	差
抗电磁干扰能力	好	好	好	好	好

然而上述的主动探测技术功耗较大,难以满足能源受限的区域封锁子弹药,因此将被动探测技术作为预警信号。智能雷普遍采用被动预警+近程探测的模式,预警一般采用声或地震动的探测方式,而近程探测常采用声、磁、红外、激光或毫米波的作用方式;在攻击时作为发射架,以动能弹或末敏弹作为最终的打击手段。如:意大利 SB – MV1 反坦克智能雷采用震动+磁复合探测模式,英法联合研制的"阿帕杰克斯"反坦克智能雷采用震动+红外的复合探测模式,美国的 XM93 反坦克智能雷采用了声+震动+红外复合探测模式,而英法德联合研制的"阿吉斯"反直升机智能雷采用声+红外的复合探测模式。

智能雷探测原理如图 8.4 所示。

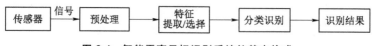

图 8.4 智能雷声目标识别系统的基本构成

传感探测器完成目标信号的接收任务,将目标信号转变为电信号,以便于后续信号处理。

信号预处理包括硬件和软件的信息预处理，主要是针对采集到的信号进行数字滤波、去噪等，提高信号的信噪比，以便更准确地进行目标识别。

特征提取是智能雷引信探测目标识别系统中最重要的一环，也是目标识别的关键技术。其主要任务是从信号中提取出最能代表或区分目标类型的固有的、本质的特征，进行量测并将结果数字化或将信号分解并符号化，形成特征矢量或符号串、关系图，从而产生代表目标的模式。特征可分为时域特征和频域特征，由于频域信息更能反映目标特性，因此在信号处理中，通常将采集到的时域波形信号变换为频域中的等效形式，再利用频谱识别目标。

8.3.1 被动探测技术

8.3.1.1 被动声探测

声音在空气中传播时，介质受到压缩和膨胀，介质的运动变化方向和波的传播方向相同，因此声波在空气中是一种纵波。在理想介质情况下，声波方程可通过连续性方程、运动方程和状态方程推导得出：

$$\frac{\partial^2 p}{\partial t^2} - c^2 \nabla^2 p = 0 \qquad (8.25)$$

式中，p 为压强，c 为声速，$c^2 = \mathrm{d}p / \mathrm{d}\rho$，$\nabla^2$ 为拉普拉斯算子。在声学中，普遍使用对数标度来度量声压和声强，称为声压级和声强级，声压级 SPL 可表示为：

$$\mathrm{SPL} = 20\lg \frac{P_e}{P_{\mathrm{ref}}} \quad (\mathrm{dB}) \qquad (8.26)$$

式中，P_{ref} 为参考声压，一般取正常人耳对 1 kHz 声音的可听阈值声压，数值为 2×10^{-5} Pa。声音传播容易受到气象条件（雨、雾、雪、风、温度）的影响，其中雨、雾等情况对声音传播影响很小，约每 1 000 m 附加吸收 0.5 dB，可忽略不计。但是风和空气温度对声音传播的影响较大。空气温度越低，声音传播速度越小。低速风（风速 > 30 m/s）对声压级的影响很小，当风速大于 100 m/s 时，声压级有 ±3 dB 的变化量。声学波动方程只是反映了理想介质中声波传播的共同规律，至于具体的声传播特性还必须结合具体声源和边界条件来确定。

坦克或直升机目标的行驶噪声主要由机械噪声和空气动力噪声两部分组成。机械噪声来源于机械部件之间的交变力。这些力的传递和作用一般分为 3

类，即撞击力、周期性作用力和摩擦力。在实际机械部件之间往往同时具有三种力的共同作用。空气动力噪声是气体的流动或物体在气体中运动引起空气的振动而产生的，其主要部分是排气噪声。在这两部分噪声中，空气动力噪声一般高于机械噪声。另外，坦克行驶时所产生的噪声特性和它的行驶情况有密切关系，在起动、加速、减速时，最突出的是排气噪声；当在平坦的道路上以常速行驶时，主要声源是排气噪声和发动机噪声；当行驶速度较高或距离探测点较近时，履带噪声将变得突出。坦克噪声呈低频特性，高次谐波呈中频特性，涡流声、燃烧爆破声和车辆机械噪声产生的是高频噪声。一般中型坦克声场最大值频率集中在 60～160 Hz，呈现低频特性。可以看出，该频率范围主要来自坦克排气噪声。

声音传感器是将声场的压力转化成电压信号，即将声能转化为电能的一种换能器。被动声探测就是通过声音传感器采集装甲车辆目标发出的噪声，并对信号处理后以确定目标的位置或类型的过程。被动声探测的主要问题可分为两类：第一类是对目标的识别问题，通过对信号特征值的提取和分类算法区分出不同的目标，声源目标识别已有较多的研究；第二类是声源目标定位问题，由于被动声探测无方向性，必须通过多个传感器联合感知目标声源，才能得出声源位置。声源定位最主要的输入测量值就是声音信号强度。

在实际情况下，受到噪声、气温、声音反射，以及测量设备的精度等方面的影响，声音能量衰减模型公式可由式（8.26）表示：

$$I_i(t) = g_i \frac{S(t)}{d_i^{\alpha}} + \varepsilon_i(t) \tag{8.27}$$

式中，$I_i(t)$ 是节点 i 在时间 t 的测量声音能量值，$S(t)$ 是距声源单位距离处得到的能量值，d_i 是节点 i 与声源之间的距离，g_i 为节点 i 的校正因子，取值为 1，α 为声音衰减系数，$\varepsilon_i(t)$ 是模型误差和观测误差之和。

在实际测量中，某时刻采集到的瞬间声压值对于计算意义不大，通常对采集到的信号进行分帧处理，设置的相邻两帧之间有重合部分，其目的是让声音能够平稳过渡。设采集到的数据长为 N，采集频率为 f，每帧长为 wlen，前后两帧的步长为 inc，两帧的重叠部分为 overlap = wlen − inc。则采集到的 N 数据被分为：

$$f_{\text{wlen inc}} f_n = (N - \text{overlap}) / \text{inc} = (N - \text{wlen}) / \text{inc} + 1 \tag{8.28}$$

则第 i 帧的声音信号 y_i 短时能量为：

$$E(i) = \sum_{n=0}^{\text{wlen}-1} y_i^2(n) , \quad 1 \leqslant i \leqslant f_n \tag{8.29}$$

当目标由远及近地靠近节点时，采集到的有用信号幅值由小变大，而一旦目标远离，则对应的信号幅值都将下降。图 8.5（a）所示为车辆以 40 km/h 的速度从节点旁边 3 m 处经过时的声信号，图 8.5（b）所示为通过上述算法得到的声音处理信号。由图 8.5（b）可以清楚地看出车辆靠近和远离的运动趋势。

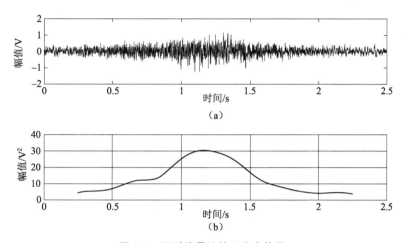

图 8.5 短时能量法处理声音信号
（a）目标通过时的声音信号；（b）声音处理信号

8.3.1.2 地震动探测

当人员、车辆等地面目标运动时，对地面产生作用，表现形式就相当于对地面施加一定的激励。地球介质是非刚体性质的，这些激励必将导致地球介质的变形，当这种变形在大地介质中传播时就形成了地震波。对地面垂直冲击时，在一般情况下，会产生 P 波（纵波），S 波（横波）和瑞利面波。在这 3 种地震弹性波中，P 波的传播速度是最快的，而且频率高；S 波速度低、能量较弱，但它的分辨率高；瑞利面波频率低，但能量最强。P 波和 S 波的能量按 $1/r^2$ 的规律衰减，瑞利波的能量按 $1/r$ 的规律衰减，其中 r 是震源到波面的距离；从另一方面解释就是，体波的幅度衰减与加速度传感型变化成正比，面波的振幅衰减与 $1/\sqrt{r}$ 变化成正比。从上面的分析可知，瑞利面波比体波衰减慢得多，更利于信号采集。

在一般情况下，瑞利面波的频率是较低的，其主要频率分量分布在 0～150 Hz 的范围内。坦克、装甲履带车辆的频率分布范围主要是在 200 Hz 以下，能量主要集中在低频段，即 25～150 Hz。吉普车、卡车、汽车和其他轮式车辆信号是窄带信号，特征峰频率很低，能量集中在低频带。所以在频率上，瑞利面波基本满足对车辆和人员频率的探测要求。由以上分析可知，瑞利面波具有在地表传播，能量衰减慢、传播距离较远，满足车辆、人员等地面目标探测频

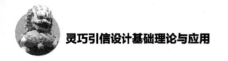

率测量范围要求等特性，所以更适合于远距离目标震源的探测与识别。

大地的表面属于半无限弹性介质表面，地面目标在地表运动时，会产生一种能量最大的弹性表面波——瑞利面波。瑞利面波的形成可以由波动理论严密地推导出来，其 3 个分量（x、y、z 直角坐标系）上的波速方程为：

$$V_z = Ae^{ik_x x + ik_y y - iwt + i\pi/2}, \quad V_x = a\sin(\theta)e^{ik_x x + ik_y y - iwt}, \quad V_y = a\cos(\theta)e^{ik_x x + ik_y y - iwt}$$

在半无限弹性介质表面传播的瑞利面波，具有如下性质：

1）瑞利面波是由纵波和横波叠加而成的，它沿着介质表面传播，并随着深度的增加而呈指数衰减。

2）在瑞利面波的传播过程中，弹性介质的质点运动轨迹为一椭圆，其长轴垂直于地面，地表处质点位移的水平分量与垂直分量的幅值之比约为 2/3，水平分量的相位滞后 π/2，因而质点的运动轨迹为绕其平衡位置的椭圆，质点在平衡位置正上方时的运动方向与波的传播方向相反。因此，概括地称其运动轨迹为逆进椭圆。

3）瑞利面波的传播速度，略小于同一介质中横波的传播速度。在土层（泊松比 $\sigma = 0.5$）中，$v_R = 0.919\,4v_s$。

4）瑞利面波在地表处的垂直位移分量大于水平位移分量，当 $\sigma = 0.5$ 时，约为 1.82 倍。

5）瑞利面波的水平分量比垂直分量的相位滞后 π/2。

一般来讲，瑞利面波频率较低，其主要频率成分集中在 0～150 Hz。在均匀介质条件下，瑞利面波的频率与其传播速度无关，即瑞利面波的传播速度没有频散性。而在非均匀介质条件下，瑞利面波速度随频率变化而变化，即非均匀介质将导致瑞利面波的频散。因此，瑞利面波具有能量较强、在自由表面传播且传播距离较远等特性，更适合于远距离目标震源的探测与识别。

地震信号的采集就是通过地震检波器将地层的机械振动转变为电信号。地震检波器大致分为结构型、物性型两类，其中结构型主要是电磁感应型、加速度传感型两种，物性型主要有光线式和压电式两类。一般，陆地上的地震信号采集采用速度型和加速度型传感器。

8.3.2　主动探测技术

8.3.2.1　超声探测

超声波是振动频率大于 20 kHz 的声波，其传播速度同其他声波一样，取决于介质密度和介质的弹性常数。空气中的超声波传播速度可近似地表示为：

$$c \approx 331.4\sqrt{\frac{\theta+273.16}{273.16}} \approx 331.4+0.6\theta \qquad （8.30）$$

式中，θ 是空气介质的温度，单位为℃。超声波在空气中传播实际上是纵向振动的弹性机械波，其质点位移方程可表示为：

$$s(t) = A(x)\cos(\omega t + kx) = A_0 e^{-\alpha x}\cos(\omega t + kx) \qquad （8.31）$$

式中，$s(t)$ 表示质点的位移量；A_0 是初始振幅；ω 为角频率；t 为传播时间；x 为声波的传播距离；$\alpha = A_e \cdot f^2$ 为衰减系数；A_e 为介质常数，在空气中 $A_e = 2 \times 10^{-11}$（s^2/m）；$k = \omega/c$ 为波数。由式（8.30）可知，声波的振幅将随着距离呈指数形式衰减，且频率越大，衰减得越严重。因此，超声波测距会根据探测距离的远近选用不同的工作频率，不同探测距离优先选用的超声波工作频率如表 8.2 所示。

表 8.2　不同量程下超声波工作频率选择

量程	探测距离/m	超声波工作频率/kHz
小量程	>2	90～300
中量程	2～20	40～90
大量程	20～50	20～30
超大量程	>50	≈10

由表 8.2 可以看出，超声波的工作频率越大，可适用的探测距离越短。工作在超声波频段的最大探测距离为 50 m，而对于 >50 m 的探测距离，工作频率只能在可听声音频率上。区域封锁子弹药的封锁指标是对子弹周围 6 m 区域内的车辆目标进行感知定位，结合市场上使用最多的超声波测距模块，拟选用工作频率为 40 kHz 的超声波进行测距。

测距传感器的性能不仅取决于探测距离，还需要有良好的角度分辨率，否则传播路径周边环境反射的杂波将严重影响测距系统对目标的判断准确性。相比于 20～20 000 Hz 的声音信号，超声波具有较好的束射性。目前普遍采用圆形的压电晶体作为超声波的发射与接收单元，因此超声波探头辐射可以被看成圆形活塞源的辐射问题。根据惠更斯原理，任何复杂声源可以被看作许多点声源的组合。本书的探测范围要求符合超声波声场的远场条件，因此对于半径为 a 的圆形活塞式超声波发射探头，其声场可用式（8.32）表示：

$$p_{\text{trans}}(r,\theta,t) = \frac{j\rho\omega u_a a^2}{2r}e^{j(\omega t-kr)} \cdot \frac{2J_1(ka\sin\theta)}{ka\sin\theta} \qquad （8.32）$$

式中，ω 表示声源振动的角频率；ρ 为介质密度，a 为探头半径；u_a 为声源振动时的速度振幅；$k = 2\pi/\lambda$ 为波数，λ 为波长；J_1 为一阶贝塞尔函数；r 和 θ 分别表示待测点 Q 到探头的距离和方位角。远场指向性函数可表示为：

$$D_{\text{trans}}(\theta) = \frac{p_{\text{trans}}(r,\theta,t)}{p_{\text{trans}}(r,0,t)} = \frac{2J_1(ka\sin\theta)}{ka\sin\theta} \quad\quad (8.33)$$

超声波波束角如图 8.6 所示，θ_0 称为锐度角，表示主波束两侧出现的第一个极小值之间的夹角；$\theta_{-3\text{dB}}$ 称为波束角或半功率夹角，表示功率下降到 $\theta = 0$

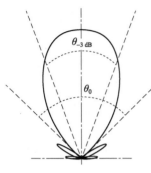

时功率的一半时的夹角，即式（8.32）等于 $\sqrt{2}/2$ 时的夹角。由图 8.6 可以看出，超声波探头的发射声场不仅有主波束，还有若干旁瓣，通常用旁瓣级来表示旁瓣方向上的能量占总辐射能量的大小，用最大旁瓣幅值的归一化声级表示。

图 8.6　超声波波束角示意

　　超声波的束射性以及反射特性使利用声波主动测距成为可能。超声波测距的三个主要过程是超声波从探头发射过程、在介质中传播时与目标的作用过程，以及产生的回波被探头接收过程。超声波测距最常用的方法是渡越时间法（Time of Flight，TOF），即在声速已知的情况下，通过测量超声波回波所经历的时间来获取距离，典型的超声波回波信号如图 8.7 所示。

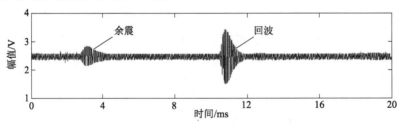

图 8.7　超声波测距回波信号

　　图 8.8 所示为弹对超声波换能器车辆探测的示意图，图中 r，θ 分别为目标相对于换能器的距离和方位角，θ' 是远场条件下发射换能器的锐度角的一半。

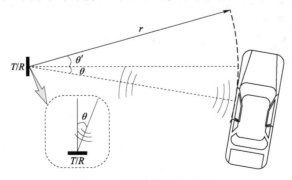

图 8.8　超声波车辆探测示意

对于中心频率为 40 kHz、辐射半径为 6 mm 的发射探头，可计算出 $\theta' = 60°$。回波振幅 $p_{recv}(r,\theta)$ 可由式（8.34）表示：

$$p_{recv}(r,\theta) = p_{trans}(r,0) \cdot e^{(-4\theta^2/\theta'^2)} \tag{8.34}$$

式中，$p_{trans}(r,0)$ 表示 $p_{trans}(r,\theta,t)$ 在 $\theta = 0$ 时的幅值，则回波可被探测到的 r、θ 可由式（8.35）求得：

$$p_{recv}(r,\theta) \cdot \cos\theta \geqslant p_{recv}(r_{max},0) \tag{8.35}$$

式中，r_{max} 表示在 $\theta = 0$ 时最远稳定可测距离，由试验可知 $r_{max} = 6$ m。所以 $p_{recv}(r_{max},0)$ 表示接收探头能接收到回波的最小声压幅值。

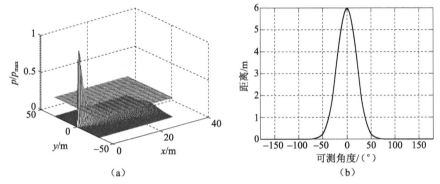

图 8.9　超声波测距范围

如图 8.9 所示，曲面表示目标在 (x, y) 位置时的回波声压，平面表示超声波接收探头能够接收到的回波的最小声压值，那么曲面与平面交叉的区域为超声波的测距范围。将 (x, y) 转换为距离 $r = \sqrt{x^2 + y^2}$，则超声波的测距范围可表示为图 8.9（b）。从中可以看出，随着距离的增加，可测角度范围逐渐减小。当距离大于 3 m 时，可测角度范围小于 45°。

8.3.2.2　红外探测

红外探测具有环境适应性好、隐蔽性好、抗干扰能力强，能在一定程度上识别伪装目标，且设备体积小、重量轻、功耗低等特点，在军事上被广泛应用于红外夜视、红外侦察以及红外制导等方面。由于其不辐射能量，因而不可能被敌方侦察和定位，从而无从实施干扰和攻击。同时，坦克（包括隐身飞机）不可避免地辐射电磁能量和热量（红外线）、反射可见光，为探测和定位创造了条件。另外，由于无能量覆盖和杂波问题，理论上无探测盲区。这些都使得红外探测设备具备先天性的"四抗"能力。红外无源探测显示出了以下突出优势：

1）对目标的依赖性最小。从理论上讲，任何体温在绝对零度以上的物体都要辐射红外射线，温度越高，波长越短；体积越大，辐射越强。任何飞行器都离不开发动机，飞行速度越快，发动机动力越大，红外辐射越强。

2）对环境的依赖性最小。红外无源探测无论白天还是夜晚，无论晴天还是阴天皆可进行，仅仅是白天由于背景较强，效果比夜晚较差，阴天由于云层对红外线的衰减或吸收，效果比晴天较差。它具有全天候的工作能力。

3）探测视场角大。采用信号检测方式（非成像方式）工作的红外探测设备，在大于 2 km 的距离上和成本可以接受的前提下，仰角视场角可做到 4°～6°。如果不计成本，则可以做得更大，如方位上采用 360° 扫描探测方式，这种红外探测设备的探测范围则是全空域的。

光电位置敏感器件（PSD）感光面上接收的是对象的光斑，对象发出的红外光是发散的，同时受到空气的散射；要会聚到感光面上，就必须通过透镜进行聚焦，形成大小和强度合适的光斑。由于 PSD 的线性度误差，我们希望光斑能够投影到 A 区（线性区），获得最小的误差，可以通过调整透镜的焦距实现。

加入透镜，可以将 PSD 的位移参数转换为我们所要的角度参数，因此，需要设计光路以完成红外光的收集和聚焦。其中，关键在于透镜焦距，以及光路结构设计。透镜焦距设计涉及聚焦后的红外目标光斑能否落在敏感面内，最好落在 A 区，以保证误差最小。光路结构设计决定透镜以及 PSD 器件的安装方式，同时决定视野的大小。光路原理如图 8.10 所示。

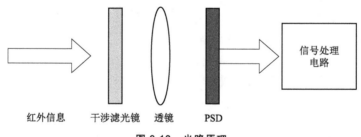

红外信息　干涉滤光镜　透镜　PSD

图 8.10　光路原理

对于大多数的光电装置，光电器件需要通过检测电路才能实现光电信号的变换作用。通常，光电检测电路是由光电检测器件、输入电路和前置放大器组成。光电检测系统如图 8.11 所示。

输入电路是连接光电器件和电信号放大器的中间环节，它的基本作用是为光电器件提供正常的电路工作条件，进行电参量的变换（例如将电流和电阻转换为电压），同时完成和前置放大器的电路匹配。输入电路的设计应根据电信号的性质、大小、光学的和器件的噪声电平等初始条件，以及输出电平和通频带等技术要求来确定电路的连接形式和工作参数，保证光电器件和后级电路最佳的工作状态，并最终使整个检测电路满足下列技术要求：

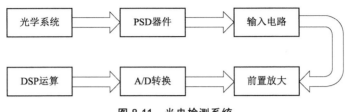

图 8.11　光电检测系统

1）灵敏的光电转换能力：使给定的输入光信号在允许的非线性失真条件下有最佳的信号传输系数，得到最大的功率、电压或电流输出。

2）快速的动态响应能力：满足信号通道所要求的频率选择性或对瞬变信号的快速响应。

3）最佳的信号检测能力：具有为可靠检测所必需的信噪比或最小可检测信号功率。

4）长期工作的稳定性和可靠性。

8.3.2.3　激光探测

根据激光测距的基本原理，激光测距技术可以分为激光飞行时间测距和非飞行时间激光测距两类，其中飞行时间测距根据所发射激光状态的不同，可分为脉冲激光测距和连续波激光测距，后者根据起止时刻标识的不同又分为相位激光测距和调频激光测距。非飞行时间激光测距技术是指在测距时并不像飞行时间测距法直接或者间接获得激光飞行时间，而是基于光子计数或者数学统计的方法来得到目标物距离。鉴于本系统对激光测距频率的要求，本系统采用脉冲激光测距的方法，而对于脉冲激光测距技术来说，其设计的关键和难点就是精度问题。

一个典型的激光测距系统应具备以下几个单元：激光发射单元、激光接收单元、距离计算与显示单元、准直与聚焦单元。系统工作时，激光由发射单元发射，碰到目标后反射回来，被接收单元接收，通过距离计算得到目标物距离。

目前，脉冲激光测距已获得广泛的应用，如地形测量、战术前沿测距、导弹运行轨道跟踪，以及人造卫星、地球到月球距离的测量等。脉冲激光测距利用激光脉冲持续时间极短、能量在时间上相对集中、瞬时功率可达兆瓦的特点，在有合作目标的情况下，脉冲激光测距可以达到极远的测程，在进行几公里的近程测距时，如果精度要求不高，即使不使用合作目标，只是利用被测目标对脉冲激光的漫反射所取得的反射信号，也可以进行测距。一个典型的脉冲飞行时间激光测距系统通常由以下 5 个部分组成：激光发射单元、回波接收单元、信号处理单元、高精度时间间隔测量单元和处理控制单元。激光发射单元在某时刻发射激光脉冲，其中一小部分脉冲信号直接进入接收通道，经时刻鉴别单元产生起始信号，启动时间间隔测量；另一部分向目标发射出去，经一定距离到达目标后被反射，接收通道的光电探测器接收到返回脉冲，经放大、整形后，产生一个终止信号，测量终止时间间隔，高精度计数单元把所测得的时间间隔结果输出到处理控制单元，最后得到距离。

|8.4 基于声传感器的智能雷弹及引信识别与控制基础理论|

8.4.1 智能雷节点自定位算法

智能雷弹通常被随机撒布在远距离或人类难以到达的区域，用于执行各种监测和封锁任务。定位技术是智能雷弹的前提，定位的准确性直接关系到智能雷弹采集到的数据的有效性。智能雷弹只有明确自身位置才能对外部目标定位和说明"在什么位置或区域发生了某一特殊事件"。智能雷弹自定位技术是指依靠有限位置已知的子弹（称为锚节点），利用网络连通性或测量节点间的距离，来确定其他子弹的位置，并在网络化区域封锁子弹药间建立空间关系的机制。网络化区域封锁子弹药数量少且抛撒范围大，因此网络相对来说较为稀疏，即节点密度较小。另外，由于条件限制，无法在过多的子弹上配备卫星定位模块，因此锚节点的数量相对较少，即锚节点密度较小。

8.4.1.1 质心自定位算法

质心自定位算法是南加州大学的 Nirupama Bulusu 等提出的一种仅依赖网络连通性的室外定位算法。由于其算法简单，对锚节点与未知节点之间的协调性没有要求，因此在智能雷弹自定位应用中比较常用。其原理是：锚节点周期性地向邻居节点广播自身的标识和位置信息，当未知节点接收的锚节点信息数量超过某一数值 k 时（$k \geqslant 3$）或超过一定时间后，就以这些锚节点所组成的多边形的质心作为自身的位置，如式（8.36）所示：

$$X_{\mathrm{i}} = \frac{\sum\limits_{j=1}^{k} X_{\mathrm{j}}}{k} \qquad (8.36)$$

　　质心定位算法在节点密度较大的智能雷弹中自定位效果较好，但是对于节点密度较小的，特别是锚节点密度较小的稀疏型智能雷弹，定位误差会明显增大。如图 8.12 所示，4 个未知节点，无论是处于锚节点所构成的多边形中的何种位置，其估计位置为同一个位置。锚节点的密度越小或锚节点越分散，其构成的多边形面积就越大，那么在多边形中的未知节点的误差也进一步加大。

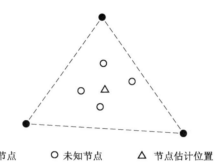

　　● 锚节点　　○ 未知节点　　△ 节点估计位置

图 8.12　锚节点密度较小的智能雷弹质心定位算法示意

　　为了解决上述问题，Nirupama Bulusu 又提出了 HEAP 定位算法，以增加锚节点的数量来降低定位误差，缺点是需要增加数据的通信量和锚节点的数量，从而增加网络的成本和能量的消耗。这种通过增加资金和空间代价来提高定位精度的做法对于能源受限的智能雷弹显然是不合适的。因此通过引入接收信号强度（RSSI），对式（8.36）各项加入权值的加权质心法被广泛研究。无线信道路径损耗模型可写为：

$$P_{\mathrm{ij}} = P_0 - 10\eta \lg(d_{\mathrm{ij}} / d_0) + s_{\mathrm{i}} \qquad (8.37)$$

式中，P_{ij} 表示未知节点 A_{i} 接收锚节点 A_{j} 的信号强度指示，dB；d_{ij} 为未知节点 A_{i} 到锚节点 A_{j} 的距离。P_0 是在距离发射节点 d_0 处的接收信号强度指示，d_0 常取 1 m；s_{i} 为路径损耗随机变化量，是均值为 0、标准差为 δ 的高斯随机变量；η 为路径损耗指数。则式（8.36）可改写为：

$$\overline{X}_{\mathrm{i}} = \frac{\sum\limits_{j=1}^{k} w_{\mathrm{j}} X_{\mathrm{j}}}{\sum\limits_{j=1}^{k} w_{\mathrm{j}}} = \frac{\sum\limits_{j=1}^{k} (P_{\mathrm{ij}} - P_{\min}) X_{\mathrm{j}}}{\sum\limits_{j=1}^{k} (P_{\mathrm{ij}} - P_{\min})} \qquad (8.38)$$

式中，$w_{\mathrm{j}} = (P_{\mathrm{ij}} - P_{\min}) / \Delta P$ 是节点 A_{i} 的权重因子；$\Delta P = P_{\max} - P_{\min}$ 是接收信号强度的范围；$P_{\min}$ 是节点 A_{i} 接收到的所有锚节点信号强度的最小值，用接收到的处

于边缘处的各锚节点信号强度的平均值表示,从而保证未知节点 A_i 接收到所有锚节点信号强度比 P_{min} 小的概率极小;P_{max} 是节点 A_i 接收到所有锚节点信号强度的最大值。加权质心定位算法虽然能够解决锚节点密度较小的稀疏网络中节点自定位问题,但对于处于多边形外面的节点没有较好的定位精度,APIT 自定位算法却能够判断未知节点是否在多边形范围内。

8.4.1.2 APIT 自定位算法

APIT 自定位算法的理论基础是 Perfect Point – In – Triangulation Test(PIT),假如存在一个方向,沿着这个方向的 M 点会同时远离或接近 A、B、C,那么 M 处于 $\triangle ABC$ 外,否则 M 处于 $\triangle ABC$ 内。显然,PIT 测试针对的是移动节点定位问题,对于静态智能雷弹中节点定位,则可依赖智能雷弹中节点较多的优势模拟出节点移动的现象。假如节点 M 的邻居节点没有同时远离或靠近锚节点 A、B、C,那么 M 就在 $\triangle ABC$ 内,否则 M 处于 $\triangle ABC$ 外,如图 8.13 所示。

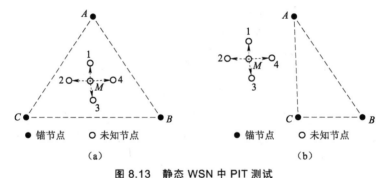

图 8.13　静态 WSN 中 PIT 测试

(a)M 位于 $\triangle ABC$ 内部;(b)M 位于 $\triangle ABC$ 外部

APIT 具体自定位步骤如下:

1)未知节点收集周围锚节点的标识号、位置及接收信号强度等信息,通过邻居节点转发接收到的锚节点信息,以便其他节点获得更多的锚节点信息。

2)未知节点任选 3 个锚节点,通过 PIT 理论在静态 WSN 的测试过程判断自身是否处于这 3 个锚节点所组成的三角形中。如果未知节点接收到超过三个锚节点的信息,那么要测试这个未知节点是否在多个三角形内部。

3)最后计算由锚节点组成的三角形的质心或多个三角形交集的质心,并以此作为未知节点的估计位置。

8.4.1.3 DV – hop 自定位算法

美国路特葛斯大学的 Dragos Niculescu 等利用距离矢量路由和 GPS 定位思

想提出了一系列分布式定位算法 APS。DV－hop 自定位算法就是其中之一。
DV－hop 算法由 3 个阶段组成：第 1 阶段使用典型的距离矢量交换协议，使网
络中所有节点获得距锚节点的跳数；第 2 阶段是在获得其他锚节点位置和相隔
跳距后，锚节点计算网络平均每跳距离，然后将其作为一个校正值广播至整个
网络中。校正值采用可控洪泛法在网络中传播，这意味着一个节点仅接收第 1
个校正值，而丢弃所有后来者，这个策略确保了绝大多数节点可从最近的锚节
点接收校正值。在大型网络中，可通过为数据包设置一个 TTL 域来减少通信量。
当接收到校正值后，节点根据跳数计算与锚节点之间的距离。当位置节点获得
3 个或更多锚节点的距离时，则进入第 3 阶段执行三边测量定位。

　　如图 8.14 所示，已知锚节点 A、B、C 之间的距离和跳数。计算得到校正
值（即平均每跳距离）为（$50+70$）/（$3+5$）=15。在上例中，假设未知节点
M 从锚节点 B 获得校正值，则其与 3 个锚节点之间的距离分别为 $AM=3\times15$
（m），$BM=1\times15$（m），$CM=4\times15$（m）（距离）。然后使用三边定位算法确
定未知节点 M 的位置，如图 8.15 所示。

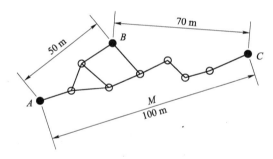

图 8.14　DV－hop 算法示意

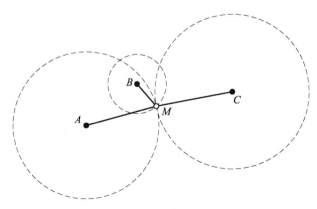

图 8.15　三边定位算法示意

8.4.2　目标定位算法

智能雷弹构成的无线网络中包含 1 个网关节点和数量较多的传感器节点，可通过飞机或火箭大规模部署在远距离监测区域。在每个传感器节点，1 个麦克风作为感知设备，1 个微处理器用于数据和信号处理，1 个无线数据传输模块用于信息交换和 1 个电池作为电源供应。一定数量的传感器节点每个同时配备 1 个定位模块获取自身位置，各节点通过射频组成无线多跳自组织网络。本节研究智能雷弹对处于抛撒区域外部声源目标和内部声源目标的定位和跟踪算法，在对误差源分析的基础上提出相应的节点选择算法。由于目标声源运动速度较慢（＞40 km/h），多普勒效应对基于能量的定位算法影响不大，因此在定位算法的分析中并没有考虑多普勒效应。

8.4.2.1　智能雷弹抛撒区域外围目标定位算法

处于智能雷弹抛撒区域外围的目标距离传感器节点较远，因此能够感知到目标的传感器节点也较少。另外，对外围目标的定位任务目的是预警，无须浪费能源有限的 WASN 大量的资源。因此，与抛撒区域内部目标定位的要求也有所不同。本节依据声压衰减模型和几何定位机制，提出基于能量的四节点声阵列目标定位算法，对处于智能雷弹抛撒范围外的目标声源进行初步定位和预警；在对影响定位算法精度的误差源分析的基础上，进一步提出节点选择算法。

当目标声源接近节点抛撒区域时，网络自组织选择 4 个最合适的传感器节点，组成声传感器阵列，对目标进行定位。在实际应用中，测量某一时刻的瞬时声压意义不大，往往在一个时间间隔内多次取值，并通过短时能量法求得这段时间内的能量值。根据声音衰减公式并结合几何定位法，提出基于能量法的四元分布式声阵列目标定位算法。但是声音能量衰减公式对于未知量——目标坐标来说是非线性的，会增大后续求解过程的复杂度。因此，通过任意两个不同节点的声音能量衰减模型相减，去除非线性方程中的平方项，并将声源能量看成未知量，从而将非线性方程变为线性方程求解。对于节点 i，可得：

$$(x_i - x)^2 + (y_i - y)^2 = \left(\frac{S}{I_i}\right)^{\frac{2}{\alpha}} \tag{8.39}$$

令 $S^{2/\alpha} = Sa$，$I_i^{2/\alpha} = E_i$，上式可转化为：

$$(x_i - x)^2 + (y_i - y)^2 = Sa / E_i \tag{8.40}$$

则节点 j 得到如下对应的方程：

$$x^2 + y^2 - 2x_j x - 2y_j y + x_j^2 + y_j^2 = Sa / E_j \qquad (8.41)$$

式（8.40）与式（8.41）相减可得：

$$2(x_i - x_j)x + 2(y_i - y_j)y + Sa(1/E_i - 1/E_j) = (x_i^2 + y_i^2 - x_j^2 - y_j^2) \qquad (8.42)$$

此算法最少需要 3 个独立的方程来求解未知数，因此至少需要 4 个节点参与目标的定位计算。对于 4 节点模型，可得如下方程组：

$$\begin{cases} 2(x_1 - x_2)x + 2(y_1 - y_2)y - \left(\dfrac{1}{E_2} - \dfrac{1}{E_1}\right)Sa = y_1^2 - y_2^2 + x_1^2 - x_2^2 \\[2mm] 2(x_1 - x_3)x + 2(y_1 - y_3)y - \left(\dfrac{1}{E_3} - \dfrac{1}{E_1}\right)Sa = y_1^2 - y_3^2 + x_1^2 - x_3^2 \\[2mm] 2(x_1 - x_4)x + 2(y_1 - y_4)y - \left(\dfrac{1}{E_4} - \dfrac{1}{E_1}\right)Sa = y_1^2 - y_4^2 + x_1^2 - x_4^2 \end{cases} \qquad (8.43)$$

式中，(x,y) 表示目标位置；(x_k, y_k) 表示第 k 个传感器节点的位置。上式可写成矩阵形式：$\boldsymbol{Aq} = \boldsymbol{B}$。

其中，$\boldsymbol{A} = \begin{bmatrix} 2(x_1 - x_2) & 2(y_1 - y_2) & \left(\dfrac{1}{E_2} - \dfrac{1}{E_1}\right) \\[2mm] 2(x_1 - x_3) & 2(y_1 - y_3) & \left(\dfrac{1}{E_3} - \dfrac{1}{E_1}\right) \\[2mm] 2(x_1 - x_4) & 2(y_1 - y_4) & \left(\dfrac{1}{E_4} - \dfrac{1}{E_1}\right) \end{bmatrix}$，$\boldsymbol{B} = \begin{bmatrix} (x_1^2 + y_1^2) - (x_2^2 + y_2^2) \\ (x_1^2 + y_1^2) - (x_3^2 + y_3^2) \\ (x_1^2 + y_1^2) - (x_4^2 + y_4^2) \end{bmatrix}$，

$\boldsymbol{q} = \begin{bmatrix} x \\ y \\ Sa \end{bmatrix}$。由于存在背景噪声，实际测得的声音能量并不准确，导致方程组在求解时产生定位误差 $\Delta d = \sqrt{(x + \Delta x)^2 + (y + \Delta y)^2} - \sqrt{x^2 + y^2}$。

（1）四元无线声阵列目标定位算法误差源分析

定位误差的主要来源是背景噪声，它会导致定位算法产生误差，而不恰当的声音衰减系数和不合理的四节点模型会导致定位误差变大，甚至使定位算法无解。因此，在存在背景噪声的情况下，研究能够使定位误差在合理的范围内的最佳声音衰减系数和四节点模型显得尤为重要。由于节点是随机撒布的，因此很难从数学表达式上分析出形状、尺寸和方位角对误差的影响。本书采用控制变量法来研究，通过大量的仿真计算获取可使误差相对较小的声音衰减系数和最优四节点模型。

1）声音衰减系数。

在实际的测量环境中，声音衰减系数 $\alpha \neq 2$，若式（8.20）仍然按照 $\alpha = 2$ 进

行求解，则会产生较大定位误差。为了量化声音衰减系数对定位精度的影响大小，本节对不同声音衰减系数下的定位误差进行仿真分析。设 $\beta = \alpha/2$，其中 α 为实际声音衰减系数，理论声音衰减系数为 2，在不同的实际声音衰减的环境中，方程组（8.43）利用实际声音衰减系数与利用理论声音衰减系数的定位误差仿真结果如图 8.16 所示。

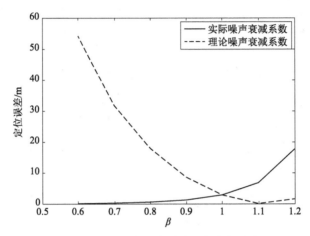

图 8.16　噪声衰减系数对定位精度的影响

由图 8.16 可知，当 $\beta < 1$ 时，方程组（8.43）利用理论噪声衰减系数 $\alpha = 2$ 求解的误差值比按实际环境下的 α 值所得的定位误差值大；而当 $\beta > 1$ 时，$\alpha = 2$ 的定位误差曲线却比实际噪声衰减系数曲线小。因此在对目标进行定位之前，应对测试环境的噪声衰减系数进行测量。若 $\alpha < 2$，则按实际噪声衰减系数进行求解。然而，当 $\alpha \geqslant 2$ 时，噪声衰减系数应当取值为 2。

2）无线传声器阵列模型。

4 个节点可组成的图形有：线形、圆形和四边形（三角形可被看成四边形的一种特例）。由计算可知，当阵列形状为线形以及圆形时，方程组（8.43）无解。任意不在同一条直线上的四节点模型可被视为圆上 3 点和圆内或圆外的 1 点。因此将无线 4 节点声阵列模型的 3 点固定于圆上，通过改变另外一点的位置来研究阵列形状对定位精度的影响。无线 4 节点声阵列模型如图 8.17 所示。

① R、a 对定位精度的影响。由于模型参数较多，根据控制变量法，将圆内三角形设为等边三角形，节点 2 的坐标是 $(R\cos 0°, R\sin 0°)$，节点 3 的坐标是 $(R\cos 120°, R\sin 120°)$，节点 4 的坐标是 $(R\cos 240°, R\sin 240°)$。目标的方位设为 $(R\cos 240°, R\sin 240°)$，声音衰减系数 $\alpha = 2$。通过仿真可知，当 $a \leqslant R$ 时，定位误差较大。在 $a = R$ 时，甚至出现无解的情况。因此在仿真过程中，将 a 的值设

为 4～10 m，所以当 R 的值为 2 m 和 3 m 时，节点 1 在不同角度下的仿真结果如图 8.18 所示。

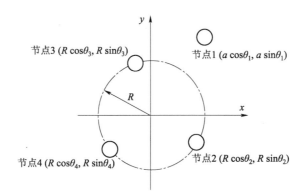

图 8.17　无线 4 节点声阵列模型

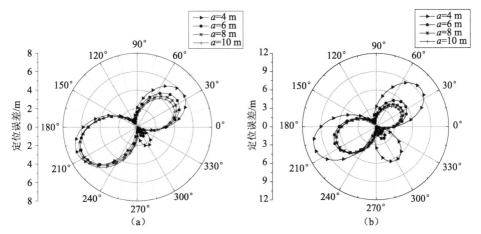

图 8.18　节点 1 在不同位置时定位误差仿真结果

（a）$R = 2$ m；（b）$R = 3$ m

图 8.18 中的极径表示误差值，极角表示节点 1 的变换角度。由图 8.18 可知，a 的值越大，误差值越小；对比图 8.18 中（a）和（b）可知，R 的值越小，误差值越小。但是根据实际无线传感器网络的部署情况和节点密度的不同，R 与 a 的取值也受到限制，本书取 $R = 2$ m，$a = 10$ m。

② 目标声源与阵列的相对位置。由上节仿真结果可知，目标方位的变化对无线声阵列的定位效果有很大的影响。为了避免阵列与目标声源处在定位误差较大的相对位置上，需研究目标声源与阵列的相对位置对定位精度的影响。在仿真过程中，取 $R = 2$ m，$a = 10$ m，目标距离圆心 50 m，目标方位角为 θ。当

节点 2、3 和 4 分别组成等边三角形、直角三角形和钝角三角形，目标方位角 θ 取 0，$\pi/4$，$\pi/2$ 和 $3\pi/4$ 时，节点 1 在不同角度定位误差的仿真结果如图 8.19 所示。

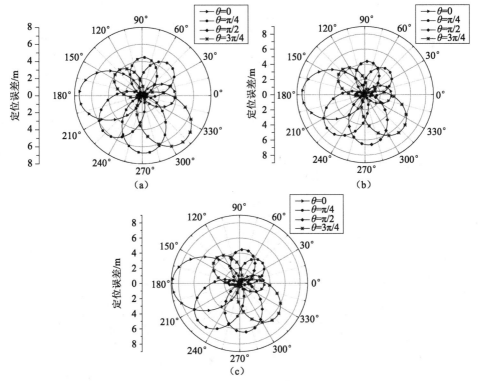

图 8.19　圆上三点处于不同形状时定位误差仿真结果

（a）等边三角形；（b）直角三角形（c）钝角三角形

对比图 8.19 中（a）、（b）、（c）可以看出，圆内三角形形状随着目标声源位置的不同所产生的误差趋势是一致的，说明三角形的形状对定位误差影响不大。随着目标声源的方位变化，定位误差随节点 1 位置变化的曲线相差较大。没有一种阵列模型能够使全向的目标定位精度达到最佳。但是当节点 1 的方向与目标声源方向夹角为 60°～100° 时，定位误差达到最小值。基于上述分析，为了方便试验进行，并根据实际研究的项目，本书提出 Y 型无线声阵列模型，如图 8.20 所示。

当目标声源在 50 m 的距离上 360° 变换时，仿真出该模型的定位误差，如图 8.21 所示。从中可以看出，当目标声源的方位角在 60°～100° 和 260°～300° 时，定位误差 $\Delta d < 1\,\mathrm{m}$。在实际的节点选择过程中，没有必要一定选取 Y 型无

线声阵列，只需要满足半径 R 尽可能小、距离 a 尽可能的大，并且节点 1 的方向与目标声源方向夹角 $60°\sim100°$。

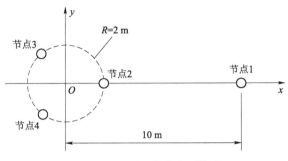

图 8.20　Y 型无线声阵列模型

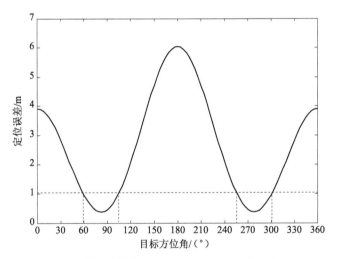

图 8.21　Y 型无线声阵列模型目标定位误差

3）阵元高低误差分析。

智能雷弹随机抛撒的区域由于地面不平整，导致智能雷弹节点不是处于同一平面上。目前基于 GPS 或传感器节点自定位算法都不能分辨出 2 m 的高度误差，因此目标定位算法是否能够容忍高度误差也是判断算法实用性的一种标准。

阵元高低误差如图 8.22 所示，以节点 2 所在的平面为基准，节点 1、3、4 与基准平面的高度差分别为 h_1，h_3 和 h_4。在仿真过程中，$h_i = \text{Position\_error}\times2\times(\text{rand}-0.5), i=1,3,4$，其中 Position_error 在 $0\sim1$ m 变化，rand 是 $0\sim1$ 的随机数。阵元高低误差对 Y 型四元无线阵列的定位精度影响如图 8.23 所示。图 8.23 中的每个数据是仿真 1 000 次后的定位误差平均值。

图 8.22　阵元高低误差示意

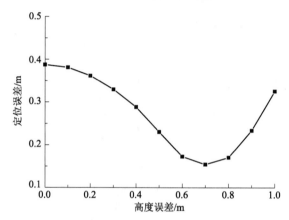

图 8.23　阵元高低误差对 Y 型四元无线阵列定位精度的影响

由于在仿真过程中引入随机量 rand，因此图 8.23 定位误差随高度误差的变化趋势并非准确，这只能说明当高度误差处于某一范围时无线声阵列的定位误差范围。由图 8.23 可以看出，当高度误差 Position_error <1 m 时，Y 型四元无线声阵列的定位误差 >0.4 m，说明阵元的高度误差对 Y 型四元无线阵列定位精度影响不大。

（2）节点选择算法

无线传感器网络自组织目标定位算法的核心是在大量节点中选择合适的节点，从而使所提出的四节点无线声阵列的定位算法达到最佳定位精度。本书中无线传感器网络的各节点位置已知，并且采用集中式处理模式，即所有数据处理都可在网关节点上进行。因此在网关节点上可把智能雷弹看成分布在以网关节点为中心、x 轴指向东、y 轴指向北的直角坐标系中。当某一节点接收到的信号强度达到阈值时，唤醒周边其他节点，并在网关节点上运行节点选择算法。根据上节仿真分析结果，节点选择可通过三个步骤实现，如图 8.24 所示。

1）通过贪婪搜索算法确定接收能量最大的传感器节点，并以该节点与网关节点的连线作为目标的初始估计方向，如图 8.24 中的点画线所示。

2）在以 Q 点为圆心（Q 为初始估计方向上距离边界 10 m 远的点）、2 m 为半径的圆上随意选择 3 个节点，作为四元无线声阵列的从节点。

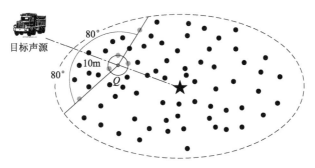

图 8.24　节点选择算法示意

3）以 Q 为起点，在 $80°$ 方向选择距离 Q 点 $10\,\mathrm{m}$ 远的主节点。图 8.24 中上、下两个 $80°$ 方向可随意选择一个。

由于目标声源相对于阵列轴线的方位角在 $60°\sim100°$ 和 $260°\sim300°$ 时，阵列定位误差最小，而且初步估计的目标方向误差较大，因此选择 $80°$ 的偏转角度来确定主节点，以便留有余量容忍初步估计的目标方向误差。在节点选择过程中，可优先按照实际项目确定初始选择方案，如果没有合适的四节点阵列，那么可以修改阵型参数，以得到更优或次优的定位结果，从而增加四元无线声阵列的适应性。当无线声阵列确定后，主节点负责收集其他三个节点的信息，计算出目标的方位。无线传感器网络区域外目标自组织定位过程如图 8.25 所示。

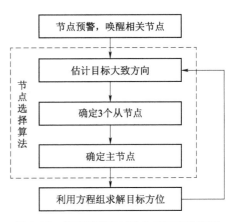

图 8.25　智能雷弹区域外自组织定位流程

由于目标必须在与阵列轴线较为垂直的位置上，所以单个无线四元声阵列的适应性极低。但是有别于传统的固定声阵列，在智能雷弹中可通过选择不同的节点，得到不同形状、位置、大小的无线声阵列，不同的目标可根据角度的约束条件选择与之对应的声阵列。可以简单地认为，智能雷弹中存在无线声阵列的集合，每个不同时刻、不同位置的目标都能在集合中找到合适的无线声阵列。因此对于单个无线声阵列是缺乏普遍性的，但是智能雷弹具有的声阵列集合弥补了这一缺陷。智能雷弹可根据目标的位置不断地更新声阵列，从而实现对运动目标的跟踪。

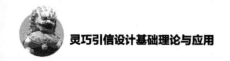

8.4.2.2 抛撒区域内部目标定位与跟踪算法

由于声源目标处于抛撒区域内部，有可能被更多的传感器节点探测到，因此应充分利用传感器节点的测量信息更加准确地估计目标位置。不同于上节所述的四元无线声阵列，我们将其称为网络目标定位与跟踪。

智能雷弹无线传感器网络中包含 m 个传感器节点和 1 个网关节点，网关节点能量充足，计算能力强，满足收集感知信息并最终进行目标声源位置估计的要求。目标声源坐标为 (x, y)，每个传感器节点的坐标为 (x_i, y_i)，其中 i 代表第 i 个传感器节点。假设无线传感器网络中有 n 个节点可感知到目标声源，所得数据可表示为 $\boldsymbol{I} = [I_1, I_2, I_3, \cdots, I_n]^{\mathrm{T}}$，其中 I_i 表示第 i 个节点的接收能量值。节点 i 与目标声源之间的距离 d_i 可表示为：

$$d_i = \sqrt{(x - x_i)^2 + (y - y_i)^2} \qquad (8.44)$$

带入声音能量衰减公式 $I_i(t) = g_i \dfrac{S(t)}{d_i^{\alpha}} + \varepsilon_i(t)$，$\varepsilon_i$ 为均值为 0、方差为 σ^2 的高斯白噪声。令 $g_i = 1$，可得节点 i 的定位方程：

$$\left[(x - x_i)^2 + (y - y_i)^2 \right]^{\frac{\alpha}{2}} = \frac{S(t)}{I_i(t)} \qquad (8.45)$$

由式（8.45）可以看出，定位方程是非线性的，为了减少计算量，需要将非线性的定位方程线性化。上节是通过任意两个不同节点的声音能量衰减模型相减，从而将非线性方程变为线性方程求解。本节通过两个节点的定位方程相除，去除未知量 $S(t)$，并引入另外一个变量将非线性方程线性化。

$$\left[2I_j^{2/\alpha} x_j - 2I_i^{2/\alpha} x_i \right] x + \left[2I_j^{2/\alpha} y_j - 2I_i^{2/\alpha} y_i \right] y + \left[I_i^{2/\alpha} - I_j^{2/\alpha} \right] (x^2 + y^2) =$$
$$x_j^2 I_j^{2/\alpha} + y_j^2 I_j^{2/\alpha} - x_i^2 I_i^{2/\alpha} - y_i^2 I_i^{2/\alpha} \qquad (8.46)$$

令 $R = x^2 + y^2$，$E_i = I_i^{2/\alpha}$，$E_j = I_j^{2/\alpha}$，则式（8.45）可写成：

$$(2E_j x_j - 2E_i x_i)x + (2E_j y_j - 2E_i y_i)y + (E_i - E_j)(x^2 + y^2) = E_j(x_j^2 + y_j^2) - E_i(x_i^2 + y_i^2)$$
$$(8.47)$$

写成矩阵形式为：

$$A\theta = b \qquad (8.48)$$

其中，$\boldsymbol{b}$ 是 $(n-1) \times 1$ 的矩阵，$\boldsymbol{b} = \begin{bmatrix} (x_1^2 + y_1^2)E_1 - (x_n^2 + y_n^2)E_n \\ (x_2^2 + y_2^2)E_2 - (x_n^2 + y_n^2)E_n \\ \vdots \\ (x_{n-1}^2 + y_{n-1}^2)E_n - (x_n^2 + y_n^2)E_n \end{bmatrix}$，$\boldsymbol{A}$ 是 $(n-1) \times 3$ 的

矩阵：

$$A = \begin{bmatrix} 2E_1x_1 - 2E_nx_n & 2E_1y_1 - 2E_ny_n & E_n - E_1 \\ 2E_2x_2 - 2E_nx_n & 2E_2y_2 - 2E_ny_n & E_n - E_2 \\ \vdots & \vdots & \vdots \\ 2E_{n-1}x_{n-1} - 2E_nx_n & 2E_{n-1}y_{n-1} - 2E_ny_n & E_n - E_{n-1} \end{bmatrix}, \quad \theta = \begin{bmatrix} x \\ y \\ R \end{bmatrix}$$

矩阵 θ 是待估计的参数矢量，矩阵 A 和矩阵 b 都是观测矢量。式（8.48）为线性超定方程组（亦称为矛盾方程组），此方程组一般无解，但可将问题转化为求使得误差最小时的近似解，也就是寻找出未知数 x，y，R 的一组数值，使超定方程组中的各式近似相等。根据线性最小二乘法求解超定方程组的原理，可得法方程组为：$A^{\mathrm{T}}A\theta = A^{\mathrm{T}}b$。因此参数 θ 的无偏估计值 $\hat{\theta}$ 可表示为：

$$\hat{\theta} = (A^{\mathrm{T}}A)^{-1}A^{\mathrm{T}}b \tag{8.49}$$

然而，由于各节点距离目标声源距离不同，接收到的信号可信赖程度也不相同，因此加入最小平方权重系数，从而增加目标声源的定位精度。式（8.49）可改写为：

$$\hat{\theta} = (A^{\mathrm{T}}WA)^{-1}A^{\mathrm{T}}Wb \tag{8.50}$$

其中，W 为最小平方权重系数矩阵，维度为 $(n-1) \times (n-1)$。根据观测误差矢量，W^{-1} 可表示为：

$$W^{-1} = \begin{bmatrix} d_1^4\sigma_1^{4/\alpha} + d_n^4\sigma_n^{4/\alpha} & d_n^4\sigma_n^{4/\alpha} & \cdots & d_n^4\sigma_n^{4/\alpha} \\ d_n^4\sigma_n^{4/\alpha} & d_2^4\sigma_2^{4/\alpha} + d_n^4\sigma_n^{4/\alpha} & \cdots & d_n^4\sigma_n^{4/\alpha} \\ \vdots & \vdots & \ddots & \vdots \\ d_n^4\sigma_n^{4/\alpha} & d_n^4\sigma_n^{4/\alpha} & d_n^4\sigma_n^{4/\alpha} & d_{n-1}^4\sigma_{n-1}^{4/\alpha} + d_n^4\sigma_n^{4/\alpha} \end{bmatrix} \tag{8.51}$$

W 的求解需要已知传感器节点坐标和声源目标的坐标，因此在初次估计时，可令 W 为单位矩阵，待得到目标声源坐标的初始估计值后，再进行第二轮求解。估计误差 $\Delta\theta$ 的方差为：

$$\mathrm{cov}(\Delta\theta) = (A^{\mathrm{T}}WA)^{-1} \tag{8.52}$$

利用加权线性最小二乘法（WLLS）求得声源目标坐标的近似估计值，称为非约束加权线性最小二乘法（UWLLS）。但是 x，y，R 这三个未知数并不是相互独立的，它们之间存在相互约束关系，可通过未知量之间的相互约束关系计算更为精确的坐标位置，我们称之为约束加权线性最小二乘法（CWLLS）。

同样的，内部目标定位也存在定位误差。定位误差的主要来源是背景噪声，会导致定位算法产生误差。另外，节点部署情况、目标声源所处的位置、传感器节点的位置误差、传感器节点的感知范围、声音衰减系数等都会对定位精度产生影响。

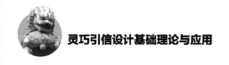

|8.5 智能雷弹原理样机及试验|

8.5.1 智能雷弹样机

智能雷弹由 1 个网关子弹和若干功能子弹构成。网关子弹与功能子弹分别如图 8.26 和图 8.27 中右图所示。网关子弹和功能子弹的引信电路板可共享，只是软件部分有所差异，如图 8.26 和图 8.27 的左上图所示；电源安置于子弹底部的引信安保机构内。网关子弹负责收集各功能节点的消息并传送给远程控制中心，因此配备了北斗一代通信模块，如图 8.26 的左下图所示；引信电路与北斗一代通信模块采用 UART 串行单向通信方式。部分功能子弹需要事先得知自身位置，因此配备了北斗二代定位模块，如图 8.27 中左下图所示；引信电路与北斗二代定位模块采用 UART 串行单向通信方式。

图 8.26　网关子弹实物　　　　　　　　　　图 8.27　功能子弹实物

在智能雷弹自组织网络过程中，由于障碍物与复杂地形等因素而产生阴影衰落效应、电源枯竭、射频模块失效，以及传感器模块损坏等硬故障，导致子弹通信故障，因此设计了自组织网络故障节点检测仪，在试验过程中检测抛撒后故障的网关子弹或功能子弹，从而分析有可能导致通信故障的原因，为改善网络的生存环境和能力提供先验数据。故障节点检测仪结构框图与实物分别如

图 8.28 和图 8.29 所示。

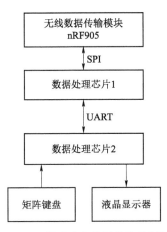

图 8.28　故障节点检测仪结构框图

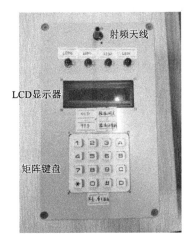

图 8.29　故障节点检测仪实物

　　自组织网络故障节点检测仪硬件结构可分为两个部分（图 8.28）：一是输入显示部分；二是射频发射接收部分。两个部分分别由 1 个单片机控制，并通过 UART 串口全双工通信连接。第 2 部分单片机与射频收发模块之间通过 SPI 通信协议连接。智能雷弹落地工作后，手持故障节点检测仪分别检测各子弹，由 4×4 矩阵键盘输入智能雷弹的地址，控制射频发射接收部分收集该子弹的消息，并返回给液晶显示屏。根据 LCD 显示的内容，判断子弹在组网过程中是否存在故障以及故障的原因。

8.5.2　智能雷弹样机测试试验

8.5.2.1　静止抛撒试验

　　智能雷弹集成在远程制导火箭内，通过中心爆管的方式抛撒于指定区域内。为了验证所设计的网关子弹和功能子弹引信在抛撒的恶劣条件下仍能正常工作，在某靶场进行了静止抛撒试验，即只进行制导火箭抛撒的过程。制导火箭只保留中间的抛撒仓，并被放置于高于地面 2 m 的高台上，如图 8.30（a）所示；1 发网关子弹和 19 发功能子弹被封装在远程制导火箭中，网关子弹配备北斗一代通信模块，功能子弹配备完整的传感单元，包括超声波测距模块、被动声探测模块、磁探测模块，功能子弹中有 9 发额外配备北斗二代定位模块，作为锚节点。抛撒后的现场如图 8.30（b）所示。

（a）　　　　　　　　　　　　　　（b）

图 8.30　静抛试验场景

　　智能雷弹抛撒落地自动扶正后，首先确定自身位置，然后将位置信息汇聚到网关子弹。由于北斗一代通信模块短报文功能单次传输的字节数有限制，本次试验利用非密用户并且通信等级为 02 H 的通信卡进行短报文服务，电文长度≤408 b，单次最大传送汉字长度为 29 个，最大传送 BCD 码为 102 个。根据第 3 章所设计的自组织网络通信格式，网关子弹整理所有消息后每次只发送 2 个子弹的位置信息给位于距离静抛点 1 000 m 处掩体中的北斗一代通信接收模块。最终通过 UART 串口通信将所有节点位置信息传送给电脑，并用 Matlab 显示所有子弹的位置，如图 8.31 所示。

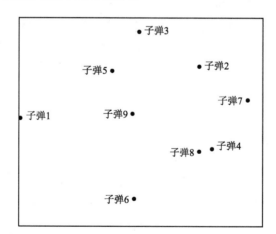

图 8.31　智能雷弹散落

　　智能雷弹引信在经过中心爆管抛撒后自组织网络部分仍然能够正常工作，整个通信链路能够达到监控智能雷弹的目的。对回收子弹中的传感器部分电路进行了测试，发现其也都能正常工作。这说明所设计的引信电路和机构能够满足远程制导火箭的抛撒要求。

8.5.2.2　基于北斗二代的定位及节点双向通信试验

本书选用的是核芯星通公司的北斗/GPS 双系统导航授时模块 UM220。该模块可工作在单系统独立定位模式下，也可工作于双系统联合定位模式下。根据核芯星通公司的 CDT 软件，可发现在同等情况下，GPS 系统的搜星数量比北斗系统多。该模块的首次定位时间在冷启动情况下是 30 s，在热启动情况下是 1 s。在 UM220 的技术手册中标明定位精度在 2.5 m 左右，但在实际情况下，该模块工作在双系统联合定位模式下的定位误差如图 8.32 所示。UM220 的定位误差为 10 m，误差主要来自卫星钟差、电离层延迟和对流层延迟等。在雷场组网后，可以利用差分定位方法提高定位精度，并控制在 1 m 左右。另外，也可通过智能雷弹自定位算法对初始定位误差进行修正。

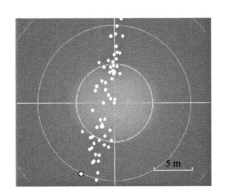

5 m

图 8.32　北斗单点定位误差

自组织网络的基础是弹对节点之间的相互通信能力，为验证网关子弹与功能子弹之间的双向通信，选取网关子弹与功能子弹各一个，在空旷地带，网关子弹 A 固定于楼顶，功能子弹 B 静止或运动。由于 UM220 定位模块的数据更新率为 1 Hz，所以定位跟踪移动目标成为可能。网关子弹 A 和功能子弹 B 自身定位后，功能节点 B 通过射频将自身位置信息传送给远处的网关子弹 A，网关子弹 A 将收集到的自身的与功能子弹 B 的定位信息传送给控制中心，通过Matlab 显示其位置。

由图 8.33 可直接读出 A 和 B 的经纬度，同时采集到 A 和 B 的定位信息，有助于帮助识别 B 相对于 A 的位置。通过计算可知，B 在 A 点西偏南 20° 方向上，相隔 463 m。图 8.34 所示为在 A 点跟踪 B 点的运动轨迹，B 点沿着轨迹逆时针运动，运动的区域为占地 10 000 m² 建筑物的周边路段。轨迹首段拐角处距离终点 10 m，跟踪的轨迹与真实运动轨迹基本吻合。试验数据表明，网关子弹与功能子弹之间能够进行有效的数据传输，从而验证了所设计通信软件的功能性。试验中的通信距离是在较为空旷的区域内实现的，天线与地面之间的距离较高并不能说明智能雷弹之间的通信距离可靠。由于子弹落地后天线几乎贴近地面，因此通信距离受到严重的影响。

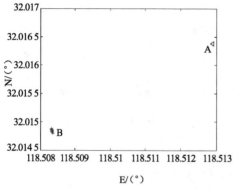

图 8.33　静止目标定位

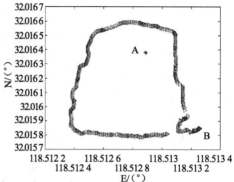

图 8.34　运动轨迹跟踪

第 9 章

水下武器激光灵巧引信设计基础理论及应用

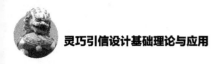

|9.1 概　　述|

　　现代海战中反潜、反舰形势将更加严峻，常规潜艇将以水下 20～25 kn 速度，核潜艇以 40 kn 速度，在水深 400～1 000 m 处采用"隐形"及先进的水下对抗技术参与作战，航空母舰等大型水面舰艇以 25～35 kn 的航速行进，装备十分完善的反导手段，并具有强大的对海、对空及反潜火力。现代水面舰艇和潜艇不仅体积趋于大型化，增加了抗沉性，而且为了防止鱼雷、深弹等反潜武器的攻击，装甲加厚，外壳也普遍使用了高强度的合金材料，因此具有了很强的抗爆能力。有的舰艇外壳还做成耐冲击隔层或防雷隔舱。如俄罗斯在 20 世纪70 年代后生产的几型核潜艇，壳体采用了高强度的钛合金材料，内壳和外壳达2～4.6 m 的间距，其间又增设了多个水柜、缓冲舱和导弹发射装置等，使潜艇能抗击 300 kg TNT 炸药接触爆炸的爆压（外壳损伤但钛合金内壳未摧毁），要想彻底摧毁敌舰艇变得越来越困难。

　　对于此类舰船目标，鱼雷自 19 世纪中期问世以来，由于具有隐蔽性、强水下爆炸威力和自导寻的能力，不仅是有效的反潜武器，也是打击水面舰船和航空母舰、破坏岸基设施的重要手段，在近代各次海战中发挥着重要作用。新型鱼雷正向着高航速、远航程、大深度、低噪声、强杀伤力和智能化方向发展。鱼雷引信是鱼雷探测与控制的核心组件之一，现有的鱼雷引信常用探测体制，有声呐探测、水压探测、主动电磁探测等，由于此类技术较为成熟，本书中不再涉及。近年来，海水中蓝绿透光窗口的发现，为水下目标探测开辟了一条新的途径。激光具有亮度高、脉冲短、准直度高等优点，用于水下目标探测可以获得比声呐更高的测距、定位和成像精度。本章即以鱼雷引信为基础，基于新兴的蓝绿激光水下探测和激光周视探测技术，论述其探测基础理论。

|9.2　水下激光灵巧引信探测基础理论|

9.2.1　水下激光灵巧引信周视探测原理

水下周视激光近程目标探测系统安装于鱼雷前端、声呐系统之后用于探测识别水下近程目标的方位和距离信息。由于海水对激光束的衰减作用远大于空气，为充分利用发射功率增大探测距离，必须尽可能聚集发射能量、减小发射光束的发散角。受到蓝绿激光器件发展的限制，现有的大功率脉冲绿激光器体积较大，无法在鱼雷中安放多个激光发射器，故水下激光周视探测系统的激光发射模式，应采用单光束周向扫描的方式。另外，海水中存在的各种悬浮粒子对激光的散射作用，会在探测器中造成强烈的背景噪声，在选择接收模式时，为尽可能减小背景噪声应采用单接收器扫描探测的方案，利用小的探测视场角尽可能减小背景噪声的干扰。因此，水下激光引信大视场探测的最佳方案为发射光束和接收视场同步扫描的单发单收模式。

常用的同步扫描方案，是将发射器和接收器以一定角度固定在万向支架上，随支架的转动绕弹轴旋转。万向支架结构设计复杂，通常所用的大功率脉冲绿激光器体积较大且激光头中有倍频晶体和谐振腔，不宜被安装在万向支架上做高速旋转运动。为形成扫描探测的光束场和探测场，可采用扫描折转机构折转光束并带动光束旋转，从而以发射光束和回波光束的旋转代替激光器和接收器的旋转，实现绕雷轴全周向的动态探测。水下激光周视探测系统发射和接收光路设计如图 9.1 所示。

水下激光周视探测系统通过光束扫描折转机构，折转发射光束和接收回波的方向，并以扫描折转机构的旋转实现激光前斜向绕雷轴周向 360° 全向动态扫描和回波接收。激光束由激光器射出，经扫描折转机构折转后与雷轴成一定夹角经发射窗口射出，在目标表面反射后，激光回波通过接收窗口再由扫描折转机构折射后进入接收器。发射的脉冲激光随电机旋转形成与轴线有一定夹角的圆锥状光束场，如图 9.2 所示；同时，激光接收系统随电机旋转形成与轴线有一定夹角的圆锥状探测视场，接收来自目标的回波信号，控制系统根据所接收回波信号的方向和时间判断目标方位和距离。

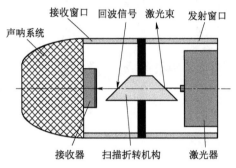
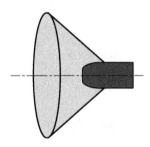

图 9.1　鱼雷激光引信发射和接收光路结构　　　　图 9.2　圆锥状光束场

对于发射接收同步扫描周向探测方案，要实现对目标的方位识别，激光周视探测系统信号传输过程如图 9.3 所示。

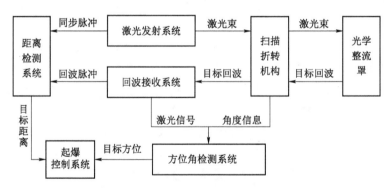

图 9.3　激光周视探测系统信号传输流程

激光周视探测系统包括：激光发射系统、扫描折转机构、光学整流罩、回波接收系统、距离检测系统、方位角检测系统和起爆控制系统。各子系统需实现的功能如下：激光发射系统用于出射 532 nm 波长的脉冲绿激光，并输出同步脉冲信号供给距离检测系统；扫描折转机构用于激光束和目标回波的偏折、旋转，实现全周向动态扫描和探测；光学整流罩形状与鱼雷外形匹配，用于隔离海水并作为发射、接收光路的一部分为激光束和目标回波提供透射通道；回波接收系统探测、识别、处理目标回波信号，并将整形后的回波脉冲实时传输给方位角检测系统和距离检测系统；距离检测系统测量回波脉冲与同步脉冲之间的时间间隔，从而解算出目标距离，同时将距离信息传递给起爆控制系统；方位角检测系统根据扫描折转机构的角度信息和激光回波信号解算出目标方位角并实时传递给起爆控制系统；起爆控制系统综合目标距离和方位角信息，基于设定的起爆策略，决定是否起爆以及起爆的方位，将起爆信号传输给战斗部。

9.2.2　海水激光传输特性模型

9.2.2.1　海水光学特性

海水是一个复杂的化学、物理、生物系统，包含溶解物质、悬浮体，以及多种多样的活性有机体。海水成分的各种不均匀性，使得其间传输的光将被强烈地散射、吸收而衰减。海水中占绝大比例的成分是纯水，水分子是极化的，在紫外和红外谱带上存在强烈的共振，造成纯水对这部分光谱表现出强烈的吸收。但水分子在可见光谱带的共振较弱，纯水在可见光波段的吸收要比紫外和红外小得多，其中，在蓝绿波段 450～580 nm 吸收最小，吸收系数在 0.02～0.05 m^{-1}，因此海洋中的光探测都使用蓝绿激光。

大洋中的海水所处的物理条件为：温度-4 ℃～36 ℃，压力 101 kPa～1.1×10^8 Pa。在该范围内，纯水的光学特性变化很小，海水光学特性的变化主要是由溶解物质和悬浮粒子的不确定性所引起的。海水中对光学特性产生影响的主要有以下几种成分：藻类细胞，如浮游植物，其浓度有很大变化；连带的碎屑，即由浮游生物的自然死亡降解和浮游动物的消化排泄产生的碎屑；悬浮泥沙，即沿岸海底和浅海区因海流等作用而搅起的泥沙；溶解的有机物质；矿物质；细菌等。此外，海水中还包括气泡、一些无机盐（如 NaCl，MgCl$_2$、KCl、CaSO、MgSO$_4$ 等）和气体（如氧气、氮气、二氧化碳、氩气等）。其中，海水中有一部分溶解有机物对水体的光学特性有很大影响，这部分溶解有机物有着特殊的光吸收特性，被称为有色可溶性有机物（Chromophoric Dissolvable Organic Matter，CDOM），由于在黄色波段吸收最小，所以呈黄色，国内多将其简称为黄色物质。

海水中各成分以及环境因素对光的衰减特性总结为表 9.1。

表 9.1　海水各成分对光的衰减特性

海水成分与环境因素	吸收特性	散射特性
水分子	与波长密切相关，蓝绿波段吸收最小	瑞利散射，与波长的四次方成反比

续表

海水成分与环境因素	吸收特性	散射特性
盐	忽略	与波长无关，增加水分子的散射
黄色物质	与波长相关，短波段急剧增加，与水体类型有很大关系	忽略
悬浮粒子	与波长、粒子类型、粒子浓度均密切相关	与波长、粒子类型、粒子浓度相关
温度、压强变化	近红外波段有较大影响，蓝绿波段可忽略	与波长无关，有微小影响

　　海水的光学特性主体上可分为两个类型进行描述，即固有光学特性（IOP）和表观光学特性（AOP）。固有光学特性仅决定于传输介质本身，独立于介质周围光场，主要参数包括衰减系数、吸收系数、散射系数、体散射函数、折射率、单次散射反照率等。表观光学特性与固有光学特性以及介质周围光场的结构相关，主要参数有辐射照度反照率、漫反射衰减系数、平均余弦值等。

　　当辐射功率为 $\Phi_i(\lambda)$（单位 W）的单色窄光束垂直照射体积 ΔV、厚度 Δr 很小的水时，水固有的光学特性如图 9.4 所示。

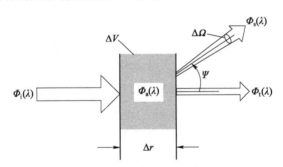

图 9.4　水固有的光学特性定义

　　根据图 9.4 可知，入射功率 $\Phi_i(\lambda)$ 的 $\Phi_a(\lambda)$ 部分被水体吸收，$\Phi_s(\theta; \lambda)$ 表示角度 θ 方向的散射光功率，其中 θ 称为散射角且 $0 \leqslant \theta \leqslant \pi$，其余透射光功率 $\Phi_t(\lambda)$ 沿入射方向传播。假设所有散射均为弹性散射，以 $\Phi_s(\lambda)$ 表示所有方向的总散射功率，根据能量守恒定律，有：

$$\Phi_i(\lambda) = \Phi_a(\lambda) + \Phi_s(\lambda) + \Phi_t(\lambda) \tag{9.1}$$

光谱吸收率 $A(\lambda)$ 为吸收功率与入射功率的比值：

$$A(\lambda) = \frac{\Phi_a(\lambda)}{\Phi_i(\lambda)} \tag{9.2}$$

光谱散射率 $B(\lambda)$ 定义为：

$$B(\lambda) = \frac{\Phi_s(\lambda)}{\Phi_i(\lambda)} \qquad (9.3)$$

光谱透射率 $T(\lambda)$ 定义为：

$$T(\lambda) = \frac{\Phi_t(\lambda)}{\Phi_i(\lambda)} \qquad (9.4)$$

显然：

$$A(\lambda) + B(\lambda) + T(\lambda) = 0 \qquad (9.5)$$

在实际测量中，分光光度计无法直接测量吸收率，所测的数据为吸光率 $D(\lambda)$，也称为光学密度，其定义为：

$$D(\lambda) \equiv \lg \frac{\Phi_i(\lambda)}{\Phi_s(\lambda) + \Phi_t(\lambda)} = -\lg[1 - A(\lambda)] \qquad (9.6)$$

在海洋光学中，光谱吸收和散射系数分别指介质中每单位距离的光谱吸收率和散射率，故光谱吸收系数 $a(\lambda)$ 定义为：

$$a(\lambda) = \lim_{\Delta r \to 0} \frac{A(\lambda)}{\Delta r} \qquad (9.7)$$

光谱散射系数 $b(\lambda)$ 定义为：

$$b(\lambda) = \lim_{\Delta r \to 0} \frac{B(\lambda)}{\Delta r} \qquad (9.8)$$

光束衰减系数 $c(\lambda)$ 定义为：

$$c(\lambda) = a(\lambda) + b(\lambda) \qquad (9.9)$$

对应于衰减系数 c，衰减长度 $l = 1/c$ 表征辐射通量衰减为 e^{-1} 时所通过的路程。

定义 $B(\theta;\lambda)$ 表示在散射角 θ 方向立体角 $\Delta\Omega$ 内的总光谱散射率，则 θ 方向单位距离、单位立体角内的角散射率，也称为体散射函数 $\beta(\theta;\lambda)$ 可表示为：

$$\beta(\theta;\lambda) = \lim_{\Delta r \to 0} \lim_{\Delta\Omega \to 0} \frac{\Phi_s(\theta;\lambda)}{\Phi_i(\lambda)\Delta r \Delta\Omega} \qquad (9.10)$$

结合辐射强度公式：

$$\Phi_s(\theta;\lambda) = I_s(\theta;\lambda)\Delta\Omega \qquad (9.11)$$

以及辐射照度公式：

$$E_i(\lambda) = \Phi_i(\lambda) / \Delta A \qquad (9.12)$$

式中，$\Delta V = \Delta r \times \Delta A$。联立式（9.10）、式（9.11）、式（9.12）有：

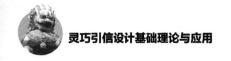

$$\beta(\theta;\lambda) = \lim_{\Delta r \to 0} \frac{I_s(\theta;\lambda)}{E_i(\lambda)\Delta V} \tag{9.13}$$

$\beta(\theta;\lambda)$ 的物理意义是单位入射辐照度在单位体积水散射角方向的散射强度，也表示单位体积的微分散射截面。对 $\beta(\theta;\lambda)$ 在所有方向（立体角）进行积分，就可以得到单位辐照度入射到单位体积水的散射功率，即光谱散射系数：

$$b(\lambda) = 2\pi \int_0^\pi \beta(\theta;\lambda)\sin\theta \mathrm{d}\theta \tag{9.14}$$

在式（9.14）中，由于自然水体中散射在入射方向是关于散射角对称（非极化光源和随机定向散射），按照散射方向与入射方向的夹角将散射分为前向散射（$0 \le \theta \le \pi/2$）和后向散射（$\pi/2 \le \theta \le \pi$）两部分。前向散射系数和后向散射系数分别为：

$$b_f(\lambda) = 2\pi \int_0^{\pi/2} \beta(\psi;\lambda)\sin\psi \mathrm{d}\psi \tag{9.15}$$

$$b_b(\lambda) = 2\pi \int_{\pi/2}^\pi \beta(\psi;\lambda)\sin\psi \mathrm{d}\psi \tag{9.16}$$

定义光谱体散射相函数 $P(\theta;\lambda)$ 为：

$$P(\theta;\lambda) = \frac{\beta(\theta;\lambda)}{b(\lambda)} \tag{9.17}$$

体散射相函数表示光在某个给定方向单位立体角中散射的能量与在所有方向上平均的单位立体角中的散射能量之比，反映了散射体在 0°～360° 各散射角方向上对光的散射能力，是描述散射特性的重要参数。

联合式（9.14）和式（9.17）可得相函数的归一化条件：

$$2\pi \int_0^\pi P(\theta;\lambda)\sin\theta \mathrm{d}\theta = 1 \tag{9.18}$$

当涉及水体中光场分布时，固有光学特性不再适用，而需要通过表观光学特性的相关参量来加以描述。不同固有光学特性，表观光学特性不能通过选取水体样本进行测量，它依赖于水体周围的辐亮度分布。表观光学特性中最主要的参量为平均余弦 g，其定义为散射角 θ 的余弦在所有散射方向的平均值：

$$g = 2\pi \int_0^\pi P(\theta)\cos\theta \sin\theta \mathrm{d}\theta \tag{9.19}$$

平均余弦 g 通常叫作相函数的不对称参数，表征相函数的"形状"。例如，如果 θ 很小，$P(\theta)$ 非常大，那么 g 接近 1；如果 $P(\theta)$ 关于 $\theta=90°$ 对称，则 $g=0$。

9.2.2.2　激光束在海水中的能量衰减模型

在研究水下激光束的传输过程时，海水介质中的各种成分对光束的作用都可以归结为对光波的吸收和散射。海水对近红外光的吸收与温度有很大关系，但在可见光波段，温度和盐度对吸收系数的影响非常小，基本可以忽略。对于 532 nm 绿激光海水的光学特性主要与 4 种因素有关：纯水、黄色物质、浮游植物和非色素悬浮粒子。其中，黄色物质对光仅有吸收作用，其他 3 种成分对光既有吸收作用又有散射作用。因此，海水的吸收系数是纯水、黄色物质、浮游植物以及非色素悬浮粒子的吸收系数之和：

$$a(\lambda) = a_w(\lambda) + a_y(\lambda) + a_{ph}(\lambda) + a_d(\lambda) \qquad (9.20)$$

式中，下标 w，y，ph，d 分别代表水分子、黄色物质、浮游植物和非色素悬浮粒子对光的吸收作用。而海水的散射系数是浮游植物、非色素悬浮粒子以及纯水的散射系数之和：

$$b(\lambda) = b_w(\lambda) + b_{ph}(\lambda) + b_d(\lambda) \qquad (9.21)$$

联立式（9.9）、式（9.20）和式（9.21）可得海水的总衰减系数 $c(\lambda)$ 的计算公式：

$$c(\lambda) = a_w(\lambda) + a_y(\lambda) + a_{ph}(\lambda) + a_d(\lambda) + b_w(\lambda) + b_{ph}(\lambda) + b_d(\lambda) \qquad (9.22)$$

水下激光探测系统采用 532 nm 绿激光，针对 532 nm 波长的光波计算海水的吸收系数 $a(532)$、散射系数 $b(532)$ 和衰减系数 $c(532)$。

（1）海水吸收系数

海水光吸收表现为入射到海水中的部分光子能量转化为其他形式的能量，如热动能、化学势能等，所以海水的光吸收表现出的是衰减机制。

很多学者采用多种方法对纯水吸收光谱进行了大量的测量工作。然而不同的人所得到的测量结果有明显的差异。这表明纯水吸收光谱的测量有很大程度的不确定性。这些不确定性主要来自水中杂质散射的影响。中山大学的邓孺孺等人设计了一套采用较直接方式测量水体吸收系数的新装置，最终得到较准确的纯水在 400～900 nm 波段的吸收系数。其中，纯水对 532 nm 波段的吸收系数为 0.042 4 m^{-1}，即：$a_w(532) = 0.042\ 4\ m^{-1}$。

黄色物质是指海洋中的有色可溶性有机物（CDOM），该物质具有特殊的光吸收性，从光谱曲线可见，其与纯海水形成鲜明对比。黄色物质的吸收光谱关系可用式（9.23）表示：

$$a_y(\lambda) = a_y(\lambda_0) \exp[-S(\lambda - \lambda_0)] \qquad (9.23)$$

式中，$a_y(\lambda)$ 和 $a_y(\lambda_0)$ 分别表示在波长 λ 和 λ_0 处的吸收系数，m^{-1}；S 为光吸收谱的斜率。朱建华和李铜基利用春季黄海海区现场测量的黄色物质光谱吸收系数数据，分析评价不同参考波长拟合吸收系数曲线斜率的差别和效果。结果表明，$\lambda_0 = 440$ nm 时，拟合效果最好。此时，$a(\lambda_0) = 0.078\ 3\ m^{-1}$，$S = 0.017\ 5$，即，

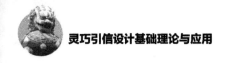

$$a_y(\lambda) = 0.078\,3\exp[-0.017\,5(\lambda - 440)] \tag{9.24}$$

可计算得 532 nm 波段黄色物质的吸收系数：$a_y(532) = 0.015\,6\ \mathrm{m}^{-1}$。

浮游藻类光谱吸收曲线由进行光合作用的活性叶绿素 a 和其他辅助色素浓度决定，而它们的浓度随着水体环境和藻类的不同而变化，其中起主导作用的是叶绿素 a 对光的吸收作用。

浮游植物对光的吸收可以用式（9.25）来进行计算：

$$a_{ph}(\lambda) = a_{ph}^*(\lambda)[\mathrm{Chl}] \tag{9.25}$$

式中，$a_{ph}^*(\lambda)$ 为叶绿素 a 的单位吸收系数，即单位浓度叶绿素（1 mg/m³）的吸收系数，[Chl] 为叶绿素 a 的浓度（mg/m³）。对于单位吸收系数 $a_{ph}^*(\lambda)$ 有公式：

$$a_{ph}^*(l) = A(\lambda)[\mathrm{Chl}]^{-B(\lambda)} \tag{9.26}$$

其中，$A(\lambda)$ 为在参考波长 $\lambda = 440$ nm 处进行归一化以后的单位吸收系数，即有：$A(\lambda) = a_{ph}(\lambda)/a_{ph}(440)$。$B(\lambda)$ 反映单位吸收系数 $a_{ph}^*(\lambda)$ 随叶绿素浓度增加而减小的速率。联立式（9.25）和式（9.26）可得：

$$a_{ph}(\lambda) = A(\lambda)[\mathrm{Chl}]^{1-B(\lambda)} \tag{9.27}$$

引用 Howard R.Gordon 的研究结果，对式（9.27）参数化：

$$a_{ph}(\lambda) = 0.06A(\lambda)[\mathrm{Chl}]^{0.602} \tag{9.28}$$

对于 532 nm 波段，$A(532) = 0.34$，代入式（9.28）得：

$$a_{ph}(532) = 0.020\,4\,[\mathrm{Chl}]^{0.602}$$

非色素悬浮物是由浮游植物死亡而产生的有机碎屑以及泥沙等颗粒经再悬浮而产生的无机悬浮颗粒。非色素悬浮粒子的吸收系数与波长也呈指数关系，和黄色物质具有非常相似的吸收光谱，表示为：

$$a_d(\lambda) = a_d(\lambda_0)\exp[-S_d(\lambda - \lambda_0)] \tag{9.29}$$

式中，$a_d(\lambda_0)$ 为参考波长下非色素悬浮粒子的光吸收系数，一般取 $\lambda_0 = 440$ nm。S_d 为光吸收谱斜率，平均值为 0.01±0.002。在这里取 $a_d(440) = 0.198\ \mathrm{m}^{-1}$，$S_d$ 取平均值 0.01，即：

$$a_d(\lambda) = 0.198\exp[-0.01(\lambda - 440)] \tag{9.30}$$

当 $\lambda = 532$ nm 时，$a_d(532) = 0.078\,9\ \mathrm{m}^{-1}$。

（2）海水散射系数

光和粒子的相互作用，按粒子尺度 r 与入射波波长 λ 的相对大小的不同，可采用不同的处理方法。通常将粒子考虑为均匀球状体，常采用无量纲尺度参量 $\alpha = \pi r/\lambda$ 作为判别标准：当 $\alpha \ll 1$ 时，属于瑞利散射；当 $\alpha \approx 1$ 时，属于米氏散射；当 $\alpha \gg 1$ 时，属于漫反射，可用几何光学处理。由于水分子粒子尺寸远远小于探测光波长,所以海水中水分子的散射可以用瑞利散射理论来进行处理。由此 Raymond C.Smith 和 Karen S.Baker 在 1981 年给出纯水水分子的散射系数计算公式:

$$b_w(\lambda) = 0.000\,145\lambda^{-4.32} \tag{9.31}$$

考虑到海水中所含盐分,本书采用文献所得的 35‰～39‰ 的纯盐水的散射系数:$b_w(532) = 0.002\,2\,\mathrm{m}^{-1}$。

由于浮游植物和非色素悬浮粒子的尺度与光波波长相当,故其所引起的散射一般用米氏散射理论处理。MOREL 给出浮游植物的散射系数与波长的经验关系,为:

$$b_{ph}(\lambda) = \frac{550}{\lambda} b_{ph}(550) \tag{9.32}$$

式中,$b_{ph}(550)$ 为 550 nm 处的散射系数,可表示为 $b_{ph}(550) = B_c[\mathrm{Chl}]^{0.62}$,其中 B_c 为常量,取值 0.12,单位为 mg/m³,则有:

$$b_{ph}(\lambda) = \frac{550 \times 0.12 \times [\mathrm{Chl}]^{0.62}}{\lambda} \tag{9.33}$$

当 $\lambda = 532$ nm 时,$b_{ph}(532) = 0.124[\mathrm{Chl}]^{0.62}$。

与浮游植物散射系数的计算方法相类似,对于非色素悬浮粒子的散射系数有:

$$b_d(\lambda) = \frac{550}{\lambda} b_d(550) \tag{9.34}$$

其中,$b_d(550)$ 是参考波长取 550 nm 时非色素悬浮粒子的散射系数,有 $b_d(550) = 0.125D'$,D' 是海水中非色素悬浮粒子的质量浓度,单位为 mg/L。故:

$$b_d(\lambda) = \frac{550 \times 0.125D'}{\lambda} \tag{9.35}$$

当 $\lambda = 532$ nm 时,$b_d(532) = 0.129D'$。

综上可得 532 nm 波段的光波在海水中的总衰减系数:

$$c(532) = 0.139\,1 + 0.020\,4[\mathrm{Chl}]^{0.602} + 0.124[\mathrm{Chl}]^{0.62} + 0.129D' \tag{9.36}$$

(3)海水中目标回波功率衰减模型

目标回波功率方程:

$$P_r(R) = \frac{P_t \eta \rho \cos\theta_s A_r}{\pi R^2} e^{-2cR} \tag{9.37}$$

式中,$P_r(R)$ 表示探测器所接收到距离 R 处的目标的回波功率;P_t 为激光器发射功率;η 为光学系统总透过率;c 为海水的衰减系数;ρ 为目标表面的平均反射率;A_r 为接收系统的有效孔径面积;θ_s 为目标平面法线与激光视场方向所夹锐角。

将 532 nm 波段的光波在海水中的总衰减系数式（9.36）代入式（9.37），可得 532 nm 激光探测系统在海水中的回波功率衰减模型：

$$P_r(R) = \frac{P_t \eta \rho \cos \theta_s A_r}{\pi R^2} e^{-2R(0.139\,1 + 0.020\,4[\text{Chl}]^{0.602} + 0.124[\text{Chl}]^{0.62} + 0.129 D')} \qquad (9.38)$$

根据式（9.38），目标回波功率与叶绿素 a 的浓度 [Chl]（mg/m³）、海水中非色素悬浮粒子的质量浓度 D'（mg/L）密切相关，给定参数如表 9.2 所示，回波功率相对叶绿素浓度和非色素悬浮粒子浓度变化规律如图 9.5 所示。

表 9.2　回波功率衰减计算参数

参数	P_t	R	A_r	ρ	η	θ_s	[Chl]	D'
取值	1 kW	10 m	$9 \times 10^{-4} \pi \text{m}^2$	0.3	0.86	$\pi/2$	1 mg/m³	0.1 mg/L

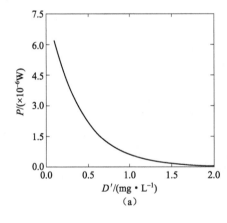
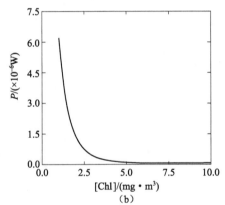

图 9.5　回波功率变化规律
（a）随非色素悬浮粒子浓度变化；（b）随叶绿素浓度变化

由图 9.5 可见，回波功率随粒子浓度的增加呈指数下降，并且对叶绿素浓度的变化更为敏感，当粒子浓度高于一定程度后，探测器将无法接收到目标回波。

（4）水下激光探测系统发射功率要求

对于确定的水下激光探测系统，其接收系统的探测灵敏度是一定的，即接收系统能探测到的最小回波功率 P_r 一定。变形后可得对应于水下激光近程探测系统探测最远距离 $R_{\max}$ 所需的发射脉冲激光的峰值功率 $P_t(R_{\max})$：

$$P_r(R_{\max}) = \frac{P_t \pi R_{\max}^2}{\eta_t \eta_r \eta_a \rho A_r} e^{-2R_{\max}(0.139\,1 + 0.020\,4[\text{Chl}]^{0.602} + 0.124[\text{Chl}]^{0.62} + 0.129 D')} \qquad (9.39)$$

根据式（9.39）所建立的发射功率模型，在不同的叶绿素 a 的浓度[Chl]（mg/m³）和非色素悬浮粒子的质量浓度 D'（mg/L）条件下，对发射脉冲激光的峰值功率 $P_t(R_{max})$ 进行仿真。在仿真过程中取：总光学系统透过率 η 均为 0.86，目标表面的平均反射率 ρ 为 0.3，孔径面积 $A_r = 9 \times 10^{-4} \pi m^2$，接收系统的探测灵敏度 $P_r = 5\mu W$。一般情况下，海水参数取 [Chl] = 1　mg/m³，$D' = 0.1$ mg/L。

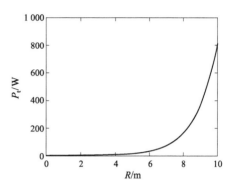

图 9.6　发射激光峰值功率 $P_t(R_{max})$ 变化曲线

针对上述仿真参数，随给定的最远探测距离 R_{max} 由 1 m 到 10 m 增加所需的发射脉冲激光峰值功率 $P_t(R_{max})$ 增长情况如图 9.6 所示。

分别针对浮游植物粒子占主导和非色素悬浮粒子占主导的水体，即在不同[Chl]（mg/m³）和 D'（mg/L）的取值条件下，仿真计算对应于 1～10 m 最大探测距离 R_{max}（m）所需的发射激光峰值功率值 $P_t(R_{max})$，计算结果列于表 9.3，其中[Chl]和 D' 的单位分别为 mg/m³ 和 mg/L。

表 9.3　不同水质条件下所需发射激光峰值功率值 $P_t(R_{max})$

R/m	P_t/W						
	[Chl] = 1 D' = 0.1	[Chl] = 1 D' = 0.5	[Chl] = 1 D' = 1	[Chl] = 5 D' = 1	[Chl] = 10 D' = 1	[Chl] = 0.1 D' = 0.1	[Chl] = 5 D' = 0.1
1	3.911×10^{-2}	4.332×10^{-2}	4.929×10^{-2}	8.056×10^{-2}	1.222×10^{-1}	3.138×10^{-2}	6.387×10^{-2}
2	2.827×10^{-1}	3.476×10^{-1}	4.499×10^{-1}	1.202	2.766	1.824×10^{-1}	7.554×10^{-1}
3	1.151	1.568	2.310	10.09	35.22	0.596 4	5.026
4	3.701	5.593	9.370	66.89	354.4	1.541	26.42
5	10.46	17.53	33.41	389.8	3 133	3.498	122.1
6	27.25	50.62	109.8	2 094	2.553×10^4	7.320	519.9
7	67.11	138.2	340.9	1.063×10^4	1.966×10^5	14.48	2 092
8	158.6	362.0	1 016	5.178×10^4	1.453×10^6	27.48	8 081
9	363.0	919.0	2 935	2.444×10^5	1.041×10^7	50.53	3.024×10^4
10	810.8	2 275	8 267	1.125×10^6	7.272×10^7	90.65	1.104×10^5

由仿真结果可知，在给定海水环境下，探测 R_{max} 距离所需要的激光发射功

率 $P_t(R_{max})$ 随 R_{max} 的增加呈指数增长。叶绿素 a 的浓度[Chl]和非色素悬浮粒子的浓度 D' 对 $P_t(R_{max})$ 有显著影响，而且叶绿素 a 的浓度的影响比非色素悬浮粒子的浓度大。在[Chl] = 0.1 mg/m³、D' = 0.1 mg/L 的清洁海域，90 W 以上的发射脉冲激光峰值功率即可探测到 10 m 处的目标；而在类似于[Chl] = 1 mg/m³、D' = 1 mg/L 非色素悬浮粒子占主导的清洁二类水体，需要 8 kW 的发射脉冲激光峰值功率探测 10 m 处的目标；但在[Chl] = 10 mg/m³、D' = 1 mg/L 浮游植物丰富、非色素悬浮粒子浓度密集的海域，光束能量衰减十分严重，需要超过 72 MW 以上的发射脉冲激光峰值功率才能探测到 10 m 处的目标。

需要说明的是，在本节中讨论水下探测系统最大探测距离是在仅考虑目标回波强度可被探测器识别的条件下进行的，并未考虑后向散射光以及其他环境光等造成的噪声干扰。在实际中，当后向散射光等噪声强度高于目标回波强度时，即使目标回波强度高于系统探测灵敏度，探测系统也可能无法识别目标。

9.2.2.3　海水后向散射特性

由于水的光学特性较为稳定，而黄色物质对光束仅存在吸收作用，海水中对激光传输影响最大的组分为水中的各类悬浮粒子，包括藻类粒子和非色素悬浮粒子等。这些粒子以不同的质量浓度存在于海水中，对光束产生严重散射作用，除了造成能量衰减以外，与入射方向相反方向的散射光会进入探测器中，与目标回波信号混杂，降低系统的探测信噪比。

光子与水中随机分布的散射体发生作用，光散射方向与原来的入射方向夹角大于 90° 的部分，即为后向散射。后向散射光主要存在于浅水域，因为这部分海水的悬浮颗粒最多。由于它具有很大的动态范围，并且光强度往往远大于目标反射信号，所以后向散射光是水下激光探测系统中重点研究的部分。

（1）海水悬浮粒子米氏散射模型

海水中悬浮粒子的尺寸参数 α 接近于 1，对于这类粒子的散射通常用米氏散射（Mie）理论加以描述。Mie 的强度比瑞利散射大得多，但散射强度随波长的变化不如瑞利散射剧烈，散射光强会随角度变化出现许多极大值和极小值。

根据 Mie 理论，被一个粒子散射到 θ 方向的散射光可以分为两个互相垂直的偏振分量，这两个分量分别和两个强度分布函数 i_1 和 i_2 成正比。这两个函数是 Mie 理论的精髓，可表示为：

$$i_1 = S_1(m,\theta,\alpha)S_1^*(m,\theta,\alpha) \tag{9.40}$$

$$i_2 = S_2(m,\theta,\alpha)S_2^*(m,\theta,\alpha) \tag{9.41}$$

式中，S_1、S_2 为散射光的振幅函数，S_1^*、S_2^* 分别为 S_1、S_2 的共轭复数，α 为

粒子尺寸参数（$\alpha = 2\pi R / \lambda$），$m = n - in_i$ 为粒子相对周围介质的折射率，当虚部不为零时，表示粒子有吸收。S_1、S_2 可表示为下列无穷级数：

$$S_1 = \sum_{n=1}^{\infty} \frac{2n+1}{n(n+1)}(a_n \pi_n + b_n \tau_n) \tag{9.42}$$

$$S_2 = \sum_{n=1}^{\infty} \frac{2n+1}{n(n+1)}(a_n \tau_n + b_n \pi_n) \tag{9.43}$$

式中，a_n 和 b_n 的值由 Ricatti－Bessel 函数决定，由下式计算得到：

$$a_n = \frac{\phi'_n(m\alpha)\phi_n(\alpha) - m\phi_n(m\alpha)\phi'_n(\alpha)}{\phi'_n(m\alpha)\xi_n(\alpha) - m\phi_n(m\alpha)\xi'_n(\alpha)} \tag{9.44}$$

$$b_n = \frac{m\phi'_n(m\alpha)\phi_n(\alpha) - \phi_n(m\alpha)\phi'_n(\alpha)}{m\phi'_n(m\alpha)\xi_n(\alpha) - \phi_n(m\alpha)\xi'_n(\alpha)} \tag{9.45}$$

$$\pi_n = \frac{P_n^{(1)}(\cos\theta)}{\sin\theta} = \frac{\mathrm{d}P_n(\cos\theta)}{\sin\theta} \tag{9.46}$$

$$\tau_n = \frac{\mathrm{d}}{\mathrm{d}\theta} P_n^{(1)}(\cos\theta) \tag{9.47}$$

式中，

$$\phi_n(\alpha) = \sqrt{\frac{\pi\alpha}{2}} \cdot J_{n+1/2}(\alpha) \tag{9.48}$$

$$\xi_n(\alpha) = \sqrt{\frac{\pi\alpha}{2}} [J_{n+1/2}(\alpha) + (-1)^n iJ_{-n+1/2}(\alpha)] \tag{9.49}$$

$$\phi'_n(\alpha) = \frac{\partial \phi_n(\alpha)}{\partial \alpha} \tag{9.50}$$

$$\xi'_n(\alpha) = \frac{\partial \xi_n(\alpha)}{\partial \alpha} \tag{9.51}$$

$P_n^{(1)}(\cos\theta)$ 为一阶 n 次第一类缔合勒让德函数，$J_{n+1/2}(\alpha)$ 是半整阶贝塞尔函数，$J_{-n+1/2}(\alpha)$ 是负半整阶贝塞尔函数。

粒子的衰减系数 c 与粒子尺寸参数 α 以及粒子复折射率 m 密切相关。根据 Mie 理论计算公式绘制同一粒子不同复折射率虚部 n_i 条件下，衰减系数 c 随尺寸参数与折射率实部乘积 $\rho = 2\alpha(n-1)$ 变化的曲线，如图 9.7 所示。

由图 9.7 可知，衰减系数 c 随着参数 ρ 增大呈现以 2 为振荡中心、振幅依次减小的一系列有规则的振荡变化，当 ρ 在 4 附近时，c 取得第一次最大值，此后，随 ρ 增大，振荡振幅依次减小，最终逼近 2。因此，当参数 $\rho \leqslant 4$ 时，颗粒的衰减系数在给定波长处，随着颗粒直径的增大而增大；在给定粒径处，随波长的增大而减小。改变复折射率虚部并不会改变振荡峰的位置，只影响振荡幅值，且随着颗粒吸收的增强，振荡幅值降低，且更迅速地趋向稳定值 2。

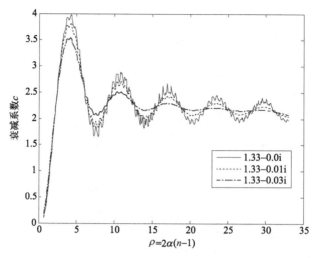

图 9.7　衰减系数 c 随参数 ρ 变化的曲线

　　对不同尺寸参数和复折射率的粒子，计算其衰减系数 c 和散射系数 b，计算结果如表 9.4 所示。

表 9.4　部分粒子衰减系数 c 与散射系数 b 的计算结果

序号	复折射率 m	尺寸参数 α	衰减系数 c	散射系数 b
1	1.50	0.000 1	2.306 804 7e − 17	2.306 804 7e − 17
2	1.50	100	2.094 4	2.094 4
3	$1.50 - 0.1i$	0.000 1	1.992 5e − 5	2.402 24e − 17
4	$1.50 - 0.1i$	100	2.089 8	1.132 1
5	$1.5 - i$	0.055	0.101 49	1.131 6e − 5
6	$1.5 - i$	0.056	0.103 347	1.216 3e − 5
7	$1.5 - i$	100	2.097 5	1.283 7

　　由表 9.4 可知，对同一尺寸参数，随着复折射率中虚部的增大，即在传输过程中吸收作用的增强，散射系数与衰减系数的差值增大，当虚部为 0 时，散射系数等于衰减系数；对同一复折射率，在一定范围内，随粒子尺寸参数的增大，衰减系数将显著增大。

（2）悬浮粒子后向散射率

　　计算海洋悬浮粒子的后向散射时，应首先获得其散射相函数。根据等效米氏散射理论，散射相函数 $P(\theta)$ 可表示为散射角 θ 方向的角散射截面 $a(\theta)$ 与所有方向角散射截面平均值 $\sigma_s/4\pi$ 之比：

$$P(\theta) = 4\pi a(\theta)/\sigma_s \qquad (9.52)$$

式中，

$$a(\theta) = \left(\lambda^2/8\pi^2\right)\left[\left|S_1(\theta)\right|^2 + \left|S_2(\theta)\right|^2\right] \qquad (9.53)$$

无偏振自然光的散射截面 σ_s 为：

$$\sigma_s = \left(\lambda^2/2\pi\right)\sum_{n=1}^{\infty}(2n+1)\left[\left|a_n\right|^2 + \left|b_n\right|^2\right] \qquad (9.54)$$

联立可得散射相函数 $P(\theta)$ 的计算公式：

$$P(\theta) = \frac{i_1 + i_2}{\sum_{m=1}^{\infty}(2m+1)\left(\left|a_m\right|^2 + \left|b_m\right|^2\right)} \qquad (9.55)$$

若粒子对 532 nm 激光的复折射率为 $m = 1.33 - 0.001i$，选取尺度参数 $\alpha=0.1$、10、100、2 000，分别绘制出散射相函数 $P(\theta)$ 的变化曲线，如图 9.8 所示。

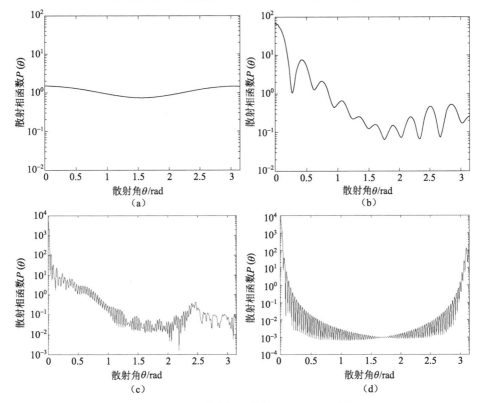

图 9.8　不同尺度参数下散射相函数 $P(\theta)$ 曲线

（a）$\alpha = 0.1$；（b）$\alpha = 10$；（c）$\alpha = 100$；（d）$\alpha = 2\,000$

由图 9.8 可知，当尺度参数 α 很小时，散射相函数 $P(\theta)$ 随散射角 θ 的变化较小，图像围绕 $\theta = \pi/2$ 几乎呈轴对称分布，散射相函数 $P(\theta)$ 的最小值位于 $\theta = \pi/2$ 处，前向散射和后向散射近似相等。随着 α 值的变大，前向散射逐渐变大，后向散射逐渐变小，对称性被破坏，$P(\theta)$ 的最小值也移至 $\theta = 0.17$ 附近。当 α 进一步增大时，散射图像变得复杂起来。当 $\alpha = 10 \sim 100$ 时，从图 9.8 中可以看出，散射光强主要集中到前向一较小角度范围内，散射相函数 $P(\theta)$ 的分布随散射角 θ 的变化呈现振荡的现象，出现一些极大值和极小值，后向散射变得比较微弱。当 $\alpha = 2\,000$ 时，散射图像变得异常复杂。但是通过观察发现，散射光强主要集中在前向和后向一较小角度范围内，其余范围内虽有散射光强分布，但能量非常小。

通过 Mie 理论及其散射相函数公式就可以计算出海洋中悬浮粒子的后向散射率，海洋中悬浮粒子的后向散射率 γ_b 等于其散射相函数 $P(\theta)$ 在散射角 90°～270° 的积分值比上其散射相函数在散射角 0°～360° 的总的积分值。由于散射相函数的分布关于入射光光轴对称，海洋中悬浮粒子的后向散射率的计算可简化到对散射相函数在 90°～180° 的积分比上散射相函数在散射角 0°～180° 的积分值：

$$\gamma_b = \frac{\int_{90°}^{270°} P(\theta)\mathrm{d}\theta}{\int_{0°}^{360°} P(\theta)\mathrm{d}\theta} = \frac{\int_{90°}^{180°} P(\theta)\mathrm{d}\theta}{\int_{0°}^{180°} P(\theta)\mathrm{d}\theta} \qquad (9.56)$$

在蓝绿光波段，γ_b 的典型值在 0.000 2～0.015。后向散射率表示在所有散射光中后向散射光所占的比例，其值越大，其对水下探测系统探测目标就越不利。

9.2.3　非同轴光学系统最优角度参数模型

水下同步扫描激光周视探测系统，采用折转的光路结构，在扫描过程中激光束发射中心与接收中心分别为发射反射镜和接收反射镜的中心，根据扫描折转机构的设计，发射中心与接收中心不同轴，因此本系统属于非同轴光学系统。对非同轴光学系统而言，其激光束和探测视场的交会关系和分布情况，将对系统探测性能产生严重影响，而探测区的分布情况决定于系统的发射角、接收角、发射光束束散角、接收系统视场角，以及发射中心与接收中心的距离等参数。

现有的激光探测方面的研究主要针对传输介质对光能量的衰减、系统信噪比、成像质量以及测量精度等方面。Di Huige 研究了视场角对多次散射激光雷达接收信号的影响，Liu Xueming 分析了视场角与水下成像距离的关系，Wang Quandong 比较了机载海洋测深系统最大测量深度受激光脉冲峰值功率、接收视场角、接收口径和光谱接收带宽等的影响，尚未有针对非同轴光学系统探测视场的研究。

9.2.3.1　非同轴光学系统探测区分布研究

为最大限度地利用发射激光能量，增大目标回波功率，激光探测系统应尽可能采用同轴结构，使激光发射器和接收器的中心轴线重合，如图 9.9 所示。但多数激光探测系统，尤其是在激光引信中，由于受到体积、结构、成本等方面的限制，无法采用同轴结构，只能采用发射、接收非同轴结构，如图 9.10 所示。

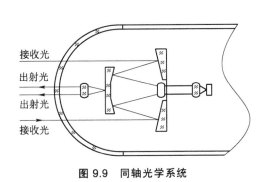

图 9.9　同轴光学系统　　　　　　　图 9.10　非同轴光学系统

设计采用的水下方位识别激光引信光学系统即采用的是非同轴结构，本节针对非同轴光学系统激光束和探测视场的分布情况，以及不同探测区分布对系统探测性能的影响展开研究。

（1）目标回波功率方程

图 9.11 所示为非同轴光学系统发射光束和接收视场示意情况。

点 O_t 为激光出射中心（即系统中发射反射镜中心），点 O_r 为接收系统中心（即系统中接收反射镜中心），O_tO_r 的连线与轴线重合并规定连线中 O_r 的方向为正方向，发射中心与接收中心的距离为 d。系统中，发射角为发射光束中心与轴线方向的夹角 α_t，发射光束发散角为 θ_t，接收角为接收视场中心与轴线方向的夹角 α_r，接收视场角为 θ_r，发射反射镜反射率为 η_m，接收反射镜反射率均为 η_n，发射光学系统透过率为 η_t，接收透镜的透过率为 η_r，窄

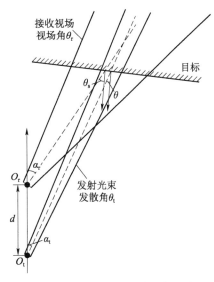

图 9.11　发射光束与接收视场示意

带滤光片的透过率为 η_a。假设激光发射脉冲的峰值功率为 P_t，激光发射方向与目标平面法线之间所夹锐角为 θ，目标平面法线与激光视场方向所夹锐角为 θ_s。

以 O_r 点为起点，若目标位于距激光引信 R 处，R 处发射光束截面积 $S(R) = 1/4\pi R^2 \theta_t^2$。由于发射光束的束散角很小，在 $R = 10$ m 处发射光束截面面积 S 为 mm^2 数量级，远小于潜艇、舰船等目标的截面积，故鱼雷激光引信的所有探测目标均为扩展目标，即发射光束仅照射目标表面的一小块区域。

位于 R 处的目标被激光束照亮的面积为 $S(R)/\cos\theta$，计算目标所受的激光照度 $E(R)$：

$$E(R) = \frac{P_t\eta_m\eta_t\cos\theta}{S(R)}T(R) \tag{9.57}$$

其中，海水透过率 $T(R)$ 与海水的衰减系数 c 满足下式：

$$T(R) = \mathrm{e}^{-cR} \tag{9.58}$$

则接收视场角内目标的辐射通量 $\Phi(R)$：

$$\Phi(R) = E(R)\frac{S_1(R)}{\cos\theta} \tag{9.59}$$

式中，$S_1(R)$ 为 R 处发射光束与接收视场角相交截面面积，$S_1(R)/\cos\theta$ 表示 R 处接收视场角内目标被照亮的光斑面积。假设目标表面的平均反射率为 ρ，且目标平面满足朗伯余弦定律，即任意方向上的辐射亮度相等而辐射强度与观测方向相对于辐射表面法线夹角的余弦成正比，则目标在视场角方向的辐射强度：

$$I_{\theta_s}(R) = \frac{\Phi(R)}{\pi}\rho\cos\theta_s \tag{9.60}$$

可得接收系统所探测到的回波功率 $P_r(R)$：

$$P_r(R) = I_{\theta_s}(R)\Omega T(R)\eta_n\eta_r\eta_a \tag{9.61}$$

式中，Ω 为目标表面被照亮的光斑面积元对接收系统的立体角，若接收系统的有效孔径面积是 A_r，则有：

$$\Omega = A_r / R^2 \tag{9.62}$$

将式（9.58）和式（9.62）代入式（9.61）可得回波功率方程的最终形式：

$$P_r(R) = \frac{P_t\eta_m\eta_t S_1(R)\eta_n\eta_r\eta_a\rho\cos\theta_s A_r}{\pi R^2 S(R)}\mathrm{e}^{-2cR} \tag{9.63}$$

定义 $\eta = \eta_m\eta_t\eta_n\eta_r\eta_a$ 为光学系统总透过率，令 $k(R)=S_1(R)/S(R)$，定义 $k(R)$ 为比例系数，表示 R 处发射光束与接收视场角相交截面面积与发射光束截面面积之比，式（9.63）可简化为：

$$P_r(R) = \frac{P_t \eta k(R) \rho \cos\theta_s A_r}{\pi R^2} e^{-2cR} \qquad (9.64)$$

式中，$0 \leqslant k(R) \leqslant 1$，与回波功率成正比。若 $k(R)=0$，即 $S_1(R)=0$，则表示发射光束不与接收视场角相交，此时 $P_r(R)=0$，接收系统无回波信号，称为探测盲区。若 $k(R)>1$，即 $S_1(R)>S(R)$，则表示发射光束仅有一部分在接收视场角内，此时若其他参数保持不变，则对于同样的距离 R，$P_r(R)$ 在 0 与最大值之间变化，称为过渡区。若 $k(R)=1$，即 $S_1(R)=S(R)$，则表示发射光束全部在接收视场角内，此时若其他参数保持不变，则对于同样的距离 R，$P_r(R)$ 取得最大值，发射激光的能量被最大限度地利用，称为充满区。

（2）不同角度参数条件下探测区的分布情况

为了充分利用发射激光能量，增大激光回波功率，应尽可能使探测目标处于充满区，但由于发射系统和接收系统不同轴，所以必定存在盲区和过渡区。对不同的系统角度存在不同的探测区分布情况（图 9.12），其中 M 区域为盲区、H 区域为过渡区、W 区域为充满区。

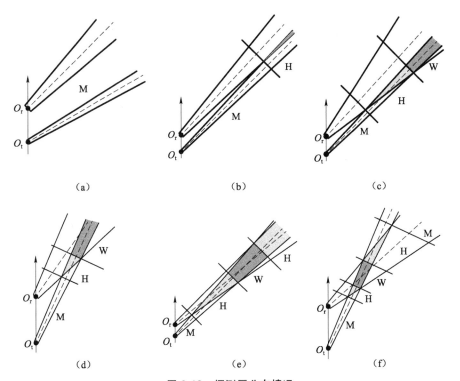

图 9.12　探测区分布情况

M—探测盲区；H—探测过渡区；W—探测充满区

根据图 9.12（a）～（f）可推知探测区分布情况下的系统角度参数条件，如表 9.5 所示。

表 9.5　不同系统角度分析

编号	角度参数条件	探测区分布
（a）	$\begin{cases} \alpha_r \leq \alpha_t \\ \alpha_r + \dfrac{1}{2}\theta_r \leq \alpha_t - \dfrac{1}{2}\theta_t \end{cases}$	盲区
（b）	$\begin{cases} \alpha_r \leq \alpha_t \\ \alpha_r + \dfrac{1}{2}\theta_r > \alpha_t - \dfrac{1}{2}\theta_t \\ \alpha_r + \dfrac{1}{2}\theta_r \leq \alpha_t + \dfrac{1}{2}\theta_t \end{cases}$	盲区→过渡区
（c）	$\begin{cases} \alpha_r \leq \alpha_t \\ \alpha_r + \dfrac{1}{2}\theta_r > \alpha_t + \dfrac{1}{2}\theta_t \end{cases}$	盲区→过渡区→充满区
（d）	$\begin{cases} \alpha_r > \alpha_t \\ \alpha_r - \dfrac{1}{2}\theta_r \leq \alpha_t - \dfrac{1}{2}\theta_t \end{cases}$	盲区→过渡区→充满区
（e）	$\begin{cases} \alpha_r > \alpha_t \\ \alpha_r - \dfrac{1}{2}\theta_r > \alpha_t - \dfrac{1}{2}\theta_t \\ \alpha_r - \dfrac{1}{2}\theta_r \leq \alpha_t + \dfrac{1}{2}\theta_t \end{cases}$	盲区→过渡区→充满区→过渡区
（f）	$\begin{cases} \alpha_r > \alpha_t \\ \alpha_r - \dfrac{1}{2}\theta_r > \alpha_t + \dfrac{1}{2}\theta_t \end{cases}$	盲区→过渡区→充满区→过渡区→盲区

由表 9.5 可知，图 9.12（a）和（b）系统角度参数条件下不存在可利用的充满区，在激光引信角度设计时应避免；图 9.12（c）～（f）系统角度参数条件下均出现充满区，其中图 9.12（c）和（d）条件下当距离 R 大于一定值后探测区均为充满区，图 9.12（e）和（f）条件下随距离 R 的增大充满区出现后消失，在实际设计中应根据激光探测系统的具体使用要求选择最合适的角度参数条件。

（3）扫描折转机构角度参数调节

根据前节中扫描折转结构的设计，鱼雷方位识别激光引信采用反射镜折转光束，通过调整反射镜的安装角度来调节系统的发射角 α_t 和接收角 α_r。当反射镜转动时，对于固定的入射光角度来说，出射光角度变化如图 9.13 所示。

当反射镜处于初始位置 P_1 时，其法线为 N_1，入射光线的入射角为 I_1，根据反射定律入射角等于出射角，此时入射光线与反射光线之间的夹角为 $2I_1$。反射镜旋转 β 角后位于 P_2 位置，法线为 N_2，此时入射光线的入射角 I_2 等于 $I_1+\beta$，入射光线与反射光线的夹角变为 $2I_1+2\beta$。由此可知，固定入射光线不变，当反射镜转动 β 角时，反射光线将转过 2β 角。

图 9.14 所示为系统中扫描折转机构的角度调节示意图，其中激光器中心和接收器中心均与雷轴重合，规定接收反射镜方向为雷轴的正方向。对于给定发射角 α_t，应调节发射、反射镜与雷轴夹角 $\beta_t=\alpha_t/2$；对于给定接收角 α_r，则应调节接收反射镜与雷轴夹角 $\beta_r=(\pi+\alpha_r)/2$。

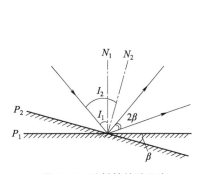

图 9.13　反射镜转动示意

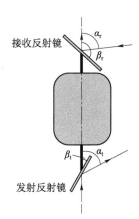

图 9.14　扫描折转机构角度调节示意

（4）基于屏蔽干扰信号的角度参数优化

根据上述分析，显然，设计激光探测光学系统角度时应结合性能要求选取图 9.12（c）～（f）中的角度参数条件，而规避使用图 9.12 与表 9.5 中的（a）和（b）的角度参数。图 9.15 对发射光束与接收视场交会情况进行了详细描述。

分析图 9.15 所示非同轴激光探测系统发射光束与探测视场的交会情况可知，发射光束与接收视场相交于 A、B、C、D 四点，随着与点 O_t 间的距离逐渐增大，探测区不断变化：在点 A 之前均为近端探测盲区；由点 A 开始盲区结束进入过渡区，此时点 A 与点 O_t 的距离 R_n 为近端盲区距离；点 B 至点 C 之间为充满区，点 B 与点 O_t 的距离 R_s 称为充满区起始距离，点 C 与点 O_t 的距离 R_d 称为充满区截止距离；点 D 以后为远端的探测盲区，远端盲区距离 R_f 即点 D 与点 O_t 的距离。

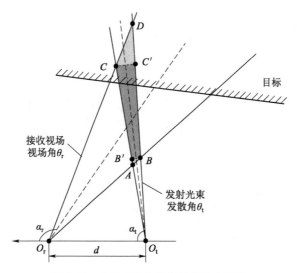

图 9.15　发射光束与接收视场交会示意

根据角度关系可知，点 B 存在即出现充满区的条件是：

$$\alpha_r + \theta_r / 2 > \alpha_t + \theta_t / 2 \qquad (9.65)$$

点 C 存在即充满区截止的条件是：

$$\alpha_r - \theta_r / 2 > \alpha_t - \theta_t / 2 \qquad (9.66)$$

当式（9.66）不成立时，表示充满区将延伸至无穷远处，自点 B 以后均为探测充满区，即为图 9.12（c）和（d）的探测区分布情况。分别计算 B 点和 C 点到激光发射中心 O_t 点的距离。根据正弦定理有：

$$\frac{|O_t O_r|}{\sin \angle O_t B O_r} = \frac{|O_t B|}{\sin \angle B O_r O_t} \qquad (9.67)$$

可得充满区起始距离 R_s：

$$R_s = d \sin(\alpha_r + \theta_r / 2) / \sin(\alpha_r + \theta_r / 2 - \alpha_t - \theta_t / 2) \qquad (9.68)$$

同理，计算充满区截止距离 R_d：

$$R_d = d \sin(\alpha_r - \theta_r / 2) / \sin(\alpha_r - \theta_r / 2 - \alpha_t + \theta_t / 2) \qquad (9.69)$$

近端盲区距离 R_n：

$$R_n = d \sin(\alpha_r + \theta_r / 2) / \sin(\alpha_r + \theta_r / 2 - \alpha_t + \theta_t / 2) \qquad (9.70)$$

远端盲区距离 R_f：

$$R_f = d \sin(\alpha_r - \theta_r / 2) / \sin(\alpha_r - \theta_r / 2 - \alpha_t - \theta_t / 2) \qquad (9.71)$$

根据式（9.68）～式（9.71），R_s、R_n、R_d 和 R_f 均与发射和接收中心间距 d 成正比，当 $d = 0.18$ m 时，保持 $\alpha_r = 90°$、$\alpha_t = 88.5°$、$\theta_r = 1.9°$、$\theta_t = 0.1°$ 中的

另外 3 个元素固定不变，分别绘制 α_t、α_r、θ_t 和 θ_r 经归一化后对 R_s、R_n、R_d 和 R_f 的变化曲线，如图 9.16 所示。

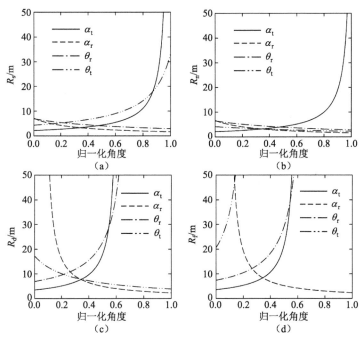

图 9.16　归一化后 α_t、α_r、θ_t 和 θ_r 对 R_s、R_d、R_n 和 R_f 的变化曲线
（a）R_s 变化曲线；（b）R_n 变化曲线；（c）R_d 变化曲线；（d）R_f 变化曲线

由图 9.16 可知，除 θ_t 的曲线外，R_s 和 R_n 变化曲线以及 R_d 和 R_f 变化曲线基本一致；R_s 对 α_t 的变化最为敏感，其次是 θ_t，而 α_r 和 θ_r 的变化对 R_s 的影响非常小；R_n 仅对 α_t 的变化敏感，其余三个角度的变化对 R_n 影响很小；所有角度参数变化均对 R_d 和 R_f 有显著影响，其中 R_d 对 θ_t 的变化率较其他曲线稍弱。

根据图 9.16 可知，R_s、R_n、R_d 和 R_f 均随发射角 α_t 增加而增大，在 α_t 大于某一值后迅速增长；随 α_r 增大而减小，其中 R_d 和 R_f 迅速减小并在到达某一值后变平缓。在图 9.16（c）和（d）中，α_t 和 α_r 曲线关于横轴 0.35 位置处对称，表明增大 α_t 和减小 α_r 对 R_d 和 R_f 的增大所起的作用相同。R_s 和 R_n 随 θ_r 增加缓慢减小，R_d 和 R_f 随 θ_r 增加迅速增加且变化规律相同；R_s 随 θ_t 单调递增，R_n 随 θ_t 增加缓慢减小，R_d 随 θ_t 单调递减，R_f 对 θ_t 的增加有十分显著的增长。

对于激光探测系统而言，发射光束束散角 θ_t 和接收视场角 θ_r 可变化范围较小，而发射角 α_t 和接收角 α_r 改变最为容易，根据设定的探测区距离，建立系统接收角 α_r 的计算模型。如已知充满区起始距离 R_s、充满区截止距离 R_d、近端盲区距离 R_n 或远端盲区距离 R_f 以及其他系统参数，可求得接收角 α_r 的充满区临

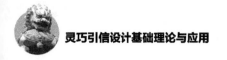
界值 α_{rs}、α_{rd} 以及近端盲区临界角 α_{rn} 和远端盲区临界角 α_{rf}：

$$\alpha_{rs} = \pi - \theta_r / 2 - \arccos\left[\frac{d - R_s \cos(\alpha_t + \theta_t / 2)}{\sqrt{d^2 + R_s^2 - 2dR_s \cos(\alpha_t + \theta_t / 2)}}\right] \quad (9.72)$$

$$\alpha_{rd} = \pi + \theta_r / 2 - \arccos\left[\frac{d - R_d \cos(\alpha_t - \theta_t / 2)}{\sqrt{d^2 + R_d^2 - 2dR_d \cos(\alpha_t - \theta_t / 2)}}\right] \quad (9.73)$$

$$\alpha_{rb} = \pi - \theta_r / 2 - \arccos\left[\frac{d - R_n \cos(\alpha_t - \theta_t / 2)}{\sqrt{d^2 + R_n^2 - 2dR_n \cos(\alpha_t - \theta_t / 2)}}\right] \quad (9.74)$$

$$\alpha_{rf} = \pi + \theta_r / 2 - \arccos\left[\frac{d - R_f \cos(\alpha_t + \theta_t / 2)}{\sqrt{d^2 + R_f^2 - 2dR_f \cos(\alpha_t + \theta_t / 2)}}\right] \quad (9.75)$$

由于 R_s、R_n、R_d 和 R_f 均随发射角 α_t 增加而增大，因此可根据所求的 α_{rs}、α_{rn}、α_{rd} 和 α_{rf} 分别确定 α_r 解的集合，再通过求多个集合的交集最终确定 α_r 的取值范围。假设某一非同轴激光探测系统要求 $R_s \geqslant 3$ m，$R_d \geqslant 11$ m，$d = 0.18$ m，$\alpha_t = 90°$、$\theta_t/2 = 0.05°$、$\theta_r/2 = 0.95°$，计算得 $\alpha_{rs} = 92.58°$，$\alpha_{rd} = 91.89°$，故对接收角 α_r 的要求是 $\alpha_r \geqslant 92.58°$。

9.2.3.2 基于不同探测条件的角度参数优化模型

（1）近程目标探测系统

水下同步扫描激光周视探测系统用于近程探测目标，仅对近程的探测区有要求，而对设计探测距离外的探测区分布无限制。原则上根据近程激光探测系统的探测需求其探测范围是以最大探测距离为半径绕轴心旋转而成的圆形面，但对非同轴光学系统而言盲区不可避免，因此要求盲区越小越好，近程探测适用于图 9.12 与表 9.5 中（e）和（f）的角度参数条件。

根据探测要求，近程探测系统应在满足充满区截止距离 R_d 大于最大探测距离 R_{max} 的条件下，通过角度参数的优化设计，使得充满区起始距离 R_s 和近端盲区距离 R_n 最小。同远距离探测系统角度参数优化过程一样，在优化计算时，发射角 α_t 为定值，给定发射光束散角 θ_t、发射接收中心间距 d、接收角 α_r 和接收视场角 θ_r 的取值范围，在 $R_d \geqslant R_{max}$ 的条件下求取 R_s［式（9.68）］和 R_n［式（9.70）］的最小值及对应的系统参数取值。采用多岛遗传算法，在 iSIGHT 软件中，对近程探测系统的角度参数进行优化。优化中给定的参数如表 9.6 所示。

表 9.6　基于近程探测的角度参数优化中的给定参数

参数	取值 / 范围
α_t	45° /60° /80° /85° /90°
θ_t	（1.5 mrad，3 mrad）
d	（0.1 m，0.2 m）
α_r	（0°，100°）
θ_r	（0，35 mrad）
R_{max}	10 m

约束条件是：

$$d\sin(\alpha_r - \theta_r /2)/\sin(\alpha_r - \theta_r /2 - \alpha_t + \theta_t /2) \geqslant R_{max} \qquad (9.76)$$

优化目标为：获得式（9.68）和式（9.70）的最小值。

经过优化后，所得结果列于表 9.7。

表 9.7　基于近程探测的角度参数优化结果

α_t/(°)	α_r/(°)	$\alpha_r - \alpha_t$/(°)	d/m	θ_t/mrad	θ_r/mrad	R_s/m	R_n/m	R_d/m
45	46.37	1.37	0.1	1.5	35	1.81	1.75	10.00
60	61.46	1.46	0.1	1.5	35	2.10	2.03	10.00
80	81.52	1.52	0.1	1.5	35	2.29	2.21	10.00
85	86.53	1.53	0.1	1.5	35	2.30	2.22	10.00
90	91.53	1.53	0.1	1.5	35	2.30	2.22	10.00

由表 9.7 可知，无论发射角 α_t 的取值是多少，在基于近程探测的角度参数优化中，发射接收中心间距 d、发射光束束散角 θ_t 和充满区截止距离 R_d 均取其约束范围内的最小值，而接收视场角 θ_r 取其约束范围中的最大值时，探测系统具有最小的近端盲区距离 R_n 和充满区起始距离 R_s。设计系统时可直接将发射接收中心间距 d 和发射光束束散角 θ_t 取范围内的最小值，而接收视场角 θ_r 取其允许范围的最大值。在限制充满区截止距离 R_d 最小值的条件下，随着发射角 α_t 的增大，使 R_n 和 R_s 取得最小值的接收角 α_r 与发射角 α_t 的差值逐渐增大，但增幅逐渐减小，当发射角 α_t 为 85° 和 90° 时，接收角 α_r 与发射角 α_t 的差值相同，均为 1.53°。

（2）远距离激光探测系统

远距离激光探测系统，如某些定高引信、激光雷达，探测距离范围大，回波信号微弱，而非同轴光学系统的盲区和过渡区无法避免，为保证探测到目标并充分利用发射功率，要求探测区在一定距离以后均为充满区且尽可能增大充满区范围，即减小充满区起始距离 R_s。

根据表 9.5 可知，方案（c）和（d）均能满足当 R 大于一定值后探测区均为充满区的条件，但是在图 9.12 中，发射光束一直处于接收视场的下半部，没有充分利用接收视场，而在图 9.12（d）中可以使发射光束处于接收视场的中心位置，因此，方案（d）的探测区分布情况要优于方案（c），对于远距离激光探测系统应选用图 9.12（d）中的探测区分布情况，即角度参数条件如表 9.5（d）所示：

$$\begin{cases} \alpha_r > \alpha_t \\ \alpha_r - \dfrac{1}{2}\theta_r \leqslant \alpha_t - \dfrac{1}{2}\theta_t \end{cases} \tag{9.77}$$

求解基于远距离探测的光学系统最佳角度参数，即在满足式（9.77）的约束条件下，求取 R_s 的最小值及取得最小值时的各参量值。

由于改变 α_t 和 α_r 对探测区距离分布影响相同，可任选择其中之一作为定值，本书均以 α_t 作为定值。在设计系统过程中，通常发射角 α_t 按照系统性能需求确定，本书中选取 45°、60°、80°、85° 和 90° 分别进行优化。

由式（9.68）可知，充满区起始距离 R_s 与发射接收中心间距 d 成正比，当 $d=0$ 时，即为同轴光学系统，R_s 等于 0，所有探测区均为充满区。但实际上，非同轴光学系统的发射接收中心间距必然受制于系统结构，不能无限制地减小。在基于远距离探测光学系统的角度参数设计时，约束条件式（9.77）对 d 并无限制，为减小充满区起始距离 R_s，应在结构允许条件下采用最小的发射接收中心间距 d，故在优化仿真时 d 作为定值。

利用 iSIGHT 优化软件，基于多岛遗传算法，对角度参数进行优化计算，以获得不同 α_t 取值情况下满足条件式（9.77）的最小充满区起始距离 R_s 及其所对应的系统角度 α_r 和 θ_r。计算时给定的参数如表 9.8 所示。

表 9.8　基于远距离探测的角度参数优化中的给定参数

参数	取值/范围
α_t	45°/60°/80°/85°/90°
θ_t	（1.5 mrad，3 mrad）
d	0.18 m
α_r	（0°，100°）
θ_r	（0，35 mrad）

约束条件是：式（9.77）。优化目标为：获得式（9.68）的最小值。优化结果列于表 9.9。

表 9.9　基于远距离探测的角度参数优化结果

$\alpha_t/(\degree)$	$\alpha_r/(\degree)$	$\alpha_r - \alpha_t/(\degree)$	θ_t/mrad	θ_r/mrad	R_s/m
45	45.96	0.96	1.5	35	3.93
60	60.96	0.96	1.5	35	4.74
80	80.96	0.96	1.5	35	5.32
85	85.96	0.96	1.5	35	5.37
90	90.96	0.96	1.5	35	5.37

根据表 9.9 的优化结果可知，在基于远距离探测的角度参数优化中，发射光束束散角 θ_t 越小，接收视场角 θ_r 越大，则充满区起始距离 R_s 越小，设计系统时可直接选取可选择范围内 θ_t 的最小值和 θ_r 的最大值。对不同的发射角 α_t，当 R_s 取最小值时，接收角 α_r 与发射角 α_t 的差值均为 0.96°，在基于远距离探测系统中可直接设计接收角 α_r 比发射角 α_t 大 0.96°。

（3）基于屏蔽干扰信号的角度参数优化

某些激光引信由于结构限制，需要将激光引信的发射、接收系统后置，使弹体自身的一部分位于激光引信视场中，这可能导致引信"虚警"。为防止引信误触发，可在激光引信光路设计时通过对角度参数的优化，使弹体自身处于探测盲区中，从而屏蔽干扰信号。另外，对于水下激光探测系统，由于海水介质对光信号有强烈的散射作用，近距离处的后向散射光将对系统的信噪比造成很大影响；也可通过调节系统角度，使系统附近为探测盲区，以此减少后向散射光的干扰。这类给定探测范围的情况同样适用于图 9.12 与表 9.5 中（e）~（f）的角度参数条件。

若激光引信自身需屏蔽的距离为 R_{min}，最大探测距离为 R_{max}，应保证满足近端盲区距离 R_n 大于屏蔽距离 R_{min} 且充满区截止距离 R_d 大于最大探测距离 R_{max}；同时，尽可能增大探测充满区范围，即减小充满区起始距离 R_s。在优化过程中，发射角 α_t 设为定值，给定发射光束束散角 θ_t、发射接收中心间距 d、接收角 α_r 和接收视场角 θ_r 的取值范围，在 $R_n \geqslant R_{min}$ 且 $R_d \geqslant R_{max}$ 的条件下，求取 R_s [式（9.68）] 的最小值及对应的系统参数取值。选用多岛遗传算法，在 iSIGHT 软件中，对给定探测范围的光学系统角度参数进行优化。优化中给定的参数如表 9.10 所示。

表 9.10　基于给定探测范围的角度参数优化中的给定参数

参数	取值/范围
α_t	45°/60°/80°/85°/90°
θ_t	（1.5 mrad，3 mrad）
d	（0.1 m，0.2 m）
α_r	（0°，100°）
θ_r	（0，35 mrad）
R_{min}	0.1 m
R_{max}	12 m

约束条件是：

$$\begin{cases} d\sin(\alpha_r + \theta_r/2)/\sin(\alpha_r + \theta_r/2 - \alpha_t + \theta_t/2) \geqslant R_{min} \\ d\sin(\alpha_r - \theta_r/2)/\sin(\alpha_r - \theta_r/2 - \alpha_t + \theta_t/2) \geqslant R_{max} \end{cases} \quad (9.78)$$

优化目标为：获得式（9.68）的最小值。

经过优化后，所得结果列于表 9.11。

表 9.11　基于给定探测范围的角度参数优化结果

α_t/（°）	α_r/（°）	$\alpha_r - \alpha_t$/（°）	d/m	θ_t/mrad	θ_r/mrad	R_s/m	R_n/m	R_d/m
45	46.30	1.30	0.1	1.5	35	1.86	1.80	12.00
60	61.37	1.37	0.1	1.5	35	2.18	2.10	12.00
80	81.43	1.43	0.1	1.5	35	2.38	2.29	12.00
85	86.44	1.44	0.1	1.5	35	2.39	2.31	12.00
90	91.44	1.44	0.1	1.5	35	2.39	2.31	12.00

由优化结果表 9.11 可知，在基于给定探测范围的角度参数优化中，发射接收中心间距 d、发射光束束散角 θ_t 和充满区截止距离 R_d 均取其约束范围内的最小值，而接收视场角 θ_r 取其约束范围中的最大值时，探测系统具有最小的充满区起始距离 R_s。设计系统时可直接将发射接收中心间距 d 和发射光束束散角 θ_t 取范围内的最小值，而接收视场角 θ_r 取其允许范围的最大值。随着发射角 α_t 的增大，使 R_s 取得最小值的接收角 α_r 与发射角 α_t 的差值逐渐增大，但增幅逐渐减小。

（4）几何截断定距探测系统

对于激光定距探测系统，除了脉冲测距和相位法测距外，也可依据几何截断定距原理，通过结构上角度参数的设计，当几何截断定距探测系统探测到目标时，即表明目标已进入设定距离以内。由于这类激光探测系统作用距离通常较近，所以可以通过适当增强发射功率保证即使目标处于探测过渡区也能够被识别。

在设计此类探测系统时，对已知作用距离，设计近端盲区距离 R_n 等于 R_1、远端盲区距离 R_f 等于 R_2，同时应最小化充满区起始距离 R_s，并最大化充满区截止距离 R_d。优化过程与前文一致。在优化计算时，发射角 α_t 为定值，给定发射光束束散角 θ_t、发射接收中心间距 d、接收角 α_r 和接收视场角 θ_r 的取值范围，在 $R_n = R_1$ 且 $R_f = R_2$ 的条件下求取 R_s［式（9.68）］的最小值、R_d［式（9.69）］的最大值，以及对应的系统参数取值。采用多岛遗传算法，在 iSIGHT 软件中，对几何截断定距系统的角度参数进行优化。优化中给定的参数如表 9.12 所示。

表 9.12 基于几何截断定距的角度参数优化中的给定参数

参数	取值/范围
α_t	45°/60°/80°/85°/90°
θ_t	（1.5 mrad，3 mrad）
α_r	（0°，100°）
θ_r	（0，35 mrad）
d	（0.1 m，0.2 m）
R_1	5 m
R_2	15 m

约束条件：

$$d\sin(\alpha_r + \theta_r/2)/\sin(\alpha_r + \theta_r/2 - \alpha_t + \theta_t/2) = R_1 \quad (9.79)$$

$$d\sin(\alpha_r - \theta_r/2)/\sin(\alpha_r - \theta_r/2 - \alpha_t - \theta_t/2) = R_2 \quad (9.80)$$

优化目标为：获得式（9.68）的最小值、式（9.69）的最大值。

经过优化后，所得结果如表 9.13 所示。

表 9.13 基于几何截断定距的角度参数优化结果

$\alpha_t/(°)$	$\alpha_r/(°)$	$\alpha_r - \alpha_t/(°)$	d/m	$\theta_t/mrad$	$\theta_r/mrad$	R_s/m	R_d/m
45	46.30	1.30	0.2	1.5	25	5.22	12.96
60	61.42	1.42	0.2	1.5	25	5.20	13.29
80	81.53	1.53	0.2	1.5	25.62	5.20	13.46
85	86.52	1.52	0.2	1.5	25.17	5.20	13.48
90	91.52	1.52	0.2	1.5	25.07	5.20	13.48

根据表 9.13 可知，对基于几何截断定距的角度参数优化，应尽可能减小过渡区的面积而增大充满区面积，使充满区起始距离 R_s 接近近端盲区距离 R_n，且充满区截止距离 R_d 接近远端盲区距离 R_f；对不同的发射角 α_t，优化后的充满区起始距离 R_s 基本相同，但充满区截止距离 R_d 随发射角 α_t 增大而略有增大；对各发射角 α_t 取得最佳 R_s 和 R_d 的发射接收中心间距 d 以及发射光束束散角 θ_t 均相同。

| 9.3 水下激光灵巧引信信息处理及起爆控制基础理论 |

9.3.1 脉冲激光同步扫描探测点数据建模

在单光束脉冲激光周向扫描探测系统中，以激光束和接收视场的旋转构成周向探测场，旋转速度即电机转速称为激光周向探测系统的扫描频率，而出射的脉冲激光束的重复频率即水下激光周向探测系统的脉冲频率。

水下周视激光近程目标探测系统采用单光束脉冲激光周向扫描探测的方式，在弹目交会的过程中，将有多个目标点被激光束照射并返回激光脉冲，探测系统根据回波脉冲的接收时刻，可对目标点的距离和方位角进行解算。

为研究鱼雷与目标之间的交会关系，建立 3 种坐标系：惯性坐标系 $O_0x_0y_0z_0$，原点 O_0 为鱼雷发射点，x_0 轴在水平面内指向鱼雷发射方向，y_0 轴铅直向上，z_0 轴与 x_0 轴、y_0 轴构成右手坐标系；雷体坐标系 $O_mx_my_mz_m$，原点 O_m 位于激光探测系统发射反射镜中心，x_m 轴沿鱼雷纵轴并指向鱼雷头，y_m 轴沿鱼雷垂直鳍方向指向上方，z_m 轴与 x_m 轴、y_m 轴构成右手坐标系；目标坐标系 $O_tx_ty_tz_t$，原点 O_t 取自目标的几何中心，x_t 轴沿目标纵轴指向头部，y_t 轴在目标周向垂直于 x_t 轴，z_t 轴与 x_t 轴、y_t 轴构成右手坐标系。

若已知探测系统俯仰角 β_m、偏航角 ψ_m，目标俯仰角 β_t、偏航角 ψ_t，规定所有角度逆时针为正。可知三个坐标系间的转换关系。

从雷体坐标系到惯性坐标系的转换关系为：

$$\begin{bmatrix} x_0 \\ y_0 \\ z_0 \end{bmatrix} = \boldsymbol{C}_0^m \begin{bmatrix} x_m \\ y_m \\ z_m \end{bmatrix} \tag{9.81}$$

其中，C_0^m 为从雷体坐标系到惯性坐标系的坐标转换矩阵。

$$C_0^m = \begin{bmatrix} \cos\beta_m\cos\psi_m & -\sin\beta_m\cos\psi_m & \sin\psi_m \\ \sin\beta_m & \cos\beta_m & 0 \\ -\cos\beta_m\sin\psi_m & \sin\beta_m\sin\psi_m & \cos\psi_m \end{bmatrix} \quad (9.82)$$

从惯性坐标系到目标坐标系的转换关系为：

$$\begin{bmatrix} x_t \\ y_t \\ z_t \end{bmatrix} = C_t^0 \begin{bmatrix} x_0 \\ y_0 \\ z_0 \end{bmatrix} \quad (9.83)$$

其中，C_t^0 为从惯性坐标系到目标坐标系的坐标转换矩阵。

$$C_t^0 = \begin{bmatrix} \cos\beta_t\cos\psi_t & \sin\beta_t & -\cos\beta_t\sin\psi_t \\ -\sin\beta_t\cos\psi_t & \cos\beta_t & \sin\beta_t\sin\psi_t \\ \sin\psi_t & 0 & \cos\psi_t \end{bmatrix} \quad (9.84)$$

可得从雷体坐标系到目标坐标系的转换关系：

$$\begin{bmatrix} x_t \\ y_t \\ z_t \end{bmatrix} = C_t^m \begin{bmatrix} x_m \\ y_m \\ z_m \end{bmatrix} = C_t^0 C_0^m \begin{bmatrix} x_m \\ y_m \\ z_m \end{bmatrix} \quad (9.85)$$

9.3.2 激光周视多探测点最佳起爆模型

对于定向起爆战斗部，其最佳起爆时间和最佳起爆方位的计算将直接影响其毁伤效能，因此根据脉冲激光周视扫描探测系统的探测结果，制定最佳起爆策略对提高定向起爆系统的毁伤效果至关重要。

假设在弹目交会过程中，探测系统接收到来自 F_1，F_2，$\cdots$，F_k 目标点的回波，根据目标点的距离和方位角信息，可获得各点在雷体坐标系中的具体坐标。在雷体坐标系 $O_m x_m y_m z_m$ 中描述的激光探测系统探测目标如图 9.17 所示。

如图 9.17 所示，激光束与雷体纵轴 x_m 的夹角（即光束倾斜角）为 α_t，探测系统可解算出目标点 F_k 到雷体坐标系原点 O_m 的距离为 R_k，方位角即 $O_m F_n$ 连线在 $y_m O_m z_m$ 平面上的投影与 y_m 轴的夹角为 φ_k，由投影规律和三角函数公式，可计算出点 F_k 在雷体坐标系中的坐标 $(^m x_k, {}^m y_k, {}^m z_k)$ 为：

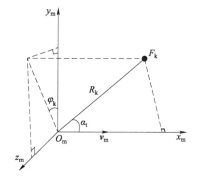

图 9.17 雷体坐标系 $O_m x_m y_m z_m$ 中激光探测系统探测目标点 F_k

$$\left(^{m}x_{k},\,^{m}y_{k},\,^{m}z_{k}\right)=\left(R_{k}\cos\alpha_{t},R_{k}\sin\alpha_{t}\cos\varphi_{k},R_{k}\sin\alpha_{t}\sin\varphi_{k}\right) \quad （9.86）$$

所谓最佳起爆策略，即在最佳起爆时刻向最佳起爆方位起爆定向战斗部，以获得最大毁伤效能。对于鱼雷战斗部而言，应使爆炸冲击波恰好攻击目标的易损部位。假设目标的易损部位为其特征几何中心，冲击波在水中的传播速度为 v。

为获得最佳起爆位置，需通过多个探测点的数据，解算探测范围内目标体的特征中心位置。在惯性坐标系中，探测系统对整个目标的探测过程如图 9.18 所示。

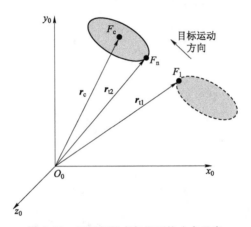

图 9.18　探测起始点与探测终止点示意

图中，F_1 和 F_n 分别为目标的探测起始点和探测终止点，对应的矢径分别为 r_{t1} 和 r_{t2}，故二者之间的距离可表示为 $|r_{t2}-r_{t1}|$，两点之间的探测时间为 t，假定目标体的特征长度为 L，则可列写关系式：

$$\frac{|r_2-r_1|+L}{|^{0}v_t|}=t \quad （9.87）$$

式中，$|^{0}v_t|$、t 以及 $|r_{t2}-r_{t1}|$ 均已知，可解算出目标体的特征长度 L。进一步解算当前时刻目标体的特征几何中心点 F_c 的位置 r_c：

$$r_c=r_{t2}+L\frac{^{0}v_t}{|^{0}v_t|} \quad （9.88）$$

假定鱼雷静止时，爆炸的作用方向为沿弹体径向，且作用半径为 R，令探测结束后 ΔT 时起爆鱼雷，爆轰波与目标交会过程如图 9.19 所示。

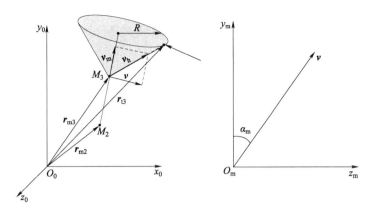

图 9.19　爆轰波与目标交会过程示意

在图 9.19 中，点 M_2 和 M_3 分别为鱼雷探测结束点和起爆点，r_{m2} 和 r_{m3} 为弹体探测结束位置和弹体起爆位置，v 和 v_m 分别表示爆轰速度和鱼雷运动速度，由于运动速度的合成，因此鱼雷爆轰的有效区域如图中阴影部分所示，爆轰的合成速度 v_h 为：

$$v_h = v + v_m \qquad (9.89)$$

起爆方位角 α_m 为 v 与 $O_m y_m$ 轴之间的夹角，则 v_h 在弹体坐标系上的表达式为：

$$v_h = \begin{bmatrix} |v_m| \\ v\cos\alpha_m \\ v\sin\alpha_m \end{bmatrix} \qquad (9.90)$$

考虑临界状态，弹体起爆后经历 ΔT_h 时间后弹目交会，则根据爆轰半径可得：

$$\Delta T_h = \frac{R}{v} \qquad (9.91)$$

经历了时间 $\Delta t = \Delta T + \Delta T_h$ 后目标中心点的位置为：

$$r_{t3} = r_c + (\Delta T + \Delta T_h)v_t \qquad (9.92)$$

则根据弹目交会条件，可得

$$r_{m2} + r_{m3} + v_h\Delta T_h = r_c + \Delta T v_t \qquad (9.93)$$

其中，

$$r_{m3} = v_m\Delta T \qquad (9.94)$$

式（9.93）中，r_{m2}、r_c、v_t 已知，通过对上述公式的联立求解即可求得最佳起爆时间 ΔT 和最佳起爆方位 α_m。

9.3.3 激光扫描探测系统最佳扫描频率与脉冲频率

采用扫描方法会导致探测场区域出现周期性的探测盲区，这是同步扫描周向方案的固有缺陷，无法避免，只有当扫描频率足够快时，由此产生的探测盲区才不会明显地影响探测系统的性能。与此同时，采用脉冲激光探测将在时间上出现间断性的盲区，同样为固有缺陷，不可避免，只能通过提高脉冲频率来加以改善。因此，在探测系统设计时需充分考虑弹目交会情况、目标特性以及自身条件，设计扫描频率和脉冲频率高于最低扫描频率和最低脉冲频率，保证探测系统不会漏捕获目标。

9.3.3.1 扫描频率与脉冲频率的匹配关系

基于周向扫描探测系统的工作原理，在一个扫描周期中由多条激光束共同

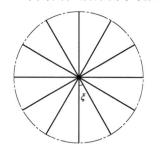

图 9.20 脉冲光束在面 $Oy_{\mathrm{m}}z_{\mathrm{m}}$ 上的投影

构成周向光束场，一个扫描周期内的脉冲光束在面 $Oy_{\mathrm{m}}z_{\mathrm{m}}$ 上的投影如图 9.20 所示。

在图 9.20 中，各相邻光束间的夹角之和为 2π，为保证每个扫描周期中的激光束数量相同且各相邻光束之间的夹角一致，在扫描频率和脉冲频率设计时应使相邻光束之间的夹角 ξ 的整数倍恰好等于 2π，即：

$$k\xi = 2\pi \qquad (9.95)$$

其中，$k \in \mathbf{Z}$，表示一个扫描周期内有 k 条激光束即 k 个探测点。

激光引信为提高测距精度，所用脉冲激光的占空比 q 非常小（$\leqslant 1\%$），若脉冲周期为 T_{m}，则两次脉冲间的时间间隔 $t = (1-q)T_{\mathrm{m}} \geqslant 99\% T_{\mathrm{m}}$，故直接以脉冲周期 T_{m} 作为两相邻脉冲的时间间隔。若扫描频率为 $n(\mathrm{r/s})$，脉冲频率为 $f(\mathrm{Hz})$，计算相邻脉冲间转过的角度 $\xi(\mathrm{rad})$ 为：

$$\xi = 2\pi n T_{\mathrm{m}} = 2\pi n / f \qquad (9.96)$$

相邻光束之间的夹角 ξ 称为水下目标方位识别激光探测系统的最低角度分辨率，表示系统所能分辨的最小角度。

联立式（9.95）和式（9.96）可获得探测系统扫描频率 n 和脉冲频率 f 之间的匹配关系：

$$\frac{f}{n} = k \qquad (9.97)$$

根据式（9.97）可知，在单光束脉冲激光扫描探测系统中，设计激光脉冲

频率 f 大小为系统扫描频率 n 的整数倍。

结合式（9.97），可求得为保证不漏捕目标单个扫描周期内至少需要有 $k_{\min}$ 条激光束：

$$k_{\min} = \frac{\pi}{\arcsin(D_t / 2R\sin\alpha_t)} \tag{9.98}$$

9.3.3.2　最低扫描频率与脉冲频率数学模型

同步扫描激光周视探测系统工作在鱼雷与目标的遭遇段，仅 $0.1\sim0.3$ s，且相遇时鱼雷迎面攻击目标。故在计算中假设：鱼雷自身与目标均做匀速直线运动，其速度矢量方向与各自轴线一致；激光探测时先探测到目标的前端。

在雷体坐标系中，单光束脉冲激光周向扫描探测系统探测目标情况如图 9.21 所示。

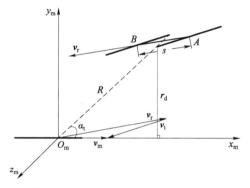

图 9.21　单光束脉冲激光周向扫描探测系统探测目标示意

激光束与系统纵轴成 α_t 角度出射，t_1 时刻在 A 位置探测到目标头部，激光束扫描周期为 T，在 $t_2 = t_1 + T$ 时刻目标沿相对速度方向运动到 B 位置。

经过一个扫描周期，鱼雷与目标的相对变化距离矢量 s 等于目标对鱼雷的相对速度矢量 v_r 与扫描周期 T 的乘积：

$$s = Tv_r = \frac{1}{n}v_r \tag{9.99}$$

鱼雷自身的速度大小为 v_m，在雷体坐标系中可表示为 $v_m^m = \{v_m \quad 0 \quad 0\}^T$，式中下标表示速度载体，上标表示所在坐标系；目标的速度大小为 v_t，在目标坐标系中可表示为 $v_t^t = \{v_t \quad 0 \quad 0\}^T$。根据坐标转换关系，结合式（9.85）计算鱼雷在目标坐标系中的速度 v_m^t：

$$v_m^t = C_t^0 C_0^m \{v_m \quad 0 \quad 0\}^T \tag{9.100}$$

在目标坐标系中的相对速度 v_r^t 为：

$$v_r^t = v_t^t - v_m^t = \{v_{rxt} \quad v_{ryt} \quad v_{rzt}\}^T \tag{9.101}$$

式中，v_{rxt}、v_{ryt}、v_{rzt} 分别表示相对速度矢量 v_r 在 x_t、y_t、z_t 轴上的分量。

为保证在鱼雷与目标交会过程中，同步扫描激光周视探测系统能探测到目标，要求在激光周向扫描时激光束与目标体存在交点。即在激光单个扫描周期内，目标与鱼雷的相对距离变化量 s 小于目标长度在相对速度矢量方向上的投影长度 L_t'。故扫描频率 n 必须高于某一最低扫描频率 n_{min}，最低扫描频率 n_{min} 满足：

$$s = L_t' \tag{9.102}$$

目标长度 L_t 在相对速度矢量 v_r 方向上的投影长度 L_t' 为：

$$L_t' = L_t \frac{v_{rx}}{\sqrt{v_{rx}^2 + v_{ry}^2 + v_{rz}^2}} \tag{9.103}$$

联立式（9.99）、式（9.102）和式（9.103）可得：

$$n_{min} = \frac{v_r}{L_t'} = \frac{v_{rx}^2 + v_{ry}^2 + v_{rz}^2}{L_t v_{rx}} \tag{9.104}$$

式中，相对速度矢量 v_r 与鱼雷、目标的速度大小，以及各自的俯仰角和偏航角有关。对于既定目标，目标长度、速度大小以及鱼雷速度大小均为常数，n_{min} 决定于鱼雷与目标的俯仰角和偏航角。

计算激光最低扫描频率 n_{min} 时，鱼雷与目标的俯仰角和偏航角被用于描述二者之间的相对位置和角度关系，当保持系统自身的俯仰角和偏航角不变时，仅改变目标的俯仰角和偏航角亦能够完整描述二者的相对位置和角度关系。故为简化计算过程，令探测系统自身的俯仰角 $\beta_m = 0$、偏航角 $\psi_m = 0$，联立式（9.82）、式（9.84）、式（9.100）、式（9.101）、式（9.104）得：

$$n_{min} = \frac{(v_t + v_m \cos \beta_t \cos \psi_t)^2 + (v_m \sin \beta_t \cos \psi_t)^2 + (v_m \sin \psi_t)^2}{L_t(v_t + v_m \cos \beta_t \cos \psi_t)} \tag{9.105}$$

式中，最低扫描频率 n_{min} 应满足对于任何交会角度，单光束脉冲激光周向扫描探测系统均能探测到目标，给定目标的俯仰角 β_t 和偏航角 ψ_t 取值范围为 $[0, 2\pi]$，求 n_{min} 的极大值。经计算，当 $\beta_t = \psi_t = \pi$ 即探测系统与目标相对平行交会时 n_{min} 取得极大值，代入式（9.105）得：

$$n_{min} = \frac{v_t + v_m}{L_t} \tag{9.106}$$

根据式（9.106）可知，最低扫描频率 n_{min} 与探测系统本身、目标的速度大小之和成正比，与目标长度成反比。

为防止目标从两脉冲激光束间穿过，需尽可能地提高脉冲频率，以减小相邻两脉冲间的夹角。故存在最低脉冲频率 $f_{\min}$，当激光脉冲频率 f 高于最低脉冲频率 $f_{\min}$ 时，目标不会从两相邻脉冲间漏过。

在图 9.21 中，沿 x_m 轴正方向观测激光探测系统探测目标，若目标恰好穿过相邻脉冲激光束，则其示意情况如图 9.22 所示。在 R 处与面 $y_m O_m z_m$ 平行的平面 M 和目标相交，相邻脉冲激光束在面 M 上的投影如图 9.23 所示。

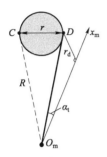
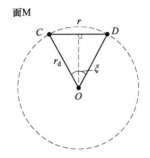

图 9.22　目标恰好穿过两相邻脉冲示意　　图 9.23　相邻脉冲激光束在面 M 上的投影

如图 9.22 所示，两相邻光束分别照射在目标的 C 点和 D 点上，两点之间的距离为 r，光束 $O_m C$ 和 $O_m D$ 的长度为 R，点 D 到 x_m 轴的垂直距离为 r_d，则有：

$$r_d = R \sin \alpha_t \qquad (9.107)$$

在图 9.23 中，点 O_m 在面 M 上的投影为点 O，虚线圆为圆锥状光束场的底面轮廓，OC 和 OD 为圆锥底面半径，OC 和 OD 之间的夹角即两相邻光束转过的角度为 ξ，计算点 C 和点 D 的间距 r：

$$r = 2 r_d \sin \frac{\xi}{2} \qquad (9.108)$$

当目标在 R 处的截面宽度恰好等于 r 时，相应的探测系统取得最低脉冲频率 $f_{\min}$，而目标截面宽度显然在目标垂直穿过两相邻脉冲时最小，等于目标宽度 D_t。故对最低脉冲频率 $f_{\min}$ 有：

$$r = D_t \qquad (9.109)$$

联立式（9.96）、式（9.108）、式（9.109）得：

$$f_{\min} = \frac{\pi n}{\arcsin(D_t / 2R \sin \alpha_t)} \qquad (9.110)$$

由式（9.110）可知，最低脉冲频率 $f_{\min}$ 与扫描频率 n 成正比，并随探测距离 R、激光束与纵轴夹角 α_t 的增大而增大、目标宽度 D_t 的增大而减小。

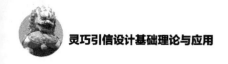

|9.4 水下激光周视探测系统试验研究|

9.4.1 原理样机组成

水下同步扫描激光周视近程目标探测系统利用扫描折转机构的旋转，带动发射激光束和接收视场旋转，实现全周向扫描探测，并以接收系统接收到回波信号的系统时刻解算目标方位角和距离信息，在最佳起爆时刻向最佳起爆方位定向起爆战斗部。整个激光探测系统由激光发射系统、扫描折转机构、光学整流罩、回波接收系统、距离检测系统、方位角检测系统以及起爆控制系统 7 个子系统组成。基于上述研究结果和已有的技术基础，各子系统的组成如图 9.24 所示。

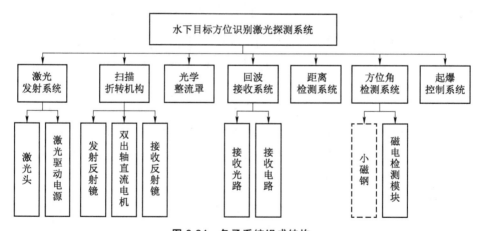

图 9.24　各子系统组成结构

如图 9.24 所示，激光发射系统由激光头和激光驱动电源组成，激光头出射激光束，而脉冲激光的同步脉冲信号由激光驱动电源输出。扫描折转机构将发射反射镜和接收反射镜通过镜架安装在直流电机的两根输出轴上，以电机的旋转带动两端反射镜的旋转。依据回波光路的优化结果，针对样机 150 mm 的口径，接收光路需由接收反射镜、单级平凸柱面镜和聚焦透镜实现光斑聚焦，因此在接收系统中需有平凸柱面镜和非球面聚焦透镜。此外，为屏蔽其他波段背景光的干扰，在接收系统中增加了窄带滤光片，同时接收系统中还有最主要的光电装换元件、光电探测器以及相应的放大滤波电路。方位角检测系统包括小磁钢和磁电检测模块，但小磁钢不是必需的（虚线框），若使用无刷直流电机，则不需要再附加小磁钢，可直接利用永磁体转子的旋转确定角位置。

9.4.2 非同轴激光探测区距离测试试验

非同轴激光探测视场模拟系统可以通过模拟实际激光探测系统中光学器件的位置和角度，测试在所设计参数条件下激光探测系统的探测性能。为满足测试要求，模拟系统需要能够调节发射角 α_t、接收角 α_r、发射和接收中心间距 d，而发射光束束散角 θ_t 和接收视场角 θ_r 分别由所用激光器和接收器决定。考虑调试和测量的便捷，设计模拟系统如图 9.25 所示。

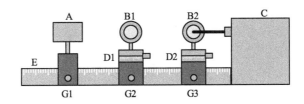

图 9.25 激光探测视场模拟系统
A—接收器；B1—接收反射镜；B2—发射反射镜；C—激光器；
D1，D2—转台；E—滑轨；G1～G3—滑块

由于直接调整激光器和接收器的位置和角度较为困难，设计采用两面全反射镜分别反射出射光束和目标回波，反射镜固定在转台上，通过转台调节反射镜偏转角度（反射镜镜面与激光器中心和接收器中心连线的夹角）以控制激光发射和接收角度。发射、接收反射镜的中心点作为图 9.15 中的点 O_t 和点 O_r。发射角度 α_t 和接收角度 α_r 分别由发射反射镜偏转角度 β_t 与接收反射镜偏转角度 β_r 决定，并满足 $\beta_t = \alpha_t/2$，$\beta_r = (\pi - \alpha_r)/2$。

接收器以及两套固定于转台上的反射镜均安装在相应的滑块上，滑块沿滑轨滑动并以旋转螺母固定，可任意调节两滑块间距，并在滑轨上读取长度值。滑轨可保证所有部件中心在同一条直线上，同时可方便调节发射中心 O_t 与接收中心 O_r 的间距 d，即发射反射镜与接收反射镜的间距。

模拟装置重现激光探测非同轴光学系统中发射器和接收器的相对位置和角度，系统具体工作过程为激光器出射激光束，光束由发射反射镜折转后照射到目标表面，目标回波再通过接收反射镜折转后被接收器接收并转换为电信号输出。

利用上述模拟系统进行测试试验，采用 AO－L－532 nm 可调功率脉冲绿激光器，调节其出射激光束平均功率为 0.3 mW，峰值功率为 30 W，光束发散角

$\theta_t = 2$ mrad；接收器以 AD500 - 9 型雪崩光电二极管（APD）作为光电探测器后续加上放大滤波电路，接收视场角 $\theta_r = 33$ mrad。调节发射、接收反射镜间距 $d = 0.18$ m，发射角度 $\alpha_t = 90°$，接收角度 $\alpha_r = 92°$。试验过程如图 9.26 所示。

图 9.26　不同角度参数下探测区距离测试试验

根据 9.2.3.2 节建立的数学模型式（9.70）和式（9.71）计算本系统理论上的近端盲区距离 $R_n = 3.43$ m 和远端盲区距离 $R_f = 10.31$ m。

试验时在不同距离处放置木靶板，基本可作为漫反射目标，记录接收器的输出信号。未接收到回波脉冲、收到过渡区的回波脉冲以及收到充满区的回波脉冲时接收器的输出信号分别如图 9.27（a）、（b）、（c）所示。

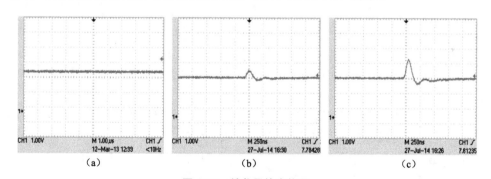

图 9.27　接收器输出信号

（a）无回波信号；（b）过渡区回波信号；（c）充满区回波信号

经多次测试，当目标置于 3.35～10.45 m，接收器有如图 9.27（b）或（c）所示的信号输出，即实际测得 $R_n = 3.35$ m、$R_f = 10.45$ m，实际值与理论值基本一致，误差可能来源于手工角度调节、测量过程以及实际束散角和视场角与额定值之间的偏差等，试验验证了探测区距离计算模型的正确性。

9.4.3　原理样机性能试验

9.4.3.1　准纯水与模拟海水中性能测试试验

在完成原理样机密封试验与空气试验后，分别在准纯水和模拟海水环境中开展原理样机性能测试试验，试验在试验水道中进行。

分别在水道中注入纯水和模拟海水，完成上述试验，试验过程如图 9.28 所示。

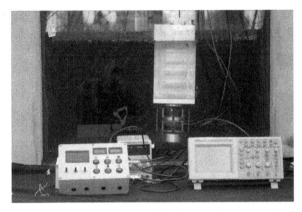

图 9.28　原理样机水下试验

模拟纯水时，调节激光器工作电流为 4.3 A，出射激光束的单脉冲能量为 120 μJ，即可探测到目标，三次试验的结果分别为 140°、142°、139°，测角误差±3°。模拟海水时，需调节激光器工作电流为 4.7 A，出射激光束的单脉冲能量为 430 μJ，样机可探测到目标，三次试验的结果分别为 135°、132°、129°，测角误差±6°。模拟海水与纯水所测得的目标角度不同主要在于两次试验样机放置位置存在偏差。

试验表明，样机能够在水下正常工作探测到目标，并成功识别目标的方位角信息，其探测能力与水质密切相关，但在混浊的模拟海水中通过提高发射激光能量可实现目标的探测和角度识别。测量结果存在小范围的偏差，且水质混浊后偏差会增大，其中也存在测试过程中人为因素导致的样机位置的偏移误差。

原理样机试验验证了样机在水下能够完成目标角度识别，为蓝绿激光水下探测、单光束扫描周向探测方案提供了支撑。

9.4.3.2 开阔自然水域试验

为验证样机在开阔自然水域中的探测性能，分别在二类水体环境和四类水体环境中开展测试试验。

（1）二类水体环境试验

试验于某二类水体水域进行。试验方案如下：

如图 9.29 所示，试验中原理样机和靶板分别位于样机搭载船和目标搭载船上，通过调节两船之间的距离，改变样机与靶板的间距。样机和靶板均浸入水下，控制样机与靶板入水深度一致。样机在水中周向探测，测试样机能否探测到一定距离外的靶板并检测其方位角。

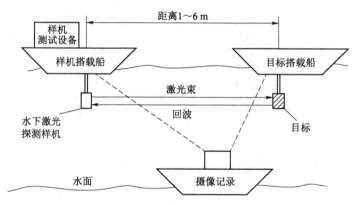

图 9.29　开阔自然水域试验方案

根据试验测试结果，样机在湖心的最大探测距离为 6 m，在湖岸的最大探测距离为 5 m，能够检测出目标的方位角信息。湖心试验中接收电路的输出波形如图 9.30 所示。

图 9.30（a）所示为水体后向散射的波形，峰值电压为 3.7 V，在二类水体中对蓝绿光的吸收作用较为微弱，影响激光探测距离的主要因素来自水体的后向散射噪声；图 9.30（b）所示为样机探测到 4 m 处的靶板回波，峰值电压为 4.32 V；图 9.30（c）所示为样机探测到 4 m 处的靶板回波，峰值电压为 3.76 V，此时回波强度已接近后向散射光强度，信噪比接近临界点，进一步增加样机与靶板的距离后，目标回波淹没于后向散射光信号中，无法被分辨。

在试验中，当探测到目标时，配套控制子系统 LCD 上均显示出目标方位角，表明样机能够正常完成目标的方位角检测，但由于湖上试验风浪较大，无法固定样机与靶板的相对位置，试验可重复性差，无法对目标方位角判别精度进行检测。

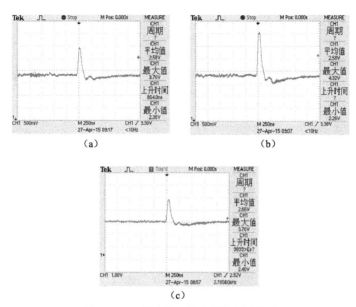

图 9.30　二类水体环境中样机测试数据
（a）后向散射峰值电压 3.7 V；（b）4 m 目标回波峰值电压 4.32 V；（c）6 m 目标回波峰值电压 3.76 V

（2）四类水体环境试验

试验于某四类水体水域进行，试验方案与试验步骤与二类水体环境相同。试验结果表明，在四类水环境中，样机最大探测距离为 1.5 m，能够判别出目标方位角，试验中接收电路的输出波形如图 9.31 所示。

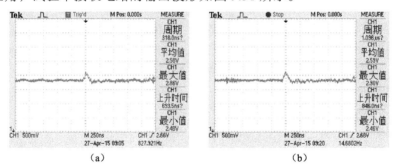

图 9.31　四类水体环境中样机测试数据
（a）后向散射峰值电压 2.86 V；（b）1.5 m 目标回波峰值电压 2.90 V

由图 9.31 可知，当样机与靶板相距 1.5 m 时，信噪比已到达临界位置，样机无法探测到更远的目标。对比图 9.30（a）和图 9.31（a）可知，由水体成分造成的后向散射光能量明显减弱，这是由于四类水体腐殖质浓度很大，黄色物质浓度很大，而黄色物质在蓝绿波段吸收急剧增加，因此四类水对蓝绿激光的吸收作用明显，光束传输距离显著下降。

参考文献

[1] 洪黎. 单兵火箭弹引信炸点精确控制关键技术研究[D]. 南京：南京理工大学，2014.

[2] 张伟. 低速飞行器弹道末段激光半主动目标方位探测技术研究[D]. 南京：南京理工大学，2017.

[3] 宋国军. 天幕靶测速系统改进设计研究[J]. 现代电子技术，2007，30（23）：128－130.

[4] 余晓军，王选择，谢铁邦. 基于光电信号转换原理的子弹测速系统[J]. 湖北工业大学学报，2002，17（4）：105－107.

[5] 陈新，曹从咏，刘英舜. 弹丸初速膛口激光实时测量系统研究[J]. 弹道学报，2002，14（4）：84－86.

[6] 何振才. 引信空炸炸点精确控制技术研究[D]. 南京：南京理工大学，2006.

[7] 齐杏林，马宝华. 自调电子时间引信所需弹丸速度的测量及时间调整方法[J]. 探测与控制学报，1995（1）：10－15.

[8] 王秋生，孙艳. 软件时基校准提高时间引信精度[J]. 探测与控制学报，2008，30（5）：16－18.

[9] 翟性泉，陈荷娟. 电子时间引信作用时间的自修正方法[J]. 弹道学报，1997，9（3）：44－47.

[10] 徐明友. 火箭外弹道学[M]. 哈尔滨：哈尔滨工业大学出版社，2004.

[11] 曹小兵. 脉冲末修迫弹弹道特性分析与控制方案设计[D]. 南京：南京理工大学，2012.

[12] 郭锡福. 远程火炮武器系统射击精度分析[M]. 北京：国防工业出版社，2004.

[13] 刘利生. 外弹道测量精度分析与评定[M]. 北京：国防工业出版社，2010.

[14] 李金芳. 基于 AHP/DEA 的 20kV 中压配电方案研究及评估[D]. 北京：华北电力大学，2010.

[15] 许树柏. 层次分析法原理[M]. 天津：天津大学出版社，1988.

[16] 岳麓，潘郁. 动态层次分析法在客户关系管理系统中的应用[J]. 南京工业大学学报（自科版），2004，26（5）：81－86.

[17] 张管飞，陈进宝. 基于 AHP 的导弹武器系统效能模糊综合评估[J]. 兵器装备工程学报，2011，32（1）：58－61.

[18] 黄世国. 基于模糊层次分析法的建筑企业安全管理评价[J]. 重庆理工大学学报（自然科学），2009，23（3）：52－55.

[19] 马少杰. 小口径空炸引信炸点精度和可靠性分析技术研究[D]. 南京：南京理工大学，2006.

[20] 丁毅，陈晓明，王国博，等. 炮口初速测量校准与修正方法[J]. 兵器装备工程学报，2011，32（10）：67－69.

[21] 雷军命. 耐高过载、耐高弹速涡轮发电机研究[D]. 西安：西安电子科技大学，2010.

[22] 徐长江，张河. 基于三维流场数值计算的引信用侧进气涡轮发电机的设计研究[J]. 中国电机工程学报，2006，26（15）：144－149.

[23] 徐长江. 引信侧进气涡轮发电机气动优化研究[D]. 南京：南京理工大学，2007.

[24] 朱继南，林桂卿. 引信涡轮发电机弹道发电模型和计算[J]. 兵工学报，1993，14（3）：31－37.

[25] 邓姚乾. 迫弹速度特性与涡轮发电机输出[J]. 探测与控制学报，2009，31（1）：49－52.

[26] 杨会军，丁立波，张河. 引信静态感应装定系统中的信息双向传输研究[J]. 探测与控制学报，2006，28（2）：6－9.

[27] 潘宏侠，武杰. 一种小口径高炮弹药时间引信装定技术[J]. 中北大学学报（自然科学版），2006，27（1）：14－17.

[28] 张峰，李杰，李世义. 基于副载波的负载调制技术实现引信感应装定信息反馈的方法[J]. 探测与控制学报，2003，25（2）：16－19.

[29] 熊东，曾孝平，刘晓明，等. 基于正交变换的负载调制信号解调方法[J]. 计算机应用研究，2009，26（11）：4231－4233.

[30] 丁立波. 小口径空炸引信炸点控制技术研究[D]. 南京：南京理工大学，2004.

[31] 李炜昕. 小口径弹引信磁耦合共振能量与信息同步传输技术研究[D]. 南京：南京理工大学，2014.

[32] 江小华. 小口径弹空炸引信计转数定距技术研究[D]. 南京：南京理工大学，2003.

[33] 闵杰，郭锡福. 实用外弹道学[M]. 北京：兵器工业出版社，1986.

[34] 《引信设计手册》编写组. 引信设计手册[M]. 北京：国防工业出版社，1978.

[35] 王雨时. 旋转弹丸外弹道自转角速度衰减规律半经验公式[J]. 探测与控制学报，2003，25（1）：1–6.

[36] 浦发，芮筱亭. 外弹道学[M]. 北京：国防工业出版社，1989.

[37] 石磊. 引信感应装定能量传输研究[D]. 南京：南京理工大学，2007.

[38] 黄涛. 弹丸转速的传感器测量方法[J]. 弹箭与制导学报，2002，22（4）：69–70.

[39] 程翔，黄文良，陆静. 自动榴弹发射器引信及其计转数方法[J]. 探测与控制学报，2001，23（2）：1–4.

[40] 龙礼，张合，刘建敬. 地磁陀螺复合测姿系统误差补偿方法[J]. 火力与指挥控制，2014（7）：102–105.

[41] 龙礼，张合. 三轴地磁传感器误差的自适应校正方法[J]. 仪器仪表学报，2013，34（1）：161–165.

[42] 李炜昕，张合，丁立波，等. 基于记转数测速的定距修正系统[J]. 测试技术学报，2013，27（2）：104–108.

[43] 龙礼，张合. 三轴地磁传感器参数的在线校正算法[J]. 测试技术学报，2013，27（3）：223–226.

[44] 刘建敬，张合，丁立波. 姿态检测地磁传感器静态校正技术[J]. 南京理工大学学报（自然科学版），2012，36（1）：127–131.

[45] Liu J J, Zhang H, Ding L B. Static calibration of geomagnetic sensors for attitude measurement[J]. Journal of Nanjing University of Science & Technology，2012，36（1）：127–131.

[46] 丁立波，张合，马少杰. 计转数空炸引信自适应炸点控制技术[J]. 南京理工大学学报（自然科学版），2011，35（5）：600–603.

[47] 高峰，张合. 基于地磁探测和脉冲力控制的二维弹道修正[J]. 系统仿真学报，2011，23（1）：123–128.

[48] 刘建敬，张合，丁立波，等. 地磁信息感应装定系统及其插值算法[J]. 中国惯性技术学报，2011，19（6）：692-695.

[49] 高峰，张合，程翔，等. 弹道修正引信中的地磁信号及其抗干扰研究[J]. 弹道学报，2008，20（4）：45-48.

[50] 沈娜，李长生，张合. 磁耦合共振无线能量传输系统建模与分析[J]. 仪器仪表学报，2012，33（12）：2735-2741.

[51] 李炜昕，张合，李长生，等. 磁耦合共振单发双收系统传输特性分析[J]. 电工技术学报，2014，29（2）：191-196.

[52] 李长生，张合. 基于磁共振的引信无线装定方法[J]. 探测与控制学报，2014（2）：1-6.

[53] 李长生，李炜昕，张合，等. 引信用磁耦合谐振系统复杂环境能量损耗分析[J]. 兵工学报，2014，35（8）：1137-1143.

[54] 李炜昕，王灵，张合，等. 基于磁耦合谐振的无线能量传输系统[J]. 系统工程与电子技术，2014，36（4）：637-642.

[55] 李长生，曹娟，张合. 非铁磁性金属影响下的磁共振耦合电能传输系统建模与分析[J]. 电力系统自动化，2015（23）：152-157.

[56] 李长生，张合，曹娟，等. 磁共振耦合电能传输系统功率与效率传输特性分析与优化[J]. 电力系统自动化，2015（8）：92-97.

[57] 李长生，张合. 基于磁共振的引信用能量和信息无线同步传输方法研究[J]. 兵工学报，2011，32（5）：537-542.

[58] 廖翔. 基于能量和信息同步传输的引信高精度动态开环控制技术[D]. 南京：南京理工大学，2018.

[59] Walker T. Enhanced portable inductive artillery fuze setter：2006 NDIA fuze symposium [C]. Norfolk，VA，2006.

[60] Goodman L. Enhanced portable inductive artillery fuze setter(EPIAFS)：2008 NDIA fuze symposium [C]. Sparks，NV，2008.

[61] Burke P. Precision guidance kit for 155mm artillery projectiles：52nd annual fuze conference [C]. Sparks，NV，2008.

[62] Elmer E. 30MM air bursting munitions for the MK44 cannon：gun and missile systems conference & exhibition [C]. New Orleans，LA，2008.

[63] Reynolds P A. 30mm airburst development-translating lessons learned into system requirements：40th annual armament systems：guns-ammunition-rockets-missiles conference & exhibition [C]. New Orleans，LA，2005.

[64] Buckley A. Air bursting munition for 40MM×53 automatic grenade launchers：47th annual fuze conference [C]．New Orleans，LA，2003.

[65] Hüttner R．A new commercial fuze family fulfilling modern safety and reliability requirements for 40mm grenades：58th fuze conference [C]．Baltimore，MD，2015.

[66] Marshall D，Blot A. Breech mechanism sliding contact assembly：US [P]. US 8826794 B1，2014.

[67] Dietrich S．Electronic fuzes's remote setting system for chambered tank ammunitions：52nd annual fuze conference [C]．Sparks，NV，2008.

[68] David Smith. Ammunition data link for M256 cannon：2015 armament systems forum [C]．Baltimore，MD，2015.

[69] Albrecht J，Woelfersheim M，Palage M，et al．Wedge-type breechblock bidirectional make-break assembly：US [P]．US8371206B1，2013.

[70] Sunderland J．120mm line-of-sight multi-purpose（LOS-MP）munition science & technology efforts：42nd annual armament systems [C]．Charlotte，NC，2007.

[71] Schirding D．APAM MP-T 120mm XM329 development status：42nd annual armament systems：gun and missile systems conference & exhibition [C]．Charlotte，NC，2007.

[72] Timmerman J，Becker B，Hiebel M．Air bursting ammunition technology：47th annual fuze conference [C]．New Orleans，LA，2003.

[73] Luciano M．40mm EAPS gun ATO integrated demonstration vs. class 2 UAS：2016 armament systems forum & firing demonstration [C]．Fredericksburg，VA，2016.

[74] 张建新．侵彻引信炸点控制理论及试验研究[D]．南京：南京理工大学，2012.

[75] 满小飞．短间隔多次高冲击实验装置关键技术研究[D]．南京：南京理工大学，2017.

[76] 杨阳．某侵彻火箭弹引信可靠性分析及缓冲材料性能研究[D]．南京：南京理工大学，2012.

[77] 李蓉，陈侃，康兴国，等．硬目标侵彻引信炸点控制方法综述[J]．探测与控制学报，2010，32（6）：1-4.

[78] 于润祥，石庚辰．硬目标侵彻引信计层技术现状与展望[J]．探测与控制学报，2013，35（5）：1-6.

[79] 李志康，黄风雷. 混凝土材料的动态空腔膨胀理论[J]. 爆炸与冲击，2009，29（1）：95－100.

[80] 江小华，李豪杰，张河. 小型弹内存储测试系统研究[J]. 弹道学报，2002，14（2）：57－61.

[81] 刘宁. 适于不同介质的侵彻炸点深度控制技术的应用研究[D]. 太原：中北大学，2006.

[82] 姬永强. 硬目标侵彻测试系统防护设计与仿真分析[D]. 成都：西南交通大学，2013.

[83] 蒋志刚，曾首义，周建平. 分析金属装甲弹道极限的两阶段模型[J]. 工程力学，2005，22（4）：229－234.

[84] 佘艳华. 机场跑道复合介质的侵彻分析与研究[J]. 应用力学学报，2016，33（5）：910－916.

[85] 李蓉，康兴国. 一种实时计算硬目标侵彻着速的方法[J]. 探测与控制学报，2004，26（2）：32－35.

[86] 徐鹏，祖静，范锦彪. 高 g 值侵彻加速度测试及其相关技术研究进展[J]. 兵工学报，2011，32（6）：739－745.

[87] 徐鹏，范锦彪，祖静，等. 高 g 值冲击下存储测试电路模块缓冲保护研究[J]. 实验力学，2005，20（4）：610－614.

[88] 杨会玲，杨会伟，王军. 高 g 值微加速度开关设计[J]. 传感器与微系统，2009，28（5）：84－86.

[89] 尚雅玲，马宝华. 基于计算机仿真的引信惯性开关结构设计[J]. 探测与控制学报，2004，26（2）：44－46.

[90] 张文栋. 存储测试系统的设计理论及其在导弹动态数据测试中的实现[D]. 北京：北京理工大学，1995.

[91] 金磊. 弹侵贯混凝土目标的动力学研究[D]. 北京：北京理工大学，2002.

[92] 王东晓. 侵彻火箭弹引信关键技术研究[D]. 南京：南京理工大学，2011.

[93] 吴晓莉，唐亚鸣，张河，等. 硬目标引信侵彻及穿透的特征识别技术研究[J]. 弹箭与制导学报，2003（s3）：339－340.

[94] Hiermaier S，Konke D，Stilp A J，et al. Computational simulation of the hypervelocity impact of AL－speres on thin plates of different materials [J]. International Journal of Impact Engineering，1997，（20）：363－374.

[95] 贾斌，马志涛，庞宝君. 含泡沫铝防护结构的超高速撞击数值模拟研究[J]. 高压物理学报，2009，23（6）：453－459.

[96] 钱扬保. 当代外军武器装备可靠性维修性发展趋势管窥[J]. 质量与可靠性，

2005（2）：53－54.

[97] 徐鹏，祖静，范锦彪. 高速动能弹侵彻硬目标加速度测试技术研究[J]. 振动与冲击，2007，26（11）：118－122.

[98] 杜小军. 连续冲击实验控制与数据采集系统研究[D]. 西安：西北工业大学，2007.

[99] 姬龙. 反爆炸反应装甲理论与关键技术研究[D]. 南京：南京理工大学，2013.

[100] 周平，赵辰霄，梅林，等. 现代坦克主动防护系统发展现状与趋势分析[J]. 指挥控制与仿真，2016，38（2）：132－136.

[101] 郭希维，赵昉，姚志敏. 主动防护系统与 EFP 战斗部对抗过程[J]. 兵器装备工程学报，2012，33（10）：1－3.

[102] 陈柄林，破甲弹一次引信激光定距技术研究[D]. 南京：南京理工大学，2005.

[103] 孙全意. 激光近炸引信的体制、定距与识别技术研究[D]. 南京：南京理工大学，2002.

[104] 查冰婷. 水下同步扫描周视激光近程目标探测研究[D]. 南京：南京理工大学，2015.

[105] 吴晓海，温向明，崔振君. 提高鱼雷破坏威力的前景展望[J]. 水下无人系统学报，2001（2）：6－8.

[106] 徐敢阳. 蓝绿激光雷达海洋探测[M]. 北京：国防工业出版社，2002.

[107] 马泳，林宏，冀航，等. 基于机载激光雷达监测海洋赤潮模型研究[J]. 光子学报，2007，36（2）：344－349.

[108] 邓孺孺，何颖清，秦雁，等. 分离悬浮质影响的光学波段（400～900 nm）水吸收系数测量[J]. 遥感学报，2012，16（1）：174－191.

[109] 张绪琴，张士魁，吴永森，等. 海水黄色物质研究进展[J]. 海洋科学进展，2000，18（1）：89－92.

[110] 吴永森，张士魁，张绪琴，等. 海水黄色物质光吸收特性实验研究[J]. 海洋与湖沼，2002，33（4）：402－406.

[111] 朱建华，李铜基. 探讨黄色物质吸收曲线参考波长选择[J]. 海洋技术学报，2003，22（3）：10－14.

[112] 乐成峰，李云梅，查勇，等. 太湖梅梁湾水体组分吸收特性季节差异分析[J]. 环境科学，2008，29（9）：66－73.

[113] Gordon H R. Diffuse reflectance of the ocean: influence of nonuniform phytoplankton pigment profile[J]. Applied Optics, 1992, 31（12）:

2116 – 2129.

[114] Raymond C. Smith, Karen S. Baker. Optical properties of the clearest natural waters（200 – 800 nm）[J]. Applied Optics，1981，20（2）：177 – 184.

[115] 丁振东. 反鱼雷鱼雷作战模式及拦截弹道初步研究[J]. 水下无人系统学报，2004（1）：13 – 15.

索 引

C

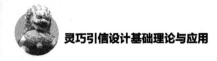

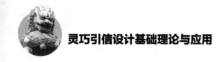

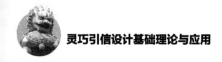

灵巧引信设计基础理论与应用

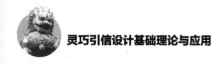

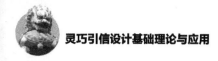

R～S

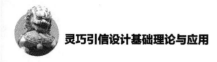

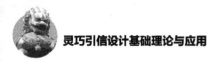

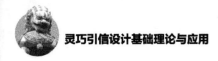

（王彦祥、张若舒、刘子涵　编制）

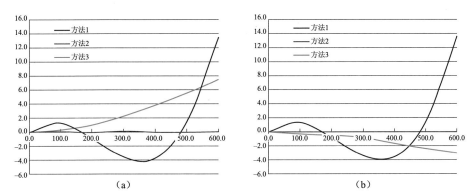

图 3.22 不同初速变化时以三种修正方法修正的误差随射程变化的曲线

（a）初速变化为 − 5 m/s 时修正误差随射程变化的曲线；

（b）初速变化为 +5 m/s 时修正误差随射程变化的曲线

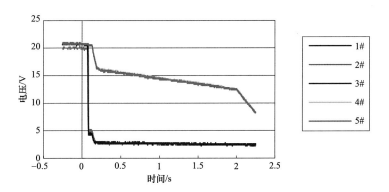

图 3.32 引信电容电压变化